Statistik im Klartext

Statistik im Klartext

Für Psychologen, Wirtschafts- und Sozialwissenschaftler

3., aktualisierte und erweiterte Auflage

Fabian Heimsch
Rudolf Niederer

Pearson

Bibliografische Information der Deutschen Nationalbibliothek

Die Deutsche Nationalbibliothek verzeichnet diese Publikation in der Deutschen Nationalbibliografie; detaillierte bibliografische Daten sind im Internet über *http://dnb.dnb.de* abrufbar.

Der Umwelt zuliebe verzichten wir auf Einschweißfolie.

ISBN 978-3-86894-426-6 (Buch)
ISBN 978-3-86326-323-2 (E-Book)

Programmleitung: Kristina Mladenovic, kristina.mladenovic@pearson.com
Lektorat: Markus Stahmann, markus.stahmann@pearson.com
Korrektorat: le-tex publishing services GmbH, Leipzig
Herstellung: Claudia Bäurle, cbaeurle@pearson.de
Coverabbildung: © mrmohock, Shutterstock
Satz: le-tex publishing services GmbH, Leipzig

Inhaltsverzeichnis

Vorwort

Das vorliegende Buch ist eine Neuauflage von Peter Zöfels Werk „Statistik für Psychologen im Klartext“. Das Werk des leider verstorbenen Autoren wird im gesamten deutschsprachigen Raum an Universitäten, Fachhochschulen und höheren Fachschulen im Statistikunterricht eingesetzt. In diversen Statistikvorlesungen der unterschiedlichsten Studiengänge wie Psychologie, Wirtschaft, Mathematik, Erziehungs- und Sportwissenschaften sowie Informatik wird das Buch als Lehrmittel benutzt und findet sowohl bei Studierenden als auch Dozierenden großen Anklang. Der abgeänderte Titel – „Statistik im **Klartext**“ – ist an dieser Stelle somit nicht zu viel versprochen und soll gerade dem Umstand Rechnung tragen, dass eben sehr unterschiedliche Zielgruppen von der Benutzung des Buches profitieren können!

Aus genannten Gründen der Beliebtheit des Buches haben wir uns gerne für die Betreuung einer Neuauflage entschieden. An dieser Stelle wollen wir als Neuafleger unsere langjährige Unterrichtserfahrung einbringen und daher weitgehend auf theoretische Herleitungen verzichten. Vielmehr bemühen wir uns, die einzelnen Verfahren anhand einprägender Beispiele zu erläutern und wollen so auch die Tatsache berücksichtigen, dass im Präsenzunterricht immer weniger Zeit zur Verfügung steht und Studierende sich einen Großteil des Stoffs im Selbststudium erarbeiten dürfen.

Die wenigsten Bücher tragen dem Umstand Rechnung, dass mittlerweile wohl kaum jemand mehr statistische Verfahren per Hand durchrechnet. Mithilfe der Statistik-Software **R**, eines der weltweit verbreitetsten Programme zur statistischen Datenanalyse, werden im Buch Beispiele zu diversen Verfahren erläutert. Die im Buch verwendeten Beispieldateien sind in verschiedenen Apps zugänglich, wobei diese über QR-Codes und Links erreichbar sind – empfohlen sei aber ausdrücklich der Zugang über einen Laptop. Das Kernstück dieser Neuauflage ist ein Online-Tutorial mit der Statistik-Software **R**. Die interessierten Leser haben so die Möglichkeit, den theoretischen Erläuterungen im Buch eins zu eins in einem Online-Tutorial zu folgen, Selbiges gilt natürlich auch für die Übungen.

Überarbeitet wurden für die Neuauflage die Kapitel 2, 3, 4, 6, 8, 9, 10, 11 und 14 im Rahmen von interaktiven **R**-Tutorials. In den Kapiteln 13 und 15 sind so, unter anderem, restliche Fragmente von Übungen mit SPSS belassen worden, welche aber zu einem späteren Zeitpunkt ebenfalls in **R** überführt werden.

Unser Dank gilt insbesondere Frau Doris Knuff, Frau Doris Mladenovic und Herrn Wolfgang Achatz vom Pearson Verlag für die Gelegenheit der Neuüberarbeitung dieses Buches und vielen Kolleginnen und Kollegen für wertvolle Anregungen und Kommentare zum Inhalt des vorliegenden Buches.

Spezieller Dank für die Ermöglichung der 3. Auflage geht an Prof. Dr. Christian Weber, Leiter Institute for Competitiveness and Communication, Fachhochschule Nordwestschweiz.

QR-Code zum Einstieg in R und zum Kapitel 2

Den interaktiven Teil des Buches inkl. aller elektronischen Tutorials finden Sie auf der Hauptseite:
https://pearson-dach.shinyapps.io/StatistikImKlarText/.
Die Nutzer können mit den Tutorials die wichtigsten Schritte für R-Anwendungen interaktiv in einem Web-Browser erlernen, ohne die Software selbst installiert zu haben.

Zum Schluss geben wir leichtsinnigerweise eine E-Mail-Adresse bekannt für den Fall, dass Sie Fragen haben oder Anmerkungen zum Buch machen wollen.

Olten, im Januar 2022

Prof. Dr. Fabian Heimsch
und Prof. Dr. Ruedi Niederer
statistik-im-klartext@fhnw.ch

1 Einführung

Dieses Buch soll und kann keine Unterhaltungslektüre sein, die Autoren wollen aber versuchen, das Beste aus dem doch eher trockenen Stoff zu machen und die zuweilen schwierige Materie vor allem durch passende Beispiele näher zu bringen. Das Verständnis soll hierbei in den Vordergrund gerückt werden und mathematische Formeln sollen als Hilfsmittel für das Erlangen dieses Verständnisses verstanden werden.

Der Begriff „Statistik“ wird heute im doppelten Sinn verwendet.

Zum einen versteht man unter Statistik Datensammlungen zu einem bestimmten Thema, zum Beispiel Bevölkerungsstatistiken, Preisstatistiken, Statistiken über Handel, Verkehr, Löhne und Gehälter, im Gesundheitswesen oder die Arbeitslosenstatistik. Neben diesen amtlichen Statistiken gibt es zahlreiche nicht-amtliche und private Statistiken von Markt- und Meinungsforschungsinstituten, Wirtschaftsverbänden, Unternehmen, Forschungsinstituten oder auch Sportverbänden.

Zum anderen versteht man unter Statistik eine Wissenschaft, die sich mit der Analyse von Daten befasst, um Fragestellungen zu einem vorgegebenen Thema zu klären. Gerade auf dem Gebiet der Psychologie und Ökonomie sind statistische Methoden weit verbreitet. Im Mittelpunkt steht dabei die Datenanalyse, die man in einen beschreibenden Teil (deskriptive Statistik) und einen analytischen Teil (analytische Statistik) aufteilen kann. Mithilfe der deskriptiven Methoden werden die Daten durch Tabellen und Grafiken und durch die Berechnung bestimmter Kennwerte beschrieben. Mit der analytischen Statistik können ausgehend von einer Stichprobe allgemein gültige Schlüsse gezogen werden. Dazu stehen eine Vielzahl von Methoden (statistischen Testverfahren) zur Verfügung. Die analytische Statistik versucht somit, ausgehend von einer Stichprobe gültige Aussagen für die Grundgesamtheit (Population) abzuleiten.

Mit diesem Aspekt der Statistik als einer mathematischen Wissenschaft beschäftigt sich dieses Buch, wobei auch stets ein Augenmerk darauf gerichtet wird, dass die zumeist sehr rechenintensiven statistischen Verfahren kaum noch per Hand, sondern fast ausnahmslos mit entsprechenden Computerprogrammen gerechnet werden.

Eine Übersicht über die gängigsten Computerprogramme enthält in alphabetischer Reihenfolge Tabelle 1.1.

Programm	open-source?
IBM-SPSS	nein
PSPP	ja
Python	ja
R	ja
SAS	nein
STATA	nein

Tabelle 1.1: Statistikprogramme

Was die Handhabung der Programme anbelangt, so gibt es zwei prinzipielle Möglichkeiten. Modern unter Windows und komfortabel für den Anwender ist die menügeführte Handhabung, bei der die einzelnen statistischen Analysen über entsprechend gestaltete Dialogboxen angefordert werden. Gewisse Vorteile bietet es aber auch, wenn zu diesem Zweck eine Kommandosprache zur Verfügung steht. Ideal ist eine Kombination dieser beiden Möglichkeiten, wie sie unter anderem von dem lizenzierten Statistikprogramm IBM-SPSS – nachgehend als SPSS bezeichnet – geboten wird, aber auch von der frei erhältlichen Open-Source-Version PSPP.

Das „mächtigste" Programm ist wohl SAS, das ebenso wie SPSS modular aufgebaut ist. SPSS ist aufgrund seiner komfortablen Handhabung eines der am meist verwendeten Programme. Angehörigen von Hochschulen sei empfohlen, sich mit dem jeweiligen Rechenzentrum in Verbindung zu setzen. Zumindest die Programme der beiden Marktführer SPSS und SAS dürften dort entweder an für Hochschulangehörige zugänglichen PCs installiert oder über günstige Endbenutzerlizenzen erhältlich sein. Vor allem aber ist das Softwarepaket **R** zu nennen. Es ist open-source und findet vor allem an Hochschulen zu Forschungszwecken eine große Verbreitung. **R** kann zum Beispiel über folgende Adresse bezogen werden: *https://cran.r-project.org/*

Nach der Installation von **R** ist RStudio zu installieren: *https://www.rstudio.com/products/rstudio/download/*

An einigen Stellen im Buch wird auf das Programm **R** verwiesen, das heißt, es wird die Lösungsmöglichkeit in **R** beschrieben. In diesem Zusammenhang werden einige Dateien zur Verfügung gestellt, die als **R**-Speicherdateien (imklartext.RData) vorliegen. Eine Übersicht bietet Tabelle 1.2.

Datei	Kapitel
arbeit	15
durchstr	13
Ee	8
fkv	14
Gewicht	7
Hemmung	13
iq	4
jugend	14
kenia	14
polizei	2
Stadt	5
Tpf	15
Welt	11
ziel	15

Tabelle 1.2: Beispieldateien

Diese Dateien können bei Bedarf aus dem Internet unter der Adresse *www.pearson-studium.de* heruntergeladen werden. Es bleibt zu erwähnen, dass **R** fast alle Dateitypen einlesen kann. Dies betrifft Text-Dateien (.txt), Excel-Dateien (.xls, .xlsx, .xlsm, .csv) oder andere Datendateien.[1]

Nach diesem Exkurs über Statistikprogramme wollen wir uns wieder der eigentlichen Statistik zuwenden. Eine statistische Untersuchung lässt sich in fünf Abschnitte einteilen:

1 Die Daten finden Sie unter dem folgenden Link, ganz am unteren Ende der Seite: *https://pearson-dach.shinyapps.io/imklartext_kap02/#section-installation-von-r-und-rstudio/*

1. Planung der Untersuchung
2. Datenerhebung
3. beschreibende Statistik
4. analytische Statistik
5. Interpretation und Präsentation der Ergebnisse

Der Aufbau des Buches wurde möglichst in der ursprünglichen Form der ersten Auflagen belassen. So wird der Leser im kommenden Kapitel 2 in die theoretischen Grundlagen der deskriptiven Statistik eingeführt. Am Schluss des Kapitels folgen dann praktische Übungen, die vor allem schriftlich zu lösen sind. Neu in dieser Auflage ist jedoch, dass einzelne Kapitel des Buches zusätzlich von einem Online-Tutorial begleitet werden.

QR-Code zum Einstieg in R und zum Kapitel 2

Dies ist am nebenstehenden QR-Code zu erkennen. Das Online-Tutorial kann so einfach über ein Smartphone, einen Tablet-Computer oder Laptop erreicht werden. Der URL zu diesem Teil des Online-Tutorial lautet *https://pearson-dach.shinyapps.io/imklartext_kap02/*. Die Nutzer können mit den Tutorials die wichtigsten Schritte für R-Anwendungen interaktiv in einem Web-Browser erlernen, ohne die Software selbst installiert zu haben. Zusätzlich erfolgen Quiz und Code-Übungen. Am Ende des Kapitels werden in den Kapiteln des Tutorials die wichtigsten Anwendungen in Form von **Apps** zur Verfügung gestellt. Diese können insbesondere dazu benutzt werden, handschriftliche Aufgaben zusätzlich zu kontrollieren und Lösungen zu visualisieren. Im Abschluss des Kapitels erfolgt dann jeweils ein Übungsgenerator, mit welchem nach Zufallsprinzip neue Übungen mit Lösungen erzeugt werden können.

Deskriptive Statistik

2

ÜBERBLICK

LERNZIELE

- Begriff der Variable und das Messen von Variablenwerten
- Skalenniveaus
- Häufigkeitstabellen
- Mittelwert
- Median
- Varianz, Standardabweichung und Standardfehler
- Quartile und Interquartilsabstand
- Grafiken

Deskriptive Statistik ist im Gegensatz zur analytischen Statistik die reine Beschreibung der Daten durch Häufigkeitstabellen, passende Kennwerte oder Grafiken. Zunächst aber sei der Begriff der *Variable* und das *Messen* von Variablen erläutert. Ferner werden vier verschiedene *Skalenniveaus* von Variablen vorgestellt.

Statistische Analysen können unter Zugrundelegung der verschiedensten Variablen vorgenommen werden. Da gibt es auf der einen Seite die quantitativen Variablen mit stetigen Messwerten, wie zum Beispiel Körpergröße oder Körpergewicht, welche im Prinzip beliebig genau gemessen werden können, und auf der anderen Seite qualitative Variablen, wie zum Beispiel Schulnoten, oder die Codierung eines Merkmals, wie den Familienstand in vier Kategorien. Diese qualitativen Variablen können nur diskrete Werte annehmen.

Eine genauere Einteilung der Variablen als die in qualitativ — quantitativ oder diskret — stetig ist diejenige nach vier verschiedenen Skalenniveaus (auch Messniveaus genannt). Bevor auf diese grundlegend wichtige Einteilung ausführlich eingegangen wird, soll zunächst der Begriff des Messens erläutert werden.

2.1 Das Messen

Der Begriff des „Messens" und die verschiedenen Skalenniveaus sollen anhand einer Studie zu Rauchgewohnheiten erläutert werden. Dabei wurden unter anderem die folgenden Angaben abgefragt:

- Geschlecht
- Alter
- Familienstand
- Schulbildung
- Beruf
- Körpergewicht
- Rauchgewohnheit

Die Zuordnung der aktuellen Variablenwerte bei den einzelnen Fällen (hier: befragte Personen) erfolgt mit einem Vorgang, den man „Messen" nennt.

Betrachtet man etwa die Variable „Körpergewicht“, so ist klar, wie diese zu messen ist: Man benutzt eine Waage, wobei in der Regel eine Messgenauigkeit von 1 kg ausreichend ist.

Etwas anders liegt der Fall bei der Variable „Alter“. Dieses misst man nicht mithilfe einer technischen Apparatur; man muss es erfragen oder aus der Geburtsurkunde oder dem Personalausweis erschließen. Trotzdem kann man auch hier von „Messen“ reden, wenn man die Definition des Messens wie folgt fasst:

> Das Messen einer Variable ist die Zuordnung von Zahlen zu den einzelnen Fällen.

Mit dieser Definition lassen sich auch Variablen wie das Geschlecht, der Familienstand oder die Rauchgewohnheit „messen“. Beim Geschlecht ordnet man zum Beispiel den Männern die Zahl 1 und den Frauen die Zahl 2 zu; beim Familienstand vergibt man für die gegebenen vier Kategorien die Zahlen 1 bis 4. Ebenso verfährt man bei der Rauchgewohnheit:

Geschlecht:	1 = männlich
	2 = weiblich
Familienstand:	1 = ledig
	2 = verheiratet
	3 = verwitwet
	4 = geschieden
Rauchgewohnheit:	1 = Nichtraucher
	2 = mäßig
	3 = stark
	4 = sehr stark

Bei diesen Variablen erfolgt das „Messen“ per Augenschein (Geschlecht) oder durch eine entsprechende Befragung. Die Zuordnung („Codierung“) von Zahlen zu solchen „kategorialen“ Variablen ist spätestens dann notwendig, wenn die statistische Analyse nicht per Hand, sondern unter Einsatz eines entsprechenden Statistik-Programmsystems mithilfe eines Computers erfolgen soll.

2.2 Skalenniveaus

Von entscheidender Bedeutung für die Auswahl eines korrekten statistischen Verfahrens ist die Feststellung des so genannten *Skalenniveaus* (auch *Messniveaus*) der beteiligten Variablen. So macht es beispielsweise sehr wohl Sinn, ein Durchschnittsalter von befragten Personen zu berechnen, jedoch sicherlich nicht das durchschnittliche Geschlecht. Man unterscheidet das Nominal-, Ordinal-, Intervall- und Verhältnisniveau. Dabei werden diese Skalenniveaus gemäß Tabelle 2.1 unterschieden.

In den folgenden Kapiteln werden die einzelnen Skalenniveaus näher erläutert.

Skalenniveau	Unterscheidbar?	Ränge bildbar?	Differenzen interpretierbar?	Verhältnisse interpretierbar?
Nominal	ja	nein	nein	nein
Ordinal	ja	ja	nein	nein
Intervall	ja	ja	ja	nein
Verhältnis	ja	ja	ja	ja

Tabelle 2.1: Skalenniveaus

2.2.1 Nominalskala

Betrachten wir zunächst das Geschlecht, so stellen wir fest, dass die Zuordnung der beiden Ziffern 1 und 2 willkürlich ist; man hätte sie auch anders herum oder mit anderen Ziffern vornehmen können.

Keinesfalls soll schließlich damit ausgedrückt werden, dass Frauen nach den Männern einzustufen sind; auch soll andererseits nicht suggeriert werden, dass Frauen mehr wert seien als Männer.

Eine nominalskalierte Variable ist auch der Familienstand; auch hier hat die Zuordnung der Ziffern zu den Kategorien des Familienstands keinerlei empirische Relevanz. Im Gegensatz zum Geschlecht ist die Variable aber nicht dichotom; sie beinhaltet vier statt zwei Kategorien.

Bei einer nominalskalierten Variable bilden die Antwortmöglichkeiten eine Liste, deren Reihenfolge frei gewählt werden kann. Ein typisches Beispiel ist die Angabe des Berufs. Hier könnte etwa folgende Codierung gewählt werden, die sich beim besten Willen nicht in eine sinnvolle Reihenfolge bringen lässt:

1 = Angestellter
2 = Beamter
3 = Arbeiter
4 = Selbstständiger
5 = Hausfrau
6 = Auszubildender
7 = Rentner

Nominalskalierte Variablen sind in ihrer Auswertungsmöglichkeit sehr eingeschränkt. Genau genommen können sie nur einer Häufigkeitsauszählung unterzogen werden. Die Berechnung etwa eines Mittelwerts ist sinnlos.

Eine gewisse Ausnahme bilden dichotome nominalskalierte Variablen. Das sind Variablen, welche nur zwei Ausprägungen haben. Dichotome Skalierungen sind häufig von der Art

1 = ja	1 = richtig	1 = trifft zu	1 = stimme zu
2 = nein	2 = falsch	2 = trifft nicht zu	2 = stimme nicht zu

Bei dichotomen nominalskalierten Variablen kann man stets von einer gegebenen Ordnungsrelation sprechen. So bedeutet etwa im Fall des letzten Beispiels eine niedrige Codierung Zustimmung, eine hohe Codierung Ablehnung.

2.2.2 Ordinalskala

Betrachten wir etwa die Rauchgewohnheit, so kommt den vergebenen Codezahlen insofern eine empirische Bedeutung zu, als sie eine Ordnungsrelation wiedergeben. Die Variable Rauchgewohnheit ist schließlich nach ihrer Wertigkeit aufsteigend geordnet: Ein mäßiger Raucher raucht mehr als ein Nichtraucher, ein starker Raucher mehr als ein mäßiger Raucher und ein sehr starker Raucher mehr als ein starker Raucher. Solche Variablen, bei denen den verwendeten Codezahlen eine empirische Bedeutung hinsichtlich ihrer Ordnung zukommt, nennt man ordinalskaliert.

Die empirische Relevanz dieser Codierung bezieht sich aber nicht auf die Differenz zweier Codezahlen. So ist zwar die Differenz zweier Codezahlen zwischen einem Nichtraucher und einem mäßigen Raucher einerseits und zwischen einem mäßigen Raucher und einem starken Raucher andererseits jeweils 1. Man wird aber nicht sagen können, dass der tatsächliche Unterschied zwischen einem Nichtraucher und einem mäßigen Raucher einerseits und einem mäßigen Raucher und einem starken Raucher andererseits gleich ist; dafür sind die Begriffe zu vage. Die semantische, d. h. die bedeutungsmäßige, Differenz ist aber kaum gleich groß.

Ein weiteres Beispiel einer ordinalskalierten Variable ist die Schulbildung, wenn sie etwa in der folgenden Codierung vorliegt:

1 = Hauptschule
2 = Berufsschule
3 = Mittlere Reife
4 = Abitur
5 = Hochschule

Ein typisches Beispiel einer ordinalskalierten Variable ist die Vorgabe einer Altersklasseneinteilung in einem Fragebogen:

1 = bis 30 Jahre
2 = 31 bis 50 Jahre
3 = über 50 Jahre

Ein solches Vorgehen ist eigentlich nicht empfehlenswert. Da jeder sein eigenes Alter sicherlich ohne Mühe exakt (in Jahren) angeben kann, sollte man dies auch so erfassen. Werden hingegen Variablen wie das Einkommen von Personen erfragt, so erhöht sich allenfalls die Bereitschaft der Befragten zu antworten, wenn das Einkommen klassiert erfragt wird.

Bei allen bisher genannten Beispielen liegt die ordinale Skalierung unmittelbar auf der Hand. In vielen anderen Fällen kann man eine solche nach etwas Nachdenken erkennen bzw. durch geschickte Codierung erreichen.

2.2.3 Intervallskala

Bei Variablen, deren entsprechende Werte nicht nur bezüglich der Rangordnung eine Bedeutung haben, sondern auch bezüglich der Differenz (nicht aber des Verhältnisses), spricht man von intervallskalierten Variablen. Dies betrifft Variablen, welche keinen natürlichen Nullpunkt haben und/oder negative Werte aufweisen können. Ein gutes Beispiel an dieser Stelle liefert die Grad-Celsius-Skala, mit welcher Temperaturen gemessen werden. Der Nullpunkt dieser Skala wurde als der Gefrierpunkt von Wasser definiert, der Siedepunkt mit 100 °C festgesetzt. Dieser Nullpunkt macht jedoch keinen physikalischen Sinn, was daraus deutlich wird, dass auch negative Werte auftreten können. 30 °C sind somit nicht dreimal so warm wie 10 °C, sehr wohl aber um 20 °C wärmer als die erwähnten 10 °C.

Man sieht also, dass es hier keinen Sinn macht, Verhältnisse zu berechnen, sehr wohl jedoch aber Differenzen. Solche Variablen, bei denen der Differenz der Werte eine Bedeutung zukommt, sind intervallskaliert. Ihre Bearbeitung unterliegt somit auch fast keinen Einschränkungen; so ist zum Beispiel der Mittelwert ein sinnvoller statistischer Kennwert zur Beschreibung dieser Variablen. Für das geometrische Mittel trifft dies jedoch, wie im Laufe dieses Kapitels noch klar werden wird, nicht zu, da die einzelnen Werte zur Berechnung multipliziert werden müssen.

2.2.4 Verhältnisniveau

Bei allen diesen Variablen kommt nicht nur der Differenz zweier Werte, sondern auch dem Verhältnis zweier Werte empirische Bedeutung zu. Ist etwa Emil 20 Jahre und Fritz 40 Jahre alt, so wird man sagen können, dass Fritz doppelt so alt ist wie Emil. Solche Variablen nennt man verhältnisskaliert. Es sind dies alle intervallskalierten Variablen, die den Wert Null annehmen können, wobei dieser gleichzeitig der niedrigste denkbare Wert ist. Beispiele, bei denen dies nicht der Fall ist, sind etwa die in Grad Celsius gemessene Temperatur (wegen der möglichen Werte kleiner als Null) und der Intelligenzquotient (wegen des nicht-möglichen Werts von Null). Bei den in diesem Buch behandelten statistischen Verfahren kommt der Unterscheidung zwischen intervall- und verhältnisskalierten Variablen in der Regel keine Bedeutung zu; es gibt nämlich mit einer Ausnahme (geometrisches Mittel) darunter keine Verfahren, die Verhältnisniveau voraussetzen.

Abschließend ist zu erwähnen, dass nominal- und ordinalskalierte Variablen kategoriale Daten, intervall- und verhältnisskalierte Daten Messwerte darstellen.

Zusammenfassend teilt sich die empirische Relevanz der einzelnen Skalenniveaus in vier Dimensionen ein: Unterscheidbarkeit (sind die einzelnen Beobachtungen unterscheidbar?), ob Ränge bildbar sind, ob Differenzen und schließlich ob Verhältnisse interpretierbar sind. Es ist sehr wichtig zu erwähnen, dass der Einsatz möglicher statistischer Verfahren direkt vom Messniveau abhängt.

2.3 Häufigkeitstabellen

Als einfachstes statistisches Verfahren gilt das Zählen. Im Falle von nominalskalierten Variablen ist dies auch die einzig mögliche statistische Operation.

In einer Bevölkerungsumfrage wurde unter anderem nach dem Familienstand der interviewten Personen gefragt. Die Auszählung ergab die Häufigkeiten der Tabelle 2.2.

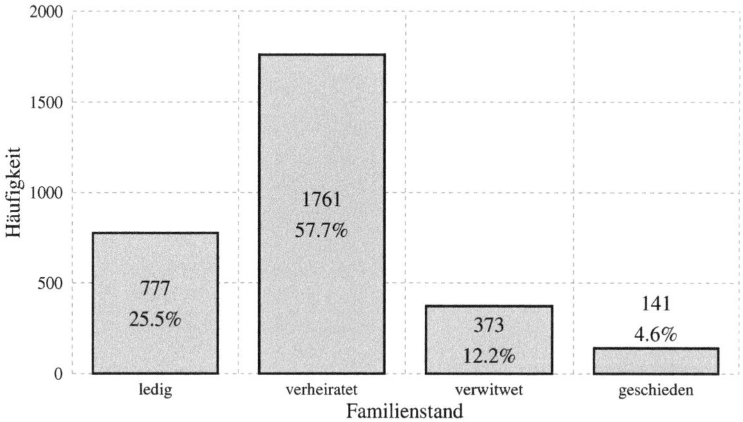

Abbildung 2.1: Balkendiagramm zur Darstellung der Häufigkeit des Familienstands

Familienstand	Häufigkeit
ledig	777
verheiratet	1 761
verwitwet	373
geschieden	141

Tabelle 2.2: Beobachtete Häufigkeiten

2.3.1 Beobachtete und prozentuale Häufigkeiten

Bei nominalskalierten Variablen ist es sinnvoll, die komplette Häufigkeitstabelle anzugeben und zusätzlich zu den *beobachteten* Häufigkeiten die *prozentualen* Häufigkeiten anzugeben.

Bezeichnet man die Anzahl der Kategorien mit k und die beobachteten Häufigkeiten innerhalb von Kategorie j mit f_j, so ist die Gesamtsumme der Häufigkeiten

$$n = \sum_{j=1}^{k} f_j$$

Daraus berechnen sich die prozentualen Häufigkeiten zu

$$p_j = \frac{f_j}{n} \cdot 100 \quad j = 1, \ldots, k$$

Diese prozentualen Häufigkeiten sind in Tabelle 2.3 mit eingetragen.

2.3.2 Kumulierte Häufigkeiten

Bei ordinalskalierten Variablen empfiehlt sich die Angabe der beobachteten und prozentualen Häufigkeiten. Sinnvoll ist dann ebenfalls die Bestimmung der kumulierten Häufigkeiten F_j und der kumulierten prozentualen Häufigkeiten P_j. Erstere sind dabei die bis zur betreffenden Kategorie aufsummierten beobachteten Häufigkeiten,

Familienstand	Häufigkeit	Prozent
ledig	777	25,5 %
verheiratet	1 761	57,7 %
verwitwet	373	12,2 %
geschieden	141	4,6 %
Summe	3 052	100 %

Tabelle 2.3: Prozentuale Häufigkeiten

die dann wieder auf der Basis der Gesamtsumme der Häufigkeiten in Prozenten ausgedrückt werden können.

In derselben Bevölkerungsumfrage wurde auch die Frage gestellt „Wie oft gehen Sie ins Fitness-Studio?“. Alle anfallenden Häufigkeiten sind in Tabelle 2.4 zusammengestellt.

Klasse j	Aktivität	Häufigkeit f_j	Prozent p_j	kumulierte Häufigkeit F_j	kumulierte Prozente P_j
1	mindestens zweimal pro Woche	73	2,6 %	73	2,6 %
2	einmal pro Woche	360	13,0 %	433	15,7 %
3	ein- bis dreimal pro Monat	331	12,0 %	764	27,2 %
4	mehrmals im Jahr	660	23,9 %	1 424	51,6 %
5	seltener	935	33,9 %	2 359	85,5 %
6	nie	402	14,6 %	2 761	100,0 %

Tabelle 2.4: Kumulierte Häufigkeiten

Den kumulierten prozentualen Häufigkeiten kann man zum Beispiel entnehmen, dass über die Hälfte der Befragten, nämlich 51,6 %, zumindest mehrmals im Jahr in die Kirche gehen.

2.3.3 Klassenbildung

Bei intervall- oder verhältnisskalierten Variablen liegen meist viele verschiedene Werte vor, so dass eine Häufigkeitstabelle recht unübersichtlich wird. In diesem Fall bietet es sich an, mehrere benachbarte Werte zu *Klassen* zusammenzufassen.

Als Beispiel sei eine Häufigkeitstabelle von Altersangaben betrachtet, die einer Fragebogenaktion entnommen wurde (Tabelle 2.5).

Vor einer Klassenzusammenfassung sind zwei Entscheidungen zu treffen, nämlich über die *Klassenbreite* und über den Beginn der ersten Klasse. Was die Wahl der Klassenbreite anbelangt, so gibt es hierfür keine verbindliche Regel. Eine geringe Klassenbreite bedingt eine große Klassenzahl und Unübersichtlichkeit, eine große Klassenbreite hingegen kann typische Verteilungsformen verwischen.

Man sollte etwa zehn bis zwanzig Klassen wählen, und zwar so, dass in der Mitte alle Klassen besetzt sind. Am linken und rechten Verteilungsrand können nach unten bzw. nach oben *offene Klassen* verwendet werden.

Alter	Anzahl *n*	Alter	Anzahl *n*	Alter	Anzahl *n*	Alter	Anzahl *n*
18	60	36	49	54	33	72	31
19	48	37	46	55	42	73	40
20	49	38	61	56	51	74	26
21	64	39	52	57	31	75	30
22	76	40	55	58	47	76	27
23	55	41	43	59	42	77	24
24	85	42	35	60	56	78	22
25	88	43	38	61	39	79	21
26	72	44	42	62	44	80	18
27	71	45	41	63	40	81	13
28	70	46	52	64	45	82	14
29	59	47	47	65	45	83	13
30	58	48	51	66	56	84	5
31	55	49	55	67	38	85	8
32	56	50	49	68	47	86	3
33	58	51	49	69	27	87	3
34	60	52	56	70	27	89	3
35	56	53	39	71	39	92	2

Tabelle 2.5: Beobachtete Häufigkeiten von Altersangaben

Wir wollen uns im gegebenen Beispiel mit acht Klassen begnügen, wobei die erste und die achte Klasse offene Klassen sind (Tabelle 2.6). Abbildung 2.2 zeigt die Häufigkeiten der Variable Alter über eine Klassenbreite von 10 Jahren. Eine Darstellung der absoluten oder prozentualen Häufigkeiten über die Klassenbreite von intervall- oder verhältnisskalierten Variablen nennt man Histogramm. Auf das Histogramm kommen wir bei den grafischen Auswertungen wieder zu sprechen.

Klasse	Häufigkeit	Prozent	kumulierte Prozente
bis 20 Jahre	157	5,1 %	5,1 %
21 bis 30 Jahre	698	22,9 %	28,0 %
31 bis 40 Jahre	548	18,0 %	46,0 %
41 bis 50 Jahre	453	14,8 %	60,8 %
51 bis 60 Jahre	446	14,6 %	75,4 %
61 bis 70 Jahre	408	13,4 %	88,8 %
71 bis 80 Jahre	278	9,1 %	97,9 %
über 80 Jahre	64	2,1 %	100,0 %

Tabelle 2.6: Klassenhäufigkeiten

Bei der ersten, nach unten offenen Klasse ist zu bedenken, dass sie nur drei Jahrgänge umfasst, so dass von vornherein eine geringere Klassenhäufigkeit zu erwarten ist. Davon abgesehen handelt es sich um eine linksgipflige Verteilung. Dies wird besonders deutlich, wenn man die gegebene Verteilung der Häufigkeiten in Form eines *Histogramms* darstellt. Auf die Bedeutung von linksgipfligen oder rechtsgipfligen Verteilungen kommen wir später zu sprechen.

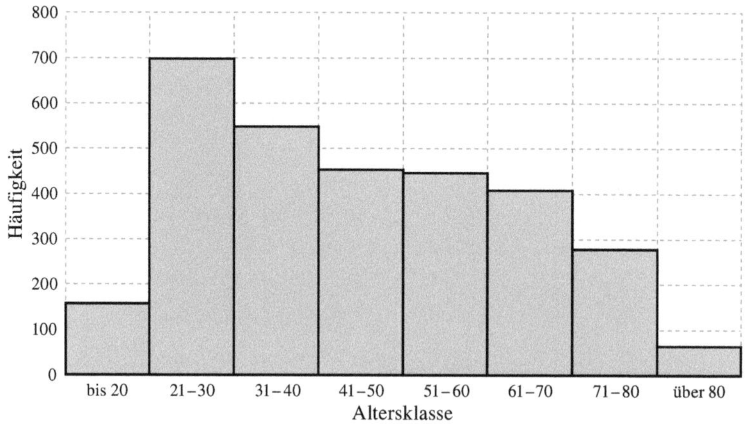

Abbildung 2.2: Histogramm zur Darstellung der Häufigkeit des Alters

2.4 Lokalisationsparameter

Lokalisationsparameter beschreiben die Lage einer Verteilung bzw. ihre zentrale Tendenz.

2.4.1 Modus

Der Modus ist der am häufigsten vorkommende Wert. In Tabelle 2.2 zum Familienstand von 3 052 befragten Personen wurde die Kategorie „verheiratet" mit 1 761 Nennungen am häufigsten genannt. Der Modus des Familienstands ist somit 2. Der Modus ist der einfachste Lokalisationsparameter. Er kann bei nominalskalierten Variablen verwendet werden. Seine Aussagekraft ist beschränkt, da in die Berechnung des Modus nur ein Wert einfließt und die anderen unberücksichtigt bleiben.

2.4.2 Der Mittelwert

Der Mittelwert ist der passende Lokalisationsparameter für intervallskalierte und normalverteilte Variablen (die Normalverteilung lernen wir im Kapitel 4 näher kennen). Er ist weniger geeignet für nicht-normalverteilte oder ordinalskalierte Variablen und unsinnig für nominalskalierte Variablen.

Wir besprechen drei Varianten des Mittelwerts: das arithmetische, das geometrische und das harmonische Mittel. Am gebräuchlichsten ist das arithmetische Mittel.

Arithmetisches Mittel

Das arithmetische Mittel von n Werten x_i ist die Summe dieser Werte, geteilt durch ihre Anzahl. Das arithmetische Mittel wird umgangssprachlich auch mit Durchschnitt bezeichnet.

Definition des arithmetischen Mittels:

$$\bar{x} = \frac{1}{n} \cdot \sum_{i=1}^{n} x_i$$

Als Beispiel seien die Altersangaben von $n = 12$ Personen betrachtet.

Wert x_i	x_1	x_2	x_3	x_4	x_5	x_6	x_7	x_8	x_9	x_{10}	x_{11}	x_{12}
Alter	40	37	67	23	45	39	29	51	56	24	42	38

Die Summe dieser Werte ist 491; damit ergibt sich

$$\bar{x} = \frac{491}{12} = 40{,}917$$

Die Personen sind also im Mittel 40,9 Jahre alt.

Oft liegen Werte in gehäufter Form vor wie zum Beispiel die Noten einer Klassenarbeit in Tabelle 2.7.

Note (x_j)	Klassenhäufigkeit (f_j)	$f_j \cdot x_j$
1	3	3
2	5	10
3	9	27
4	6	24
5	5	25
Summe	28	89

Tabelle 2.7: Noten einer Klassenarbeit

In diesem Fall kann man für die Berechnung des Mittelwerts eine modifizierte Formel anwenden und direkt die Häufigkeiten in den Klassen $1 \ldots k$ benutzen:

$$\bar{x} = \frac{\sum_{j=1}^{k} f_j \cdot x_j}{\sum_{j=1}^{k} f_j} = \frac{\sum_{j=1}^{k} f_j \cdot x_j}{n}$$

Im gegebenen Beispiel ergibt sich als mittlere Note

$$\bar{x} = \frac{89}{28} = 3{,}179$$

Es sei hier wiederholt erwähnt, dass k die Anzahl Klassen bezeichnet und n die Anzahl vorkommende Werte. Obige Formel mag auf den ersten Blick etwas befremdend erscheinen. Das Vorgehen liefert aber dasselbe Resultat, als hätte man die Daten in Listenform zur Verfügung und dann den Mittelwert wie gewohnt berechnet.

Wert x_i	x_1	x_2	x_3	x_4	x_5	x_6	x_7	x_8	...	x_{28}
Note	1	1	1	2	2	2	2	2	...	5

Werden nun aus obiger Tabelle alle Noten x_i addiert und durch die Anzahl Werte $n = 28$ geteilt, so erhält man:

$$\overline{x} = \frac{1}{n} \cdot \sum_{i=1}^{n} x_i = \frac{89}{28} = 3{,}179$$

Zwei Eigenschaften des Mittelwerts seien erwähnt:

- Die Summe der Differenzen aller Werte von ihrem Mittelwert ist null.
- Die Summe der Quadrate der Differenzen aller Werte von ihrem Mittelwert ist kleiner als die Summe der Quadrate der Differenzen aller Werte zu irgendeinem anderen Wert.

Bei Abweichungen von der Normalverteilung, was insbesondere bei Auftreten von Ausreißern der Fall ist, ist die Berechnung des Mittelwerts oft nicht sinnvoll, wie das folgende extreme Beispiel zeigt.

Vier Berufstätige wurden nach ihrem monatlichen Einkommen gefragt:

4 000 €
7 000 €
5 000 €
100 000 €

Als mittleres Einkommen ergibt sich

$$\overline{x} = \frac{116\,000\ €}{4} = 29\,000\ €$$

Das mittlere Einkommen der befragten Personen beträgt also 29 000 Euro. Handelt es sich um vier Einwohner eines Dorfs und möchte der Bürgermeister das durchschnittliche Einkommen seiner Bewohner wissen, da sich hiernach als konstanter Prozentsatz die Steuereinnahmen der Gemeinde berechnen, ist dieser Wert sinnvoll. Soll er aber als Maß für den „typischen Fall“ eines Einkommens dienen, so wäre er eine sinnlose Größe und der Median wäre vorzuziehen. Den Median lernen wir im Verlaufe dieses Kapitels kennen.

Zuweilen tritt das Problem auf, dass bei verschiedenen Stichproben gewonnene Mittelwerte zu einem gemeinsamen Mittelwert zusammengeführt werden sollen. Angenommen, bei einer zweiten Stichprobe von nunmehr 20 Personen habe sich ein Altersmittelwert von 43,2 Jahren ergeben.

Zur Berechnung des gemeinsamen Mittelwerts mit unserer ersten Stichprobe ($\overline{x} = 40{,}9$; $n = 12$) wäre es falsch, die beiden Mittelwerte zu addieren und die Summe durch 2 zu teilen, da dann die unterschiedlichen Fallzahlen nicht berücksichtigt würden.

Richtig ist es, bei der Berechnung des gemeinsamen Mittelwerts zweier Stichproben, von denen die Mittelwerte $\overline{x}_1$ und $\overline{x}_2$ bei den Fallzahlen n_1 und n_2 vorliegen, diese Mittelwerte entsprechend zu gewichten:

$$\overline{x} = \frac{n_1 \cdot \overline{x}_1 + n_2 \cdot \overline{x}_2}{n_1 + n_2}$$

Im gegebenen Beispiel ergibt sich hiermit

$$\overline{x} = \frac{12 \cdot 40{,}9 + 20 \cdot 43{,}2}{12 + 20} = 42{,}3$$

Bei mehr als zwei zu vereinigenden Mittelwerten wird entsprechend verfahren.

Es wurde schon darauf hingewiesen, dass die Berechnung des Mittelwerts bei nominalskalierten Variablen unsinnig ist. Haben Sie etwa ein neues Medikament getestet und die auftretenden insgesamt 27 verschiedenen Nebenwirkungen mit einer Codierung von 1 bis 27 versehen, so ist die Aussage „die mittlere Nebenwirkung beträgt 12,4“ sinnlos.

Geometrisches Mittel

Das geometrische Mittel dient zum Beispiel zur Ermittlung von Wachstumsraten aufeinander folgender Perioden. Seine Berechnung setzt die Verhältnisskala voraus.

Definition des geometrischen Mittels:

$$\overline{x}_G = \sqrt[n]{x_1 \cdot x_2 \cdot \ldots \cdot x_n}$$

Tabelle 2.8 enthält die Wachstumsraten des Konsumentenpreis-Indexes (KPI) der Russischen Föderation von 2010 bis 2016. Der KPI misst den Preis eines durchschnittlichen Warenkorbs in der jeweiligen Landeswährung in einem gegebenen Jahr. Über die Wachstumsraten dieses Preises im Vergleich zum Vorjahr lässt sich dann die Inflation ermitteln. Das geometrische Mittel kann hier benützt werden, um die durchschnittliche Inflation über einen Zeitraum zu ermitteln.

Jahr	KPI	Wachstumsrate x_i	Inflationsrate
2010	100		
2011	108,44	1,0844	8,44 %
2012	113,94	1,0507	5,07 %
2013	121,64	1,0675	6,75 %
2014	131,15	1,0782	7,82 %
2015	151,53	1,1553	15,53 %
2016	162,19	1,0704	7,04 %

Tabelle 2.8: Wachstumsraten des Konsumentenpreis-Indexes

Das geometrische Mittel der Wachstumsraten ist

$$\overline{x}_G = \sqrt[6]{1{,}0844 \cdot 1{,}0507 \cdot 1{,}0675 \cdot 1{,}0782 \cdot 1{,}1553 \cdot 1{,}0704} = 1{,}0839$$

Dies ist die konstante Wachstumsrate, die zum gleichen Gesamtwachstum geführt hätte. Die durchschnittliche Inflation hat über den Zeitraum 2011–2016 somit 8,39 % betragen.

Harmonisches Mittel

Das harmonische Mittel wird zum Beispiel bei der Varianzanalyse eingesetzt, wenn ungleiche Zellenumfänge durch das harmonische Mittel ersetzt werden (siehe Abschnitt 13.4).

Definition des harmonischen Mittels:

$$\overline{x}_H = \frac{n}{\frac{1}{x_1} + \frac{1}{x_2} + \ldots + \frac{1}{x_n}}$$

Ein praktisches Beispiel ist die Berechnung mittlerer Geschwindigkeiten. Angenommen, Sie fahren die Strecke von Kassel nach Marburg (100 km) mit einer durchschnittlichen Geschwindigkeit von 80 km/h und die Strecke von Marburg nach Frankfurt (ebenfalls 100 km) mit einer solchen von 120 km/h. Falls Sie nun ohne länger nachzudenken die Durchschnittsgeschwindigkeit von Kassel bis Frankfurt mit 100 km/h angeben, liegen Sie falsch.

Hier ist nicht das arithmetische, sondern das harmonische Mittel einzusetzen:

$$\overline{x}_H = \frac{2}{\frac{1}{80} + \frac{1}{120}} = 96$$

Die durchschnittliche Geschwindigkeit für die Gesamtstrecke beträgt also 96 km/h.

2.4.3 Der Median

Der Median wird bei ordinalskalierten bzw. intervallskalierten, aber nicht normalverteilten Variablen berechnet.

Definition des Medians:
Der Median ist derjenige Wert, unterhalb und oberhalb dessen jeweils die Hälfte der Messwerte liegen.

Dabei gibt es zwei verschiedene Arten der Berechnung, je nachdem, ob die Messwerte einzeln oder in klassierter Form vorliegen.

Wir betrachten zunächst ein Beispiel zur erstgenannten Möglichkeit. Bei elf Probanden seien zur Lösung einer Aufgabe die folgenden Zeiten (in Sekunden) gemessen worden:

489 113 141 120 217 109 675 218 96 225 132

Es treten zwei Ausreißerwerte auf (489, 675), so dass es sinnvoll erscheint, anstelle des Mittelwerts den gegenüber Ausreißern unempfindlichen Median zu berechnen.

Zu diesem Zweck schreibt man zunächst die Werte der Größe nach sortiert auf:

96 109 113 120 132 141 217 218 225 489 675

Bei einer solch ungeraden Anzahl von Werten ist der Median ein tatsächlich auftretender Wert, nämlich der mittlere Wert der in aufsteigender Reihenfolge sortierten

Wertereihe. Im gegebenen Beispiel mit elf Messwerten ist dies der sechste Wert, also der Wert 141:

$$Median = 141$$

Links und rechts von diesem Wert liegen dann gleich viele Werte, nämlich fünf.

Wir wollen der aufsteigend notierten Wertereihe noch einen Wert anfügen:

96 109 113 120 132 141 217 218 225 489 675 690

In diesem Fall einer geraden Anzahl von Werten ist der Median der Mittelwert aus den beiden mittleren Werten der Liste, hier also

$$Median = \frac{141 + 217}{2} = 179$$

Es ist offensichtlich, dass der Median gänzlich unempfindlich gegen Ausreißerwerte ist. So ist es zum Beispiel völlig gleichgültig, welchen Wert der größte Messwert annimmt, da der Wert des Medians hiervon unberührt bleibt.

Häufig wird der Median auch bei ordinalskalierten Variablen bestimmt, wobei die Angaben in Form einer Häufigkeitstabelle vorliegen. In einem Fragebogen zur Krankheitsverarbeitung sollten 160 Patienten auf einer Fünfer-Skala angeben, inwieweit sie aktive Anstrengungen zur Lösung ihrer gesundheitlichen Probleme unternehmen. Die entsprechenden Häufigkeiten sind in Tabelle 2.9 wiedergegeben.

aktiv	Skalenwert x_j	Häufigkeit f_j	kumulierte Häufigkeit F_j	prozentuale Häufigkeit p_j	kumulierte prozentuale Häufigkeit P_j
gar nicht	1	12	12	7,5 %	7,5 %
wenig	2	25	37	15,6 %	23,1 %
mittelmäßig	3	23	60	14,4 %	37,5 %
ziemlich	4	53	113	33,1 %	70,6 %
sehr stark	5	47	160	29,4 %	100,0 %

Tabelle 2.9: Beobachtete und kumulierte Häufigkeiten

Zusätzlich zu den Häufigkeiten ist jeweils die kumulierte Häufigkeit aufgeführt, sowohl in absoluten Werten als auch in prozentualen Werten.

Nach der erläuterten Regel zur Bestimmung des Medians ergibt sich hierfür der Wert 4. Bei insgesamt 160 Werten liegt der Median nämlich, wenn man die Werte aufsteigend sortiert, zwischen dem 80. und 81. Wert. Die kumulierte Häufigkeit zeigt an, dass sowohl der 80. als auch der 81. Wert den Wert 4 haben, womit auch der Median diesen Wert annimmt.

Es dürfte aber unmittelbar klar sein, dass dies ein recht unbrauchbarer, da zu ungenauer Wert ist. Im Falle von solchen gehäuften bzw. klassierten Daten benutzt man zur genaueren Bestimmung des Medians eine verfeinerte Formel.

Berechnung des Medians bei klassierten Daten:

$$Median = x_u + \frac{(50\,\% - P_u)}{(P_o - P_u)}(x_o - x_u)$$

Dabei gilt:

x_u, x_o	untere und obere Grenze der Klasse, die den Median enthält
P_u, P_o	untere und obere kumulierte prozentuale Häufigkeiten

In obigem Beispiel sind die folgenden Werte gegeben:

$$x_u = 3{,}5 \quad x_o = 4{,}5 \quad P_u = 37{,}5\,\% \quad P_o = 70{,}6\,\%$$

Damit ergibt sich für den Median

$$Median = 3{,}5 + \frac{(50\,\% - 37{,}5\,\%)}{(70{,}6\,\% - 37{,}5\,\%)}(4{,}5 - 3{,}5) = 3{,}877$$

Bezeichnet man die Anzahl der Kategorien mit k, so würde sich der Mittelwert aller Werte nach folgender Formel errechnen:

$$\overline{x} = \frac{\sum_{j=1}^{k} f_j \cdot x_j}{n} = \sum_{j=1}^{k} p_j \cdot x_j$$

Dies ergibt im gegebenen Beispiel

$$\overline{x} = 0{,}075 \cdot 1 + 0{,}156 \cdot 2 + 0{,}144 \cdot 3 + 0{,}331 \cdot 4 + 0{,}294 \cdot 5 = 3{,}613$$

Der Mittelwert ist also kleiner als der Median, was bei einer rechtsgipfligen Verteilung wie im gegebenen Beispiel stets der Fall ist. Bei einer linksgipfligen Verteilung ist der Mittelwert größer als der Median. In diesen Fällen spricht man von einer schiefen Verteilung. Die Schiefe einer Verteilung wird in Abschnitt 2.5.3 eingeführt.

2.4.4 *P*-Quantile

Der im vorangegangenen Kapitel erklärte Median stellt das 50%-Quantil dar. Es ist jener Wert, der die Datenreihe in der Mitte teilt. Somit liegen 50 % der beobachteten Werte unterhalb des Medians und 50 % der Werte oberhalb des Medians. Analog lässt sich natürlich ein beliebiges Quantil berechnen, z. B. ein 25%-Quantil. Das 25%-Quantil ist jener Wert, wo 25 % der beobachteten Werte unterhalb und daher 75 % der Werte oberhalb dieser Grenze liegen. Ein 75%-Quantil würde analog die Datenreihe so aufteilen, dass 75 % der Werte unterhalb dieser Grenze und nur 25 % der Werte oberhalb liegen. Allgemein bezeichnet man Quantile als *P*-Quantile. Beim *P*-Quantil liegen P % der Werte unterhalb des Quantils und $(100 - P)$ % oberhalb des Quantils.

Wenden wir uns nochmals dem Beispiel mit den Lösungszeiten zu. Für die sortierte Datenreihe der gemessenen Zeiten in Sekunden liegen $n = 12$ Werte vor.

96 109 113 120 132 141 217 218 225 489 675 690

Wenn wir das $P = 25\,\%$-Quantil bestimmen wollen, so ist zuerst die Lage k des Quantils in der sortierten Datenreihe zu berechnen: $k = P \cdot N = 0{,}25 \cdot 12 = 3$. Analog zu Argumentation, die wir schon beim Median angewandt haben, ist somit der Mittelwert aus dem dritten und vierten Datenpunkt zu nehmen. Wir erhalten somit für das 25%-Quantil: $x_{25\,\%} = \frac{1}{2}(x_3 + x_4) = \frac{1}{2}(113 + 120) = 116{,}5$.

Für das $P = 75\,\%$-Quantil erhalten wir für die Lage k: $k = P \cdot N = 0{,}75 \cdot 12 = 9$. Somit ist das 75%-Quantil die Mitte vom neunten und zehnten Wert der sortierten Daten: $x_{75\,\%} = \frac{1}{2}(x_9 + x_{10}) = \frac{1}{2}(225 + 489) = 357$.

Auch im Falle von klassierten Daten kann das Resultat verallgemeinert werden:

Berechnung des *P*-Quantils bei klassierten Daten:

$$x_P = x_u + \frac{(P - P_u)}{(P_o - P_u)}(x_o - x_u)$$

Dabei gilt:

P	gewünschtes Quantil
x_u, x_o	untere und obere Grenze der Klasse, die das P-Quantil enthält
P_u, P_o	untere und obere kumulierte prozentuale Häufigkeiten

Das 25%-Quantil bezeichnet den 40. Wert. Gemäß Tabelle 2.9 liegt dieser in Klasse $x_j = 3$. Daher sind die zu benutzenden Werte:

$$x_u = 2{,}5 \quad x_o = 3{,}5 \quad P_u = 0{,}231 = 23{,}1\,\% \quad P_o = 0{,}375 = 37{,}5\,\%$$

Damit ergibt sich für das 25%-Quantil

$$x_{25\,\%} = 2{,}5 + \frac{(25\,\% - 23{,}1\,\%)}{(37{,}5\,\% - 23{,}1\,\%)}(3{,}5 - 2{,}5) = 2{,}632$$

Das 75%-Quantil bezeichnet den 120. Wert. Gemäss Tabelle 2.9 liegt dieser in Klasse $x_j = 5$. Daher sind die zu benutzenden Werte:

$$x_u = 4{,}5 \quad x_o = 5{,}5 \quad P_u = 0{,}706 = 70{,}6\,\% \quad P_o = 1{,}00 = 100\,\%$$

Damit ergibt sich für das 75%-Quantil

$$x_{75\,\%} = 4{,}5 + \frac{(75\,\% - 70{,}6\,\%)}{(100\,\% - 70{,}6\,\%)}(5{,}5 - 4{,}5) = 4{,}650$$

2.5 Dispersionsparameter

Während die Lokalisationsparameter die Lage einer Verteilung oder ihre zentrale Tendenz beschreiben, kennzeichnen die Dispersionsparameter oder Streuungsmaße die Breite einer Verteilung.

Das einfachste Streuungsmaß, *Spannweite* oder Range genannt, ist die Differenz zwischen größtem und kleinstem Wert:

$$\textit{Spannweite} = \textit{Maximum} - \textit{Minimum}$$

Der Nachteil dieses Streuungsmaßes ist, dass es lediglich auf den beiden Extremwerten basiert und somit höchst unsicher ist; es sagt zudem nichts über die dazwischen liegenden Werte aus. Daher wurden, je nach Messniveau, aussagekräftigere Streuungsmaße entwickelt.

2.5.1 Varianz, Standardabweichung und Standardfehler

Um alle Werte in die Berechnung eines geeigneten Streuungsmaßes für intervall- bzw. verhältnisskalierte Variablen einzubeziehen, könnte man versuchen, die Summe der Abweichungen der Werte zum Mittelwert zu verwenden. Diese Summe ist aber Null, da die Summe der Abweichungen der Werte oberhalb des Mittelwerts gleich groß ist wie die Summe der Abweichungen der Werte unterhalb des Mittelwerts. Dies soll mithilfe von Tabelle 2.10 anhand von drei Preisen eines Produkts illustriert werden. Der Mittelwert der Messwerte ist $\overline{x} = \frac{1}{3}(3€ + 7€ + 8€) = 6€$.

Index i	Wert x_i	Abweichung $x_i - \overline{x}$
1	3 €	−3 €
2	7 €	1 €
3	8 €	2 €
Summe		0 €

Für ein geeignetes Streuungsmaß verwendet man u. a. deshalb die quadrierten Abweichungen der Werte vom Mittelwert. Diese quadrierten Abweichungen bilden die Grundlage für die Varianz und für die Standardabweichung.

Definition der Varianz:

$$\textbf{Varianz für Stichproben: } s^2 = \frac{\sum_{i=1}^{n}(x_i - \overline{x})^2}{n-1}$$

$$\textbf{Varianz für Grundgesamtheit: } \sigma^2 = \frac{\sum_{i=1}^{n}(x_i - \overline{x})^2}{n}$$

Die Varianz ist die durchschnittliche quadrierte Abweichung der Werte x_i vom Mittelwert $\overline{x}$.

Bei Stichproben wird die Varianz der Grundgesamtheit aus Stichprobenwerten geschätzt. Man erhält einen besseren Schätzwert, wenn die Summe der quadrierten Abweichungen durch $n - 1$ anstatt durch n geteilt wird. Gemäß vorherigem Beispiel erhalten wir für die Varianz der Stichprobe somit: $s^2 = \frac{1}{3-1} \cdot 14€^2 = 7€^2$.

Index i	Wert x_i	Abweichung $x_i - \overline{x}$	$(x_i - \overline{x})^2$
1	3 €	−3 €	9 €^{2}
2	7 €	1 €	1 €^{2}
3	8 €	2 €	4 €^{2}
Summe		0 €	14 €^{2}

Bei der Varianz besteht das Problem, dass sich die Maßeinheit ändert, nämlich von € zu €^{2}. Zieht man aus der Varianz die Wurzel, erhält man die Standardabweichung, bei der die ursprüngliche Maßeinheit erhalten bleibt.

Definition der Standardabweichung:

Standardabweichung für Stichproben: $s = \sqrt{\frac{\sum_{i=1}^{n}(x_i - \overline{x})^2}{n-1}}$

für Grundgesamtheit: $\sigma = \sqrt{\frac{\sum_{i=1}^{n}(x_i - \overline{x})^2}{n}}$

Die Standardabweichung ist die Wurzel aus der Varianz, d. h. die Wurzel aus der durchschnittlichen quadrierten Abweichung der Werte x_i vom Mittelwert $\overline{x}$.

Die Standardabweichung ist das gebräuchlichste Streuungsmaß für intervall- bzw. verhältnisskalierte und normalverteilte Variablen. Sie gibt die erwartete Abweichung der Werte vom Mittelwert an.

Je mehr also die einzelnen Messwerte von ihrem Mittelwert abweichen, desto größer wird die Standardabweichung. Zur praktischen Berechnung der Standardabweichung benutzt man eine modifizierte Formel.

Modifizierte Formel zur Berechnung der Standardabweichung:

$$s = \sqrt{\frac{\sum_{i=1}^{n} x_i^2 - \frac{(\sum_{i=1}^{n} x_i)^2}{n}}{n-1}}$$

Als Rechenbeispiel sollen die Altersangaben aus Abschnitt 2.4.2 dienen. Diese Werte ($n = 12$) sind zusammen mit den quadrierten Werten in Tabelle 2.10 eingetragen.

Damit ergibt sich für die Standardabweichung

$$s = \sqrt{\frac{21\,895 - \frac{491^2}{12}}{12-1}} = 12{,}81$$

Beim Vergleich zweier Standardabweichungen miteinander ist zu beachten, dass dieser nur bei ähnlichen Mittelwerten sinnvoll ist. So hat eine Standardabweichung von 1 natürlich eine unterschiedliche Bedeutung, je nachdem, ob die zugehörigen Mittelwerte beispielsweise 10 oder 100 sind.

Eine Relativierung der Standardabweichung s am Mittelwert $\overline{x}$ führt zur Definition des *Variationskoeffizienten V*.

Definition des Variationskoeffizienten:

$$V = \frac{s}{\overline{x}}$$

i	x_i	x_i^2
1	40	1 600
2	37	1 369
3	67	4 489
4	23	529
5	45	2 025
6	39	1 521
7	29	841
8	51	2 601
9	56	3 136
10	24	576
11	42	1 764
12	38	1 444
Summe	491	21 895

Tabelle 2.10: Summe und Quadratsumme des Alters

In unserem Beispiel der Altersangaben ergibt sich

$$V = \frac{12{,}81}{40{,}9} = 0{,}313$$

Der Variationskoeffizient wird dann verwendet, wenn Standardabweichungen zwischen Stichproben mit verschiedenen Mittelwerten verglichen werden sollen.

Berechnung einer gemeinsamen Standardabweichung

Ähnlich wie beim Mittelwert kann man auch an verschiedenen Stichproben gewonnene Standardabweichungen zu einer gemeinsamen Standardabweichung zusammenführen. Die entsprechende Formel lautet

$$s = \sqrt{\frac{1}{n-1} \cdot \left[\sum_{j=1}^{k} \left((n_j - 1) \cdot s_j^2 \right) + \sum_{j=1}^{k} \left(n_j \cdot (\overline{x}_j - \overline{x})^2 \right) \right]}$$

Dabei bedeuten:

k	Anzahl der Stichproben
n_j	Umfänge der Stichproben
$\overline{x}_j$	Mittelwerte der Stichproben
s_j	Standardabweichungen der Stichproben
$\overline{x}$	Gesamtmittelwert der Stichproben

n ist die Summe der Stichprobenumfänge:

$$n = \sum_{j=1}^{k} n_j$$

Der Rechengang soll anhand eines einfachen Beispiels mit zwei Stichproben gezeigt werden. Gegeben seien

$$\overline{x}_1 = 30 \quad \overline{x}_2 = 28 \quad s_1 = 5 \quad s_2 = 4 \quad n_1 = 22 \quad n_2 = 24$$

Der gemeinsame Mittelwert $\overline{x}$ berechnet sich nach Abschnitt 2.4.2 zu

$$\overline{x} = \frac{22 \cdot 30 + 24 \cdot 28}{22 + 24} = 28{,}96$$

Die weiteren benötigten Zwischenergebnisse sind in Tabelle 2.11 eingetragen.

j	n_j	s_j^2	$(n_j - 1) \cdot s_j^2$	$(\overline{x}_j - \overline{x})^2$	$n_j \cdot (\overline{x}_j - \overline{x})^2$
1	22	25	525	1,081	23,782
2	24	16	368	0,922	22,128
Summe	46		893		45,910

Tabelle 2.11: Rechenschritte zur gemeinsamen Standardabweichung

Hiermit ergibt sich

$$s = \sqrt{\frac{1}{45} \cdot (893 + 45{,}910)} = 4{,}57$$

Die Mittelwerte von Stichproben streuen weniger als die Originalwerte. So streuen zum Beispiel die Notendurchschnitte der Schüler einer Klasse weniger als die Noten selber. Die Standardabweichung der Stichprobenmittelwerte heißt Standardfehler s_m und kann wie folgt aus der Standardabweichung s der Stichprobenwerte berechnet werden:

$$s_m = \frac{s}{\sqrt{n}}$$

Angenommen, alle Studierende des Statistikkurses erhalten den Auftrag, auf der Straße 10 Leute nach ihren Einkommen zu befragen, so werden diese Studierenden wahrscheinlich alle einen anderen Stichprobenmittelwert erhalten. Jedoch wird die Standardabweichung dieser Stichprobenmittelwerte kleiner sein, nämlich um den Faktor $\sqrt{10}$ kleiner als die Standardabweichung der Einkommenswerte selbst.

2.5.2 Der Quartilabstand

Der Median ist nach seiner in Abschnitt 2.4.3 gegebenen Definition derjenige Wert, unterhalb und oberhalb dessen jeweils 50 % der Werte liegen. Zwei weitere ausgezeichnete Punkte der Messwertskala sind das 1. Quartil ($Q1$) und das 3. Quartil ($Q3$), wobei unter dem 1. Quartil das 25%-Quantil und unter dem 3. Quartil das 75%-Quantil verstanden werden. Der Quartilsabstand Q_A (auch Interquartilsabstand IQA genannt) ist die Differenz zwischen dem 3. Quartil und dem 1. Quartil: $Q_A = Q_3 - Q_1$ und der mittlere Quartilsabstand ist die Hälfte davon.

Der mittlere Quartilabstand als Streuungsmaß wird sinnvollerweise genau dort verwendet, wo anstelle des Mittelwerts der Median als Lokalisationsparameter benutzt wird. Als Rechenbeispiel betrachten wir noch einmal das Beispiel der gehäuften Daten in Tabelle 2.9. Die Berechnungen hatten für das 1. Quartil einen Wert von $Q1 = 2{,}632$ und für das 3. Quartil einen Wert von $Q3 = 4{,}650$ ergeben. Der Quartilsabstand beträgt somit $Q_3 - Q_1 = 4{,}650 - 2{,}632 = 2{,}018$. Der mittlere Quartilsabstand ist daher $\frac{1}{2}(4{,}650 - 2{,}632) = 1{,}009$.

2.5.3 Die Schiefe

Definition der Schiefe:

$$\nu = \frac{n}{(n-1)(n-2)} \sum_{i=1}^{n} \left(\frac{x_i - \overline{x}}{s} \right)^3$$

Die Schiefe wird in den wenigsten Fällen manuell ausgewertet. Zentral ist jedoch, ob die Schiefe größer oder kleiner als Null ist. Ist die Schiefe größer als Null, so nennt man die Verteilung rechtsschief oder linksgipflig. In diesem Fall sind dann Ausreißer in den Daten am oberen Ende der Verteilung zu erwarten. Je stärker die Schiefe von Null abweicht, umso ausgeprägter sind die Effekte. Ein gutes Beispiel hierfür sind Einkommens-Verteilungen. Für eine negative Schiefe gelten die hier genannten Fakten in umgekehrter Form. Falls die Schiefe Null oder nahe genug bei Null ist, kann man von einer symmetrischen Verteilung ausgehen. Somit ist eine Schiefe von Null oder nahe Null eine Voraussetzung für eine Normalverteilung der Daten (siehe Abschnitt 4.3.1). Die hier geschilderten Sachverhalte sind in Abbildung 2.3 dargestellt.

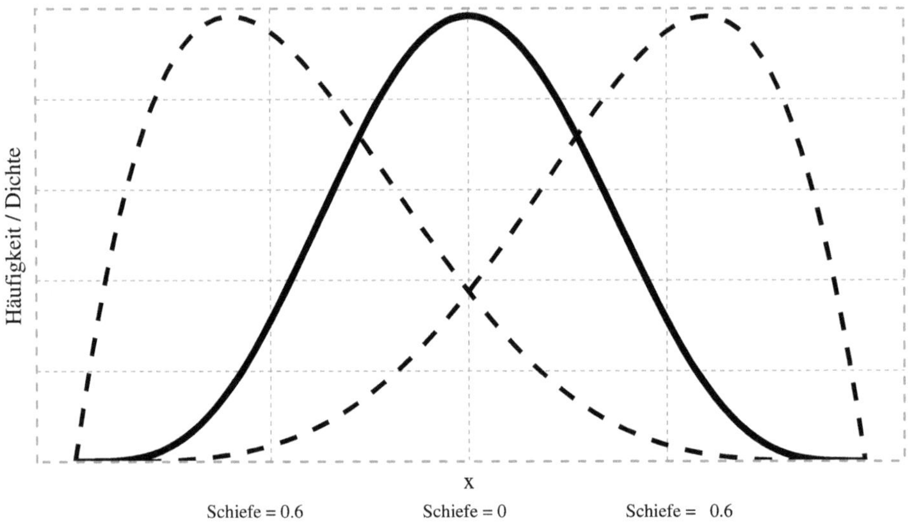

Abbildung 2.3: Verteilungen mit unterschiedlichen Schiefen

2.5.4 Die Wölbung

Definition der Wölbung:

$$\kappa = \frac{n(n+1)}{(n-1)(n-2)(n-3)} \sum_{i=1}^{n} \left(\frac{x_i - \bar{x}}{s} \right)^4 - \frac{3(n-1)^2}{(n-2)(n-3)}$$

Auch hier sei wieder erwähnt, dass die Auswertung der Wölbung nicht für manuelle Anwendungen gedacht ist. Zentral ist wiederum, ob die Wölbung größer oder kleiner als Null ist. Ist die Wölbung größer als Null, so zeigt die Verteilung einen spitzen Zulauf in der Mitte und flacht nach unten und oben nur langsam ab. Das heißt, dass es im Vergleich zu einer Normalverteilung eine höhere Wahrscheinlichkeit gibt, dass sich Daten weit entfernt vom Mittelwert realisieren (siehe Abschnitt 4.3.1). In diesem Fall sind dann Ausreißer in den Daten am oberen und unteren Ende der Verteilung zu erwarten. Je stärker die Wölbung von Null abweicht, umso ausgeprägter sind die Effekte. Die hier geschilderten Sachverhalte sind in Abbildung 2.4 dargestellt.

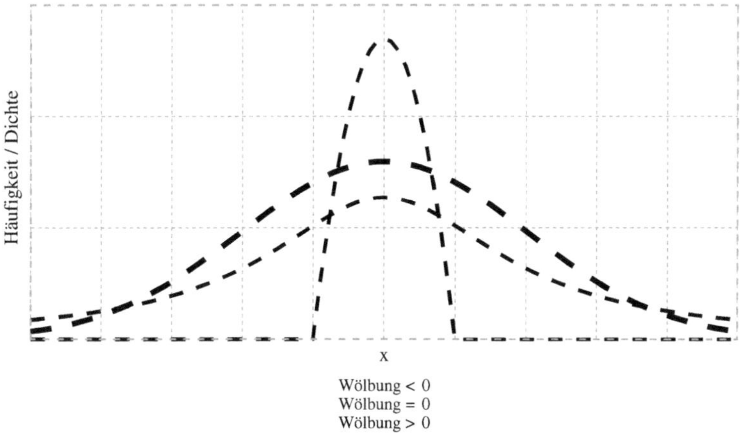

Abbildung 2.4: Verteilungen mit unterschiedlichen Wölbungen

2.6 Grafiken

Ein wesentlicher Aspekt der deskriptiven Statistik ist die Visualisierung von Häufigkeitstabellen, statistischen Kennwerten oder Zusammenhängen zwischen Variablen in Form geeigneter Grafiken. So wird ein Computerprogramm zur Statistik auch danach beurteilt, wie komfortabel seine grafischen Möglichkeiten sind.

Bei der Erstellung von Grafiken sind der Fantasie fast keine Grenzen gesetzt und häufig gibt es prinzipiell mehr als eine Möglichkeit der passenden Darstellung. Da erfahrungsgemäß die verschiedenen Arten von Diagrammen allgemein recht gut bekannt sind, sollen nur kurz die gängigsten Grafiktypen vorgestellt werden.

Im Folgenden werden die häufigsten Diagrammarten vorgestellt: Balkendiagramme, Kreisdiagramme, Liniendiagramme, Streudiagramme, Histogramme und Boxplots.

2.6.1 Balkendiagramme

Häufigkeiten der Kategorien einer nominal- oder ordinalskalierten Variable oder die Mittelwerte einer nach einer Gruppierungsvariable aufgesplitteten intervallskalierten Variable werden gerne in einem Balkendiagramm dargestellt.

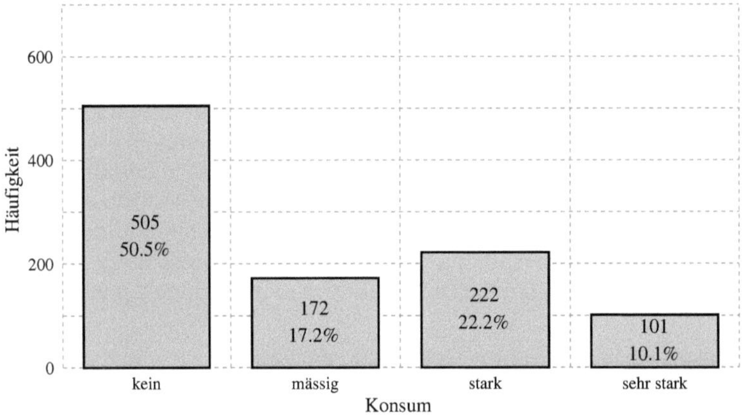

Abbildung 2.5: Balkendiagramm zur Häufigkeit des Nikotinkonsums

Insgesamt wurden $n = 1\,000$ Personen nach ihrem Rauchverhalten bzw. dem Nikotinkonsum befragt. Die Antwortmöglichkeiten beschränkten sich dabei auf „kein Konsum“, „mäßigen Konsum“, „starken Konsum“ und „sehr starken Konsum“. Die Variable ist offensichtlich ordinalskaliert und lässt sich somit gut in einem Balkendiagramm darstellen.

Ob absolute oder prozentuale Häufigkeiten dargestellt werden, ist letztlich gleichgültig, da es beim optischen Eindruck lediglich auf die relative Länge der Balken zueinander ankommt. Unbedingt sollte darauf geachtet werden, dass die Skalierung der senkrechten Achse bei Null beginnt.

2.6.2 Kreisdiagramme

Prozentuale Häufigkeiten von nominalskalierten Variablen stellt man häufig in Form von Kreisdiagrammen dar. Voraussetzung dafür ist, dass sich diese Häufigkeiten sinnvoll zu hundert Prozent addieren lassen. Abbildung 2.6 zeigt die prozentualen Anteile der sieben als beliebtest geltenden Automarken der Deutschen.

2.6.3 Liniendiagramme

Liniendiagramme kommen in der Regel dann zum Einsatz, wenn zeitliche Verläufe dargestellt werden sollen. In Abbildung 2.7 ist der in Tabelle 2.8 vorgestellte russische Konsumentenpreis-Index (KPI) über die Jahre 1992–2016 grafisch dargestellt.

Eine Variante sind die Flächendiagramme, bei denen die Fläche unter der Linie ausgefüllt wird.

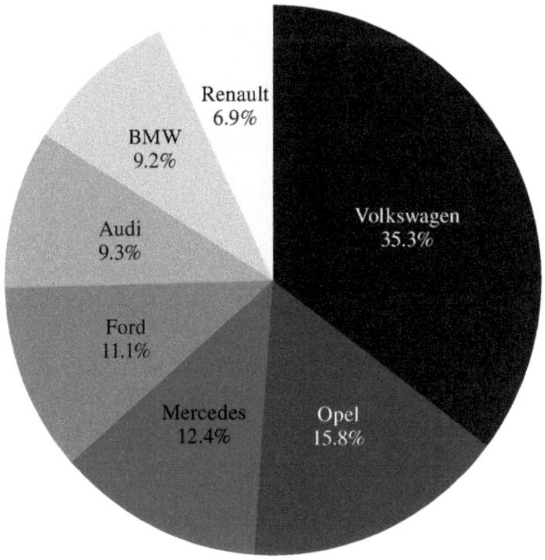

Abbildung 2.6: Kreisdiagramm

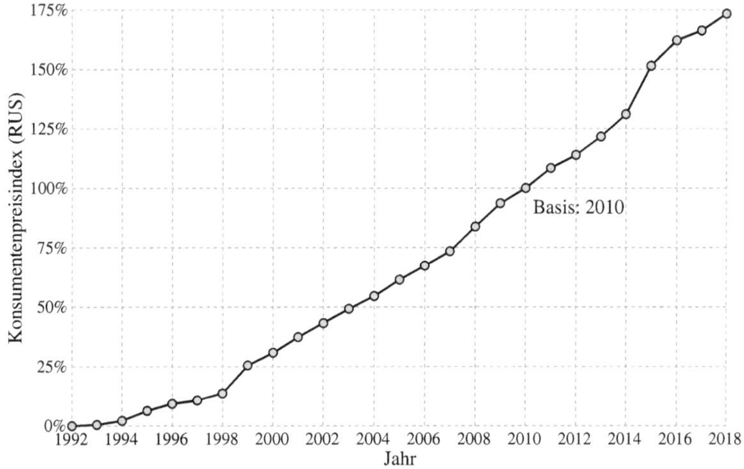

Abbildung 2.7: Liniendiagramm

2.6.4 Streudiagramme

Äußerst sinnvoll ist es, den Zusammenhang zwischen zwei intervallskalierten Variablen in Form eines Streudiagramms darzustellen.

Die Form der aufgezeigten Punktwolke gibt Aufschluss über die Stärke und Form des Zusammenhangs.

Abbildung 2.8 zeigt die Lebenserwartung von Frauen und Männern in den USA von 1900–1999. Zusätzlich ist eine 45 Grad Gerade in der Grafik eingefügt. Auf dieser würden die Datenpunkte liegen, wenn die Lebenserwartung von Frauen und Männern in einem bestimmten Jahr gleich gewesen wäre. Der Grafik ist aber zu entnehmen, dass Frauen stets eine höhere Lebenserwartung als Männer hatten. Es kann hier aber nicht direkt davon ausgegangen werden, dass die Lebenserwartung der Männer jene der Frauen beeinflusst oder umgekehrt.

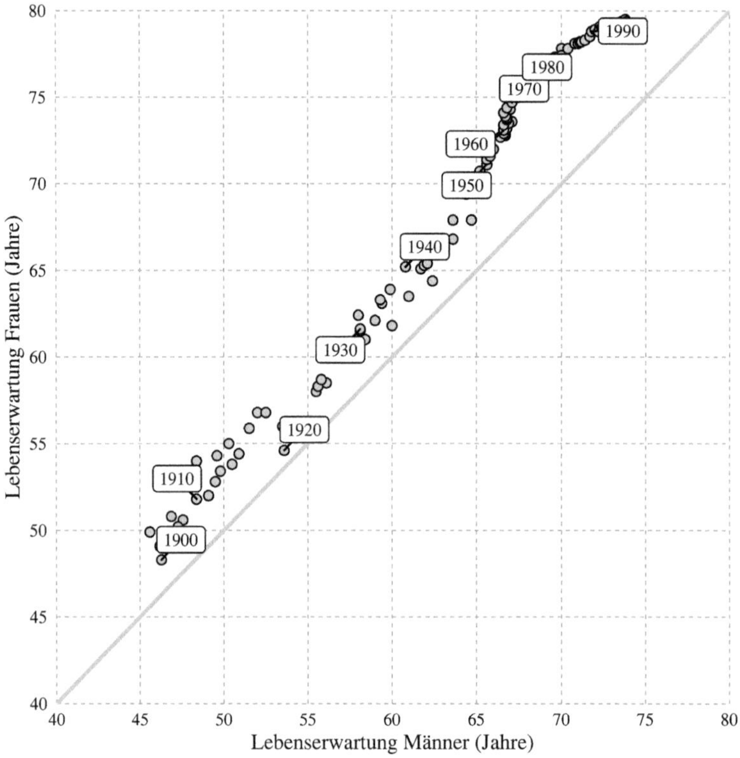

Abbildung 2.8: Streudiagramm

2.6.5 Histogramme

Mit Histogrammen stellt man die Häufigkeitsverteilungen von intervallskalierten Variablen dar. Die gegebenen Werte werden in Klassen eingeteilt; anschließend werden die Klassenhäufigkeiten als Balken gezeichnet. Im Unterschied zu den Balkendiagrammen wird dabei zwischen den Balken kein Zwischenraum gelassen, da die Variable der x-Achse intervallskaliert ist.

In Abbildung 2.9 ist als Beispiel das Einkommen von deutschen Lehrkräften als Histogramm dargestellt. Die Klassen sind auf der horizontalen Achse zu sehen. Die Klassenbreite beträgt 5 000 €. Auf der vertikalen Achse ist die Häufigkeit zu sehen. Man sieht, dass das Histogramm bzw. die Verteilung der Daten nicht symmetrisch ist. Das Histogramm schert nach rechts aus, es gibt somit Ausreißer nach oben und die Schiefe ist größer als Null. Für Einkommensdaten sind solch schiefe Verteilungen typisch.

Die Wahl der Klassenbreite bei Histogrammen ist beliebig. Natürlich sollte die Klassenbreite, nennen wir sie b, nicht zu klein sein, da dann zu viele Balken mit kleinen Häufigkeiten entstehen, aber auch nicht zu groß, da sonst zu wenige Balken mit zu hohen Häufigkeiten entstehen. Eine emprische ‚Faustregel', die sich anbietet, ist, die

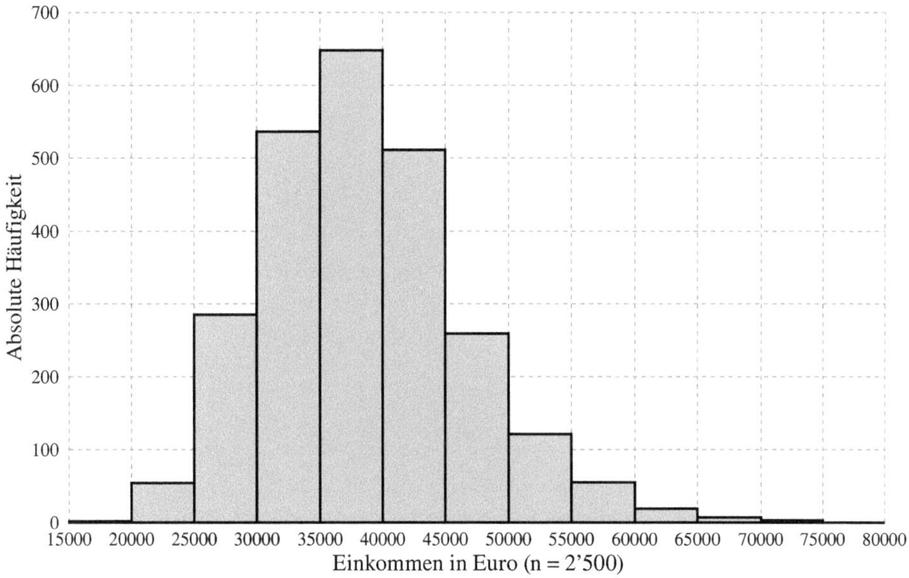

Abbildung 2.9: Histogramm Einkommen

Klassenbreite b wie folgt zu wählen:

$$b = \frac{max - min}{1 + 3{,}3 \cdot \log_{10}(n)}$$

2.6.6 Boxplots

Eine sehr beliebte Art, den Median und die beiden Quartile von intervallskalierten Variablen darzustellen, ist das Zeichnen so genannter Boxplots. Die untere und obere Linie markieren den kleinsten und größten Normalwert (Normalwerte sind jene Werte, die nicht als Ausreißer bezeichnet werden), die untere Begrenzung der Box ist das 1. Quartil ($Q1$), die obere Begrenzung das 3. Quartil ($Q3$). Die mittlere Linie kennzeichnet den Median ($Q2$). Der Boxplot liefert somit zusätzlich eine Information über die Streuung der Daten. Falls die Verteilung symmetrisch ist, so wird die mittlere Linie genau zwischen der oberen und unteren Begrenzung des Boxplots liegen. Mit dem Boxplot lässt sich somit ähnlich wie beim Histogramm eine Schiefe in der Verteilung entdecken. Eine weitere wertvolle Information, welche der Boxplot liefert, ist die Identifikation von möglichen Ausreißern in den Daten. In den gängigsten Statistikprogrammen wird der Boxplot so gezeichnet, dass milde Ausreißer zwischen $1{,}5 \cdot IQA$ und $3 \cdot IQA$ vom unteren bzw. oberen Quartil entfernt sind und extreme Ausreißer mehr als $3 \cdot IQA$ vom jeweiligen Quartil entfernt sind. Diese Definition geht auf John. W. Tukey zurück.

Wichtig für Anwendungen mit nur wenigen Beobachtungen ist, dass die Grenze für milde oder starke Ausreißer auf existierenden Datenpunkten liegen soll. Dabei werden die *oberen* Grenzen auf den nächst*unteren* Datenpunkt korrigiert, die *unteren* Grenzen auf den nächst*oberen* Datenpunkt. Beispiele hierfür finden Sie in den Übungen.

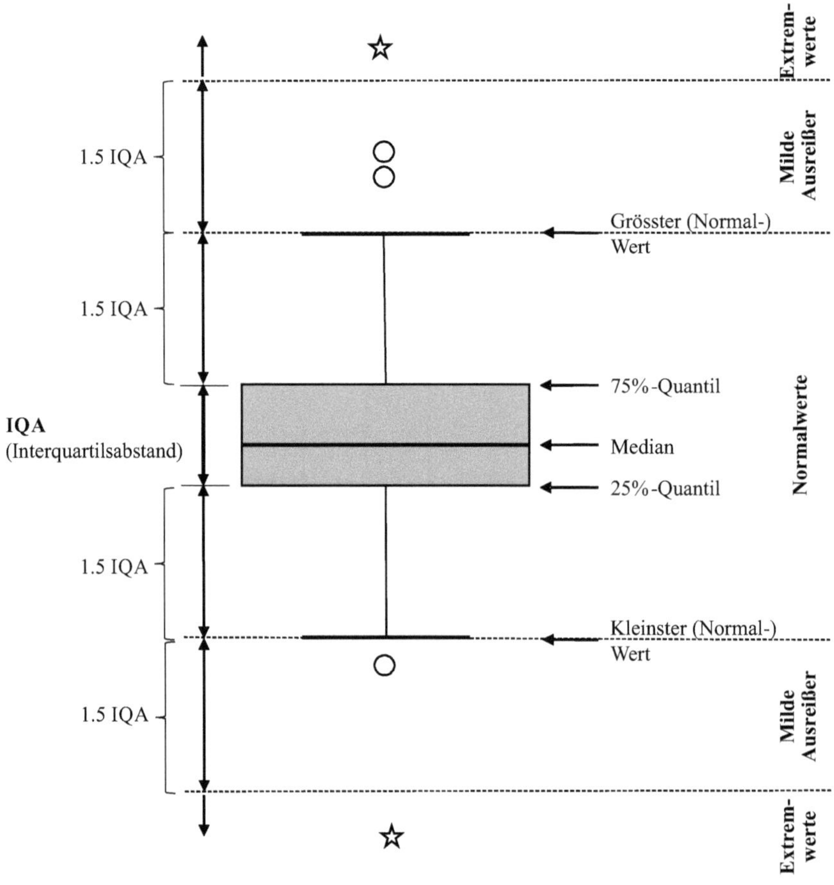

Abbildung 2.10: Boxplots

Abbildung 2.11 zeigt die Auftrennung des Einkommens von deutschen Lehrkräften, wie schon unter Abbildung 2.9 thematisiert, nach Geschlecht: Die Mediane scheinen sich nicht stark zu unterscheiden – jedoch gibt es bei den Männern verstärkt Ausreißer am oberen Ende der Verteilung, was den Mittelwert bei den Männern nach oben hin verzerrt.

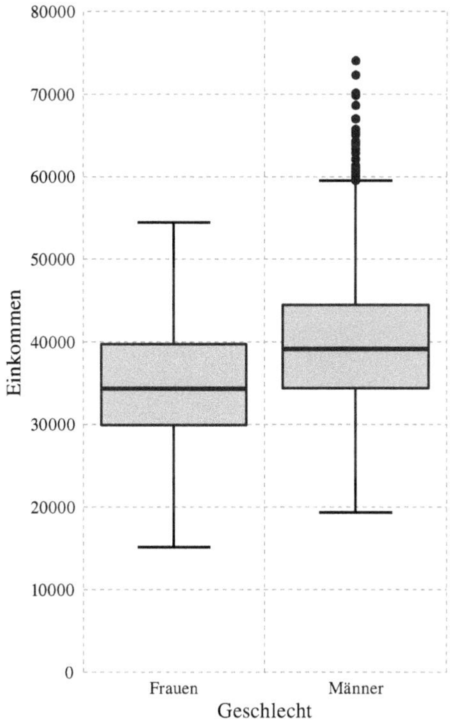

Abbildung 2.11: Boxplot für das Einkommen von deutschen Lehrkräften nach Geschlecht

2.7 Praxisteil Kapitel 2

2.7.1 Eine erste Einführung in R

Nach einer ersten Einführung zu statistischen Variablen (nominale und ordinalskalierte Faktorvariablen), ersten Formeln und Visualisierungs-Techniken sollen Sie an dieser Stelle die Statistik-Software **R** kennenlernen. Die Autoren haben hierfür ein Einstiegs-Tutorial programmiert, welches über eine Internetseite abrufbar ist: *https://pearson-dach.shinyapps.io/imklartext_kap02/*. Die Website kann direkt über ein Tablet, Smartphone oder über die Bildschirmkamera Ihres Laptops alternativ über nebenstehenden QR-Code aufgerufen werden:

QR-Code zum Einstieg in **R** und zum Kapitel 2

In dieser ersten **R**-Einführung lernen Sie interaktiv, wie

- in **R** gerechnet wird und Werte abgespeichert werden
- Vektoren in **R** gebildet und manipuliert werden
- Datentypen vom Typ character und double behandelt werden
- Daten in data.frames gespeichert und manipuliert werden

Für Kapitel 2 ist diese web-gestützte Einführung bewusst detailliert ausgefallen. Wichtig ist aber, dass Sie **R** auch auf Ihrem eigenen Rechner bedienen können.

ZUSAMMENFASSUNG

- Das Messen von Variablen ist die Zuordnung von Zahlen zu diesen Variablen.
- Variablen werden nach vier verschiedenen Skalenniveaus eingeteilt: Nominalniveau, Ordinalniveau, Intervallniveau und Verhältnisniveau.
- Die Auswertung von nominalskalierten Variablen erfolgt in Form von Häufigkeitstabellen mit beobachteten und prozentualen Häufigkeiten.
- Bei ordinalskalierten Variablen lassen sich zusätzlich kumulierte Häufigkeiten berechnen.
- Bei intervallskalierten Variablen kann die Bildung von Klassen sinnvoll sein.
- Als Lokalisationsparameter stehen der Mittelwert (arithmetisches, geometrisches und harmonisches Mittel) und der Median zur Verfügung.
- Die wichtigsten Dispersionsparameter (Streuungsmaße) sind Varianz, Standardabweichung und Standardfehler, Variationskoeffizient und Quartilabstand.
- Die gängigsten Möglichkeiten der grafischen Aufbereitung sind Balkendiagramme, Kreisdiagramme, Liniendiagramme, Streudiagramme, Histogramme und Boxplots.

2.8 Übungen

Im Online-Tutorial *https://pearson-dach.shinyapps.io/imklartext_kap02/* sind diverse Apps programmiert (APP zu deskriptiven Statistiken), mit welchen Sie zum Beispiel einen Boxplot zeichnen können. Nutzen Sie die Apps interaktiv beim Lösen der Übungen und zur Kontrolle Ihrer Lösungen.

Zusätzlich gibt es einen Übungsgenerator für schriftliche Aufgaben. Dabei werden durch einen Zufallsgenerator neue Aufgaben von ähnlicher Art wie im Übungsteil des Buches automatisch erstellt. Die Ausgabe erfolgt in ein Microsoft-Word-Dokument, welches durch Studierende und Dozierende nach Belieben geändert werden kann.

1. Bestimmen Sie das Skalenniveau der folgenden Variablen.

   Religionsgemeinschaft: 1 = evangelisch, 2 = katholisch, 3 = sonstige christliche Gemeinschaft, 4 = andere Religionen, 5 = ohne Religionsgemeinschaft

   Bei Problemen aktive Anstrengungen zur Lösung suchen: 1 = gar nicht, 2 = wenig, 3 = mittelmäßig, 4 = ziemlich, 5 = sehr stark

   Gründe für Schlafstörungen: 1 = Probleme, 2 = Geräusche, 3 = Tagesereignisse, 4 = ungewohnte Umgebung, 5 = sonstige

   Wetter (1. Variante): 1 = Sonne, 2 = Wolken, 3 = leicht bewölkt

   Wetter (2. Variante): 1 = Sonne, 2 = leicht bewölkt, 3 = Wolken

2. In einem Wortgedächtnistest sollten sich zehn Probanden von dreißig vorgegebenen Wörtern möglichst viele merken. Die folgenden Leistungen wurden erzielt:

7, 11, 19, 16, 14, 15, 9, 12, 16, 11

Berechnen Sie Mittelwert, Standardabweichung, den Standardfehler und den Variationskoeffizienten. Nach der Berechnung von ‚Hand' nutzen Sie hier zusätzlich die Web-Applikation für Kapitel 2.

3. In einer Bevölkerungsumfrage wurde unter anderem die folgende Frage gestellt: „Haben Sie Vertrauen in die Arbeit der Polizei?" Die Antwort sollte auf einer Skala von 1 = gar kein Vertrauen bis 7 = großes Vertrauen gegeben werden. Die Befragungshäufigkeiten von Personen mit Hauptschulabschluss und Personen mit Abitur sind in der folgenden Tabelle zusammengestellt.

Skalenwert	Hauptschule	Abitur
1	8	2
2	17	8
3	62	26
4	133	60
5	175	99
6	171	50
7	82	16

(a) Berechnen Sie für beide Personengruppen den Median und die beiden Quartile Q_1 und Q_3.

(b) Gibt es Befragungshäufigkeiten, die als Ausreißer zu kennzeichnen wären?

(c) Zeichnen Sie ein Boxplot für die Gruppe mit Hauptschulabschluss.

Nach der Berechnung von ‚Hand' nutzen Sie hier zusätzlich die Web-Applikation für Kapitel 2.

4. Beurteilen Sie anhand der unten stehenden vier Histogramme die Schiefe und die Wölbung. Inwiefern weichen die gezeigten Verteilungen von einer Normalverteilung ab?

5. Sie messen den IQ von $n = 20$ Personen, was nachstehend tabelliert ist.

Person *i*	**1**	**2**	**3**	**4**	**5**	**6**	**7**	**8**	**9**	**10**
IQ	103	94	114	108	105	104	90	90	96	110
Person *i*	**11**	**12**	**13**	**14**	**15**	**16**	**17**	**18**	**19**	**20**
IQ	100	106	100	99	108	110	89	102	118	99

Berechnen Sie für ein Histogramm die optimale Klassenbreite b und runden Sie auf die nächstgrößere Zahl auf. Erstellen Sie dann eine Tabelle mit den absoluten Häufigkeiten, den kumulierten absoluten Häufigkeiten und den relativen Häufigkeiten. Zeichnen Sie ein Histogramm für IQ-Grenzen zwischen 84–120. Überprüfen Sie rechnerisch, ob Ausreißer vorhanden sind.

6. Laden Sie den Datensatz Kap02ex.csv in **R**. In dieser Übung geht es nun darum, mit **R** den Datensatz zu bearbeiten. Dieser enthält $n = 250$ Werte zu folgenden Variablen.

Die Variable Geschlecht (geschlecht), wobei gilt:

1 = weiblich
2 = männlich

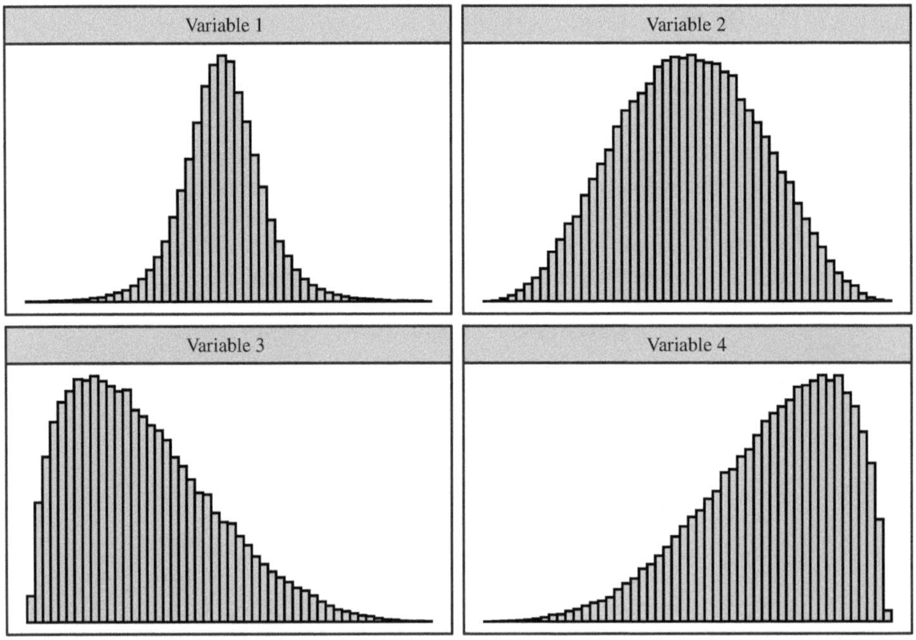

Die Variable Rauchgewohnheit (rauchen), wobei gilt:

1 = nie
2 = selten
3 = gelegentlich
4 = oft
5 = sehr oft

Zusätzlich sind im Datensatz die Variablen Alter (alter) und IQ (iq) erfasst. Codieren Sie nach Absolvieren des Online-Tutorial Kapitel 2 die Variablen geschlecht und rauchen als Faktorvariablen und werten Sie diese mit einer Häufigkeitstabelle aus. Geben Sie zusätzlich univariate Statistiken zu den quantitativen Variablen an (inklusive Schiefe und Wölbung).

7. Lösen Sie nun eine Version der Übungsaufgaben unter *https://www.pearson-dach.shinyapps.io/imklartext_kap02/*, indem Sie auf der letzten Seite unter Übungsgenerator den Zufallsgenerator auf 1 setzen.

Wahrscheinlichkeitsrechnung

3

ÜBERBLICK

LERNZIELE

- klassische und statistische Definition der Wahrscheinlichkeit
- grundlegende Gesetze der Wahrscheinlichkeitsrechnung
- bedingte Wahrscheinlichkeiten
- Theorem von Bayes
- Theorem der totalen Wahrscheinlichkeit
- Kombinatorik

Die Wahrscheinlichkeitsrechnung dient zur Beurteilung von sog. nicht-deterministischen Experimenten. Dies sind Experimente, bei welchen der Ausgang ungewiss ist. Werfen wir einen Würfel, so können wir nicht mit Sicherheit sagen, welche Augenzahl zu sehen sein wird. Ein deterministisches Experiment können wir jedoch mit Sicherheit beurteilen – wird ein Würfel geworfen, so kann mit Sicherheit gesagt werden, dass dieser nach unten fallen wird. Ein nicht-deterministisches Experiment wird kurz Zufallsexperiment genannt. Die möglichen Resultate eines Zufallsexperiments werden als Ereignisse bezeichnet.

Die Wahrscheinlichkeit des Eintretens eines Ereignisses ist eine Zahl zwischen 0 und 1.

Definition des Ereignisses:

Ein Ereignis ist der Ausgang eines unter bestimmten Bedingungen durchgeführten Versuchs (eines Experiments, einer Beobachtung usw.). Ein Ereignis wird mit einem Großbuchstaben gekennzeichnet. So steht E für das Ereignis „E".

Einführung des Begriffs „Wahrscheinlichkeit":

Jedem Ereignis E ist eine Zahl $p(E)$ mit $0 \leq p(E) \leq 1$ zugeordnet, die als Wahrscheinlichkeit dieses Ereignisses bezeichnet wird.

Neben dem Würfeln seien hier einige weitere Beispiele für Zufallsexperimente aufgelistet. Zusätzlich erlauben wir uns, einige populäre Irrtümer betreffend Wahrscheinlichkeiten zu nennen. Grundlegende Kenntnisse in der Wahrscheinlichkeitsrechnung erlauben, diese Irrtümer zu verhindern.

- Im Lotto „EuroMillions" werden 5 Zahlen aus insgesamt 50 und 2 Sterne aus insgesamt 12 ausgewählt. Somit gibt es 139 838 160 Möglichkeiten, einen EuroMillions-Schein auszufüllen. (in Abschnitt 3.7.3 wird das ausgerechnet). Ein populärer Irrtum ist nun: „Wenn ich also jede Woche eine andere Reihe tippe, habe ich spätestens nach 139 838 160/52 = 2 689 195 Jahren einen Hauptgewinn."

- Beim Roulette kann man auf die Zahlen 1–36 tippen, wobei je 18 rot und 18 schwarz sind. Zusätzlich gibt es die „Null", bei welcher die Bank gewinnt. Ein anderer Irrtum lautet etwa wie folgt: „Wenn ich Roulette spiele, warte ich, bis mehrmals hintereinander ‚Rot' kommt, und setze dann auf ‚Schwarz', da sich die Wahrscheinlichkeit für ‚Schwarz' erhöht hat."

Das alles sind Beispiele aus der Welt des Glücksspiels, und in der Tat reichen die Anfänge der modernen Wahrscheinlichkeitsrechnung bis in das 17. Jahrhundert zurück.

3.1 Klassische Definition der Wahrscheinlichkeit

Beim Würfeln ist zum Beispiel die Wahrscheinlichkeit, eine Sechs zu würfeln, auch für mathematisch Ungeübte leicht abzuschätzen: Gleichmäßigkeit des Würfels vorausgesetzt, wird man wegen der sechs Seiten des Würfels seine Chancen als 1/6 angeben.

Der Mannschaftsführer einer Fußballmannschaft wird seine Chancen, beim Münzwurf die Seitenwahl zu gewinnen, als 1/2 abschätzen. Und ein Kartenspieler wird die Chance, aus einem 32-Blatt-Spiel ein Ass zu ziehen, auf $4/32 = 1/8$ beziffern.

In all diesen Beispielen kann man die Wahrscheinlichkeiten der angegebenen *Ereignisse* aufgrund einfacher Überlegungen von vornherein berechnen. Offensichtlich erhält man die Wahrscheinlichkeit, indem man die Anzahl der für das Ereignis *günstigen* Fälle (in den angeführten Beispielen der Reihe nach 1, 1 und 4) durch die Anzahl der *möglichen* Fälle (hier 6, 2 bzw. 32) teilt. So erhält man für die Wahrscheinlichkeit eines Ereignisses eine Zahl zwischen den beiden einschließlichen Grenzen 0 und 1. Diese so formulierte Definition nennt man die *klassische* Definition der Wahrscheinlichkeit.

Die Wahrscheinlichkeit bezeichnet man mit dem Buchstaben p, der vom lateinischen Wort „probabilitas" stammt. Etwas genauer gesagt, bezeichnet man die Wahrscheinlichkeit eines Ereignisses E mit $p(E)$. Die bisher eingeführten Definitionen und einige weitere seien im Folgenden zusammengestellt.

Klassische Definition der Wahrscheinlichkeit:

$$p(E) = \frac{\text{Anzahl der für } E \text{ günstigen Fälle}}{\text{Anzahl der insgesamt möglichen Fälle}}$$

Definition des zufälligen Ereignisses:

Ein zufälliges Ereignis ist ein Ereignis, das bei einem unter bestimmten Bedingungen ausgeführten Versuch eintreten kann, aber nicht eintreten muss. Für seine Wahrscheinlichkeit gilt:

$$0 \leq p(E) \leq 1$$

Definition des sicheren Ereignisses:

Ein sicheres Ereignis ist ein Ereignis, das jedes Mal eintritt, wenn der Versuch durchgeführt wird. Seine Wahrscheinlichkeit ist

$$p(E) = 1$$

Die Wahrscheinlichkeit, beim Würfeln mit einem fairen Würfel eine Zahl zwischen 1 und 6 anzutreffen, ist 1, da dies ein sicheres Ereignis darstellt.

Definition des unmöglichen Ereignisses:

Ein unmögliches Ereignis ist ein Ereignis, das bei einem durchgeführten Versuch nicht eintreten kann. Seine Wahrscheinlichkeit ist

$$p(E) = 0$$

Die Wahrscheinlichkeit, beim Würfeln mit einem fairen Würfel die Zahl 7 zu sehen, ist ein unmögliches Ereignis. Die Wahrscheinlichkeit beträgt 0.

3.2 Gesetze der Wahrscheinlichkeitsrechnung

Beim Roulette gibt es bekanntlich 37 Zahlen: die „farblose" Ziffer 0 und die Zahlen 1 bis 36, von denen jeweils 18 Zahlen rot und 18 Zahlen schwarz sind.

Die Wahrscheinlichkeit, dass eine rote Zahl gewinnt, ist demnach

$$p = \frac{18}{37} = 0{,}486$$

Ebenso groß ist die Wahrscheinlichkeit dafür, dass eine schwarze Zahl gewinnt. Die Wahrscheinlichkeit, dass eine rote oder schwarze Zahl gewinnt, ist

$$p = \frac{36}{37} = 0{,}973$$

Die Anzahl der günstigen Fälle beträgt nämlich 36. Diese Wahrscheinlichkeit kann man auch als Summe der Wahrscheinlichkeiten für Rot und Schwarz erhalten:

$$p = \frac{18}{37} + \frac{18}{37} = \frac{36}{37}$$

Rot und Schwarz sind bei einem Roulettedurchgang zwei sich einander ausschließende Ereignisse. Zwei Ereignisse werden als sich gegenseitig „ausschließend" bezeichnet, wenn nur das eine oder das andere eintreten kann, nicht aber beide gleichzeitig. Die Wahrscheinlichkeit, dass das eine oder das andere dieser beiden Ereignisse eintritt, ist offenbar gleich der Summe der beiden Einzelwahrscheinlichkeiten.

Vor der etwas genaueren Formulierung dieser Gesetzmäßigkeit sei eine weitere Definition genannt.

Definition der Vereinigung zweier Ereignisse:

Die Vereinigung zweier Ereignisse E_1 und E_2, geschrieben $E_1 \cup E_2$ (gelesen: E_1 vereinigt mit E_2), ist das Ereignis, das eintritt, wenn entweder E_1 oder E_2 eintritt oder E_1 und E_2 zusammen eintreten.

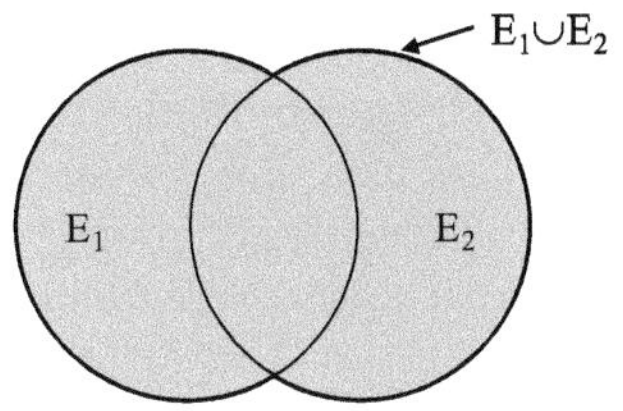

Abbildung 3.1: Vereinigung der Ereignisse E_1 und E_2

Wie in obiger Definition zu sehen, können Ereignisse als Mengen dargestellt werden. Mit Ω wird jeweils die Menge aller Ereignisse bezeichnet, die eintreten können.

Mit diesen Ausführungen lässt sich der folgende elementare Satz der Wahrscheinlichkeitsrechnung formulieren.

Additionssatz der Wahrscheinlichkeitsrechnung:

Die Wahrscheinlichkeit, dass von zwei Ereignissen mindestens eines eintritt, ist gleich der Summe der Wahrscheinlichkeiten dieser Ereignisse minus die Wahrscheinlichkeit der Schnittmenge, da diese sonst doppelt gezählt wird.

$$p(E_1 \cup E_2) = p(E_1) + p(E_2) - p(E_1 \cap E_2)$$

In obigem Beispiel mit dem Roulette schließen sich die Ereignisse E_1 für „Rot“ und E_2 für „Schwarz“ gegenseitig aus. Für sich ausschließende Ereignisse ist die Schnittmenge leer, es gilt somit: $p(E_1 \cap E_2) = 0$. Der Additionssatz für sich ausschließende Ereignisse reduziert sich damit wie folgt:

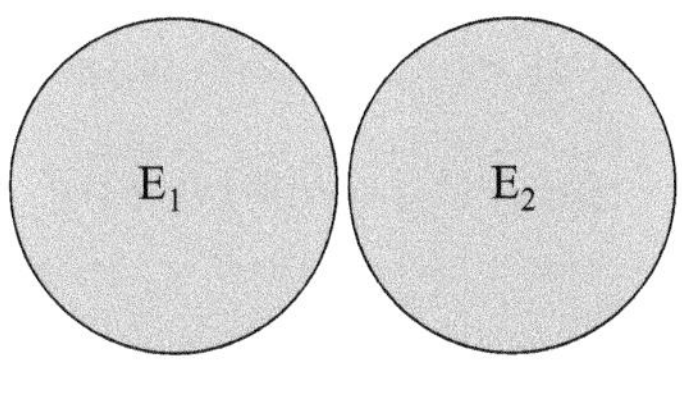

Abbildung 3.2: Vereinigung von sich ausschließenden Ereignissen E_1 und E_2

Additionssatz für sich ausschließende Ereignisse:

$$p(E_1 \cup E_2) = p(E_1) + p(E_2)$$

Die Wahrscheinlichkeit, dass von zwei sich ausschließenden Ereignissen mindestens eines eintritt, ist gleich der Summe der Wahrscheinlichkeiten dieser Ereignisse.

Entscheidend für die Gültigkeit dieses Satzes ist, dass sich die Ereignisse gegenseitig ausschließen müssen. So schließen bei einem Roulettedurchgang die Ereignisse „Rot“ und „Schwarz“ einander aus, so dass man ihre Wahrscheinlichkeiten addieren kann, um die Wahrscheinlichkeit für das Ereignis „Rot oder Schwarz“ zu erhalten.

Nimmt man aber zwei aufeinander folgende Roulettedurchgänge, so schließen die Ereignisse „Rot im ersten Durchgang“ und „Rot im zweiten Durchgang“ einander nicht aus. Möchten Sie also die Wahrscheinlichkeit dafür ermitteln, dass in mindestens einem Durchgang Rot gewinnt, so ist es falsch, die beiden Wahrscheinlichkeiten von je 18/37 zu 36/37 zu addieren. Wie es richtig ist, wird noch gezeigt.

Nach der Vereinigung zweier Ereignisse soll nun die *Schnittmenge* zweier unabhängiger Ereignisse definiert werden. Ereignisse werden als unabhängig bezeichnet, wenn das Eintreten von Ereignis E_1 die Wahrscheinlichkeit für das Eintreten von E_2 nicht beeinflusst. Dies ist bei Glücksspielen wie Lotto, Würfeln, Roulette und vielen anderen gegeben – ob der Roulettetisch in einem Durchgang „Rot“ zeigt, beeinflusst die Wahrscheinlichkeit nicht, im nächsten Durchgang „Rot“ zu sehen.

Definition der Schnittmenge zweier unabhängigen Ereignisse

Die Schnittmenge zweier Ereignisse E_1 und E_2, geschrieben $E_1 \cap E_2$ (gelesen: E_1 geschnitten mit E_2), ist das Ereignis, das eintritt, wenn sowohl E_1 als auch E_2 eintreten.

Hiermit lässt sich der Multiplikationssatz der Wahrscheinlichkeitsrechnung für unabhängige Ereignisse formulieren.

Multiplikationssatz für unabhängige Ereignisse:

Die Wahrscheinlichkeit der Schnittmenge von 2 Ereignissen, die wechselseitig voneinander unabhängig sind, ist gleich dem Produkt der Wahrscheinlichkeiten dieser Ereignisse:

$$p(E_1 \cap E_2) = p(E_1) \cdot p(E_2)$$

Die entscheidende Voraussetzung in diesem Satz ist die Unabhängigkeit der Ereignisse. Betrachtet man zwei aufeinander folgende Durchgänge im Roulette, so sind die Ereignisse „Rot im ersten Durchgang“ und „Rot im zweiten Durchgang“ voneinander unabhängig. Die Roulettekugel hat schließlich kein Gedächtnis, so dass sie sich nicht merken kann, was im vorhergehenden Durchgang passiert war. Die Wahrscheinlichkeit für das Ereignis „Rot“ ist somit immer 18/37, gleichgültig, welche Zahlen vorher erschienen sind.

Die Nichtbeachtung dieses eigentlich einleuchtenden Sachverhalts ist das Unglück vieler Roulettespieler, die unter Fehlinterpretation des so genannten „Gesetzes der großen Zahl“ glauben, nach einer längeren Serie einer Farbe sei die Wahrscheinlichkeit für die andere Farbe gestiegen. Alle hierauf aufbauenden Spielsysteme kann man getrost vergessen.

Nach dem Multiplikationssatz der Wahrscheinlichkeitsrechnung ist die Wahrscheinlichkeit dafür, dass zweimal hintereinander Rot gewinnt,

$$p = \frac{18}{37} \cdot \frac{18}{37} = 0{,}237$$

Die Wahrscheinlichkeit, dass zehnmal hintereinander Rot gewinnt, beträgt

$$p = \left(\frac{18}{37}\right)^{10} = 0{,}0007$$

Für die Berechnung der Wahrscheinlichkeit der Schnittmenge von abhängigen Ereignissen benötigt man allgemein die bedingten Wahrscheinlichkeiten, welche im Abschnitt 3.4 besprochen werden.

Schließlich soll noch das *komplementäre Ereignis* definiert werden.

Definition des komplementären Ereignisses:

Das zu einem Ereignis E_1 komplementäre Ereignis $\overline{E_1}$ ist das Ereignis, das eintritt, wenn E_1 nicht eintritt:

$$p(\overline{E_1}) = 1 - p(E_1)$$

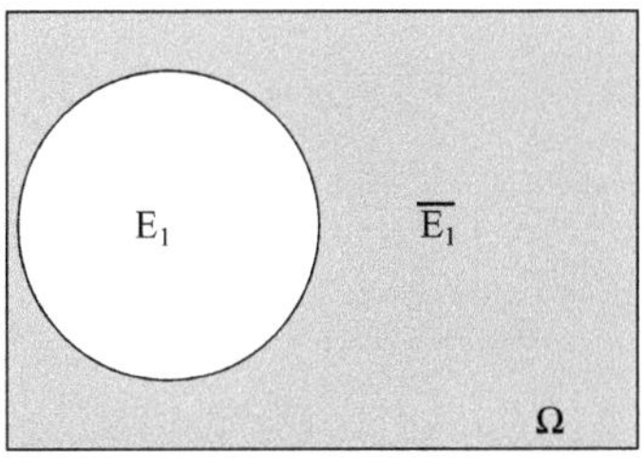

Abbildung 3.3: Komplementäres Ereignis $\overline{E_1}$ zu E_1

Das komplementäre Ereignis $\overline{E_1}$ bildet zusammen mit dem Ereignis E_1 den Ereignisraum Ω, also die Menge aller möglichen Ereignisse.

Mithilfe der Definition des Komplementärereignisses ist es möglich, die Wahrscheinlichkeit dafür zu berechnen, dass in zwei aufeinander folgenden Durchgängen mindestens einmal Rot gewinnt. Die einfache Berechnung zu $2 \cdot 18/37 = 0{,}9730$ hatten wir bereits als falsch erkannt.

Die Wahrscheinlichkeit, dass im ersten Durchgang Rot nicht gewinnt, beträgt

$$p = \frac{19}{37}$$

Nach dem Multiplikationssatz ist dann die Wahrscheinlichkeit dafür, dass Rot weder im ersten noch im zweiten Durchgang gewinnt,

$$p = \left(\frac{19}{37}\right)^2 = 0{,}264$$

Die Komplementärwahrscheinlichkeit hierzu ist die Wahrscheinlichkeit dafür, dass Rot in mindestens einem der beiden Durchgänge gewinnt:

$$p = 1 - 0{,}2637 = 0{,}736$$

Genanntes Problem kann auch so gelöst werden. Dass in zwei Durchgängen Rot mindestens einmal gewinnt, heißt, dass Rot einmal oder zweimal gewinnt. Für zweimaliges Gewinnen berechnet sich die Wahrscheinlichkeit zu

$$p(\text{Rot gewinnt zweimal}) = \left(\frac{18}{37}\right)^2 = 0{,}236$$

Für einmaliges Gewinnen berechnet sich die Wahrscheinlichkeit so, dass Rot im ersten Durchgang gewinnt und im zweiten nicht oder dass Rot im ersten Durchgang nicht gewinnt und im zweiten schon:

$$p(\text{Rot gewinnt einmal}) = \frac{18}{37} \cdot \frac{19}{37} + \frac{19}{37} \cdot \frac{18}{37} = 0{,}49963 \cdots \approx 0{,}500$$

Die finale Wahrscheinlichkeit, dass Rot mindestens einmal gewinnt, ist somit:

$$p = 0{,}236 + 0{,}500 = 0{,}736$$

Wir wollen nun einige praktische Beispiele betrachten.

3.3 Praktische Beispiele

Zunächst wollen wir die beiden eingangs erwähnten Beispiele aus dem Bereich des Würfelspiels betrachten.

Erstes Beispiel: Wie groß ist die Wahrscheinlichkeit dafür, dass beim Spiel mit einem Würfel viermal hintereinander keine Sechs gewürfelt wird?

Die Wahrscheinlichkeit dafür, dass in einem Wurf keine Sechs gewürfelt wird, ist 5/6. Dann ist nach dem Multiplikationssatz die Wahrscheinlichkeit dafür, dass viermal hintereinander keine Sechs gewürfelt wird:

$$\left(\frac{5}{6}\right)^4 = 0{,}482$$

Die Wahrscheinlichkeit ist also etwas geringer als 0,5, so dass ein Spieler, der diese Strategie verfolgt, auf Dauer verlieren wird.

Zweites Beispiel: Wie groß ist die Wahrscheinlichkeit dafür, dass beim Spiel mit zwei Würfeln vierundzwanzigmal hintereinander keine Doppelsechs gewürfelt wird?

Die Wahrscheinlichkeit, dass in einem Wurf mit zwei Würfeln keine Doppelsechs gewürfelt wird, ist 35/36. Dann ist nach dem Multiplikationssatz die Wahrscheinlichkeit dafür, dass vierundzwanzigmal hintereinander keine Doppelsechs gewürfelt wird:

$$\left(\frac{35}{36}\right)^{24} = 0{,}509$$

Die Wahrscheinlichkeit ist also etwas größer als 0,5, so dass ein Spieler, der diese Strategie verfolgt, auf Dauer gewinnen wird.

Drittes Beispiel: Das Drei-Türen-Problem oder die Schönheit des Denkens

Ein wirklich schönes Beispiel für ein wahrscheinlichkeitstheoretisches Problem wurde vor einigen Jahren in den USA heftig diskutiert. Es spaltete die Nation in zwei Lager, nämlich in einige wenige, welche die richtige Lösung propagierten, und in die restlichen Millionen einschließlich unzähliger Mathematiklehrer und Mathematikprofessoren, die angesichts der vermeintlichen Einfalt ihrer Gegner wieder einmal am amerikanischen Schulsystem zu verzweifeln drohten. Sogar das Nachrichtenmagazin „Der Spiegel" (34/1991) widmete diesem Problem seinerzeit einen Artikel unter der Überschrift „Schönheit des Denkens".

Stellen Sie sich vor, Sie nehmen an einer Quizsendung teil, bei der Sie mit zwei Türen konfrontiert werden, wobei sich hinter einer der beiden Türen als Gewinn ein Auto, hinter der anderen nichts verbirgt. Ihre Gewinnwahrscheinlichkeit werden Sie leicht mit $p = 1/2$ angeben (ein Auto, zwei Türen).

In der amerikanischen Quizsendung gestaltete man das Verfahren etwas komplizierter. Der Kandidat wurde zunächst mit drei Türen konfrontiert. Im ersten Durchgang musste er die Tür benennen, hinter der sich seiner Meinung nach das Auto verbarg. Traf er die richtige Tür, öffnete der Quizmaster eine der beiden leeren Türen und stellte den Kandidaten dann vor die Entscheidung, seine Wahl beizubehalten oder zu revidieren. Wählte der Kandidat eine der beiden falschen Türen, öffnete der Quizmaster die andere leere Tür; anschließend konnte die ursprüngliche Wahl auch hier revidiert werden.

Die entscheidende Frage war nun: Kann man durch die Revision der ursprünglichen Wahl die Gewinnchancen verbessern?

Die Vertreter der Mehrheitsmeinung argumentierten, der Kandidat sehe im Endeffekt zwei Türen, wobei hinter einer ein Auto steht. Die Wahrscheinlichkeit, die richtige Tür zu treffen, sei also jeweils 1/2, gleichgültig, was vorher war. Eine Revision der ursprünglichen Entscheidung bringe also nichts.

Dies ist überraschenderweise falsch; eine Revision der Entscheidung verdoppelt nämlich die Gewinnchancen. Am Anfang ist die Wahrscheinlichkeit, die richtige Tür zu treffen, natürlich 1/3. Dafür, dass eine der nicht-gewählten Türen die richtige ist, ist die Wahrscheinlichkeit 2/3. Eine dieser beiden nicht-gewählten Türen wird vom Quizmaster geöffnet, quasi also aus dem Verkehr gezogen. Die Wahrscheinlichkeit von 2/3 konzentriert sich somit allein auf die andere nicht gewählte Tür. Revidieren Sie also Ihre erste Entscheidung, erhöhen sich Ihre Gewinnchancen von 1/3 auf 2/3. Einfach und faszinierend, finden Sie nicht auch?

3.4 Bedingte Wahrscheinlichkeit und Theorem von Bayes

Eine wichtige Rolle in der Wahrscheinlichkeitsrechnung spielen die *bedingten* Wahrscheinlichkeiten.

Als Beispiel seien 314 Patienten betrachtet, bei denen die Überlebenszeit nach Diagnoseerstellung aufgezeichnet wurde. Dabei ergaben sich die Werte von Tabelle 3.1.

Zeitraum	Überlebende	Überlebenswahrscheinlichkeit
nach 1 Jahr	262	0,834
nach 2 Jahren	191	0,608
nach 3 Jahren	146	0,465
nach 4 Jahren	109	0,347
nach 5 Jahren	83	0,264

Tabelle 3.1: Überlebenswahrscheinlichkeiten

Die Überlebenswahrscheinlichkeit wurde mit der klassischen Wahrscheinlichkeitsdefinition ermittelt, zum Beispiel die Wahrscheinlichkeit, nach fünf Jahren noch zu leben, zu

$$p = \frac{83}{314} = 0{,}264$$

Die Wahrscheinlichkeit, nach fünf Jahren noch zu leben, wenn man nach drei Jahren noch lebt, ergibt sich entsprechend zu

$$p = \frac{83}{146} = 0{,}568$$

Im Allgemeinen bezeichnet man die Wahrscheinlichkeit dafür, dass Ereignis B unter der Bedingung eintritt, dass Ereignis A eingetreten ist, mit

$$p(B \mid A)$$

Im gegebenen Beispiel ist A das Ereignis, drei Jahre zu überleben, B das Ereignis, fünf Jahre zu überleben. Es ist dies die bedingte Wahrscheinlichkeit $p(B \mid A)$ des Ereignisses B (Überleben nach fünf Jahren) unter der Bedingung, dass das Ereignis A (Überleben nach drei Jahren) eingetreten ist. Die Bedingung legt eine Einschränkung der Grundgesamtheit fest. Im Beispiel beschränkt sich die Grundgesamtheit auf 146 Patienten von den anfänglich vorhandenen 314 Patienten.

Als zweites Beispiel seien 250 Personen eines Betriebs betrachtet, die danach eingeteilt wurden, ob sie mit ihrer Arbeit zufrieden waren oder nicht. Ferner wurde festgestellt, ob diese Personen im letzten Jahr wegen Grippe fehlten (siehe Tabelle 3.2).

	Grippe	keine Grippe	Summe
zufrieden	50	100	150
nicht zufrieden	40	60	100
Summe	90	160	250

Tabelle 3.2: Arbeitszufriedenheit und Grippe

Nimmt man alle Personen zusammen, so ist die Wahrscheinlichkeit dafür, dass eine zufällig ausgewählte Person Grippe hatte, nach der klassischen Definition der Wahrscheinlichkeit

$$p = \frac{90}{250} = \frac{9}{25} = 0{,}36$$

Die Anzahl der günstigen Fälle (Grippe) beträgt nämlich 90, die Gesamtzahl aller Fälle beträgt 250.

Unter der Bedingung aber, dass die Personen mit ihrer Arbeit zufrieden waren, beträgt nach der klassischen Wahrscheinlichkeitsdefinition die Wahrscheinlichkeit für das Fehlen wegen Grippe

$$p = \frac{50}{150} = \frac{1}{3} = 0{,}333$$

Im gegebenen Beispiel ist A das Ereignis der Zufriedenheit, B das Ereignis der Grippe. $p(B \mid A)$ ist die Wahrscheinlichkeit, dass Ereignis B eintritt, unter der Bedingung, dass A eingetreten ist, das heißt, dass jemand aus der Gruppe der Zufriedenen Grippe hat.

Die bedingte Wahrscheinlichkeit des Ereignisses B unter der Bedingung, dass Ereignis A eingetreten ist, lässt sich wie folgt berechnen:

$$p(B \mid A) = \frac{p(A \cap B)}{p(A)}$$

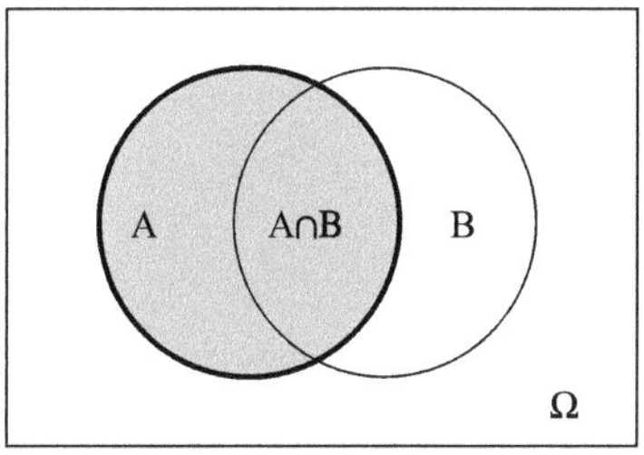

Abbildung 3.4: Zur Berechnung der bedingten Wahrscheinlichkeit $p(B|A)$

Natürlich gilt auch die Umkehrung: Die bedingte Wahrscheinlichkeit des Ereignisses A unter der Bedingung, dass Ereignis B eingetreten ist, lässt sich wie folgt berechnen:

$$p(A \mid B) = \frac{p(A \cap B)}{p(B)}$$

Die Wahrscheinlichkeit $p(B \mid A)$ ist die Wahrscheinlichkeit, dass Ereignis B eintritt unter der Bedingung, dass Ereignis A eingetreten ist. Die relevante Menge, die es in Abbildung 3.4 zu betrachten gilt, ist nicht mehr die durch das Rechteck abgegrenzte Grundgesamtheit Ω, sondern die Menge des Ereignisses A. Gegeben, dass wir uns nun im Ereignisraum A befinden, kann Ereignis B nur noch eintreten, wenn wir uns in der Schnittmenge $A \cap B$ befinden. Die Wahrscheinlichkeit $p(B \mid A)$ ist somit das Verhältnis der beiden Wahrscheinlichkeiten $p(A \cap B)$ und $p(A)$.

Wir wollen diese Formel auf unser erstes Beispiel anwenden und die bedingte Wahrscheinlichkeit $p(B \mid A)$ dafür berechnen, dass eine Grippe (Ereignis B) unter der Bedingung eintritt, dass Arbeitszufriedenheit vorliegt (Ereignis A).

Mit den vorliegenden Zahlen ergibt sich Folgendes:

$$p(A \cap B) = \frac{50}{250} = \frac{1}{5} = 0{,}2$$
$$p(A) = \frac{150}{250} = \frac{3}{5} = 0{,}6$$
$$p(B \mid A) = \frac{p(A \cap B)}{p(A)} = \frac{1/5}{3/5} = \frac{1}{3} = 0{,}333$$

Das stimmt mit dem eingangs angegebenen Wert überein.

Bei der Berechnung der Überlebenswahrscheinlichkeit nach fünf Jahren unter der Bedingung, dass schon drei Jahre vergangen sind, ist $P(A) = 0{,}465$ und $P(A \cap B) = 0{,}264$. Damit gilt für die bedingte Überlebenswahrscheinlichkeit

$$p(B \mid A) = \frac{0{,}264}{0{,}465} = 0{,}568$$

Dieser Wert stimmt mit dem bereits angegebenen überein.

Die Formel für die bedingte Wahrscheinlichkeit kann umgeformt werden zu

$$p(B \mid A) \cdot p(A) = p(A \cap B)$$

Entsprechend gilt

$$p(A \mid B) \cdot p(B) = p(A \cap B)$$

In beiden obigen Gleichungen ist die rechte Seite identisch. Somit müssen auch die linken Seiten identisch sein. Setzt man die beiden linken Seiten gleich, so erhält man

$$p(B \mid A) \cdot p(A) = p(A \mid B) \cdot p(B)$$

und hieraus das Theorem von Bayes.

Theorem von Bayes:

$$p(B|A) = \frac{P(A|B) \cdot P(B)}{P(A)}$$

Mit dem Theorem von Bayes kann man in einfacher Weise die bedingte Wahrscheinlichkeit für das Ereignis *B* bei Eintreffen von *A* aus der bedingten Wahrscheinlichkeit für das Ereignis *A* bei Eintreffen von *B* bestimmen.

Zu diesem Theorem sei ein Anwendungsbeispiel gegeben. Ein Villenbesitzer, bei dem in den zwanzig Jahren seit Bestehen seiner Villa zweimal eingebrochen wurde, hat einen Hund, der etwa dreimal wöchentlich nachts bellt. Die Wahrscheinlichkeit, dass er im Falle eines Einbruchs bellt, sei mit 0,9 eingeschätzt. Wie groß ist die Wahrscheinlichkeit, dass Einbrecher am Werk sind, wenn der Hund nachts bellt?

Es sei *A* das Ereignis, dass der Hund nachts bellt. Die Wahrscheinlichkeit hierfür ist

$$p(A) = \frac{3}{7}$$

Ferner sei B das Ereignis, dass ein Einbruch stattfindet. Da in zwanzig Jahren, also in $20 \cdot 365 = 7\,300$ Nächten (wenn man von den Schalttagen absieht), zweimal eingebrochen wurde, ergibt sich

$$p(B) = \frac{2}{7\,300}$$

Die bedingte Wahrscheinlichkeit, dass der Hund bellt, wenn ein Einbruch stattfindet, ist mit 0,9 vorgegeben:

$$p(A \mid B) = 0{,}9$$

Mit diesen Angaben kann man nach dem Theorem von Bayes die bedingte Wahrscheinlichkeit $p(B \mid A)$ dafür berechnen, dass ein Einbruch stattfindet, wenn der Hund bellt:

$$p(B \mid A) = \frac{P(A \mid B) \cdot P(B)}{P(A)} = \frac{0{,}9 \cdot 2/7\,300}{3/7} = 0{,}00058$$

Die Wahrscheinlichkeit, dass Einbrecher am Werk sind, wenn der Hund nachts bellt, beträgt also $p = 0{,}00058$ und damit weniger als 1 Promille.

Aus dem Satz von Bayes lässt sich der Multiplikationssatz für allgemeine Ereignisse formulieren.

Multiplikationssatz:

$$p(A \cap B) = p(A|B) \cdot p(B) = p(A) \cdot p(B|A)$$

Definition unabhängiger Ereignisse:

Zwei Ereignisse A und B heißen unabhängig, wenn gilt: $p(A|B) = p(A)$ bzw. $p(B|A) = p(B)$.

D. h., die Bedingung spielt für das Eintreten des Ereignisses keine Rolle. Aus dieser Definition ergibt sich zusammen mit dem Multiplikationssatz der früher dargestellte Spezialfall für unabhängige Ereignisse, wenn $p(A \mid B)$ durch $p(A)$ bzw. $p(B \mid A)$ durch $p(B)$ ersetzt wird.

Sind zwei Ereignisse A und B unabhängig, so gilt $p(A \cap B) = p(A) \cdot p(B)$.

Theorem der totalen Wahrscheinlichkeit:

$$p(E) = \sum_{i=1}^{n} p(A_i) \cdot p(E|A_i)$$

Diese Formel soll anhand eines Beispiels erläutert werden. Bei einer Tombola gebe es vier Lostöpfe mit verschiedenen Anzahlen von Losen und verschiedenen Anteilen von Gewinnlosen. Es sei A_i das Ereignis, dass ein Los aus dem Topf i gezogen wird, und E das Ereignis, dass es ein Gewinn ist. Bestimmt werden soll die Wahrscheinlichkeit $p(E)$ dafür, dass bei zufälliger Wahl eines Lostopfs ein Gewinn gezogen wird.

Topf	Anzahl der Lose	Gewinnanteil	$p(A_i)$	$p(E\|A_i)$	$p(A_i) \cdot p(E\|A_i)$
1	200	30 %	0,167	0,3	0,050
2	300	40 %	0,250	0,4	0,100
3	250	20 %	0,208	0,2	0,042
4	450	50 %	0,375	0,5	0,188
Summe	1 200		1,000		0,380

Tabelle 3.3: Berechnung der totalen Wahrscheinlichkeit

Hiermit wird

$$p(E) = \sum_{i=1}^{n} p(A_i) \cdot p(E \mid A_i) = 0{,}167 \cdot 0{,}3 + \ldots + 0{,}375 \cdot 0{,}5 = 0{,}380$$

Die Wahrscheinlichkeit, bei zufälliger Topfwahl einen Gewinn zu ziehen, beträgt also 0,380.

3.5 Statistische Definition der Wahrscheinlichkeit

Insbesondere das letzte Beispiel aus Abschnitt 3.3 zeigt, wie leicht man bei wahrscheinlichkeitstheoretischen Überlegungen daneben liegen kann. Und manchmal oder sogar meistens erweisen sich die Probleme als so schwierig, dass man sie, zumindest in vertretbarer Zeit, nicht lösen kann.

Nicht alle Probleme sind schließlich so einfach wie zum Beispiel das im ersten Beispiel dargestellte Würfelproblem. Dennoch wollen wir einmal annehmen, wir schafften es nicht, die gesuchte Wahrscheinlichkeit aufgrund mathematischer Überlegungen zu finden. Es bliebe uns dann nichts anderes übrig, als eine große Anzahl von Versuchen zu machen und jeweils festzustellen, wie oft dabei das fragliche Ereignis eintrifft.

Die Ergebnisse von solchen Versuchen sind in Tabelle 3.4 zusammengestellt. Jeder Versuch bestand aus maximal vier Würfen eines Würfels, wobei jedes Mal festgestellt wurde, ob die Sechs gewürfelt wurde oder nicht. In der ersten Spalte ist die Anzahl der Versuche (n) angegeben, in der zweiten Spalte die Anzahl der Versuche (k), bei denen das Ereignis „keine Sechs in vier Würfen“ auftrat. Die dritte Spalte enthält den Quotienten aus k und n, der die hieraus resultierende relative Häufigkeit für dieses Ereignis angibt.

Die relative Häufigkeit ist offenbar ein Maß für die Wahrscheinlichkeit des beschriebenen Ereignisses; sie nähert sich mit steigender Versuchszahl dem theoretischen Wert $p = 0{,}482$.

Entsprechende Versuche mit dem im zweiten Beispiel geschilderten Ereignis (vierundzwanzigmal hintereinander keine Doppelsechs beim Spiel mit zwei Würfeln) erbrachten das in Tabelle 3.5 dargestellte Ergebnis.

Als theoretischer Wert hatte sich hier $p = 0{,}509$ ergeben.

Neben der klassischen Wahrscheinlichkeitsdefinition lässt sich also eine weitere Definition der Wahrscheinlichkeit angeben.

n	k	relative Häufigkeit
100	53	0,530
500	249	0,498
1 000	470	0,470
5 000	2 433	0,487
10 000	4 786	0,479
100 000	48 402	0,484
1 000 000	481 522	0,482
2 000 000	964 173	0,482

Tabelle 3.4: Ereignishäufigkeiten „keine Sechs in vier Würfen"

n	k	relative Häufigkeit
100	53	0,530
500	240	0,480
1 000	513	0,513
5 000	2 515	0,503
10 000	5 077	0,508
100 000	50 698	0,507
1 000 000	508 480	0,508
2 000 000	1 017 365	0,509

Tabelle 3.5: Ereignishäufigkeiten „keine Doppelsechs in 24 Würfen"

Statistische Definition der Wahrscheinlichkeit:

Tritt unter n Versuchen ein Ereignis k-mal auf und nähert sich mit größer werdendem n die relative Häufigkeit

$$\frac{k}{n}$$

einer festen Zahl, so wird diese Zahl als (statistische) Wahrscheinlichkeit dieses Ereignisses bezeichnet.

Statistische Wahrscheinlichkeiten lassen sich also stets erst im Nachhinein angeben, wenn genügend viele Versuche zu ihrer Ermittlung durchgeführt wurden. Man spricht daher auch von einer *a-posteriori*-Wahrscheinlichkeit.

Die Tatsache, dass sich bei immer größer werdender Versuchszahl die relative Häufigkeit eines Ereignisses immer mehr einem festen Wert annähert, wird als *Gesetz der großen Zahl* bezeichnet. Es ist die Ursache für den Irrglauben vieler Glücksspieler, nach einer längeren Serie des gleichen Ereignisses erhöhe sich die Wahrscheinlichkeit für ein anderes Ereignis. So müssten etwa Roulettespieler eine längere Serie der gleichen Farbe abwarten, um dann mit erhöhten Gewinnchancen die andere Farbe zu spielen. Dies ist, worauf schon hingewiesen wurde, falsch. Zwar nähert sich die relative Häufigkeit einem konstanten Wert, für das einzelne Ereignis ist dies aber ohne Relevanz.

Die Würfelversuche wurden natürlich nicht von Hand ausgeführt, sondern mit einem Computer simuliert. Hierfür stellt jede Programmiersprache einen Zufallszahlengenerator zur Verfügung.

3.6 Mehrstufige Zufallsexperimente

An einem Beispiel soll für mehrstufige Zufallsexperimente das Konzept des Wahrscheinlichkeitsbaums illustriert werden. In einem Korb befinden sich 2 schwarze und 6 weiße Katzen. Man wählt drei Mal (ohne Zurücklegen) eine Katze aus. Mit einem Wahrscheinlichkeitsbaum soll nun berechnet werden, welche Ereignisse mit welchen Wahrscheinlichkeiten eintreten können.

Die Wahrscheinlichkeit, dass im ersten Zug eine schwarze Katze („S") gezogen wird ist $p(S) = \frac{2}{8}$. Die Wahrscheinlichkeit, dass nun im zweiten Zug eine weiße Katze („W") gezogen wird, wobei im ersten Zug eine schwarze gezogen wurde, ist $p(W \mid S) = \frac{6}{7}$, da es noch 6 weiße von insgesamt 7 Katzen übrig hat. Um im dritten Zug nun wiederum eine schwarze Katze zu ziehen, wobei im zweiten eine weiße und im ersten eine schwarze gezogen wurde, beträgt die Wahrscheinlichkeit $p(S \mid W \mid S) = \frac{1}{6}$, da nur noch eine schwarze und fünf weiße Katzen übrig sind.

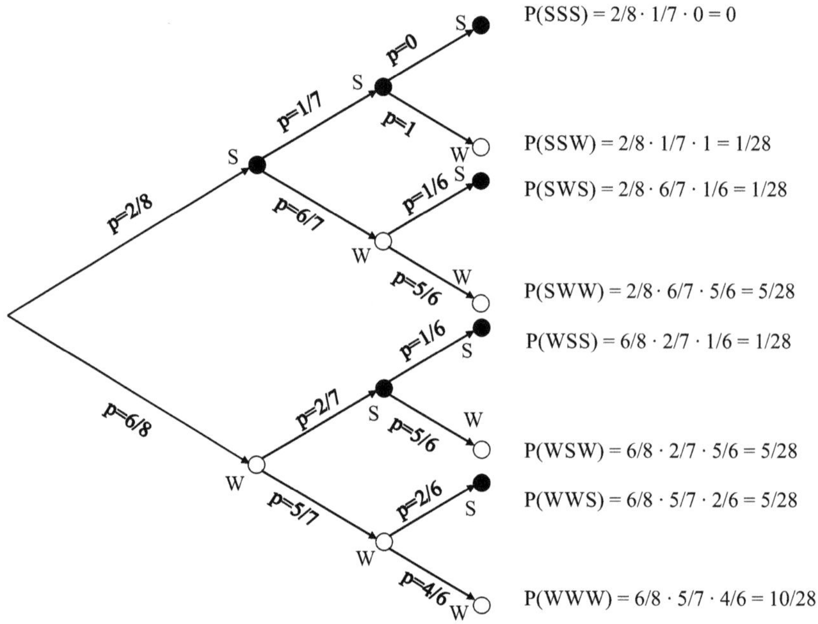

Abbildung 3.5: Baumdiagramm

Um die Wahrscheinlichkeit zu berechnen, zuerst eine schwarze und dann eine weiße und wieder eine schwarze Katze zu ziehen, multiplizieren wir die genannten Wahrscheinlichkeiten entlang des Pfades, wie in Abbildung 3.5 gezeigt wird. Wir erhalten $P(S \mid W \mid S) = \frac{2}{8} \cdot \frac{6}{7} \cdot \frac{1}{6} = \frac{1}{28}$. Um im Baumdiagramm zu einem bestimmten Punkt zu gelangen, so muss man die einzelnen Wahrscheinlichkeiten entlang der Pfade multiplizieren. Mit dieser Erkenntnis formulieren wir die 1. Pfadregel:

1. Pfadregel:

Bei einem mehrstufigen Zufallsexperiment ist die Wahrscheinlichkeit eines Ereignisses gleich seiner Pfadwahrscheinlichkeit, d. h. gleich dem Produkt der Wahrscheinlichkeiten entlang des Pfades, der dem zugehörigen Ergebnis im Baumdiagramm entspricht.

Zusätzlich ist zu sehen, dass sich die Wahrscheinlichkeiten der acht möglichen Ereignisse am Ende des Baumdiagramms zu 1 summieren. Nun können wir uns fragen, wie groß die Wahrscheinlichkeit ist, bei drei Zügen genau zwei weiße Katzen zu erwischen? Dazu addieren wir sämtliche Wahrscheinlichkeiten der Ereignisse auf, die zwei Mal „W" und ein Mal „S" enthalten: $p = p(S \mid W \mid W) + p(W \mid S \mid W) + p(W \mid W \mid S) = \frac{5}{28} + \frac{5}{28} + \frac{5}{28} = \frac{15}{28}$. Mit dieser Erkenntnis formulieren wir die 2. Pfadregel:

2. Pfadregel:

Bei einem mehrstufigen Zufallsexperiment ist die Wahrscheinlichkeit eines zusammengesetzten Ereignisses gleich der Summe der Wahrscheinlichkeiten aller Pfade, die zu seinen zugehörigen Ergebnissen führen.

3.7 Kombinatorik

Die Kombinatorik als ein Hilfsmittel der Wahrscheinlichkeitsrechnung beschäftigt sich mit der Frage, wie oft eine Menge von Elementen unterschiedlich angeordnet werden kann bzw. wie viele Möglichkeiten es gibt, aus einer Menge Teilmengen auszuwählen und anzuordnen. Anhand der vorangehenden Abschnitte erinnern wir uns, dass sich eine Wahrscheinlichkeit als Quotient der Anzahl günstiger zur Anzahl möglicher Fälle berechnet. Oft ist es aber nicht einfach, die Anzahl möglicher und günstiger Fälle zu berechnen – im Gegensatz zu den vorangehenden Beispielen wie dem Würfeln. In der Kombinatorik unterscheidet man dabei zwischen Permutationen, Variationen und Kombinationen.

Bei den im Folgenden angegebenen Formeln treten die Begriffe *Fakultät* und *Binomialkoeffizient* auf, die vorab erläutert werden sollen.

Fakultät:

Für natürliche Zahlen n bezeichnet man das Produkt der Zahlen 1 bis n mit $n!$ (gesprochen: „n Fakultät"):

$$n! = 1 \cdot 2 \cdot 3 \cdot \ldots \cdot n$$

Dabei gilt

$$0! = 1$$

So ist zum Beispiel $5! = 1 \cdot 2 \cdot 3 \cdot 4 \cdot 5 = 120$ oder $10! = 1 \cdot 2 \cdot 3 \cdot 4 \ldots \cdot 10 = 3\,628\,800$. Man sieht, dass Fakultäten für größere Werte n sehr stark anwachsen.

Binomialkoeffizient:

Der Binomialkoeffizient „n über k" oder auch „n tief k" ist definiert durch

$$\binom{n}{k} = \frac{n!}{(n-k)! \cdot k!}$$

Dabei gilt

$$\binom{n}{0} = 1$$

Beim Zählen von Fällen gibt es folgende Unterscheidungen zu betrachten: mit bzw. ohne „Wiederholung" und mit resp. ohne Berücksichtigung der „Reihenfolge". Mit Wiederholung heißt, dass ein und dasselbe Element mehrmals gewählt werden darf – im Falle von keiner Wiederholung jedoch nur einmal. Ist zum Beispiel ein Passwort der Länge $k = 5$ aus den $n = 26$ Buchstaben des Alphabets zu wählen, so spielt es für die Anzahl der Möglichkeiten natürlich eine Rolle, ob ein und derselbe Buchstabe mehrmals gebraucht (wiederholt) werden darf. Zudem kommt es auf die Reihenfolge der Buchstaben im Passwort an: Ein Passwort *aabbc* ist selbstverständlich nicht das gleiche wie *cbbaa*!

Beim EuroMillions, als zweites Beispiel, dürfen Sie aus $n = 50$ Zahlen $k = 5$ auswählen. Allerdings kann auf dem Schein jede gewählte Zahl nur einmal angekreuzt werden (also ohne Wiederholung), zusätzlich wird auch die Reihenfolge des Ankreuzens nicht berücksichtigt – es kommt nicht darauf an, ob Sie in Ihrem Tipp $3, 7, 13, 24, 44$ zuerst die 24 und erst dann die 7 ankreuzen!

Es werden somit folgende Arten des Zählens in der Kombinatorik unterschieden:

- Permutationen mit/ohne Wiederholung: Zur Gruppenbildung werden *alle* Elemente benötigt.
- Variationen mit/ohne Wiederholung: Zur Gruppenbildung werden *nicht alle* Elemente benötigt, die Reihenfolge spielt *eine* Rolle.
- Kombinationen mit/ohne Wiederholung: Zur Gruppenbildung werden *nicht alle* Elemente benötigt, die Reihenfolge spielt *keine* Rolle.

Wir merken uns somit, dass Variationen die Reihenfolge der Elemente berücksichtigen, Kombinationen hingegen nicht.

3.7.1 Permutationen

Permutationen ohne Wiederholung

Drei Freunde (Peter, Christian und Oliver) wollen mit dem Auto verreisen und können sich nicht einigen, wer wo im Auto sitzen soll. Würde Peter allein fahren, gäbe es nur eine Möglichkeit: Peter setzt sich ans Steuer.

Fährt auch Christian mit, gibt es zwei Möglichkeiten: Peter ans Steuer und Christian auf den Beifahrersitz oder umgekehrt. Steigt auch noch Oliver hinzu, gibt es sechs Möglichkeiten:

Steuer	Beifahrersitz	Rückbank
Peter	Christian	Oliver
Peter	Oliver	Christian
Christian	Peter	Oliver
Christian	Oliver	Peter
Oliver	Peter	Christian
Oliver	Christian	Peter

Allgemein gilt folgender Satz:

Permutationen ohne Wiederholung:

***n* verschiedene Elemente können in *n*! verschiedenen Möglichkeiten angeordnet werden, insofern sich die Elemente nicht wiederholen.**

Bei drei Elementen wie im gegebenen Beispiel ergibt dies

$$3! = 1 \cdot 2 \cdot 3 = 6$$

verschiedene Möglichkeiten. Jede einzelne Anordnung wird als *Permutation* bezeichnet.

Sitzen zum Beispiel zehn Personen an einem Tisch, so sind

$$10! = 3\,628\,800$$

Permutationen möglich, da jede Person ausgewählt wird und sich die Personen auf den einzelnen Sitzen ja nicht wiederholen können. So hat man auf dem 1. Platz 10 Möglichkeiten, eine Person zu platzieren, auf dem 2. noch 9 Möglichkeiten, auf dem 3. noch 8 und so weiter.

Permutationen mit Wiederholung

Im Gegensatz zum vorherigen Beispiel können sich die Elemente auch wiederholen. So können wir uns fragen, wie viele „Worte" mit den Buchstaben „M I S S I S S I P P I" gebildet werden können. Hier gilt es nun zu beachten, dass zwar alle $n = 11$ Buchstaben verwendet werden sollen, es jedoch auch Wiederholungen gibt: So kommen $k_1 = 4$ mal ein „I", $k_2 = 4$ mal ein „S" und $k_3 = 2$ mal ein „P" vor. Obige Rechnung für $n!$ Möglichkeiten ist nun nicht mehr richtig, da in einem beliebigen „Wort" zum Beispiel das „I" $k_1! = 4!$ mal vertauscht werden kann, ohne dass sich dieses „Wort" ändert. Es gilt daher für die Permutation mit Wiederholung:

Permutationen mit Wiederholung:

***n* verschiedene Elemente mit $k_1, k_2, \ldots, k_i$ identischen Elementen können in $\frac{n!}{k_1! \cdot k_2! \cdot k_3! \cdot \ldots \cdot k_i!}$ verschiedenen Möglichkeiten angeordnet werden.**

Für das genannte Beispiel ergeben sich somit die folgende Anzahl von möglichen Worten:

$$\frac{11!}{4! \cdot 4! \cdot 2!} = 34\,650$$

Als zweites Beispiel können wir uns überlegen, auf wie viele Arten man bei $n = 5$ maligem Werfen einer Münze $k = 2$ mal eine Zahl sehen kann. Eine Münze kann entweder Zahl („Z") oder Wappen („W") zeigen. Zur Beantwortung der Frage genügt es somit sich zu überlegen, auf wie viele Arten die Elemente „Z Z W W W" arrangiert werden können. Gemäß der Formel für Permutationen mit Wiederholung erhalten wir somit: $\frac{5!}{3! \cdot 2!} = 10$ Möglichkeiten.

3.7.2 Variationen

Eine Variation ist eine Anordnung von k aus n Elementen, wobei die Reihenfolge der Elemente berücksichtigt wird. Es gibt Variationen mit und ohne Wiederholungen.

Variationen ohne Wiederholung

Als Beispiel fragen wir uns, wie viele Worte der Länge $k = 3$ wir aus den $n = 26$ Buchstaben des Alphabets bilden können, wenn die Buchstaben nicht wiederholt, d. h. nicht mehrmals verwendet werden dürfen.

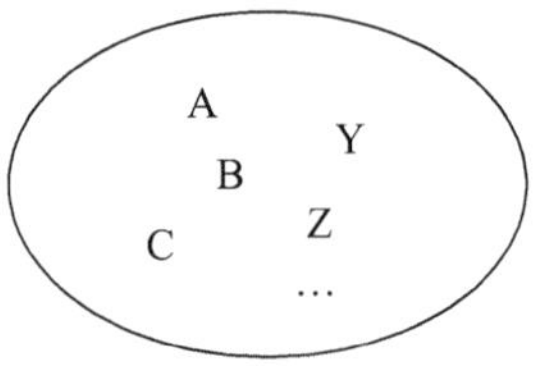

Abbildung 3.6: Auswahl von Buchstaben zur Berechnung von Variationen

Für die Beantwortung der genannten Fragestellung stellen wir fest, dass die Reihenfolge der Elemente hier wichtig ist – so ist das Wort „A B X" natürlich nicht das gleiche wie „B A X". Für die Auswahl des ersten Buchstabens stehen somit 26 Möglichkeiten zur Verfügung, für die Auswahl des zweiten stehen noch 25 und für die dritte Stelle im Wort noch 24 Möglichkeiten zur Verfügung. Somit gibt es

$$26 \cdot 25 \cdot 24 = 15\,600$$

Möglichkeiten, ein Wort mit 3 Zeichen ohne Wiederholung zu bilden.

> **Variationen ohne Wiederholung:**
>
> **Eine Variation ohne Wiederholung berücksichtigt die Reihenfolge der Elemente, wenn k aus n Elementen ausgewählt werden. Es gibt**
>
> $$\frac{n!}{(n-k)!}$$
>
> **Möglichkeiten.**

Wenden wir die Formel auf das genannte Beispiel an, so erhalten wir $\frac{26!}{23!} = 24 \cdot 24 \cdot 25$ Möglichkeiten.

Variationen mit Wiederholung

Wir berechnen nochmals, wie viele Worte der Länge $k = 3$ aus den $n = 26$ Buchstaben des Alphabets gebildet werden können, wenn Wiederholungen erlaubt sind – so ist z. B. das Wort „A B B" nun eine valable Möglichkeit. So gibt es nun für jede Stelle des Worts 26 Möglichkeiten. Insgesamt gibt es somit

$$26 \cdot 26 \cdot 26 = 26^3 = 17\,576$$

Möglichkeiten.

Variationen mit Wiederholung:

Eine Variation mit Wiederholung berücksichtigt die Reihenfolge der Elemente, wenn k aus n Elementen ausgewählt werden. Es gibt

$$n^k$$

Möglichkeiten.

3.7.3 Kombinationen

Während bei Permutationen und Variationen die Reihenfolge der Auswahl der einzelnen Elemente eine Rolle spielt, spielt diese bei Kombinationen keine Rolle.

Kombinationen ohne Wiederholung

Ein prominentes Beispiel für Kombinationen ohne Wiederholung ist das Lottospiel „EuroMillions". Dabei werden auf einem Schein mit $n = 50$ Zahlen $k = 5$ Zahlen angekreuzt. Wir fragen uns nun, auf wie viele Arten sich der Schein ausfüllen lässt. Die Reihenfolge, wie die fünf Zahlen angekreuzt werden, ist nicht relevant. So sind unten genannte Tipps, die abgegeben werden können, alle dieselben:

4	12	48	37	25
12	4	48	25	37
37	25	4	48	12

Alle Tipps entsprechen dem Tipp $4, 12, 25, 37, 48$. Die Anzahl Möglichkeiten, die nicht berücksichtigt werden müssen, ist somit $k! = 5! = 120$. Wird die Reihenfolge nicht berücksichtigt, so sinken die Anzahl Kombinationen im Vergleich zu den Anzahl Variationen um den Faktor $k!$.

Kombinationen ohne Wiederholung:

Wählt man aus *n* verschiedenen Elementen *k* Elemente zufällig aus, ohne Berücksichtigung der Reihenfolge und ohne Wiederholung, so ergeben sich

$$\binom{n}{k} = \frac{n!}{(n-k)! \cdot k!}$$

verschiedene Kombinationen.

Für EuroMillions erhalten wir somit

$$\binom{50}{5} = \frac{50!}{45! \cdot 5!} = 2\,118\,760$$

Möglichkeiten, den Schein auszufüllen.

Neben dem Ausfüllen des Scheins müssen aus $n = 12$ Sternen $k = 2$ Sterne angekreuzt werden. Hierfür gibt es somit

$$\binom{12}{2} = \frac{12!}{10! \cdot 2!} = 66$$

Möglichkeiten.

Insgesamt gibt es somit $2\,118\,760 \cdot 66 = 139\,838\,160$ Möglichkeiten, einen EuroMillions-Schein auszufüllen. Anders ausgedrückt beträgt die Gewinnchance für einen Volltreffer 1 : 139 838 160.

Kombinationen mit Wiederholung

Wählt man aus *n* verschiedenen Elementen *k* Elemente zufällig aus, ohne Berücksichtigung der Reihenfolge und mit Wiederholung, so ergeben sich

$$\binom{n+k-1}{k}$$

verschiedene Kombinationen.

Es wird mit $k = 3$ nicht-unterscheidbaren Würfeln gewürfelt. Man möchte die Anzahl aller möglicher Wurfbilder berechnen. Nun „wählt“ jeder Würfel eine Zahl von 1–6. Es werden hier also $k = 3$ Elemente aus $n = 6$ Elementen gezogen (die Reihenfolge ist irrelevant, so werden die Wurfbilder 2, 4, 4 und 4, 2, 4 nicht unterschieden). Wir erhalten:

$$\binom{6+3-1}{3} = \binom{8}{3} = 56$$

3.7.4 Zusammenfassung

Die in den beiden vorhergehenden Abschnitten angegebenen Formeln seien noch einmal zusammengestellt.

	Permutationen	Variationen	Kombinationen
ohne Wiederholung	$n!$	$\frac{n!}{(n-k)!}$	$\binom{n}{k}$
mit Wiederholung	$\frac{n!}{k_1! \cdot k_2! \cdot \ldots \cdot k_i!}$	n^k	$\binom{n+k-1}{k}$

Werden die anhand dieser Formeln berechneten Permutations- und Kombinationsmöglichkeiten zur Bestimmung von Wahrscheinlichkeiten verwendet, so führt das nur dann zu einem richtigen Ergebnis, wenn das Eintreten der einzelnen Ereignisse gleich wahrscheinlich ist. Das ist in allen geschilderten Beispielen der Fall. So ist zum Beispiel die Ziehungswahrscheinlichkeit bei jedem Lauf für alle noch in der Urne befindlichen Lottozahlen gleich.

3.8 Anwendungen mit R

Unter folgendem Link lernen Sie nun zwei interessante Anwendungen zur Kombinatorik und Wahrscheinlichkeitsrechnung kennen: *https://pearson-dach.shinyapps.io/imklartext_kap03/*. Die Anwendungen und Lernziele sind die folgenden:

QR-Code zum Kapitel 3

- das Geburtstagsparadoxon. Dieses beschäftigt sich mit der Frage nach der Wahrscheinlichkeit für Mehrfachgeburtstage unter einer gewissen Anzahl Personen.
  - Sie berechnen die Wahrscheinlichkeit für Mehrfachgeburtstage mit dem Wissen aus der Kombinatorik und der Wahrscheinlichkeitsrechnung.
  - Sie können eine einfache Monte-Carlo-Simulation in **R** programmieren, um die Wahrscheinlichkeiten zu berechnen.
- EuroMillions: Sie rechnen aus den aktuellen Gewinner-Tipps die wahrscheinlichste Anzahl an total abgegebenen Tipps aus. Daraus können Sie auch den Gewinn der Lotterie-Gesellschaft aus der aktuellen Spielrunde abschätzen.

ZUSAMMENFASSUNG

- Die Wahrscheinlichkeit eines Ereignisses kann Werte zwischen 0 und 1 annehmen.
- Die klassische Wahrscheinlichkeit eines Ereignisses ist die Anzahl der für das Ereignis günstigen Fälle geteilt durch die Anzahl der insgesamt möglichen Fälle.

- Als grundlegende Gesetze gelten Additionssatz und Multiplikationssatz.
- Bedingte Wahrscheinlichkeiten sind vom Eintreten eines anderen Ereignisses abhängig.
- Sätze in Zusammenhang mit bedingten Wahrscheinlichkeiten (Bayes und totale Wahrscheinlichkeit)
- Die statistische Wahrscheinlichkeit ist die relative Häufigkeit des Eintretens eines Ereignisses in einer großen Anzahl von Versuchen.
- In der Kombinatorik wird unterschieden zwischen Permutationen, Variationen und Kombinationen mit und ohne Wiederholung der Elemente.

3.9 Übungen

1. In einer Urne liegen 10 rote und 4 schwarze Kugeln. Wie groß ist die Wahrscheinlichkeit dafür, zuerst eine rote und dann eine schwarze Kugel zu ziehen, wenn die erste Kugel nicht zurückgelegt wird? Wie groß ist unter dieser Voraussetzung die Wahrscheinlichkeit dafür, dass zuerst eine schwarze und dann eine rote Kugel gezogen wird?
2. Wie ändern sich die Wahrscheinlichkeiten von Übung 3.1, wenn die erste Kugel jeweils wieder zurückgelegt wird?
3. In einer Urne befinden sich 1 weiße, 2 rote und 3 schwarze Kugeln. Man zieht nacheinander zwei Kugeln ohne Zurücklegen. Wie groß ist die Wahrscheinlichkeit, dass

   (a) 2 schwarze Kugeln gezogen werden?

   (b) 2 verschieden farbige Kugeln gezogen werden?
4. Ein Fußballtrainer hat elf Allroundspieler zur Verfügung, die auf jeder Position eingesetzt werden können. Wie viele verschiedene Mannschaftsaufstellungen sind möglich?
5. In einer Quizsendung sollen aus sieben deutschen Flüssen (Neckar, Mosel, Nidda, Elbe, Main, Rhein, Leine) die beiden Flüsse genannt werden, die ins Meer fließen. Wie groß ist die Wahrscheinlichkeit, die richtige Lösung durch Raten zu finden?
6. Ein Eisverkäufer in Spanien bietet acht verschiedene Eissorten an. Ein Tourist möchte davon in ein Hörnchen jeweils eine Kugel Schokoladeneis, Vanilleeis und Zitroneneis gefüllt haben, wobei es ihm auf genau diese Reihenfolge ankommt, damit er mit sauer beginnen und süß enden kann. Der Eisverkäufer spricht kein Deutsch und füllt das Hörnchen nach dem Zufallsprinzip, wobei er auch nicht darauf achtet, dass alle drei Eissorten verschieden sind.

   Wie groß ist die Wahrscheinlichkeit, dass er die gewünschte Reihenfolge trifft, und wie groß wäre diese Wahrscheinlichkeit, wenn er wenigstens darauf achten würde, dass alle drei Eissorten verschieden sind?
7. In einem Universitätsinstitut wurde im letzten Jahr alle 14 Tage Feueralarm ausgelöst, wobei es aber nur einmal auch wirklich brannte. Die Wahrscheinlichkeit,

dass bei einem Brand der Alarm ausgelöst wird, ist mit 99 % angegeben. Wie groß ist die Wahrscheinlichkeit, dass ein Alarm kein Fehlalarm ist, es also wirklich brennt?

8. Zur Früherkennung einer Krankheit, an welcher 1 % der Bevölkerung leidet, wurde ein diagnostischer Test mit der „Sensitivität" 0,9 und der „Spezifität" 0,95 entwickelt. Das bedeutet, dass bei 90 % der Erkrankten das Testergebnis positiv ist, aber nur bei 5 % der Gesunden. Wie groß ist die Wahrscheinlichkeit, dass ein Testpositiver wirklich erkrankt ist?

9. Aus einem Spiel von 36 Karten werden 9 herausgezogen. Welches ist die Wahrscheinlichkeit p, dass genau vier Könige gezogen werden (im Spiel gibt es nur vier Königskarten)?

10. Lösen Sie aus den Aufgaben unter *https://pearson-dach.shinyapps.io/imklartext_kap03/* je eine Version der Übungen zur Kombinatorik und eine Version der Übungen zur Wahrscheinlichkeitsrechnung.

Zufallsvariablen und Verteilungen

4

ÜBERBLICK

LERNZIELE

- Zufallsvariablen
- diskrete Verteilungen
- stetige Verteilungen (Normalverteilung)

4.1 Zufallsvariablen

In Verbindung mit dem Begriff der *Variable* spricht man auch von *Zufallsvariable*. Damit soll betont werden, dass die möglichen Werte (Ausprägungen, Realisationen) der Variable Ergebnisse eines Zufallsvorgangs sind, wobei die Ergebnisse als reelle Zahlen codiert sind.

Zufallsvariablen werden mit Großbuchstaben bezeichnet, ihre Ausprägungen mit Kleinbuchstaben. Bezeichnet man zum Beispiel die Zufallsvariable „Häufigkeit von Zahl beim zweimaligen Werfen einer Münze" mit X, so hat X die möglichen Ausprägungen $x_1 = 0, x_2 = 1$ und $x_3 = 2$, die Zahl kann nämlich keinmal, einmal oder zweimal erscheinen. Ist Y die Zufallsvariable „Ergebnis eines einmaligen Würfelns", so sind die möglichen Ausprägungen $y_1 = 1$, $y_2 = 2$, $y_3 = 3$, $y_4 = 4$, $y_5 = 5$ und $y_6 = 6$. Im ersten Beispiel besteht der *Ereignisraum* (meist mit dem großen griechischen Buchstaben Omega bezeichnet) aus den Zahlen 0, 1 und 2, im zweiten Beispiel aus den Zahlen 1, 2, 3, 4, 5 und 6:

$$\Omega_X = \{0, 1, 2\} \quad \Omega_Y = \{1, 2, 3, 4, 5, 6\}$$

Definition des Ereignisraums

Der Ereignisraum fasst die Menge aller möglichen Ereignisse, die eintreten können, zusammen.

Wird eine Fragebogenerhebung mit zufällig ausgewählten Personen vorgenommen, so ist das Geschlecht eine Zufallsvariable mit dem Ereignisraum {männlich, weiblich} und mit der entsprechenden Codierung $\{1, 2\}$, wobei „1" für männlich und „2" für weiblich stehen könnte. Ebenso sind das Alter, das Körpergewicht oder die Körpergröße Zufallsvariablen. Gibt man etwa das Alter in Jahren an, so besteht der Ereignisraum aus endlich vielen natürlichen Zahlen. Gleiches gilt, wenn man Körpergewicht und Körpergröße in vollen Zentimetern bzw. Kilogramm angibt.

Definition einer Zufallsvariable:

Eine Variable X, deren Werte (Ausprägungen) x_i aus dem zugeordneten Ereignisraum Ω die Ergebnisse eines Zufallsvorgangs sind, bezeichnet man als Zufallsvariable.

Die bisherigen Beispiele beziehen sich auf Zufallsvariablen, deren Ereignisraum aus diskreten Werten besteht. Das sind Zufallsvariablen, die nur endlich viele oder abzählbar unendlich viele Ausprägungen besitzen. Dabei wird mit abzählbar unendlich eine Zahlenmenge bezeichnet, die zwar unendlich viele Elemente besitzt, wobei sich aber jedem Element eine natürliche Zahl zuordnen lässt.

Definition einer diskreten Zufallsvariable:

Eine Zufallsvariable X heißt diskret, wenn sie nur endlich viele oder abzählbar unendlich viele Werte x_i annehmen kann.

Im Gegensatz zu den diskreten Zufallsvariablen stehen die stetigen Zufallsvariablen. Das sind solche, die im Prinzip jeden reellen Zahlenwert annehmen können. Beispiele sind die Länge eines Werkstücks, eine bestimmte Zeitspanne oder aber auch die schon genannte Körpergröße, wenn sie nicht auf volle Zentimeter gerundet wird.

Definition einer stetigen Zufallsvariable:

Eine Zufallsvariable X heißt stetig, wenn sie zumindest in einem bestimmten Bereich jeden reellen Zahlenwert annehmen kann.

Nominal- und ordinalskalierte Variablen sind stets diskret, bei intervall- und verhältnisskalierten Variablen entscheidet theoretisch die Messgenauigkeit, ob sie als diskret oder stetig einzuordnen sind; man ist aber geneigt, diese Variablen als stetig anzusehen.

Ein wichtiger Begriff in Zusammenhang mit Zufallsvariablen ist die *Wahrscheinlichkeitsfunktion*. Die Wahrscheinlichkeitsfunktion gibt bei diskreten Zufallsvariablen für jede Ausprägung x_i die Wahrscheinlichkeit $f(x_i)$ ihres Auftretens an. Die Wahrscheinlichkeit, dass die Zufallsvariable X einen spezifischen Wert x_i annimmt wird mit $P(X = x_i) = p_i$ bezeichnet und im Allgemeinen mit der Wahrscheinlichkeitsfunktion $f(x_i)$ oder eben mit p_i abgekürzt.

Im Beispiel des einmaligen Würfelns bezeichnet die Zufallsvariable X die Augenzahl beim Würfeln. Es gilt dann:

$$P(X = 1) = P(X = 2) = P(X = 3) = P(X = 4) = P(X = 5) = P(X = 6) = \frac{1}{6}$$

oder einfacher

$$f(1) = f(2) = f(3) = f(4) = f(5) = f(6) = \frac{1}{6}$$

Bei der Zufallsvariable „Häufigkeit von Kopf beim zweimaligen Werfen einer Münze" ergibt sich

$$f(0) = \frac{1}{4} \quad f(1) = \frac{1}{2} \quad f(2) = \frac{1}{4}$$

Beim zweimaligen Werfen einer Münze können nämlich die folgenden vier gleich wahrscheinlichen Ergebnisse auftreten:

(Zahl; Zahl) (Zahl; Kopf) (Kopf; Zahl) (Kopf; Kopf)

Definition der Wahrscheinlichkeitsfunktion einer diskreten Zufallsvariable:

Die Wahrscheinlichkeitsfunktion einer diskreten Zufallsvariable ist die Funktion $f(x_i)$, die für jede Ausprägung der Zufallsvariable die Wahrscheinlichkeit ihres Auftretens angibt.

Hat der Ereignisraum n Ausprägungen, so gilt für die Wahrscheinlichkeitsfunktion die Eigenschaft

$$\sum_{i=1}^{n} f(x_i) = 1$$

Beim Beispiel des einmaligen Würfelns kann man auch Fragen der Art „Wie groß ist die Wahrscheinlichkeit, höchstens die Vier zu würfeln?" stellen oder beim Beispiel des zweimaligen Werfens einer Münze: „Wie groß ist die Wahrscheinlichkeit, höchstens einmal Kopf zu werfen?" Das führt zum Begriff der *Verteilungsfunktion*.

Definition der Verteilungsfunktion einer diskreten Zufallsvariable:

Die Verteilungsfunktion einer diskreten Zufallsvariable berechnet sich aus ihrer Wahrscheinlichkeitsfunktion $f(x_i)$ zu

$$F(x_i) = \sum_{j=1}^{i} f(x_j)$$

So ist die Wahrscheinlichkeit, beim zweimaligen Münzwurf höchstens einmal Kopf zu werfen,

$$F(1) = F(x_2) = f(x_1) + f(x_2) = f(0) + f(1) = \frac{1}{4} + \frac{1}{2} = \frac{3}{4}$$

Die Verteilungsfunktion einer diskreten Zufallsvariable ist somit eine Treppenfunktion, die an den Stellen x_i nach oben springt.

Für stetige Zufallsvariablen kann die Wahrscheinlichkeitsfunktion nicht in Form einer Treppenfunktion angegeben werden, da die Werte x_i nicht mehr abzählbar sind. Bei stetigen Zufallsvariablen berechnet man somit die Wahrscheinlichkeit $F(a \leq x \leq b)$ dafür, dass ein Wert im Intervall zwischen den beiden Intervallgrenzen a und b liegt.

Definition der Wahrscheinlichkeitsfunktion einer stetigen Zufallsvariable:

Die Wahrscheinlichkeitsfunktion $f(x)$ einer stetigen Zufallsvariable hat die Eigenschaft

$$F(a \leq x \leq b) = \int_a^b f(x)dx$$

Hieraus folgt

$$\int_{-\infty}^{\infty} f(x)\mathrm{d}x = 1$$

Die Funktion $f(x)$ nennt man auch *Dichtefunktion*. Als Verteilungsfunktion einer stetigen Zufallsvariable bezeichnet man das Integral zwischen dem linken Ende der Verteilung und dem betreffenden Wert x.

Definition der Verteilungsfunktion einer stetigen Zufallsvariable:

Die Verteilungsfunktion einer stetigen Zufallsvariable ist gegeben durch

$$F(x) = \int_{-\infty}^{x} f(t)\mathrm{d}t$$

4.1.1 Erwartungswert und Varianz einer Zufallsvariable

In Kapitel 2 wurden die Begriffe *Mittelwert* und *Standardabweichung* erläutert. Diese werden in Stichproben gewöhnlich mit $\overline{x}$ bzw. s bezeichnet, in zugehörigen Grundgesamtheiten mit μ bzw. σ (siehe Kapitel 5 und 6).

Für eine Zufallsvariable X können ein Erwartungswert und eine Varianz definiert werden. Dabei ist der Erwartungswert, wie es der Name sagt, der „erwartete" Wert, den die Zufallsvariable im Mittel annimmt, wenn das Zufallsexperiment oft genug wiederholt wird. Der Erwartungswert einer Zufallsvariable wird mit μ bezeichnet. Er berechnet sich wie folgt:

$$E(X) = \mu = \sum_{i=1}^{n} P(X = x_i) \cdot x_i = \sum_{i=1}^{n} p_i \cdot x_i$$

Der Erwartungswert μ ist somit die Summe aller möglichen Werte der Zufallsvariable X gewichtet mit der jeweiligen Wahrscheinlichkeit. Die Varianz einer Zufallsvariable X berechnet sich hingegen über

$$\sigma^2 = \sum_{i=1}^{n} P(X = x_i) \cdot (x_i - \mu)^2 = \sum_{i=1}^{n} p_i \cdot (x_i - \mu)^2$$

Die Varianz einer Zufallsvariable ist die Summe der quadrierten Abweichungen aller möglichen Werte vom Erwartungswert gewichtet mit der jeweiligen Wahrscheinlichkeit.

Wir wenden uns an dieser Stelle einem Beispiel zu: Sei X die Zufallsvariable „Augenzahl", die nach einmaligem Werfen eines fairen Würfels zu sehen ist.

Tabelle 4.1 zeigt nun die Berechnung des Erwartungswerts und der Varianz für die Augenzahl beim Würfeln. In der ersten Spalte sind alle möglichen Ausprägungen von X notiert, also die möglichen Augenzahlen von 1 bis 6. In der zweiten Spalte sind die zugehörigen Wahrscheinlichkeiten $P(X = x_i)$ festgehalten. Bei einem fairen Würfel betragen diese konstant 1/6. In der dritten Spalte ist nun die Ausprägung x_i mit der dazugehörigen Wahrscheinlichkeit multipliziert notiert. Werden all diese

Werte aufsummiert, so erhält man den Erwartungswert $\mu = 3{,}5$. In der letzten Spalte sind die quadrierten Abweichungen von x_i zum Erwartungswert μ, gewichtet mit der Wahrscheinlichkeit notiert. Werden diese Werte aufsummiert, so erhält man die Varianz $\sigma^2 = 2{,}9167$ und daraus die Standardabweichung $\sigma = \sqrt{2{,}9167} = 1{,}708$.

x_i	$p(X = x_i)$	$p(X = x_i) \cdot x_i$	$p(X = x_i) \cdot (x_i - \mu)^2$
1	1/6	$1/6 \cdot 1 = 1/6$	$1/6 \cdot (1 - 3{,}5)^2 = 1{,}0417$
2	1/6	$1/6 \cdot 2 = 2/6$	$1/6 \cdot (2 - 3{,}5)^2 = 0{,}3750$
3	1/6	$1/6 \cdot 3 = 3/6$	$1/6 \cdot (3 - 3{,}5)^2 = 0{,}0417$
4	1/6	$1/6 \cdot 4 = 4/6$	$1/6 \cdot (4 - 3{,}5)^2 = 0{,}0417$
5	1/6	$1/6 \cdot 5 = 5/6$	$1/6 \cdot (5 - 3{,}5)^2 = 0{,}3750$
6	1/6	$1/6 \cdot 6 = 6/6$	$1/6 \cdot (6 - 3{,}5)^2 = 1{,}0417$
Summe	1,0	3,5	2,9167

Tabelle 4.1: Zur Berechnung des Erwartungswerts und Standardabweichung der Augenzahl X

Was bedeutet dies nun? Wird ein Würfel z. B. 10 mal geworfen, so können z. B. folgende Augenzahlen zu sehen sein:

3 1 4 6 4 6 1 4 4 1

Wird hiervon der Mittelwert berechnet, so erhält man $\overline{x} = 3{,}4$, was schon sehr nahe am Erwartungswert oder Populationsmittelwert $\mu = 3{,}5$ liegt. Im Mittel kann somit erwartet werden, eine 3,5 zu werfen. Die Standardabweichung von $\sigma = 1{,}708$ ist die erwartete Abweichung der Augenzahl vom Mittelwert.

Die beiden folgenden Abschnitte enthalten einen Überblick über die wichtigsten diskreten und stetigen Verteilungen. Die folgenden Erläuterungen können Sie wiederum direkt mithilfe von Übungen und Beispielen online mitverfolgen: *https://pearson-dach.shinyapps.io/imklartext_kap04/*. Wiederum sind (mit Absicht) nicht alle Beispiele in den Online-Übungen identisch mit den hier diskutierten. Im Speziellen ist das Kapitel ‚App zu allen Verteilungen‘ erwähnt. Mit dieser App kann, zum Beispiel anstatt mithilfe eines Taschenrechners, die Übungen zur Binomialverteilung, Poisson-Verteilung und Normalverteilung gelöst werden.

QR-Code zum Einstieg in R und zum Kapitel 4

4.2 Diskrete Verteilungen

An diskreten Verteilungen sollen die Gleichverteilung, die Binomialverteilung, die hypergeometrische Verteilung und die Poisson-Verteilung vorgestellt werden.

4.2.1 Gleichverteilung

Bei einer gleichverteilten Zufallsvariable ist die Wahrscheinlichkeitsfunktion für alle n Ausprägungen gleich:

$$P(X = x_1) = P(X = x_2) = \ldots = P(X = x_n) = \frac{1}{n}$$

oder eben

$$f(x_1) = f(x_2) = \ldots = f(x_n) = \frac{1}{n}$$

Dies trifft zu beim einmaligen Würfeln ($f(x_i) = \frac{1}{6}$), beim Münzwurf ($f(x_i) = \frac{1}{2}$) oder beim Setzen von einer der Zahlen 0 bis 36 beim Roulette ($f(x_i) = \frac{1}{37}$).

4.2.2 Binomialverteilung

Wir wollen die Wahrscheinlichkeit berechnen, dass beim dreimaligen Wurf mit einem Würfel die Augenzahl „6" genau 2-mal erscheint. Somit definiert sich die Zufallsvariable X als „Anzahl Sechsen bei dreimaligem Würfeln" und gesucht ist die Wahrscheinlichkeit $P(X = 2)$, also dass exakt zwei Sechsen zu sehen sind. Nach der klassischen Wahrscheinlichkeitsdefinition ist die Wahrscheinlichkeit, bei einem Wurf eine Sechs zu werfen $p = \frac{1}{6}$ und die Wahrscheinlichkeit, keine Sechs zu werfen beträgt $1 - p = \frac{5}{6}$.

Die Wahrscheinlichkeit, nun im ersten Wurf und im zweiten Wurf eine Sechs zu sehen und im Dritten Wurf hingegen keine wäre dann: $\frac{1}{6} \cdot \frac{1}{6} \cdot \frac{5}{6} = \frac{5}{216}$. Hierbei ging aber vergessen, dass die Sechsen nicht genau an erster und zweiter Stelle auftreten müssen, sie können auch an erster und dritter oder an zweiter und dritter Stelle erscheinen, wie nachstehend gezeigt ist:

(6; 6; keine 6) (6; keine 6; 6) (keine 6; 6; 6)

Wie aus der Kombinatorik bekannt gibt es $\binom{3}{2} = 3$ Möglichkeiten, um zwei Elemente aus einer Grundgesamtheit von drei Elementen auszuwählen und anzuordnen. Die oben berechnete Wahrscheinlichkeit kann also mit 3 multipliziert werden!

Allgemein kann man solche Probleme mit einer Formel lösen, die der Schweizer Mathematiker Bernoulli entwickelte.

Die Wahrscheinlichkeit, dass ein Ereignis, das bei einem einmaligen Versuch mit der Wahrscheinlichkeit p eintritt, bei n Versuchen k-mal auftritt, ist

$$P(X = k) = \binom{n}{k} \cdot p^k \cdot (1 - p)^{n-k}$$

Diese Wahrscheinlichkeitsverteilung in Abhängigkeit von den Parametern n, k und p nennt man *Binomialverteilung*.

Wir wollen zunächst mithilfe der Binomialverteilung das geschilderte Problem lösen. Um die Wahrscheinlichkeit zu berechnen, dass beim dreimaligen Wurf mit einem Würfel zweimal die Sechs erscheint, ist $n = 3$, $k = 2$ und $p = \frac{1}{6}$ zu setzen:

$$P(X = 2) = \binom{3}{2} \cdot \left(\frac{1}{6}\right)^2 \cdot \left(\frac{5}{6}\right)^1 = 3 \cdot \frac{1}{36} \cdot \frac{5}{6} = \frac{15}{216}$$

Die berechnete Wahrscheinlichkeit ist somit 3-mal höher als anfänglich vermutet.

Im Folgenden seien jeweils zehn Versuche beim Würfeln, beim Roulette und beim Münzwurf betrachtet. In Tabelle 4.2 sind die Wahrscheinlichkeiten dafür dargestellt, dass die Ereignisse „Sechs" ($p = \frac{1}{6}$), „Rot" ($p = \frac{18}{37}$) bzw. „Zahl" ($p = \frac{1}{2}$) k-mal auftreten, wobei k die Werte 0 bis 10 annimmt.

Wie man sieht, ist die Binomialverteilung für $p = \frac{1}{2}$ symmetrisch. Die Verteilung ist umso asymmetrischer, je stärker p von $\frac{1}{2}$ abweicht.

k	$p = \frac{1}{6}$	$p = \frac{18}{37}$	$p = \frac{1}{2}$
0	0,1615	0,0013	0,0010
1	0,3230	0,0121	0,0098
2	0,2907	0,0515	0,0439
3	0,1550	0,1301	0,1172
4	0,0543	0,2157	0,2051
5	0,0130	0,2452	0,2461
6	0,0022	0,1936	0,2051
7	0,0002	0,1048	0,1172
8	0,0000	0,0372	0,0439
9	0,0000	0,0078	0,0098
10	0,0000	0,0007	0,0010

Tabelle 4.2: Binomialverteilungen

Wenn n immer größere Werte annimmt, verschwindet die Asymmetrie zunehmend. Die Binomialverteilung nähert sich dann der Normalverteilung, welche im Abschnitt der stetigen Verteilung dargestellt ist. In Abbildung 4.1 sind die tabellierten Wahrscheinlichkeiten grafisch dargestellt.

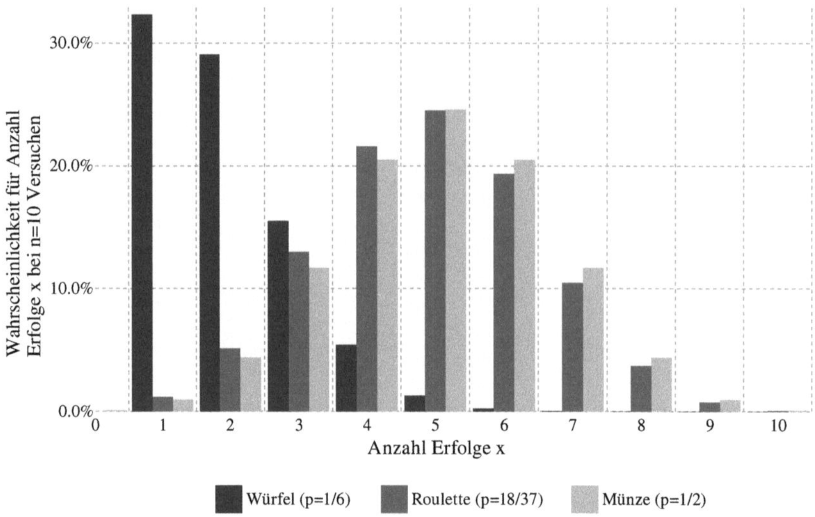

Abbildung 4.1: Wahrscheinlichkeiten für $k = 1 \dots 10$ Erfolge bei $n = 10$ maligem Würfeln, Roulettespiel und Münzwurf

Die Summe der Wahrscheinlichkeiten aller k-Werte von 0 bis n ist jeweils gleich 1, da das Ereignis, dass k bei einem Versuch einen der Werte von 0 bis n annimmt, das sichere Ereignis ist:

$$\sum_{k=0}^{n} P(X = k) = 1$$

Für die Berechnung des Erwartungswerts (oder Mittelwerts) der Binomialverteilung und der Standardabweichung der Binomialverteilung könnten für Tabelle 4.2 die gleichen Berechnungen gemacht werden wie bei Tabelle 4.1. Durch Aufsummieren von allen $P(X = x_i) \cdot x_i$ erhält man den Erwartungswert (Mittelwert) μ der Verteilung. Darauf ist an dieser Stelle verzichtet – für die hier zu untersuchenden Verteilungen gibt es einen einfacheren Weg, Mittelwerte und Standardabweichungen zu berechnen.

Mittelwert μ und Standardabweichung σ der Binomialverteilung berechnen sich nach den folgenden Formeln:

$$\mu = n \cdot p$$
$$\sigma = \sqrt{n \cdot p \cdot (1 - p)}$$

Bei zehnmaligem Münzwurf ($n = 10$) gilt für das Ergebnis „Zahl" demnach

$$\mu = 10 \cdot \frac{1}{2} = 5$$
$$\sigma = \sqrt{10 \cdot \frac{1}{2} \cdot (1 - \frac{1}{2})} = 1{,}581$$

Bei zehnmaligem Münzwurf tritt das Ereignis „Zahl" also im Mittel fünfmal auf; die Standardabweichung ist 1,581.

4.2.3 Hypergeometrische Verteilung

Wir wenden uns an dieser Stelle nochmals dem Lottospiel „EuroMillions" zu, welches schon im Abschnitt 3.7.3 Thema war. Auf dem Lottoschein werden $N = 50$ Zahlen zur Auswahl angeboten. Hiervon sollen $n = 5$ Zahlen ausgewählt werden. Bei Ziehung der Lottozahlen werden $M = 5$ Zahlen gezogen, 5 Zahlen werden somit in der Gruppe der „richtigen Zahlen" und $N - M = 45$ Zahlen in der Gruppe der „falschen Zahlen" sein. Die Zufallsvariable X bezeichnet hier die Anzahl richtigen Zahlen auf dem Lottoschein. Die Wahrscheinlichkeit, dass auf dem eigenen Lottoschein nun $x = 2$ Zahlen zur Gruppe der richtigen Zahlen gehört, lässt sich mit der hypergeometrischen Verteilung berechnen:

Diese Wahrscheinlichkeit ist nach der hypergeometrischen Verteilung

$$P(X = x) = \frac{\binom{M}{x} \cdot \binom{N-M}{n-x}}{\binom{N}{n}}$$

In diesem Falle ist

$$N = 50 \quad M = 5 \quad n = 5 \quad x = 2$$

Damit wird

$$P(X = 2) = \frac{\binom{5}{2} \cdot \binom{50-5}{5-2}}{\binom{50}{5}} = 0{,}067$$

Die Wahrscheinlichkeit, genau 2 richtige Zahlen auf dem Schein zu haben ist somit: 6,7 %.

Tabelle 4.3 zeigt alle Wahrscheinlichkeiten für die möglichen richtigen Zahlen von 0 bis 5 an. Die Summe aller Wahrscheinlichkeiten ist 1.

x	$p(X = x)$
0	0,5766
1	0,3516
2	0,0670
3	0,00467
4	0,000106
5	0,00000047

Tabelle 4.3: Wahrscheinlichkeit für x richtige Zahlen bei „EuroMillions"

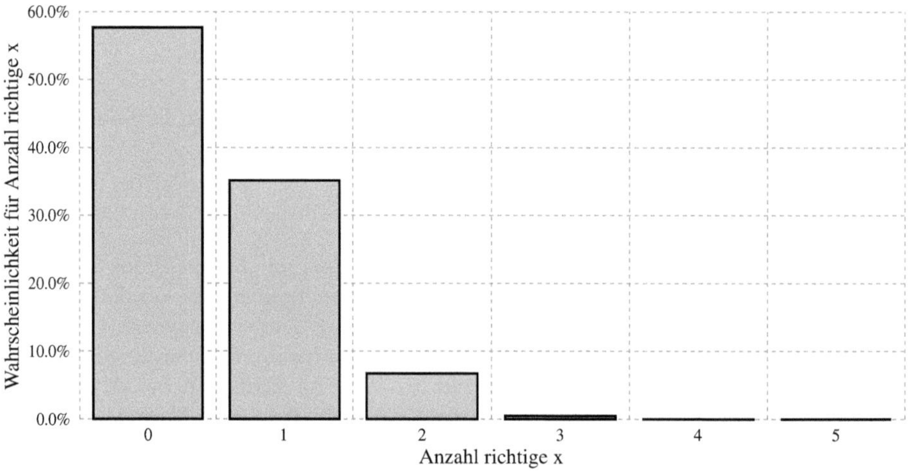

Abbildung 4.2: Wahrscheinlichkeiten für $x = 0 \ldots 5$ Richtige bei „EuroMillions"

Mittelwert μ und Standardabweichung σ der hypergeometrischen Verteilung berechnen sich nach folgenden Formeln:

$$\mu = n \cdot \frac{M}{N}$$

$$\sigma = \sqrt{n \cdot \frac{M}{N} \cdot (1 - \frac{M}{N}) \cdot \frac{N-n}{N-1}}$$

Für unser Beispiel erhalten wir:

$$\mu = 5 \cdot \frac{5}{50} = 0{,}5$$

$$\sigma = \sqrt{5 \cdot \frac{5}{50} \cdot (1 - \frac{5}{50}) \cdot \frac{50-5}{50-1}} = 0{,}643$$

Als Erwartungswert wird man im „EuroMillions" 0,5 richtige Zahlen pro Tipp haben.

4.2.4 Poisson-Verteilung

Die Poisson-Verteilung geht für kleine Ereigniswahrscheinlichkeiten p und große Versuchszahl n aus der Binomialverteilung hervor. Man nennt sie daher auch die Verteilung seltener Ereignisse. Man definiert den Erwartungswert oder Mittelwert der Poisson-Verteilung als $\lambda = n \cdot p$. λ bezeichnet die erwartete Anzahl Ereignisse in einem fixen Zeitintervall.

Die Wahrscheinlichkeit, dass k Ereignisse, in einem fixen Zeitintervall eintreten, wobei λ Ereignisse zu erwarten wären, berechnet sich mithilfe der Poisson-Verteilung

$$P(X = k) = \frac{\lambda^k}{k!} \cdot \mathrm{e}^{-\lambda}$$

Dabei ist $\mathrm{e} = 2{,}71828\ldots$ die eulersche Zahl. Mittelwert und Standardabweichung der Verteilung berechnen sich zu

$$\mu = \lambda \quad \sigma = \sqrt{\lambda}$$

Auf einer viel befahrenen Straße ergeben sich durchschnittlich $\lambda = 12$ Unfälle pro Jahr. Wie groß ist die Wahrscheinlichkeit, in einem spezifischen Monat keinen Unfall zu haben?

Dazu definiert man die Zufallsvariable X als die Anzahl Unfälle pro Monat. Zuerst gilt es, den Parameter λ auf Monatsbasis umzurechnen – geht man davon aus, dass Unfälle in jedem Monat gleich wahrscheinlich sind, so beträgt die mittlere Anzahl Unfälle pro Monat $\lambda = 1$. Dass sich nun $k = 0$ Unfälle ergeben, berechnet sich mit der Poisson-Verteilung wie folgt:

$$P(X = 0) = \frac{1^0}{0!} \cdot \mathrm{e}^{-1} = 0{,}3679$$

Die Wahrscheinlichkeit, dass es keinen Unfall gibt beträgt somit 36,8 %.

Tabelle 4.4 und Abbildung 4.3 zeigen die Wahrscheinlichkeiten für $k = 0\ldots5$ Unfälle pro Monat. Es ist zu erwähnen, dass theoretisch jede Anzahl von Unfällen möglich ist. Man sieht aber in der Tabelle 4.4, dass schon $k = 5$ Unfälle sehr unwahrscheinlich sind und sich die Wahrscheinlichkeiten bis zu diesem Punkt schon fast auf 1 addieren.

k	$p(X = k)$
0	0,3679
1	0,3679
2	0,1839
3	0,0613
4	0,0153
5	0,0031

Tabelle 4.4: Wahrscheinlichkeit für k Unfälle pro Monat ($\lambda = 1$)

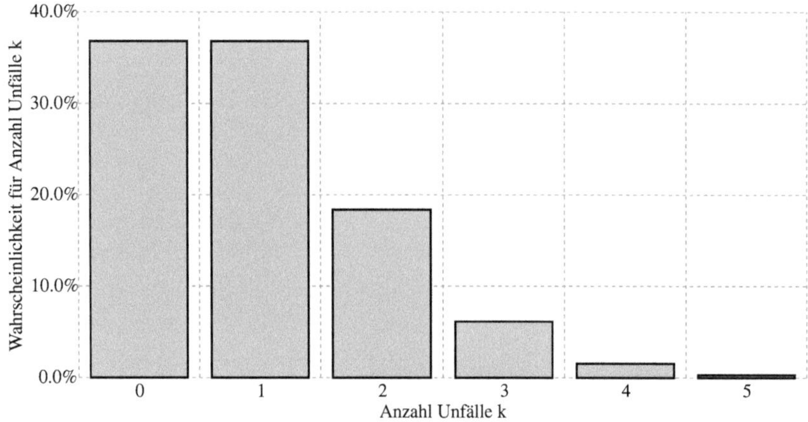

Abbildung 4.3: Wahrscheinlichkeiten für k Unfälle pro Monat mit $\lambda = 1$

4.3 Stetige Verteilungen

An stetigen Verteilungen sollen die Normalverteilung und die Exponentialverteilung behandelt werden. Dabei kommt der Normalverteilung eine herausragende Bedeutung zu.

Weitere stetige Verteilungen sind die t-Verteilung, die F-Verteilung und die χ^2-Verteilung. Diese werden ab Abschnitt 5.6 vorgestellt.

4.3.1 Normalverteilung

Eine entscheidende Rolle in der Statistik spielt bei intervallskalierten Variablen die Tatsache, ob deren Werte einer *Normalverteilung* folgen oder nicht. Danach richtet sich, welche statistischen Kennwerte zu ihrer Beschreibung verwendet werden können (siehe Kapitel 2) bzw. welche analytischen Tests gegebenenfalls bei einer Hypothesenprüfung zur Anwendung kommen (siehe Abschnitt 5.2, 8.1 und 8.2). Das Wesen der Normalverteilung soll anhand eines Beispiels erläutert werden.

In der Datei iq in der **R**-Datei imklartext.RData sind von insgesamt 200 Probanden die Werte des Intelligenzquotienten (IQ) gespeichert. Klassische IQ-Werte sind definitionsgemäß normalverteilt, meist mit einem Mittelwert von $\mu = 100$ und einer Standardabweichung von $\sigma = 15$. Fasst man die Werte in Klassen der Breite 5 zusammen, so erhält man die Häufigkeiten der Tabelle 4.5.

Die größten Häufigkeiten finden sich in der Mitte, während sie nach beiden Seiten hin recht gleichmäßig abfallen. Diese Häufigkeitsverteilung kann grafisch in Form eines *Histogramms* dargestellt werden (siehe Abbildung 4.4).

Eine solche eingipflige und symmetrische Verteilung nennt man eine *Normalverteilung* bzw. nach ihrem Entdecker, dem Deutschen Mathematiker Carl Friedrich Gauß, eine *gaußsche Normalverteilung*. Diese Verteilung kann man mit einer Kurve beschreiben, die man wegen ihrer Gestalt auch als *Glockenkurve* bezeichnet. Diese idealisierte Verteilungskurve kann zu dem gegebenen Histogramm mit eingezeichnet werden (siehe Abbildung 4.5).

Klasse	Häufigkeit
≤ 62	2
63–67	5
68–72	7
73–77	11
78–82	14
83–87	16
88–92	20
93–97	22
98–102	23
103–107	19
108–112	18
113–117	14
118–122	11
123–127	9
128–132	4
133–137	3
≥ 138	2

Tabelle 4.5: Klassenhäufigkeiten

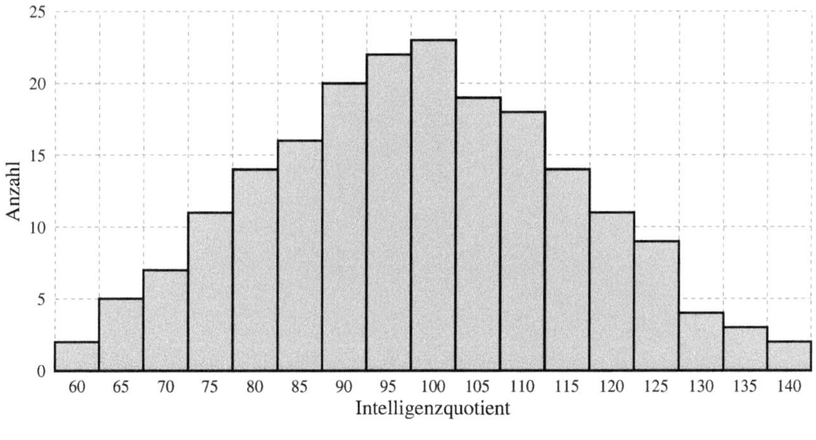

Abbildung 4.4: Histogramm mit normalverteilten Werten

Die Form dieser Glockenkurve ist durch die folgende Dichtefunktion gegeben (bei stetigen Zufallsvariablen spricht man im Falle der Wahrscheinlichkeitsfunktion $f(x)$ von einer Dichtefunktion):

$$f(x) = \frac{1}{\sqrt{2 \cdot \pi} \cdot \sigma} \cdot e^{-\frac{1}{2} \cdot (\frac{x-\mu}{\sigma})^2}$$

Dabei ist μ der Mittelwert und σ die Standardabweichung der Verteilung.

Zu jedem Paar von μ und σ gibt es eine Normalverteilung. Die Kurven haben ihr Maximum bei $x = \mu$ und sind umso schlanker, je kleiner die Standardabweichung σ

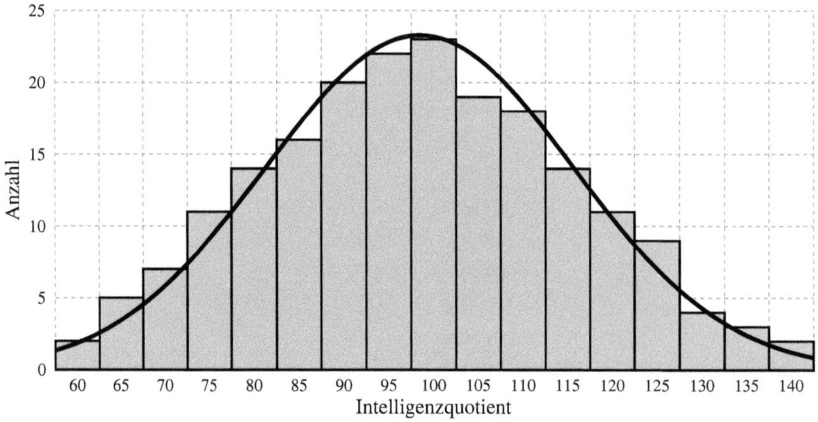

Abbildung 4.5: Histogramm mit Normalverteilungskurve

ist. Da die Dichtefunktion bei $x = \mu$ den höchsten Wert erreicht, ist dies gleichzeitig auch der zu erwartend häufigste Wert, der Modus. Weil die Kurve symmetrisch ist (die Schiefe beträgt 0), fallen links und rechts vom Mittelwert μ jeweils 50 % Verteilungsmasse an – der Mittelwert ist somit gleichzeitig der Median.

Abbildung 4.6 zeigt Normalverteilungen für unterschiedliche Mittelwerte μ und Standardabweichungen σ. Es ist ersichtlich, dass μ die horizontale Lage der Glockenkurve bestimmt und σ die Form bzw. Breite der Glockenkurve.

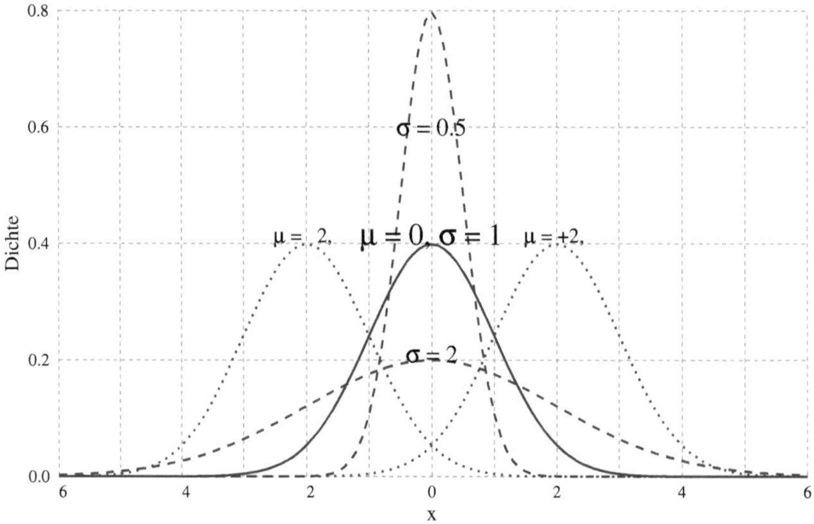

Abbildung 4.6: Normalverteilungen für unterschiedliche Mittelwerte und Standardabweichungen

Die Fläche unter jeder Normalverteilungskurve ist jeweils gleich 1 – dies ist die Wahrscheinlichkeit aller möglichen Ereignisse.

$$\int_{-\infty}^{\infty} f(t)\mathrm{d}t = 1$$

Die Verteilungsfunktion ist

$$F(x) = \int_{-\infty}^{x} f(t)\mathrm{d}t$$

und unter Einbeziehung der Formel für $f(x)$

$$F(x) = \frac{1}{\sigma \cdot \sqrt{2 \cdot \pi}} \cdot \int_{-\infty}^{x} \mathrm{e}^{-\frac{1}{2} \cdot (\frac{t-\mu}{\sigma})^2} \mathrm{d}t$$

Sind μ und σ nicht bekannt, so werden sie aus der Stichprobe geschätzt über $\overline{x}$ und s. Für den Mittelwert $\overline{x}$ und die Standardabweichung s der gegebenen IQ-Werte erhält man

$$\overline{x} = 98{,}5 \quad s = 17{,}1$$

Setzt man diese Werte für μ bzw. σ in die Formel für $F(x)$ ein, so kann man theoretisch zu jedem Variablenwert x den Funktionswert $F(x)$ berechnen, also dasjenige Flächenstück unter der Normalverteilungskurve, das für den relativen Anteil der Werte steht, die $\leq x$ sind.

Selbstverständlich ist die Berechnung nicht per Hand, sondern allenfalls mit einem Computer zu leisten. Führt man diese zum Beispiel beim IQ-Wert 102 ($x = 102$) durch, so ergibt sich für die Klassengrenze 102,5 der Wert

$$F(x) = 0{,}591$$

Dies bedeutet, dass bei idealer Normalverteilung

$$0{,}591 \cdot 200 = 118$$

IQ-Werte erwartet werden, die ≤ 102 sind. Eine Auszählung in der eingangs aufgeführten Tabelle ergibt 120 Werte.

Da eine Berechnung von $F(x)$ aus der gegebenen Integralformel ohne Computer bzw. ohne entsprechendes Computerprogramm nicht möglich ist, behilft man sich mit tabellierten Werten, und zwar Werten zu der Normalverteilung, die zu $\mu = 0$ und $\sigma = 1$ gehört. Diese Normalverteilung nennt man die *Standardnormalverteilung*; ihre Verteilungsfunktion lautet

$$\Phi(z) = \frac{1}{\sqrt{2 \cdot \pi}} \cdot \int_{-\infty}^{z} \mathrm{e}^{-\frac{1}{2} \cdot t^2} \mathrm{d}t$$

Die Werte von $\Phi(z)$ und $\Phi(-z)$ sind für z-Werte von 0 bis 3,49 in Schritten von 0,01 in der z-Tabelle im Anhang aufgelistet. Aus Symmetriegründen gilt dabei

$$\Phi(-z) = 1 - \Phi(z)$$

Auf die Bedeutung der in der z-Tabelle aufgeführten p-Werte wird in Kapitel 5 eingegangen.

z-Werte basieren auf der Standardnormalverteilung mit $\mu = 0$ und $\sigma = 1$. Für eine allgemeine Normalverteilung der x-Werte müssen diese zuerst standardisiert, d. h. in z-Werte überführt werden, damit die z-Tabelle verwendet werden kann. Dies geschieht über die z-Transformation:

$$z = \frac{x - \mu}{\sigma}$$

Dabei sind, wie bereits erwähnt, μ und σ Mittelwert bzw. Standardabweichung der Population. Sind die Parameter nicht bekannt, so können diese mit den Parametern der Stichprobe, $\overline{x}$ und s ersetzt werden. Der z-Wert lässt sich als Entfernung vom Mittelwert, ausgedrückt in Anzahl Standardabweichungen, deuten. Ist $z = 1{,}5$, so bedeutet dies, dass der dazugehörige x-Wert 1,5 Standardabweichungen vom Mittelwert entfernt ist.

Greifen wir noch einmal das Beispiel auf, in dem die Anzahl der IQ-Werte ermittelt werden soll, die ≤ 102 sind. Wir nehmen zunächst eine z-Transformation der Klassengrenze 102,5 vor, wobei μ mit $\overline{x} = 98{,}5$ und σ mit $s = 17{,}1$ angenähert werden:

$$z = \frac{102{,}5 - 98{,}5}{17{,}1} = 0{,}23$$

Mit der z-Tabelle lässt sich nun die zugehörige Fläche ablesen:

z	$\Phi(z)$	$\Phi(-z)$	p
0,23	0,59095	0,40905	0,81809

Tabelle 4.6: Auszug aus der z-Tabelle

$$\Phi(z) = 0{,}591$$

Damit ergibt sich in Übereinstimmung mit obiger Berechnung für die Anzahl der Werte, die ≤ 102 sind:

$$0{,}591 \cdot 200 = 118$$

Die bis zu einem bestimmten Klassenende aufsummierten Häufigkeiten bezeichnet man auch als *kumulierte* Häufigkeiten (siehe Abschnitt 2.3). Tabelle 4.7 enthält für alle Klassen des gegebenen Beispiels die beobachteten und die auf die beschriebene Weise bei Normalverteilung zu erwartenden kumulierten Häufigkeiten. Die z-Werte sind für die Klassengrenzen (62,5, 67,5 usw.) berechnet. Sie sind auf zwei und die gemäß Tabelle 1 im Anhang ermittelten $\Phi(z)$-Werte auf drei Nachkommastellen angegeben.

Die Übereinstimmung zwischen den beobachteten und den berechneten kumulierten Häufigkeiten ist gut, was für die Annäherung der gegebenen Verteilung an eine Normalverteilung spricht. Durch entsprechende Differenzenbildung zwischen benachbarten kumulierten Häufigkeiten lassen sich auch die bei Normalverteilung zu erwartenden Häufigkeiten in den einzelnen Klassen bestimmen.

Entscheidend für die Beantwortung der Frage, ob die gegebene Häufigkeitsverteilung der Werte einer Variable als normalverteilt angesehen werden kann, ist der Sachverhalt, ob sich diese Verteilung *signifikant* (siehe Kapitel 5) von einer Normalverteilung unterscheidet oder nicht. Hierzu werden in Kapitel 7 passende Tests vorgestellt.

Klasse	Häufigkeit	beobachtete kum. Häufigkeit	z	$\Phi(z)$	berechnete kum. Häufigkeit
≤ 62	2	2	−2,11	0,017	3
63–67	5	7	−1,81	0,035	7
68–72	7	14	−1,52	0,064	13
73–77	11	25	−1,23	0,109	22
78–82	14	39	−0,94	0,174	35
83–87	16	55	−0,64	0,261	52
88–92	20	75	−0,35	0,363	73
93–97	22	97	−0,06	0,476	95
98–102	23	120	0,23	0,591	118
103–107	19	139	0,53	0,702	140
108–112	18	157	0,82	0,794	159
113–117	14	171	1,11	0,867	173
118–122	11	182	1,40	0,919	184
123–127	9	191	1,70	0,955	191
128–132	4	195	1,99	0,977	195
133–137	3	198	2,28	0,989	198
≥ 138	2	200			200

Tabelle 4.7: Beobachtete und berechnete Häufigkeiten

4.3.2 Exponentialverteilung

Ein exponentieller Abfall ist vor allem bei Zeitdauern zu beobachten (Lebensdauern, Wartezeiten, Bearbeitungszeiten). Bei solchen exponentiellen Verläufen nutzt man zur Berechnung der Wahrscheinlichkeiten die Exponentialverteilung.

Eine exponentialverteilte stetige Zufallsvariable hat die Dichtefunktion

$$P(X = x) = f(x) = \lambda \cdot \mathrm{e}^{-\lambda \cdot x}$$

mit $x \geq 0$ und $\lambda > 0$.

Der Parameter λ steuert, wie schnell die Exponentialfunktion für große Werte von x gegen null geht. Die Zufallsvariable X kann hierbei z. B. die Wartezeit an einer Supermarktkasse sein.

Aus der Dichtefunktion berechnet sich die Verteilungsfunktion zu

$$P(X \leq x) = F(x) = 1 - \mathrm{e}^{-\lambda \cdot x}$$

Mittelwert und Standardabweichung bestimmen sich zu

$$\mu = \sigma = \frac{1}{\lambda}$$

In Tabelle 4.8 ist die Häufigkeitsverteilung der Zeiten zum Lösen einer bestimmten Testaufgabe wiedergegeben.

Wir wollen überprüfen, ob diese Werte gemäß einer Exponentialverteilung abfallen. In diesem Fall wäre der Parameter λ nach der Verteilungsfunktion aus folgender Gleichung zu schätzen:

$$1 - \mathrm{e}^{-\lambda \cdot 1} = \frac{182}{330}$$

Zeit	Anzahl
bis 1 Minute	182
bis 2 Minuten	80
bis 3 Minuten	39
bis 4 Minuten	15
bis 5 Minuten	9
über 5 Minuten	5
Summe	330

Tabelle 4.8: Zeiten zum Lösen einer Testaufgabe

Hieraus ergibt sich

$$\lambda = -\ln\left(\frac{148}{330}\right) = 0{,}802$$

Setzen wir also $\lambda = 0{,}8$ an, so ergibt sich die in Tabelle 4.9 berechnete Zuordnung der beobachteten mit den erwarteten Häufigkeiten.

x	beobachtete Häufigkeit	*F*(*x*)	berechnete kum. Häufigkeit	berechnete Häufigkeit
1	182	0,551	182	182
2	80	0,798	263	81
3	39	0,909	300	37
4	15	0,959	316	16
5	9	0,982	324	8
> 5	5		330	6

Tabelle 4.9: Beobachtete und berechnete Häufigkeiten

Beobachtete und erwartete Häufigkeiten stimmen also sehr gut miteinander überein.

Die Dauer von Telefongesprächen sei exponentialverteilt mit einem Mittelwert von zwei Minuten. Wie groß ist die Wahrscheinlichkeit, dass ein Telefongespräch nicht länger als fünf Minuten dauert?

Aus der Beziehung

$$\mu = \frac{1}{\lambda}$$

errechnet sich

$$\lambda = \frac{1}{2} = 0{,}5$$

und damit

$$F(5) = 1 - e^{-0{,}5\cdot 5} = 0{,}918$$

Mit einer Wahrscheinlichkeit von 91,8 % dauert ein Telefongespräch nicht länger als fünf Minuten.

Die Exponentialverteilung eignet sich zur Analyse von Zeitdauern nur dann, wenn für jeden Zeitpunkt die noch verbleibende Zeitdauer nicht von der bereits verstrichenen Zeitdauer abhängt. Man spricht daher von der Exponentialverteilung als einer gedächtnislosen oder nicht-alternden Verteilung. Abbildung 4.7 zeigt das Histogramm einer Exponentialverteilung mit Mittelwert $\mu = 2$ bzw. $\lambda = 0{,}5$.

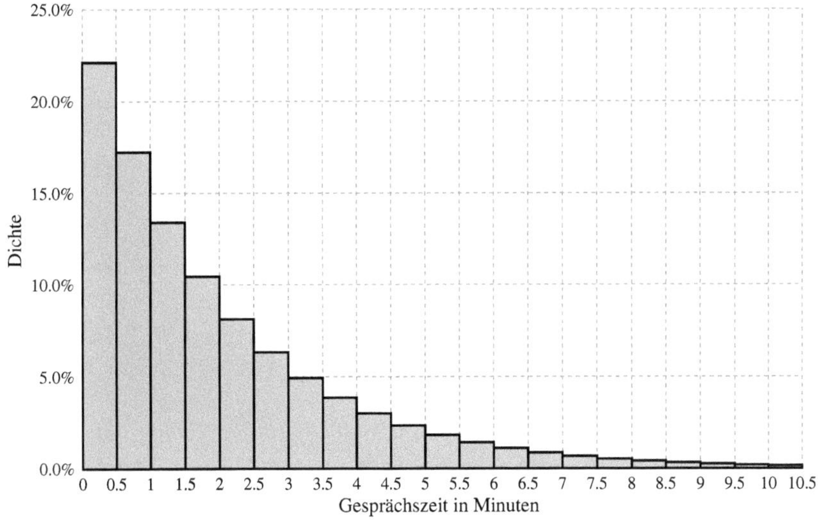

Abbildung 4.7: Histogramm der Exponentialverteilung ($\lambda = 0{,}5$)

4.4 Zusammenfassende Klassifikation von Variablen

In Abschnitt 2.2 wurden die einzelnen Skalenniveaus vorgestellt, wobei das Verhältnisniveau in das Intervallniveau integriert werden kann, da die Unterschiede zu diesem zumindest bei den in diesem Buch vorgestellten Verfahren bedeutungslos sind. Ferner wurde darauf hingewiesen, dass dichotome nominalskalierte Variablen eine Ordnungsrelation beinhalten und sozusagen den Übergang zwischen Nominal- und Ordinalniveau darstellen.

Auf die Bedeutung der Normalverteilung bei intervallskalierten Variablen wurde in Abschnitt 4.3.1 hingewiesen. Je nachdem, ob diese Verteilungsform gegeben ist oder nicht, sind gegebenenfalls verschiedene statistische Kennwerte zu berechnen bzw. verschiedene statistische Verfahren anzuwenden.

Zusammenfassend lässt sich sagen, dass man Variablen gemäß Tabelle 4.10 in fünf Stufen einteilen kann:

Stufe	Skalenniveau
1	nominalskaliert mit mehr als zwei Kategorien
2	nominalskaliert mit zwei Kategorien
3	ordinalskaliert
4	intervallskaliert und nicht normalverteilt
5	intervallskaliert und normalverteilt

Tabelle 4.10: Variablenklassifikation

Es empfiehlt sich dringend, am Anfang der statistischen Auswertung einer Datenmenge eine solche Klassifikation aller relevanten Variablen vorzunehmen. Diese gedankliche Arbeit kann Ihnen der Computer nicht abnehmen. Auch die Art der dann jeweils in Frage kommenden statistischen Verfahren müssen Sie selbst bestimmen.

ZUSAMMENFASSUNG

- Zufallsvariablen werden zwischen diskreten und stetigen Zufallsvariablen unterschieden.
- Zu diskreten und stetigen Zufallsvariablen gehören Wahrscheinlichkeitsfunktion und Verteilungsfunktion.
- Zu den diskreten Verteilungen zählen unter anderem die Gleichverteilung, die Binomialverteilung, die hypergeometrische Verteilung und die Poisson-Verteilung.
- Zu den stetigen Verteilungen gehören unter anderem die Normalverteilung und die Exponentialverteilung, wobei erstere eine herausragende Bedeutung hat.

4.5 App zu diskreten und stetigen Verteilungen

Wie eingangs dieses Kapitels erwähnt finden sich unter *https://pearson-dach.shinyapps.io/imklartext_kap04/* interaktive Erklärungen zu diskreten und stetigen Verteilungen mit **R**. Ebenfalls verfügbar ist eine App zu allen Verteilungen (Binomial-, Poisson- und Normalverteilung), mit welcher die nachfolgenden Übungen unter Abschnitt 4.6 bearbeitet werden können. Zusätzlich sollen wieder die Übungen gelöst werden, die unter erwähntem Link zu finden sind.

4.6 Übungen

1. Ein Roulettespieler denkt sich folgenden Plan aus, wie er jeden Abend im Casino 100 Euro gewinnen kann. Er setzt 10 Euro auf Rot. Gewinnt diese Farbe, steckt er den Gewinn von 10 Euro in die Tasche und ein Durchgang ist für ihn beendet. Gewinnt Rot nicht, verdoppelt er den Einsatz auf 20 Euro. Gewinnt Rot diesmal, gewinnt er in diesem Spiel 20 Euro, was zusammen mit den 10 Euro Verlust im ersten Spiel wieder 10 Euro Gewinn bringt. Auch jetzt ist dieser Durchgang beendet, wieder wandern 10 Euro in die Tasche.

   Um sich vor großen Verlusten zu schützen, nimmt er sich vor, nur soviel Geld einzustecken, dass er höchstens fünfmal verdoppeln kann. So verliert er nur dann sein ganzes Geld, wenn sechsmal hintereinander nicht Rot gewinnt, was ihm höchst unwahrscheinlich vorkommt. Hat er zehn Durchgänge erfolgreich beendet, geht er mit 100 Euro nach Hause. Mit diesem kleinen Nebenverdienst, jeden Abend eingenommen, ist er zufrieden. Was ist davon zu halten?

2. „Jedes zweite Los gewinnt!" versprach der Vereinsvorsitzende, als er vor etwa hundert Gästen die Tombola eröffnete. Anschließend beschwerten sich zehn Leute, die jeweils fünf Lose kauften, sie hätten nicht einmal gewonnen. Wie beurteilen Sie das?

3. In einer Schulklasse mit 25 Schülern haben zehn Schüler gute Mathematiknoten. Der Schuldirektor wählt per Zufall zwei Schüler aus, um sich mit ihnen

über Einsteins Relativitätstheorie zu unterhalten. Wie groß ist die Wahrscheinlichkeit, dass beide Schüler zu denen mit guter Mathematiknote gehören?

4. Die Schwiegermutter kommt im Jahr etwa zehnmal zu Besuch. Wie groß ist nach der Poisson-Verteilung die Wahrscheinlichkeit, dass sie in den nächsten drei Wochen mindestens einmal vorbeischaut?

5. Der Intelligenzquotient ist eine normalverteilte Größe mit dem Mittelwert 100 und der Standardabweichung 15.

   (a) Bei der Aufnahme in den Verein „Mensa“ wird ein IQ von mindestens 130 verlangt. Wie viel Prozent der Bevölkerung lässt ein solcher Kandidat intelligenzmäßig hinter sich?
   (b) Wie viel Prozent der Bevölkerung haben einen IQ unter 120?
   (c) Wie viel Prozent der Bevölkerung haben einen IQ über 60?
   (d) Wie viel Prozent der Bevölkerung haben einen IQ zwischen 90 und 130?
   (e) Wie groß ist der IQ, unterhalb (oberhalb) dessen 1 % der Bevölkerung liegt?
   (f) In welchem symmetrischen Intervall des IQ liegen 95 % der Bevölkerung?

6. Max und Moritz nehmen an zwei Leistungstests teil, und zwar Max an Testform A ($\mu = 32$, $\sigma = 9$) und Moritz an Testform B ($\mu = 25$, $\sigma = 7$). Max erzielt 43 Punkte, Moritz 35. Wer hat besser abgeschnitten?

7. Die Reaktionszeit von Kraftfahrern sei exponentialverteilt mit einem Mittelwert von einer Sekunde. Wie groß ist die Wahrscheinlichkeit, dass Ihre Reaktionszeit nicht länger als 0,9 Sekunden ist?

8. Wie groß ist die Wahrscheinlichkeit, bei 5 Geburten genau 2 Knaben zu erhalten, wenn die Wahrscheinlichkeit für eine Knabengeburt $p = 0{,}514$ beträgt? Berechnen Sie dies auch für alle anderen möglichen Fälle (0, 1, 3, 4 und 5 Knaben). Was ist der Erwartungswert der Anzahl Knabengeburten, wenn man $N = 5$ Kinder hat?

9. Eine Versicherung rechnet bei einem Großschaden mit einer mittleren Schadensumme von 14 Mio. €. Die Wahrscheinlichkeit für einen Großschaden beträgt pro Jahr 12 %. Berechnen Sie Mittelwert, Varianz und Standardabweichung.

10. Lösen Sie nun mit der App zu allen Verteilungen die Aufgaben aus dem Übungsgenerator unter *https://pearson-dach.shinyapps.io/imklartext_kap04/*.

Grundlagen der analytischen Statistik

5

ÜBERBLICK

LERNZIELE

- Stichprobe und Grundgesamtheit
- Null- und Alternativhypothese
- Prüfverteilungen
- Irrtumswahrscheinlichkeit, Signifikanzniveau
- Fehler erster und zweiter Art
- einseitige und zweiseitige Fragestellung

Rein deskriptive Statistik, also die Beschreibung der Daten in Form von Häufigkeitstabellen, statistischen Kennwerten oder Grafiken, ist für die wenigsten Anwendungen ausreichend. Nur bei einfachen Meinungsumfragen der Art „Glauben Sie, dass Bayern München Deutscher Fußballmeister wird?" ist zum Beispiel die Wiedergabe der prozentualen Anteile der Ja- und Nein-Stimmen ausreichend, wenn man so fair ist, die Gesamtzahl der Befragten mit anzugeben.
Ansonsten ist es, je nachdem wie geschickt insbesondere grafische Darstellungen eingesetzt werden, in der Regel leicht möglich, deskriptive Statistiken so zu präsentieren, dass sie jede vorgefasste Meinung bestätigen können. In diesem Zusammenhang sei auf das köstliche Buch „So lügt man mit Statistik" von Walter Krämer verwiesen.

Daher befasst sich die analytische Statistik (auch: schließende Statistik, Interferenzstatistik) mit dem Problem, wie aufgrund von Ergebnissen, die anhand einer vergleichsweise kleinen Zahl von Personen (oder Objekten) gewonnen wurden, allgemeingültige Aussagen hergeleitet werden können.

Vor jeder Wahl konkurrieren die Meinungsforschungsinstitute darum, wer die präziseste Vorhersage des Wahlausgangs machen kann. Zu diesem Zweck wird stets eine „Stichprobe" von Wählern befragt, die zum einen nicht zu klein, zum anderen aber natürlich repräsentativ für die „Grundgesamtheit" der Wähler sein sollte. Repräsentativität bedeutet in diesem Falle, dass alle Wählerschichten möglichst im realen Verhältnis erfasst sind, in der Stichprobe also zum Beispiel möglichst ähnliche Verhältnisse bezüglich Geschlecht, Alter und Beruf gegeben sind wie in der Grundgesamtheit.

Die Repräsentativität einer Stichprobe kann sich auf alle Merkmale oder auch nur auf einige ausgewählte Merkmale beziehen. Vollständige Repräsentativität wird in den seltensten Fällen zu leisten sein, insbesondere dann nicht, wenn über die Verteilung der untersuchungsrelevanten Merkmale nichts bekannt ist. So ist es am besten, eine *Zufallsstichprobe* zu ziehen. Bei diesen Stichproben hat jedes Element die gleiche Wahrscheinlichkeit, in die Stichprobe aufgenommen zu werden.

Eine Variante der Zufallsstichprobe ist die *geschichtete Stichprobe*. Hier zerlegt man die Grundgesamtheit anhand einer Schichtungsvariable in nicht-überlappende Schichten und zieht dann aus jeder Schicht eine Zufallsstichprobe. Das macht natürlich nur Sinn, wenn die Schichtungsvariable mit dem eigentlich interessierenden Untersuchungsmerkmal zusammenhängt.

Praktisch kann es sein, wenn bereits vorgruppierte Teilmengen der Grundgesamtheit vorliegen. Man spricht in diesem Fall von *Klumpenstichproben*. Das können zum Beispiel Einwohner einer Gemeinde oder Patienten einer Klinik sein, die dann vollständig erfasst werden. Allerdings besteht bei solchen Klumpenstichproben immer die Gefahr, dass die Repräsentativität nicht hinreichend gegeben ist.

Dies soll an einem Analogiebeispiel erläutert werden. Will man den Geschmack einer Crème-Schnitte erfassen, benötigt man einen genügend großen Bissen (eine Stichprobe). Dieser Bissen muss die Glasur, die Crème und den Teig in der Zusammensetzung haben, wie er in der ganzen Schnitte vorhanden ist (Repräsentativität). Dazu muss man den Bissen senkrecht abschneiden. Genauso müssen in einer Stichprobe die relevanten Variablen wie beispielsweise Geschlecht, Alter usw. von Versuchspersonen wie in der Grundgesamtheit vorhanden sein. Um den Geschmack der Crème-Schnitte zu eruieren, kommt es nicht auf die Größe der Crème-Schnitte, sondern auf die Größe des Bissens an. Genauso kommt es beim Schließen von einer Stichprobe auf die Grundgesamtheit nicht auf die Größe der Grundgesamtheit, sondern auf die Größe der Stichprobe an.

Wir haben zwei wichtige Begriffe eingeführt: Stichprobe und Grundgesamtheit. Die analytische Statistik versucht, von den Verhältnissen der Stichprobe auf die Verhältnisse in der Grundgesamtheit zu schließen. Als Grundgesamtheit bezeichnet man dabei alle untersuchbaren Personen (oder Objekte), die ein gemeinsames Merkmal aufweisen. Etwas überspitzt formuliert kann man auch sagen, dass die Grundgesamtheit diejenige Menge von Personen oder Objekten ist, für welche die jeweilige Stichprobe aussagekräftig ist.

Im Prinzip existieren, was den Schluss von den Verhältnissen in der Stichprobe auf die betreffende Grundgesamtheit anbelangt, zwei Fragestellungen:

- der Schluss von den Parametern der Stichprobe auf die entsprechenden Parameter der Grundgesamtheit
- die Überprüfung bzw. das Testen von Hypothesen

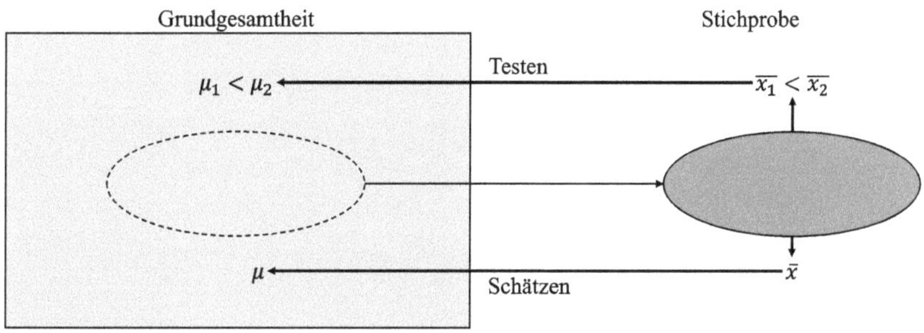

Abbildung 5.1: Grundfragestellungen der analytischen Statistik – Testen und Schätzen

Die genannten Fragestellungen sind in Abbildung 5.1 illustriert. Beim Schätzen wird von einem Parameter der Stichprobe, zum Beispiel dem Mittelwert $\overline{x}$, auf den entsprechenden Parameter der Grundgesamtheit, hier μ, geschlossen. Die Parameter der Grundgesamtheit werden immer mit griechischen Buchstaben bezeichnet. Beim Testen hingegen wird geprüft, ob sich Parameter, welche sich in den Schichten der Stichprobe unterscheiden, auch in der Grundgesamtheit unterscheiden.

Wir wollen uns zunächst mit dem Schluss von den Kennwerten der Stichprobe auf die betreffenden Parameter der Grundgesamtheit beschäftigen.

Ein Übungsteil mit **R** bzw. eine App zu Kapitel 5 findet sich zusammen mit Kapitel 6 erst am Ende des Kapitels 6. Dieses kurze Kapitel 5 dient lediglich der Einführung in die Denkweise der analytischen Statistik und führt zusätzlich einige neue Verteilungsformen ein.

5.1 Schätzen

In einer Stadt soll der Mittelwert der Körpergrößen aller erwachsenen männlichen Einwohner ermittelt werden. Theoretisch könnte man die Messung an dieser kompletten Grundgesamtheit vornehmen und dann hieraus den Mittelwert berechnen. Dies wurde an den 12 193 erwachsenen männlichen Einwohnern durchgeführt; die betreffenden Werte sind in der Datei stadt in der R-Datei imklartext.RData gespeichert. Der Mittelwert aller Größenangaben beträgt 175,61 cm.

Stichprobengröße	Mittelwert
10	181,10
20	177,35
50	174,28
100	173,49
200	175,33
500	175,26
1 000	175,26

Tabelle 5.1: Mittelwerte bei steigender Stichprobengröße

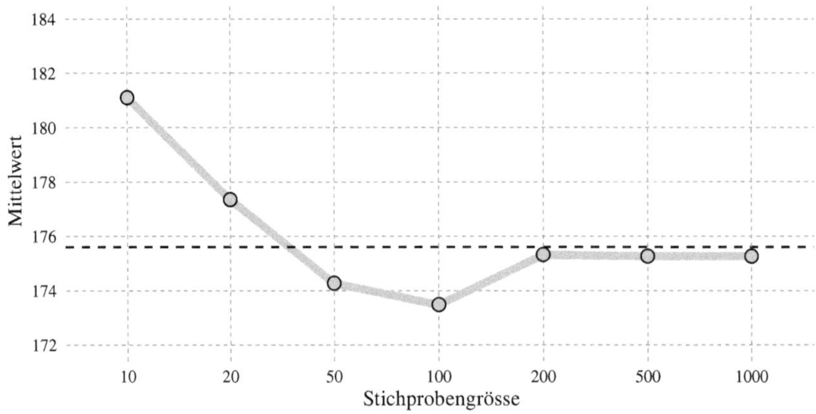

Abbildung 5.2: Sampling – Testen und Schätzen

Damit Sie sich keine Sorgen um die Autoren machen, sei zugegeben, dass diese Messungen nicht real durchgeführt, sondern mit einem Computer simuliert wurden. Auf diese Weise wurden 12 193 normalverteilte Körpergrößenangaben zwischen 142 und 204 cm erzeugt.

Ebenfalls mit einem Computerprogramm wurde nun eine Zufallsstichprobe von 10 Personen gezogen und der Mittelwert gebildet; dieses Verfahren wurde dann mit anderen Stichprobenumfängen wiederholt. Die Ergebnisse sind in Tabelle 5.1 eingetragen und in Abbildung 5.2 visualisiert – die gestrichelte Linie zeigt dabei den Mittelwert der Körpergrößenangaben der Grundgesamtheit (175,61 cm).

Mit steigender Fallzahl wird also der Mittelwert der Grundgesamtheit (175,61) tendenziell immer besser angenähert. Wie in Abschnitt 6.2.1 erläutert, geht man beim Schluss vom Mittelwert der Stichprobe auf den entsprechenden Parameter der Grundgesamtheit so vor, dass man ein *Konfidenzintervall* angibt, innerhalb dessen sich der Mittelwert der Grundgesamtheit mit einer vorgegebenen Wahrscheinlichkeit bewegt. Dabei können Konfidenzintervalle nicht nur für Mittelwerte, sondern auch für Standardabweichungen (siehe Abschnitt 6.2.2) und prozentuale Häufigkeiten (siehe Abschnitt 6.2.3) berechnet werden.

Der folgende **R**-Code zeigt illustrativ das Ziehen der Zufallsstichproben der Körpergrößen:

```
1
2  rm(list=ls())
3
4  base::load("imklartext.RData")
5  head(Stadt)
6
7  #RNGkind(sample.kind="Rounding")
8  set.seed(5)
9
10 df<-data.frame(n=c(10,20,50,100,200,500,1000))
11
12 df$Mittelwert<-sapply(df$n,function(n){mean(sample(Stadt$groesse, \
       size=n,replace=TRUE))})
13 df
14 mean(Stadt$groesse)
```

- Zeile 2 leert das Arbeitsverzeichnis und Zeile 4 lädt den Datensatz ‚imklartext.RData'. Wichtig ist, dass das vorliegende Code-Fragment im gleichen Verzeichnis wie die .RData-Datei gespeichert ist und dass das Arbeitsverzeichnis über Session → Set Working Directory → To Source File Location deklariert wurde. Zeile 5 erlaubt einen Überblick über den dataframe `Stadt`.
- Von den 12 193 Beobachtungen werden nun Zufallsstichproben der Größe $n = 10$ oder $n = 100$ gezogen (zum Beispiel) und dann hiervon der Mittelwert berechnet, wie in Tabelle 5.1 gezeigt. In Zeile 8 wird hierfür ein `seed` gesetzt, welcher dafür sorgt, dass **R** auf unterschiedlichen Maschinen die gleichen Zufallszahlen zieht. Würde der `seed` zum Beispiel auf 6 gesetzt, so würden die in Tabelle 5.1 gezeigten Mittelwerte anders ausschauen, da unterschiedliche Zufallsstichproben gezogen würden.
- Zeile 10 erzeugt einen dataframe `df` mit den zu ziehenden Stichprobengrößen n. Zeile 12 rechnet für jedes n den Mittelwert einer Zufallsstichprobe. Zufallsstichproben werden in **R** mit der Funktion `sample()` gezogen.

5.2 Testen von Hypothesen

Wurde vorangehend der Schluss von den Kennwerten *einer* Stichprobe auf die entsprechenden Parameter der Grundgesamtheit behandelt, soll nun der Fall betrachtet werden, dass zwei (oder mehr) Stichproben vorliegen, deren Kennwerte daraufhin überprüft werden sollen, ob sie zu der gleichen Grundgesamtheit gehören oder nicht. Man spricht in diesem Zusammenhang von *Prüfstatistik*.

Ein Beispiel mag dies erläutern. Insgesamt 129 Patienten mit etwa gleichen Ausgangswerten von erhöhten Cholesterinwerten wurden mit zwei verschiedenen Medikamenten behandelt. Nach einem halben Jahr wurde der Cholesterinwert erneut festgestellt; dabei ergaben sich die in Tabelle 5.2 enthaltenen Ergebnisse.

Kollektiv	Mittelwert	Standardabweichung	Fallzahl
Medikament A	193,0	43,1	66
Medikament B	208,0	33,5	63

Tabelle 5.2: Kennwerte zweier Stichproben

Die Patienten mit Medikament A haben also einen geringeren durchschnittlichen Cholesterinwert. Es gibt nun zwei Möglichkeiten:

1. Der Mittelwertsunterschied ist zufällig zustande gekommen.
2. Der Mittelwertsunterschied ist nicht zufällig zustande gekommen; er ist *signifikant*.

Die Frage der Signifikanz ist das zentrale Thema der analytischen Statistik. Nicht nur Unterschiede von Mittelwerten können auf Signifikanz geprüft werden, sondern zum Beispiel auch Unterschiede von Standardabweichungen, Prozentwerten und Häufigkeitsverteilungen. Korrelations- und Regressionskoeffizienten können ebenfalls auf Signifikanz getestet werden, genauer gesagt daraufhin, ob sie sich signifikant von Null unterscheiden (siehe Kapitel 9 bis 11).

Die analytische Statistik gibt objektive Testverfahren an die Hand, nach deren Ergebnis eine Beurteilung möglich ist, ob eine Signifikanz vorliegt oder nicht. Wir betrachten hierzu das gegebene Beispiel und können die beiden folgenden Hypothesen formulieren.

- Hypothese 0 (H0): Der Mittelwertsunterschied ist zufällig zustande gekommen.
- Hypothese 1 (H1): Der Mittelwertsunterschied ist nicht zufällig zustande gekommen.

Die beiden Hypothesen lassen sich auch wie folgt formulieren:

- H0: Die beiden Stichprobenmittelwerte gehören zu der gleichen Grundgesamtheit.
- H1: Die beiden Stichprobenmittelwerte gehören zu verschiedenen Grundgesamtheiten.

Die Hypothese H0 nennt man die Nullhypothese, die Hypothese H1 die Alternativhypothese.

Ob die Nullhypothese beibehalten wird oder zugunsten der Alternativhypothese zu verwerfen ist, wird anhand der betreffenden Prüfstatistik entschieden. Je nach Testsituation entwickelte man hierfür zahlreiche Tests, von denen die wichtigsten im weiteren Verlauf des Buches vorgestellt werden.

Zum Vergleich zweier Mittelwerte $\overline{x}_1$ und $\overline{x}_2$ bei bekannten Standardabweichungen s_1 und s_2 und bekannten Fallzahlen n_1 und n_2 gibt es den *t*-Test nach Student (siehe Abschnitt 9.1), den wohl bekanntesten statistischen Test, bei dessen einfacherer Variante zunächst die folgende Prüfgröße berechnet wird:

$$t = \frac{|\overline{x}_1 - \overline{x}_2|}{\sqrt{\frac{s_1^2}{n_1} + \frac{s_2^2}{n_2}}}$$

Zu dieser Prüfgröße t wird noch die so genannte Anzahl der *Freiheitsgrade* df bestimmt (df = degrees of freedom):

$$df = \frac{n_1 + n_2 - 2}{2}$$

Im vorliegenden Beispiel ergeben die Berechnungen

$$t = \frac{|193{,}0 - 208{,}0|}{\sqrt{\frac{43{,}1^2}{66} + \frac{33{,}5^2}{63}}} = 2{,}213$$

$$df = \frac{66 + 63 - 2}{2} = 63{,}5$$

Zu dieser Prüfgröße t hat W. S. Gosset, der den t-Test unter dem Pseudonym Student veröffentlichte, im Jahre 1908 auch die zugehörige Verteilung, die nach ihm benannte Studentsche t-Verteilung, entwickelt. Diese Verteilung ist wie die Normalverteilung (siehe Abschnitt 4.3.1) eine symmetrische und eingipflige Verteilung, deren Gestalt von der Anzahl der Freiheitsgrade abhängt und die sich bei einer hohen Anzahl Freiheitsgrade der Normalverteilung annähert.

Mithilfe dieser Verteilung kann zur Prüfgröße t und zur Anzahl df der Freiheitsgrade eine Wahrscheinlichkeit p bestimmt werden:

$$p = 2 \cdot \frac{\Gamma(\frac{df+1}{2})}{\Gamma(\frac{df}{2}) \cdot \sqrt{df \cdot \pi}} \cdot \int_t^\infty (1 + \frac{v^2}{df})^{-\frac{df+1}{2}} dv$$

Natürlich wird diese Formel nicht von Hand gerechnet. So braucht auch die Gamma-Funktion, die sich in der Formel wiederfindet, nicht erläutert zu werden. Das Integral ist aber ein Hinweis darauf, dass die Wahrscheinlichkeit einer bestimmten Fläche unter der t-Verteilungskurve entspricht.

Gosset war übrigens Angestellter der Guinness-Brauerei und entwickelte t-Test und t-Verteilung anlässlich der Analyse von Bierproben, womit die öfter diskutierte Frage, ob Bier dumm oder intelligent macht, eindrucksvoll beantwortet wird.

Abbildung 5.3 zeigt den Verlauf der Dichte der Standardnormalverteilung (fett gedruckt) und darunter die dazugehörigen t-Verteilungen mit den Freiheitsgraden $df = 1, 2, 3, 5$ und 10. Erhöht sich die Anzahl Freiheitsgrade df der t-Verteilung, so nähert sich diese der Standardnormalverteilung an.

Die Berechnung dieser exakten Wahrscheinlichkeit ist erst seit der Entwicklung entsprechender Computerprogramme möglich geworden. Im gegebenen Beispiel erhalten wir $p = 0{,}03$, was folgendermaßen zu deuten ist:

Die Wahrscheinlichkeit – unter der Annahme, die Nullhypothese sei richtig – dass das gegebene Untersuchungsergebnis oder ein noch extremeres auftritt, beträgt $p = 0{,}03$. Dieser Wert wird in der Statistik als p-Wert bezeichnet und ist in Abbildung 5.4 dargestellt.

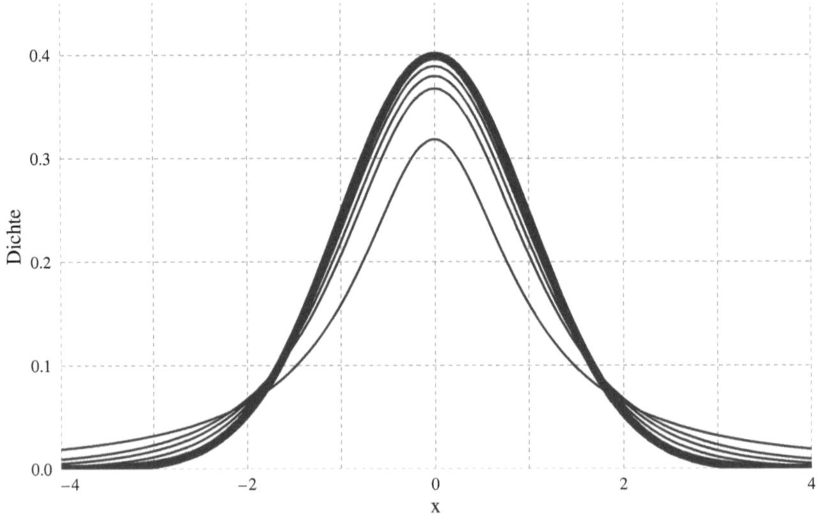

Abbildung 5.3: Standardnormalverteilung (fett) und t-Verteilungen mit $df = 1, 3, 5$ und 10 von unten nach oben

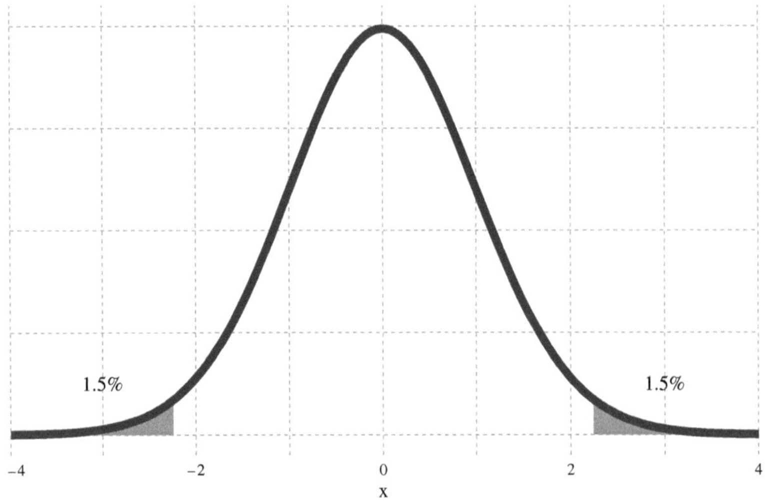

Abbildung 5.4: Zur Illustration des p-Werts unter der t-Verteilung

Da wir in Kapitel 3 gelernt haben, dass sich Wahrscheinlichkeiten stets zwischen den Werten 0 und 1 bewegen, werden wir die Wahrscheinlichkeit von 0,03 als sehr klein einstufen. Mittelwertsunterschiede und überhaupt alle Untersuchungsergebnisse, die mit einer solch kleinen Wahrscheinlichkeit behaftet sind, nennt man daher *signifikant*.

Man spricht in diesem Zusammenhang von der *Irrtumswahrscheinlichkeit*. Dabei gibt es klassischerweise drei Signifikanzstufen:

$p \leq 0{,}05$	signifikant	*
$p \leq 0{,}01$	sehr signifikant	**
$p \leq 0{,}001$	höchst signifikant	***

Die im gegebenen Beispiel ermittelte Irrtumswahrscheinlichkeit von $p = 0{,}03$ bedeutet also, dass sich die Mittelwerte des Cholesterins bei den Medikamenten A und B signifikant voneinander unterscheiden; d. h. die Nullhypothese H0 wird verworfen. Man nimmt die Alternativhypothese H1 an und die Wahrscheinlichkeit, dass der Entscheid, die Nullhypothese zu verwerfen, falsch war, ist $p = 0{,}03$.

Es sei an dieser Stelle der Hinweis gegeben, dass die Tatsache der Signifikanz nicht unbedingt auch mit einer fachlichen (hier: medizinischen) Bedeutsamkeit einhergehen muss. Testen Sie zum Beispiel eine neue Diät und stellen fest, dass alle Versuchspersonen ihr Gewicht in einem Monat um 100 Gramm reduzierten, so wird dieses wohl ein höchst signifikantes Ergebnis, medizinisch aber nicht bedeutsam und daher unbefriedigend sein, denn Signifikanz ist nicht gleich Relevanz.

In früherer computerloser Zeit, als es nicht möglich war, die Irrtumswahrscheinlichkeit p aus der Prüfgröße und der Anzahl der Freiheitsgrade exakt zu berechnen, behalf man sich mit tabellierten Grenzwerten (so genannten kritischen Werten), wobei üblicherweise die kritischen Werte zu $\alpha = 0{,}05$, $\alpha = 0{,}01$ und $\alpha = 0{,}001$ tabelliert wurden. Solche Tabellen finden Sie in Anhang A.

Der t-Tabelle entnehmen Sie zum Signifikanzniveau $\alpha = 0{,}05$ und zu 63 Freiheitsgraden den kritischen Tabellenwert 1,998. Dieser wird vom berechneten t-Wert (2,213) überschritten, was Signifikanz auf diesem Niveau bedeutet.

5.3 Fehler erster und zweiter Art

Hat man Nullhypothese und Alternativhypothese formuliert, so kann man beim Überprüfen dieser Hypothesen mit einem passenden statistischen Test offenbar zwei Fehler machen:

- Die Nullhypothese wird verworfen, obwohl sie richtig ist.
- Die Nullhypothese wird beibehalten, obwohl sie falsch ist.

Der erstgenannte Fehler heißt Fehler erster Art oder α-Fehler. Die Wahrscheinlichkeit, einen Fehler erster Art zu begehen, ist gleich der Irrtumswahrscheinlichkeit p. Der zweitgenannte Fehler heißt Fehler zweiter Art oder β-Fehler; die Wahrscheinlichkeit, einen solchen Fehler zu begehen, ist allenfalls bei präzise bekannter Alternativhypothese berechenbar, wie dies am Schluss des folgenden Abschnitts gezeigt wird. Es lässt sich auf alle Fälle sagen, dass die Gefahr, einem β-Fehler zu erliegen, umso kleiner ist, je deutlicher die berechnete Irrtumswahrscheinlichkeit p die Signifikanzgrenze übersteigt.

Zur Verdeutlichung sei noch einmal das Schema in Tabelle 5.3 betrachtet. Hier sind die Verhältnisse in der Wirklichkeit (H0 wahr, H0 falsch) den Ergebnissen des Signifikanztests (H0 abgelehnt, H0 beibehalten) gegenübergestellt.

Haben Sie sich die übliche Signifikanzgrenze von $\alpha = 0{,}05$ vorgegeben und erzielen bei Ihrem Signifikanztest, zum Beispiel beim t-Test, ein $p = 0{,}07$, so müssen Sie also die Nullhypothese beibehalten. Die Gefahr, dass Sie das fälschlicherweise tun und somit einen Fehler zweiter Art begehen, wird aber recht groß sein. Erzielen Sie

	H0 wahr	H0 falsch
H0 abgelehnt	Fehler 1. Art	richtige Entscheidung
H0 beibehalten	richtige Entscheidung	Fehler 2. Art

Tabelle 5.3: Fehler erster und zweiter Art

hingegen ein $p = 0{,}9$, so wird die Gefahr, die Nullhypothese fälschlicherweise beizubehalten, eher gering sein.

Testen Sie also zum Beispiel zwei Mittelwerte auf signifikanten Unterschied und erhalten ein p knapp oberhalb der Signifikanzgrenze, so wäre eine Formulierung der Art „Die beiden Mittelwerte unterscheiden sich nicht" unangemessen; besser wäre eine vorsichtigere Formulierung wie „Beim Vergleich der beiden Mittelwerte wurde die Signifikanzgrenze knapp verfehlt". Für Irrtumswahrscheinlichkeiten $p \leq 0{,}1$ verwendet man auch hin und wieder die Formulierung „Tendenz zur Signifikanz".

Nehmen Sie an, ein Hersteller testet den Erfolg eines von ihm neu entwickelten Medikaments und vergleicht diesen mit dem Erfolg eines bestehenden Medikaments. Liefert der betreffende Signifikanztest keinen signifikanten Unterschied, obwohl in Wirklichkeit einer besteht, so geht das Risiko dieses nicht-erkannten Unterschieds zu Lasten des Produzenten, so dass man das Risiko, einen solchen Fehler zweiter Art zu begehen, auch als *Produzentenrisiko* bezeichnet.

Zeigt der betreffende Signifikanztest hingegen einen signifikant besseren Erfolg des neuen Medikaments an, obwohl ein solcher in Wirklichkeit nicht besteht, so geht das Risiko dieses fälschlicherweise erkannten Unterschieds zu Lasten des Konsumenten, so dass man das Risiko, einen solchen Fehler erster Art zu begehen, auch als *Konsumentenrisiko* bezeichnet.

Ist β die Wahrscheinlichkeit dafür, dass ein bestehender Unterschied nicht erkannt wird, so ist $1 - \beta$ die Wahrscheinlichkeit dafür, dass ein bestehender Unterschied auch aufgezeigt wird. Diesen Wert bezeichnet man als *Teststärke* (auch: *Power, Güte, Trennschärfe.*)

In Zusammenhang mit diesen Begriffen wurden Verfahren entwickelt, um den für einen geplanten Test optimalen Stichprobenumfang abzuschätzen. Dieser soll dann bei vorgegebenem α eine maximale Teststärke $1 - \beta$ garantieren. Da diese Verfahren recht kompliziert und überdies von vielen Unwägbarkeiten begleitet sind, wollen wir erst im Kapitel Varianzanalyse näher darauf eingehen.

5.4 Einseitige und zweiseitige Fragestellung

Im Allgemeinen wird über die Richtung der Alternativhypothese von vornherein keine Aussage zu machen sein. Beim vorgestellten Beispiel der beiden Patientengruppen (mit Medikament A bzw. B) war nicht abzusehen, welche der beiden Gruppen gegebenenfalls höhere Cholesterinwerte aufweist. In allen diesen Fällen ist *zweiseitig* zu testen. Dies ist die normale Testform und im weiteren Verlauf dieses Buches wird auch stets so getestet, ohne dass jeweils besonders darauf hingewiesen wird.

Das Prinzip des ein- und zweiseitigen Testens soll anhand eines hoffentlich einsichtigen Beispiels gezeigt werden, welches sich auf die Standardnormalverteilung gründet (siehe Abschnitt 4.3.1). Die Dichtefunktion dieser Verteilung ist in Abbildung 5.5 wiedergegeben.

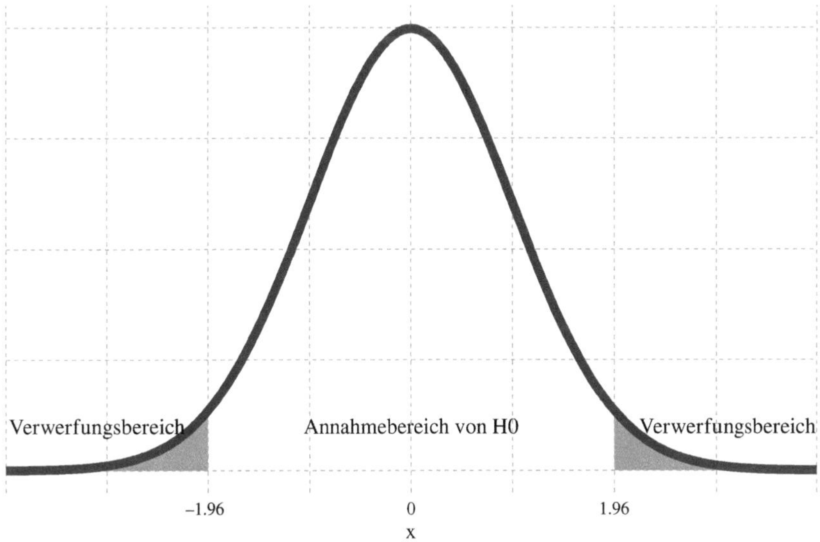

Abbildung 5.5: Annahme- und Ablehnungsbereich unter der Dichtefunktion der Standardnormalverteilung

Die Gesamtfläche unter der Kurve ist 1 und die Fläche $\Phi(z)$ von $-\infty$ bis 1,96 beträgt nach der z-Tabelle 0,975 (Tabelle 1 im Anhang). Das bedeutet wegen der Symmetrie der Dichtefunktion, dass der schraffierte Teil der Fläche unter der Kurve 0,05 oder 5 % der Gesamtfläche beträgt. Fällt ein z-Wert in diesen Bereich, d. h., ist ein z-Wert dem Betrag nach größer als 1,96, so gehört er zu den randständigen 5 % der Werte.

Die schraffierte Fläche unter der Standardnormalverteilungskurve nennt man daher auch den Ablehnungsbereich, genauer gesagt, den Ablehnungsbereich auf der 5%-Stufe.

Eine Firma möge Hanfseile herstellen, die sich durch ihre Reißlast unterscheiden. Dabei sei in den einzelnen Sorten diese Reißlast normalverteilt mit unterschiedlichen Mittelwerten und Standardabweichungen.

Ein Kunde bestellt ein Seil, dessen Reißqualität in kg mit $\mu = 3\,600$ und $\sigma = 80$ beschrieben ist. Die Tausorten liegen in verschiedenen Kisten, die versehentlich nicht beschriftet sind. Der Mitarbeiter, der die Bestellung bearbeitet, greift in eine der Kisten und zieht ein Seil mit einer Reißlast von 3 690 kg heraus.

Er führt die folgende z-Transformation durch:

$$z = \frac{3\,690 - 3\,600}{80} = 1{,}13$$

Mithilfe der z-Tabelle ermittelt er hierzu folgenden Ablehnungsbereich:

$$2 \cdot (1 - 0{,}871) = 0{,}258$$

Aufgrund dieses Werts (> 0,05) behält er die Hypothese, die richtige Kiste gefunden zu haben, bei.

Im vorliegenden Fall stehen die beiden folgenden Hypothesen zur Disposition:

H0:	Die gewählte Kiste ist die richtige ($\mu = 3\,600$).
H1:	Die gewählte Kiste ist die falsche ($\mu \neq 3\,600$).

Dabei wird in der Alternativhypothese über die Art des Missgriffs nichts ausgesagt: Die gewählte Kiste kann sowohl Taue mit kleineren als auch mit größeren Reißlasten enthalten.

In solchen Fällen, wo von vornherein keine Angaben über die Richtung der Alternativhypothese zu machen sind, muss man *zweiseitig* testen. Der Ablehnungsbereich liegt dabei zu gleichen Teilen an beiden Enden der Standardnormalverteilungskurve.

Es werde nun angenommen, die Firma stelle nur zwei Arten von Hanfseilen her, und zwar neben der schon erwähnten ($\mu = 3\,600, \sigma = 80$) eine solche mit $\mu = 3\,800$ und gleicher Standardabweichung. In diesem Fall kann man die Alternativhypothese H1 mit $\mu > 3\,600$ oder noch präziser mit $\mu = 3\,800$ angeben. Entsprechend liegt der Ablehnungsbereich auf nur einer Seite der Standardnormalverteilungskurve, und zwar auf der rechten. Man spricht in diesem Fall von *einseitiger* Fragestellung.

Der kritische z-Wert für den 5%-Ablehnungsbereich liegt in diesem Fall nicht bei 1,96 wie beim zweiseitigen Test, sondern gemäß z-Tabelle bei 1,64.

Dem im gegebenen Beispiel berechneten z-Wert von 1,13 entspricht ein Ablehnungsbereich von

$$1 - 0{,}871 = 0{,}129$$

Sie können diesen Wert in der z-Tabelle auch direkt der Spalte $\Phi(-z)$ entnehmen. Das ist die Fläche am linken Ende der Standardnormalverteilungskurve, die aus Symmetriegründen gleich der gesuchten Fläche am rechten Ende ist.

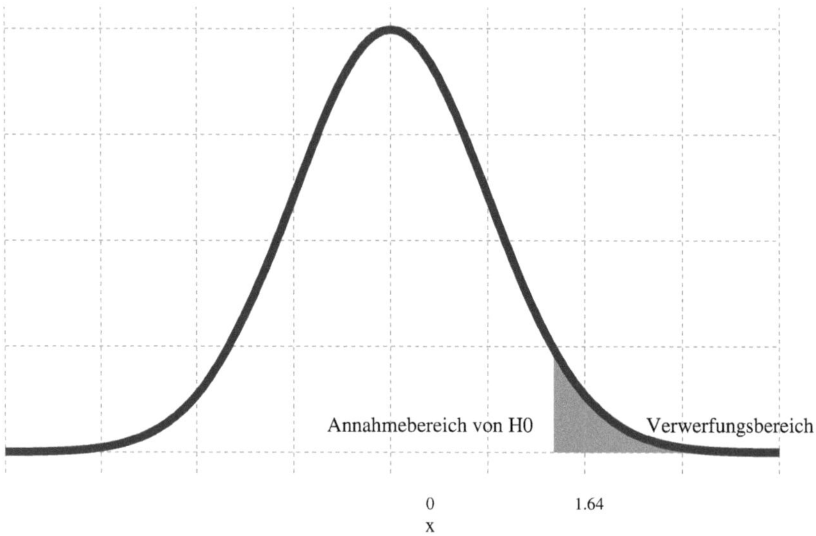

Abbildung 5.6: Annahme- und Ablehnungsbereich bei einseitiger Fragestellung

Der Ablehnungsbereich ist gleichbedeutend mit der Irrtumswahrscheinlichkeit (siehe Abschnitt 5.2). Die sich beim einseitigen Test ergebende Irrtumswahrscheinlichkeit ist also kleiner als die beim zweiseitigen Test (nämlich halb so groß). Das bedeutet, dass beim einseitigen Test die Nullhypothese eher abgelehnt wird als beim zweiseitigen Test.

Ist die Richtung der Alternativhypothese vorgegeben, steht also zum Beispiel bei einem Mittelwertvergleich von vornherein fest, welche Gruppe höhere Werte aufweisen wird, kann man *einseitig* testen. Diese Zusatzinformation erlaubt es eher, signifikante Unterschiede aufzudecken.

Die im letzten Rechenbeispiel sich ergebende Irrtumswahrscheinlichkeit $p = 0{,}129$ wurde in Abschnitt 5.4 als Fehler erster Art oder α-Fehler bezeichnet. Er entspricht im vorliegenden Beispiel der dunkel schraffierten Fläche in Abbildung 5.7.

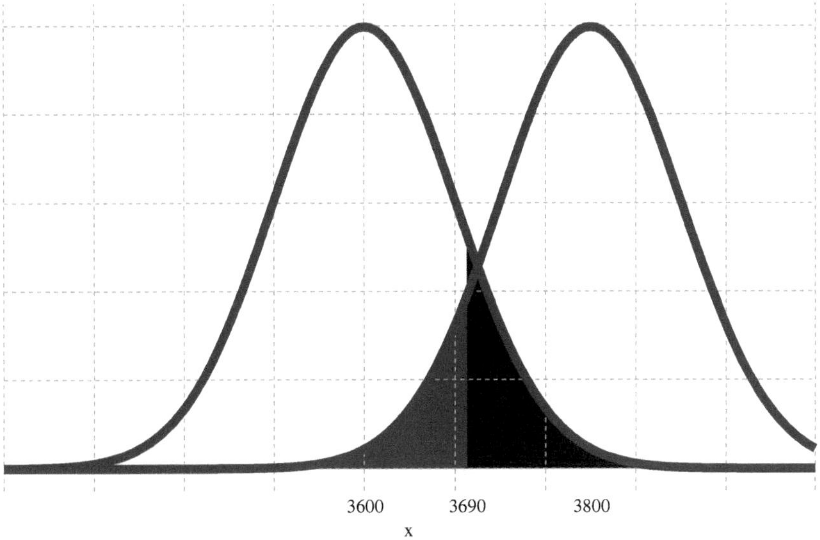

Abbildung 5.7: Fehler erster und zweiter Art bei einseitiger Fragestellung

α ist die Wahrscheinlichkeit dafür, die Nullhypothese fälschlicherweise abzulehnen. Die hellgrau schraffierte Fläche β ist dementsprechend die Wahrscheinlichkeit dafür, die Alternativhypothese fälschlicherweise abzulehnen, also die Nullhypothese fälschlicherweise beizubehalten. Das wurde in Abschnitt 5.3 als Fehler zweiter Art bezeichnet.

Der Fehler zweiter Art lässt sich nur bei genauer Kenntnis der Alternativhypothese berechnen. Im vorliegenden Beispiel berechnet man bei Kenntnis des alternativen Mittelwerts $\mu = 3\,800$ folgenden z-Wert:

$$z = \frac{3\,690 - 3\,800}{80} = -1{,}38$$

Aus der z-Tabelle entnimmt man hierzu

$$\beta = \Phi(-1{,}38) = 0{,}084$$

Zusammenfassend lässt sich sagen, dass im vorliegenden Fall das Risiko, die Nullhypothese abzulehnen, obwohl sie richtig ist, in Prozenten ausgedrückt 12,9 % beträgt. Das Risiko hingegen, sie beizubehalten, obwohl sie falsch ist, beträgt 8,4 %. Das erstgenannte Risiko geht offenbar zu Lasten des Hanfseilproduzenten, der bei Ablehnung der Nullhypothese noch einmal in eine Kiste greifen muss; das zweitgenannte geht zu Lasten des Kunden, der bei fälschlicherweise Beibehaltung der Nullhypothese mit einem Hanfseil der falschen Sorte beliefert würde. Die entsprechenden Begriffe Produzenten- und Konsumentenrisiko wurden bereits in Abschnitt 5.3 eingeführt.

Die Tabelle 5.4 verdeutlicht, in welcher Weise im vorliegenden Beispiel ein sich verändernder Fehler erster Art einen Fehler zweiter Art nach sich zieht.

Fehler erster Art	Fehler zweiter Art
50,0 %	0,6 %
40,0 %	1,2 %
30,0 %	2,4 %
20,0 %	4,9 %
10,0 %	11,2 %
5,0 %	19,6 %
1,0 %	43,1 %
0,1 %	72,3 %

Tabelle 5.4: Fehler erster und zweiter Art

Ob man lieber einen Fehler erster oder zweiter Art in Kauf nehmen möchte, ist von Fall zu Fall zu entscheiden und hängt von der jeweiligen Testsituation ab.

Ist es folgenschwer, die Nullhypothese fälschlicherweise abzulehnen, wie dies in der Regel bei den in Kapitel 9 vorgestellten Signifikanztests der Fall ist, wird man den Fehler erster Art klein halten wollen. Ist es hingegen folgenschwer, die Nullhypothese fälschlicherweise beizubehalten, wie etwa im vorliegenden Beispiel, wird man bestrebt sein, den Fehler zweiter Art, das Konsumentenrisiko, zu drücken.

5.5 Die Gefahr der Alpha-Inflation

Das Gute an der früheren computerlosen Zeit war für uns Statistiker, dass jeder Test, den wir durchführten, vorher gut durchdacht sein wollte. Zu groß war nämlich die Rechenarbeit selbst bei einfachen Tests, als dass es jemandem in den Sinn gekommen wäre, einfach „nur mal so" drauflos zu testen, nach dem Motto „Irgendwo wird schon was Signifikantes sein".

Man hatte eine bestimmte Fragestellung, die es zu untersuchen galt, notierte Nullhypothese und Alternativhypothese und rechnete den passenden Test. Von der Rechenarbeit erschöpft, hielt man inne und ging dann gegebenenfalls daran, in Ruhe die nächste Fragestellung abzuklären.

Heute, im Zeitalter immer schnellerer Computer und ausgefeilterer Statistikprogramme, ist nach erfolgter Dateneingabe die Rechenarbeit meist eine Sache von Sekundenbruchteilen. Haben Sie dann etwa hundert Variablen und dazu eine Gruppenvariable wie das Geschlecht, verschiedene Altersklassen oder Ähnliches, dann verführt das schnell dazu, einfach mal alle Variablen auf Gruppenunterschiede durchzutesten. Oder Sie haben fünfzig nominal- und ordinalskalierte Variablen, die Sie alle untereinander mit einer Kreuztabelle und anschließendem Chi-Quadrat-Test in Beziehung setzen wollen, um signifikante Zusammenhänge aufzuspüren.

Haben Sie also fünfzig Variablen, von denen Sie jede mit jeder kreuzen wollen, so ergibt das, wenn Sie redundante Beziehungen auslassen,

$$\frac{50 \cdot 49}{2} = 1\,225$$

Vergleiche. Führen Sie jeweils den Chi-Quadrat-Test (Kapitel 12) aus und geben Sie die übliche Signifikanzschranke $p \leq 0{,}05$ vor, dann bedeutet das, dass von vornherein 5 % der Vergleiche ein signifikantes Ergebnis liefern werden. Bei 1 225 durchgeführten Vergleichen wären dies 61 Vergleiche, die von vornherein mit signifikantem Ergebnis zu erwarten sind.

Haben Sie nun zum Beispiel insgesamt 92 Signifikanzen aufgedeckt, so ist bei jeder dieser Signifikanzen die Gefahr, einen Fehler erster Art (α-Fehler) zu begehen, sehr groß. Ihre Ergebnisse sind daher wertlos.

Wir wollen diese Problematik noch einmal anhand einer Computersimulation verdeutlichen. Es erfolgte eine Simulation von bis zu 50 000 Stichproben mit jeweils 100 normalverteilten Werten, die dann per Zufall in zwei gleich große Gruppen eingeteilt wurden. Diese wurden bezüglich ihrer Mittelwerte mit dem t-Test nach Student miteinander verglichen. Die Ergebnisse sind Tabelle 5.5 zu entnehmen.

Tests	$p \leq 0{,}05$		$p \leq 0{,}01$		$p \leq 0{,}001$	
	n	%	*n*	%	*n*	%
100	3	3,00	2	2,00	0	0,00
200	9	4,50	3	1,50	0	0,00
500	26	5,20	9	1,80	1	0,20
1 000	56	5,60	12	1,20	2	0,20
2 000	111	5,55	19	0,95	2	0,10
5 000	254	5,08	45	0,90	7	0,14
10 000	505	5,05	86	0,86	11	0,11
20 000	988	4,94	172	0,86	28	0,14
50 000	2 428	4,86	449	0,90	69	0,14

Tabelle 5.5: Anzahlen signifikanter Testergebnisse

Die Tabelle enthält die absoluten und prozentualen Häufigkeiten der auf dem betreffenden Niveau signifikanten Ergebnisse, wobei diese Häufigkeiten gut unseren Erwartungen entsprechen.

Um einen Ausweg aus dieser Problematik zu finden, gibt es mehrere Vorschläge. Der beste Vorschlag ist sicher der, diesen Unfug einfach zu lassen. Formulieren Sie nur einzelne sachlogisch fundierte Hypothesen, denen Sie dann mit passenden Tests nachgehen.

Allerdings liegt es in der Natur des Menschen, aus wissenschaftlicher Neugierde Zusammenhänge aufspüren zu wollen, an die vorher niemand gedacht hat. So ist es meist doch zu verlockend, eben mal in Sekunden einige hundert oder gar tausend Tests zu rechnen. Eine Möglichkeit besteht dann darin, das Signifikanzniveau schärfer zu fassen und zum Beispiel bei $\alpha = 0{,}001$ festzulegen. Bei tausend Tests ist schließlich von vornherein nur ein solch höchst signifikantes Ergebnis zu erwarten, was sicherlich zu vernachlässigen ist, wenn Sie viele solcher Resultate erhalten haben.

Einen ähnlichen Ausweg bietet die *Bonferroni-Korrektur*. Wollten Sie ursprünglich mit der Signifikanzschranke $p = 0{,}05$ testen, so sollte bei dieser Korrektur und insgesamt n Signifikanztests diese Schranke auf $0{,}05/n$ herabgesetzt werden. Für eine große Zahl von Tests ist dies aber kein praktikabler Weg.

Elegante Lösungen gibt es für den Fall, dass eine größere Anzahl von Vergleichen dadurch zustande kommt, dass durch eine Gruppierungsvariable verschiedene Gruppen entstehen, die dann paarweise miteinander verglichen werden sollen. In diesem Fall ist eine einfaktorielle Varianzanalyse (siehe Kapitel 13) oder der H-Test nach Kruskal und Wallis (siehe Kapitel 10.3) vorzuschalten.

5.6 Prüfverteilungen

In Abschnitt 5.2 wurde die t-Verteilung nach Student (W. S. Gosset) erläutert. Weitere bedeutsame Verteilungen sind die Standardnormalverteilung nach Gauß (siehe auch Abschnitt 4.3.1), die F-Verteilung nach Fisher und die χ^2-Verteilung nach Pearson. Diese Verteilungen sollen nun im Einzelnen vorgestellt werden.

Standardnormalverteilung

Eine normalverteilte Prüfgröße, stets z genannt, wird zum Beispiel berechnet beim U-Test nach Mann und Whitney, beim Wilcoxon-Test (Kapitel 10) und bei der Absicherung des Rangkorrelationskoeffizienten nach Kendall (Kapitel 11).

Aus der Prüfgröße z berechnet sich die Irrtumswahrscheinlichkeit p nach der folgenden Formel:

$$p = \frac{2}{\sqrt{2 \cdot \pi}} \cdot \int_z^\infty e^{-\frac{v^2}{2}} \, dv$$

Für die z-Werte von 0 bis 3,49 sind in Schritten von 0,01 die den z-Werten zugeordneten p-Werte in der z-Tabelle aufgeführt.

t-Verteilung

Eine t-verteilte Prüfgröße wird berechnet beim t-Test nach Student, beim t-Test für abhängige Stichproben sowie bei der Absicherung des Produkt-Moment-Korrelationskoeffizienten, der Rangkorrelation nach Spearman, der partiellen Korrelation und der Regressionskoeffizienten (Kapitel 11).

Die t-Verteilung und die formelmäßige Berechnung der Irrtumswahrscheinlichkeit aus der Prüfgröße t und der Anzahl der Freiheitsgrade wurden bereits in Abschnitt 5.2 erläutert.

Für die drei klassischen Signifikanzniveaus und verschiedene Anzahlen von Freiheitsgraden sind kritische Tabellenwerte in der t-Tabelle aufgeführt. Signifikanz auf dem betreffenden Niveau liegt vor, wenn die berechnete Prüfgröße t den betreffenden kritischen Tabellenwert übersteigt.

χ^2-Verteilung

χ^2-verteilte Prüfgrößen werden berechnet bei den verschiedenen Chi-Quadrat-Tests, dem H-Test nach Kruskal und Wallis, dem Friedman-Test (Kapitel 10), dem Bartlett-Test (Kapitel 13) und Cochran's Q.

Die Kurven zur χ^2-Verteilung sind linksgipflig. Die Irrtumswahrscheinlichkeit berechnet sich aus der Prüfgröße χ^2 und der Anzahl df der Freiheitsgrade nach der folgenden Formel:

$$p = \frac{1}{2^{\frac{df}{2}} \cdot \Gamma(\frac{df}{2})} \cdot \int_{\chi^2}^{\infty} v^{\frac{df-2}{2}} \cdot \mathrm{e}^{-\frac{v}{2}} \mathrm{d}v$$

Für die drei klassischen Signifikanzniveaus und für verschiedene Anzahlen von Freiheitsgraden sind kritische Tabellenwerte in der χ^2-Tabelle aufgeführt. Signifikanz liegt vor, wenn die berechnete Prüfgröße χ^2 den betreffenden kritischen Tabellenwert übersteigt.

Abbildung 5.8 zeigt den Verlauf der χ^2-Verteilung für unterschiedliche Freiheitsgrade (df).

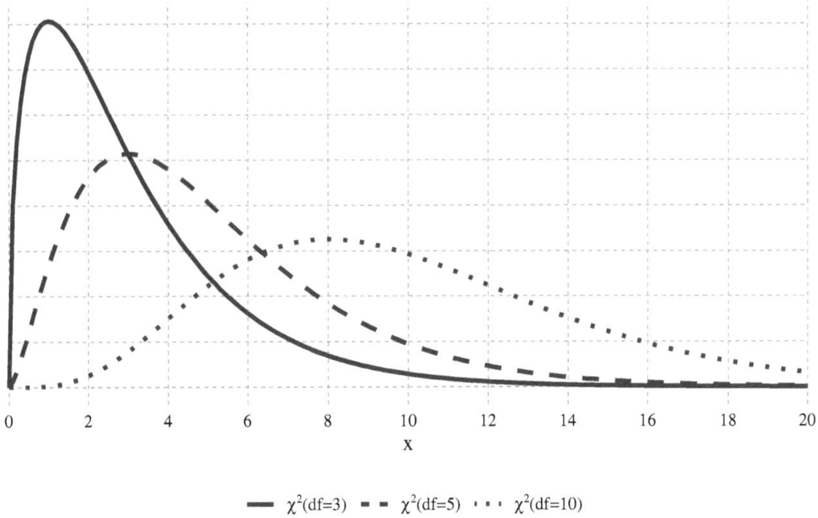

Abbildung 5.8: χ^2-Verteilungen für unterschiedliche Freiheitsgrade

F-Verteilung

F-verteilte Prüfgrößen werden berechnet bei den verschiedenen Formen der Varianzanalyse (Kapitel 13), dem Scheffé-Test, dem F-Test, dem Levene-Test und dem Hartley-Test.

Die Kurven zur F-Verteilung sind linksgipflig und von zwei Freiheitsgraden df_1 und df_2 abhängig. Die Irrtumswahrscheinlichkeit berechnet sich aus der Prüfgröße F und den Anzahlen der Freiheitsgrade df_1 und df_2 nach der folgenden Formel:

$$p = \frac{\Gamma(\frac{df_1+df_2}{2})}{\Gamma(\frac{df_1}{2}) \cdot \Gamma(\frac{df_2}{2})} \cdot df_1^{\frac{df_1}{2}} \cdot df_2^{\frac{df_2}{2}} \cdot \int_{F}^{\infty} v^{\frac{df_1-2}{2}} \cdot (df_1 \cdot v + df_2)^{-\frac{df_1+df_2}{2}} \mathrm{d}v$$

Für die drei klassischen Signifikanzniveaus und verschiedene Anzahlen von Freiheitsgraden sind kritische Tabellenwerte in der F-Tabelle aufgeführt. Signifikanz liegt

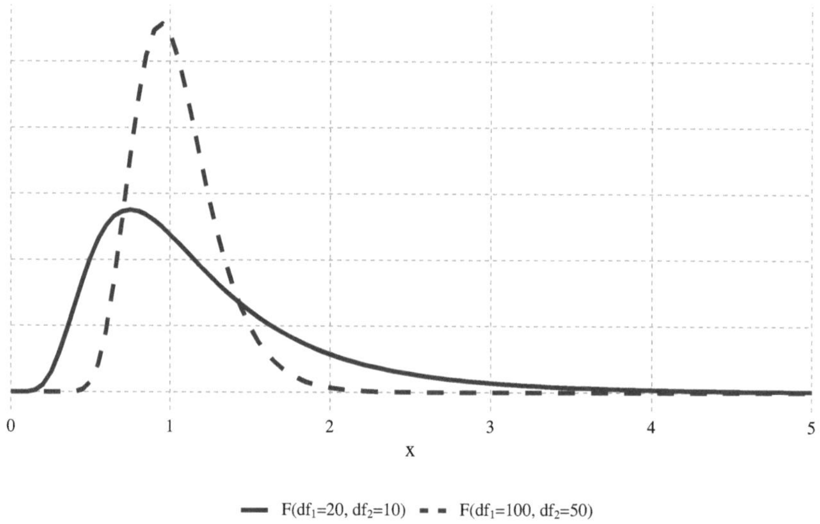

Abbildung 5.9: *F*-Verteilungen für unterschiedliche Freiheitsgrade

vor, wenn die berechnete Prüfgröße F den betreffenden kritischen Tabellenwert übersteigt.

ZUSAMMENFASSUNG

- Die analytische Statistik befasst sich mit dem Schluss von der Stichprobe auf die Grundgesamtheit.
- Nullhypothese und Alternativhypothese sind zu formulieren und mit einem geeigneten statistischen Testverfahren zu überprüfen.
- Das Ergebnis eines statistischen Tests ist die Irrtumswahrscheinlichkeit p. Sie entscheidet darüber, ob ein Testergebnis signifikant ist. Unterschreitet die Irrtumswahrscheinlichkeit p das Signifikanzniveau α, so ist das Ergebnis signifikant. Die häufigst verwendeten Signifikanzniveaus sind $\alpha = 0{,}1$, $\alpha = 0{,}05$ und $\alpha = 0{,}01$
- Die wichtigsten Verteilungen der Prüfstatistik sind die Standardnormalverteilung, die t-Verteilung, die F-Verteilung und die χ^2-Verteilung.
- Wird die Nullhypothese verworfen, obwohl sie richtig ist, spricht man von einem Fehler erster Art; wird sie beibehalten, obwohl sie falsch ist, liegt ein Fehler zweiter Art vor.
- Ist die Richtung der Alternativhypothese vorgegeben, kann einseitig getestet werden.
- Beim kritiklosen Ausführen sehr vieler Tests besteht die Gefahr der Alpha-Inflation.

5.7 Übungen

1. Zur Erkennung einer bestimmten psychischen Erkrankung wurde ein normalverteilter Score entwickelt, der bei den Kranken den Mittelwert 63,9 und die Standardabweichung 5,6, bei den Nichtkranken den Mittelwert 71,3 und die Standardabweichung 4,8 hat. Wie groß sind Fehler erster und zweiter Art, wenn man einen Probanden mit einem Score von 65 in die Gruppe der Kranken einordnet?
2. Die Aufgabe 5.1 sei insofern variiert, als dass nur der mittlere Scorewert der Kranken (63,9) und dessen Standardabweichung (5,6) vorliegt; über die Nichtkranken lägen keine Angaben vor. Wie groß ist der Fehler erster Art, wenn man einen Probanden mit dem Score 72 als krank einstuft? Was ist über den Fehler zweiter Art zu sagen?
3. In einer Studie sollen die Reaktionszeiten von Frauen und Männern auf einen bestimmten Reiz verglichen werden. Ein Experiment mit zufällig ausgewählten Personen, 50 Männern und 40 Frauen, ergab Folgendes:

	Männer	Frauen
Stichprobenumfang	$n_1 = 50$	$n_2 = 40$
Mittelwerte	$\overline{x}_1 = 3{,}50$	$\overline{x}_2 = 3{,}80$
Standardabweichung	$s_1 = 0{,}60$	$s_2 = 0{,}80$

Beurteilen Sie, ob auf Grund der Daten auf einen Unterschied bei den mittleren Reaktionszeiten von Frauen und Männern in der Grundgesamtheit geschlossen werden kann?

Streubereiche und Konfidenzintervalle

6

ÜBERBLICK

LERNZIELE

- Streubereiche
- Konfidenzintervalle

Der Schluss von den Kennwerten einer Stichprobe auf die Parameter der zugehörigen Grundgesamtheit erfolgt bei intervallskalierten und normalverteilten Variablen über Streubereiche und Konfidenzintervalle. Während Streubereiche einen Bereich voraussagen, in dem sich die einzelnen Messwerte bewegen, geben Konfidenzintervalle an, zwischen welchen Grenzen sich mit vorgegebener Wahrscheinlichkeit Mittelwert und Standardabweichung der Grundgesamtheit befinden. Ein weiteres Kapitel beschäftigt sich mit Konfidenzintervallen für prozentuale Häufigkeiten.

6.1 Streubereiche

Mit der Angabe eines Streubereichs wird bei intervallskalierten und normalverteilten Variablen die Frage behandelt, wie viel Prozent der Werte in einem bestimmten Intervall liegen. Darunter versteht man stets ein um den Mittelwert symmetrisches Intervall.

Dabei kann in der einen Variante die Intervallbreite, in der Regel in ganzzahligen Einheiten der Standardabweichung, vorgegeben und dann die Prozentzahl der im Intervall enthaltenen Werte ermittelt werden; in der anderen Variante wird diese Prozentzahl vorgegeben und die zugehörigen Intervallgrenzen werden bestimmt.

Die Voraussagen werden stets für die zugrunde liegende Grundgesamtheit gemacht; bei genügend großen Stichproben können die Ergebnisse aber auch an diesen verifiziert werden.

Liegen n Messwerte

$$x_i \quad i = 1, \ldots, n$$

vor, sind die Grundlage aller Berechnungen der Mittelwert (siehe Abschnitt 2.4.2)

$$\overline{x} = \frac{\sum_{i=1}^{n} x_i}{n}$$

und die Standardabweichung (siehe Abschnitt 2.5.1).

$$s = \sqrt{\frac{\sum_{i=1}^{n} (x_i - \overline{x})^2}{n-1}}$$

Im Beispiel der Intelligenzquotienten aus Abschnitt 4.3.1 (Datei iq in der **R**-Datei imklartext.RData) hatten sich bei einer Fallzahl von $n = 200$ für den Mittelwert $\overline{x}$ und die Standardabweichung s die folgenden Werte ergeben:

$$\overline{x} = 98{,}5 \quad s = 17{,}1$$

Erste Variante: Vorgabe der Intervallbreite

In Veröffentlichungen werden Mittelwert $\overline{x}$ und Standardabweichung s häufig in der Form

$$\overline{x} \pm s$$

angegeben. Wir wollen daher herausfinden, welcher prozentuale Anteil der Werte in diesem Intervall von $\overline{x} - s$ bis $\overline{x} + s$ liegt.

Um hierzu die z-Tabelle heranziehen zu können, führen wir zunächst gemäß

$$z = \frac{x - \mu}{\sigma}$$

eine z-Transformation der unteren und oberen Intervallgrenze durch. Es sei hier daran erinnert, dass die Parameter der Population mit jenen der Stichproben ersetzt werden, falls diese unbekannt sind, also mit $\overline{x}$ und s. Für die untere Intervallgrenze $\overline{x} - s$ ergibt sich damit

$$z = \frac{\overline{x} - s - \overline{x}}{s} = -1$$

wobei in der Formel für x die untere Grenze $\overline{x} - s$, für μ der Stichprobenmittelwert $\overline{x}$ und für σ die Standardabweichung s eingesetzt wurde. Für die obere Intervallgrenze $\overline{x} + s$ ergibt sich damit

$$z = \frac{\overline{x} + s - \overline{x}}{s} = 1$$

Wie die z-Tabelle ausweist, erstreckt sich das Flächenstück unter der Standardnormalverteilungskurve zwischen den z-Werten -1 und 1 von $\Phi(-1) = 0{,}15866$ bis $\Phi(1) = 0{,}84134$. Es umfasst also einen Anteil von

$$0{,}84134 - 0{,}15866 = 0{,}68286$$

Dies bedeutet in Prozenten ausgedrückt, dass 68,3 % der Werte im Bereich von $\overline{x} - s$ bis $\overline{x} + s$ liegen. Im gegebenen Beispiel der IQ-Werte handelt es sich um folgenden Bereich:

$$98{,}5 - 17{,}1 = 81{,}4 < x < 98{,}5 + 17{,}1 = 115{,}6$$

In diesem Bereich von 81,4 bis 115,6 sollen bei idealer Normalverteilung

$$68{,}3\,\% \cdot 200 = 137$$

Werte liegen. Tatsächlich sind es deren 131.

Ähnliche Überlegungen kann man für die Streubereiche anstellen, die durch die doppelte bzw. dreifache Standardabweichung gebildet werden. Die Ergebnisse sind in Tabelle 6.1 zusammengefasst.

Streubereich	Prozent der Werte
$\overline{x} \pm s$	68,2 %
$\overline{x} \pm 2 \cdot s$	95,5 %
$\overline{x} \pm 3 \cdot s$	99,7 %

Tabelle 6.1: Streubereiche bei Vorgabe der Intervallbreite

Gebräuchlicher ist es, eine Prozentzahl vorzugeben und dann die zugehörigen Intervallgrenzen zu bestimmen.

Zweite Variante: Vorgabe der Prozentzahl

Möchte man etwa wissen, in welchem Intervall 95 % der Werte liegen, so zeigt ein Blick in die z-Tabelle, dass das Flächenstück unter der Standardnormalverteilungskurve von $z = -1{,}96$ bis $z = 1{,}96$ einen Anteil von 0,95 hat. Dies bedeutet nach der Formel für die z-Transformation, dass im Intervall

$$\overline{x} - 1{,}96 \cdot s < x < \overline{x} + 1{,}96 \cdot s$$

95 % der Werte liegen. Entsprechende Überlegungen führen zu einem 99%-Streubereich. Die Ergebnisse sind in Tabelle 6.2 zusammengefasst.

Prozent der Werte	Intervall
95 %	$\overline{x} - 1{,}96 \cdot s < x < \overline{x} + 1{,}96 \cdot s$
99 %	$\overline{x} - 2{,}58 \cdot s < x < \overline{x} + 2{,}58 \cdot s$

Tabelle 6.2: Streubereiche bei Vorgabe der prozentualen Wertezahl

So wie man für die einzelnen Messwerte einen Streubereich angeben kann, lässt sich ein solcher auch für den Mittelwert bestimmen. In diesem Fall spricht man von einem *Konfidenzintervall*, in dem mit der vorgegebenen Wahrscheinlichkeit der Mittelwert der entsprechenden Grundgesamtheit liegt.

6.2 Konfidenzintervalle

Oft stellt sich das Problem, wie man vom Kennwert einer Stichprobe auf den unbekannten Parameter der Grundgesamtheit schließen kann. Dazu bestimmt man mit vorgegebener Genauigkeit so genannte *Konfidenzintervalle* für diesen Parameter. In den folgenden Kapiteln sollen solche Konfidenzintervalle für Mittelwerte, Standardabweichungen und prozentuale Häufigkeiten ermittelt werden.

6.2.1 Konfidenzintervall für den Mittelwert

Um zu einem gegebenen Mittelwert $\overline{x}$ einer Stichprobe mithilfe der zugehörigen Standardabweichung s ein Konfidenzintervall bestimmen zu können, wird zunächst die Standardabweichung des Mittelwerts, d. h. der Standardfehler, berechnet:

$$s_{\overline{x}} = \frac{s}{\sqrt{n}}$$

Der Standardfehler wird also umso kleiner, je grösser der Stichprobenumfang n ist.

Das Konfidenzintervall für den Mittelwert μ der Grundgesamtheit wird dann mithilfe der t-Verteilung ermittelt. Soll etwa ein 95%-Konfidenzintervall bestimmt werden, so ist aus der t-Tabelle zunächst der zu $\alpha = 0{,}05$ und $df = n - 1$ Freiheitsgraden gehörige Tabellenwert $t_{\alpha,n-1}$ zu bestimmen. Die t-Tabelle ist derart aufgestellt, als dass das Signifikanzniveau α auf beide Seiten der Verteilung halbiert wird. Die zur *Konfidenzzahl* 95 % gehörende Irrtumswahrscheinlichkeit beträgt 100 % − 95 % = 5 % oder $\alpha = 0{,}05$. Dieser t-Wert geht dann in die folgende Intervallformel ein:

$$\overline{x} - t_{\alpha,n-1} \cdot s_{\overline{x}} < \mu < \overline{x} + t_{\alpha,n-1} \cdot s_{\overline{x}}$$

Im Beispiel der IQ-Werte (siehe Abschnitt 6.1) hatten sich die folgenden Kennwerte ergeben:

$$\overline{x} = 98{,}5 \quad s = 17{,}1 \quad n = 200$$

Daraus berechnet sich zunächst der Standardfehler zu

$$s_{\overline{x}} = \frac{17{,}1}{\sqrt{200}} = 1{,}209$$

und hieraus das 95%-Konfidenzintervall zu

$$98{,}5 - 1{,}972 \cdot 1{,}209 < \mu < 98{,}5 + 1{,}972 \cdot 1{,}209$$
$$98{,}5 - 2{,}4 < \mu < 98{,}5 + 2{,}4$$
$$96{,}1 < \mu < 100{,}9$$

Mit 95%-iger Wahrscheinlichkeit überdeckt das Intervall in den Grenzen 96,1 und 100,9 den wahren (aber unbekannten) Mittelwert μ. Dies können Sie auch folgendermaßen formulieren: Wiederholen Sie die IQ-Bestimmung unter gleichen Bedingungen an anderen Probanden, so ergeben sich mit 95%-iger Wahrscheinlichkeit Mittelwerte im Bereich zwischen 96,1 und 100,9.

Für das 99%-Konfidenzintervall ergibt sich in unserem Beispiel Folgendes:

$$98{,}5 - 2{,}601 \cdot 1{,}209 < \mu < 98{,}5 + 2{,}601 \cdot 1{,}209$$
$$98{,}5 - 3{,}1 < \mu < 98{,}5 + 3{,}1$$
$$95{,}4 < \mu < 101{,}6$$

Für große Fallzahlen nähert sich die t-Verteilung der Standardnormalverteilung und der in die Intervallformel einzusetzende t-Wert bei einem 95%-Konfidenzintervall dem Wert 1,96.

Einen interessanten Aspekt beleuchtet der so genannte *zentrale Grenzwertsatz*: Zieht man aus ein und derselben Grundgesamtheit Stichproben des Umfangs n, so geht mit wachsendem n die Verteilung der Mittelwerte $\overline{x}$ dieser Stichproben in eine Normalverteilung über. Das gilt unabhängig von der Verteilungsform der Werte in der Grundgesamtheit.

Abbildung 6.1 illustriert diesen Sachverhalt deutlich. Von einer Population der Größe 3 mit den Beobachtungen $x_1 = 1$, $x_2 = 2$ und $x_3 = 3$ weiß man, dass der Populationsmittelwert $\mu = 2$ beträgt. Mit einem Computerprogramm zieht man nun eine Stichprobe der Grösse $n = 2$ und berechnet den Mittelwert $\overline{x}$. Dieses Prozedere wird 100 000-mal wiederholt. Die berechneten Stichprobenmittelwerte und deren Häufigkeit sind in den Histogrammen in Abbildung 6.1 abgebildet. Man sieht deutlich, dass mit steigendem Stichprobenumfang die Histogramme zunehmend einer Normalverteilung ähneln. Des Weiteren ist wenig überraschend zu sehen, dass der Mittelwert aller Stichprobenmittelwerte wiederum mit dem Populationsmittelwert $\mu = 2$ zusammenfällt.

In Abbildung 6.2 sind 4 Konfidenzintervalle für den Mittelwert einer Zufallsstichprobe aus genannter Population mit $x_1 = 1$, $x_2 = 2$ und $x_3 = 3$ abgebildet. Wir ziehen eine Stichprobe der Grösse $n = 5$ viermal. Abbildung 6.2 zeigt die Konfidenzintervalle der Populationsmittelwerte aus den vier Zufallsstichproben. Bei der zweiten Zufallsstichprobe aus der Population wurden die Werte $(3, 2, 3, 3, 3)$ gezogen, wie in Abbildung 6.2 notiert ist. Dies führt zu folgenden Kennwerten der Stichprobe:

$$\overline{x} = 2{,}8 \quad s = 0{,}4472 \quad n = 5$$

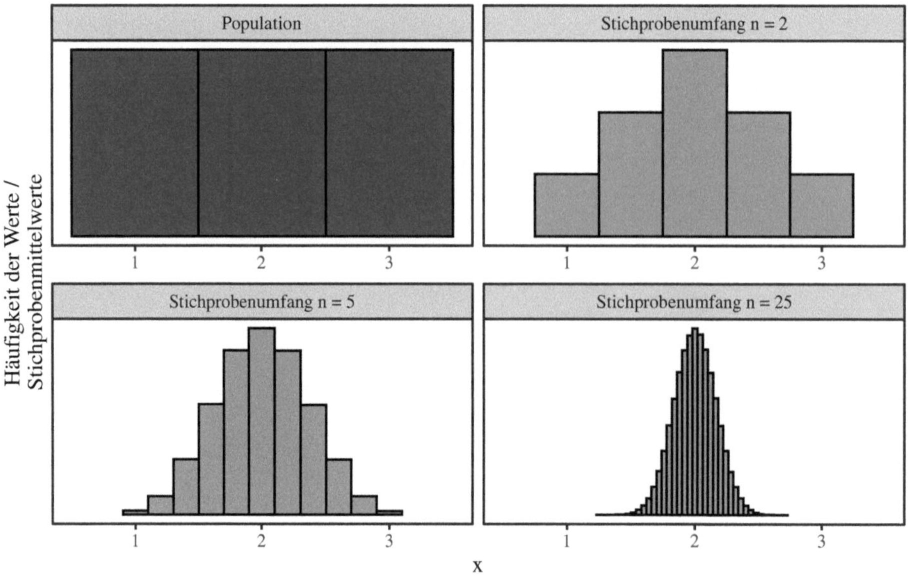

Abbildung 6.1: Verteilung von Stichprobenmittelwerten der Größen $n = 2$, $n = 5$ und $n = 25$ bei Populationsmittelwert $\mu = 2$

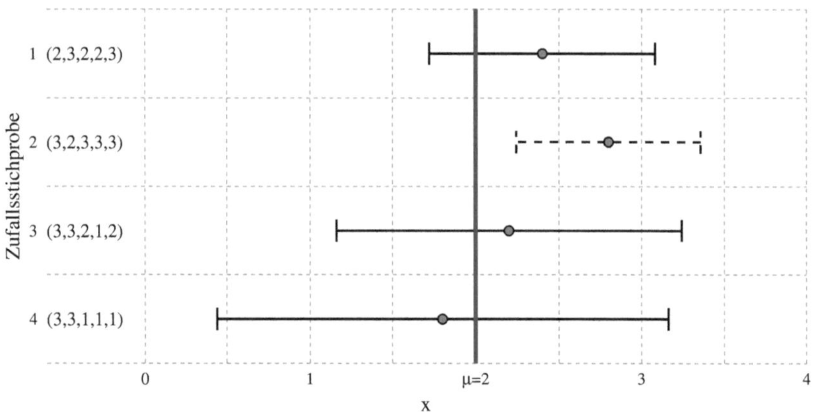

Abbildung 6.2: Konfidenzintervalle für verschiedene Zufallsstichproben der Größe $n = 5$ zum Populationsmittelwert μ

Daraus berechnet sich zunächst der Standardfehler zu

$$s_{\overline{X}} = \frac{0{,}4472}{\sqrt{5}} = 0{,}2$$

Der zugehörige t-Wert beträgt $t_{5\,\%,4} = 2{,}776$. Das 95%-Konfidenzinterrvall für den Populationsmittelwert berechnet sich nun mit den Daten dieser ersten Stichprobe zu

$$2{,}8 - 2{,}776 \cdot 0{,}2 < \mu < 2{,}8 + 2{,}776 \cdot 0{,}2$$
$$2{,}245 < \mu < 3{,}355$$

Der wahre Populationsmittelwert $\mu = 2$ ist in diesem Konfidenzintervall nicht enthalten. In Abbildung 6.2 ist zu sehen, dass das Konfidenzintervall das wahre μ nicht überstreicht. Für die anderen abgebildeten Konfidenzintervalle ist dies der Fall. Bei der Konstruktion von 95%-Konfidenzintervallen wäre zu erwarten, dass 95 % der Intervalle das wahre μ überstreichen, bei 5 % aller Fälle jedoch nicht. Wichtig ist zu sehen, dass je nach Stichprobe ein anderes Konfidenzintervall resultiert. Der unbekannte Populationsparameter μ aber bleibt fest.

6.2.2 Konfidenzintervall für die Standardabweichung

Auch für die Standardabweichung σ der Grundgesamtheit kann aus dem gegebenen Kennwert s der Stichprobe unter Berücksichtigung der Fallzahl n ein Konfidenzintervall bestimmt werden. Dies gelingt mithilfe der χ^2-Verteilung, zum Beispiel bei der Berechnung eines 95%-Konfidenzintervalls unter Verwendung der Tabellenwerte zu $\alpha = 0{,}05$ und $df = n - 1$ Freiheitsgraden. Man macht sich dabei zunutze, dass nachstehender Term χ^2-verteilt ist.

$$\frac{(n-1)s^2}{\sigma^2} \sim \chi^2_{df=n-1}$$

Durch Umformung nach σ kann mithilfe der χ^2-Quantile im Anhang ein Konfidenzintervall aufgestellt werden.

$$s \cdot \sqrt{\frac{n-1}{\chi^2_{df=n-1,1-\alpha/2}}} < \sigma < s \cdot \sqrt{\frac{n-1}{\chi^2_{df=n-1,\alpha/2}}}$$

In diesem Beispiel ergibt sich folgendes 95%-Konfidenzintervall ($\alpha = 0{,}05$):

$$17{,}1 \cdot \sqrt{\frac{199}{\chi^2_{df=199,97{,}5\,\%}}} < \sigma < 17{,}1 \cdot \sqrt{\frac{199}{\chi^2_{df=199,2{,}5\,\%}}}$$
$$17{,}1 \cdot \sqrt{\frac{199}{239{,}96}} < \sigma < 17{,}1 \cdot \sqrt{\frac{199}{161{,}83}}$$
$$15{,}6 < \sigma < 19{,}0$$

Mit 95%-iger Wahrscheinlichkeit liegt die Standardabweichung der Grundgesamtheit zwischen 15,6 und 19,0.

Bei großen Werten von df kann die χ^2 Verteilung mit einer Normalverteilung approximiert werden, und zwar mit $\mu = df$ und $\sigma = \sqrt{2 \cdot df}$.

6.2.3 Konfidenzintervalle für prozentuale Häufigkeiten

Auch für prozentuale Häufigkeiten (kurz: Prozentwerte) P lassen sich Konfidenzintervalle bestimmen, sofern die zugrunde liegende Fallzahl n bekannt ist.

Bezeichnet man den Prozentwert der Grundgesamtheit mit π, so gilt für das Konfidenzintervall

$$P - \sigma \cdot z_{1-\alpha/2} < \pi < P + \sigma \cdot z_{1-\alpha/2}$$

mit

$$\sigma = \sqrt{\frac{P \cdot (1-P)}{n}}$$

z ist der zur gegebenen Konfidenzzahl (zum Beispiel 95 %, 99 %) gehörende z-Wert (siehe Tabelle 1 im Anhang). Ist etwa die Konfidenzzahl $1-\alpha = 95\,\%$ vorgegeben, suchen Sie in Tabelle 1 im Anhang den zu $\Phi(1-\alpha/2) = \Phi(0{,}975)$ gehörenden z-Wert auf; dieser ist 1,96. Zu einem 99%-Konfidenzintervall gehört $z_{0,995} = 2{,}58$.

Der Rechengang soll anhand eines Beispiels gezeigt werden. Ihre Tageszeitung hat vor einer Kommunalwahl eine Umfrage gestartet, an der sich 481 Leserinnen und Leser beteiligten und bei der 39,4 % der Stimmen für die Partei Ihres Vertrauens stimmten. Für diese Prozentzahl soll ein 95%-Konfidenzintervall bestimmt werden.

$$\sigma = \sqrt{\frac{39{,}4 \cdot 60{,}6}{481}} = 2{,}228 \quad z_{1-\alpha/2} = 1{,}96$$

$$39{,}4 - 2{,}228 \cdot 1{,}96 < \pi < 39{,}4 + 2{,}228 \cdot 1{,}96$$
$$35{,}0 < \pi < 43{,}8$$

Das 95%-Konfidenzintervall für die Partei erstreckt sich also von 35,0 % bis 43,8 %.

6.2.4 Schätzen des Stichprobenumfangs *n* anhand relativer Häufigkeiten

Bezeichnen wir mit a die halbe Länge des Konfidenzintervalls für die Schätzung einer prozentualen Häufigkeit P. Gemäß dem vorangehenden Abschnitt lautet die halbe Länge zum Signifikanzniveau α

$$a = z_{1-\alpha/2} \cdot \sigma = z_{1-\alpha/2} \cdot \sqrt{\frac{P \cdot (1-P)}{n}}$$

a wird auch als Stichprobenfehler bezeichnet. Zum Beispiel nehme man an, dass der Anteil der Leser einer Tageszeitung 10 % von der Gesamtbevölkerung beträgt. Wie viele Personen (n) müssen befragt werden, wenn das resultierende Konfidenzintervall 9,0 % – 11,0 % lauten soll, also eine halbe Länge von $a = 1{,}0\,\%$ haben soll?

Zu diesem Zweck kann die obige Formel nach n umgestellt werden:

$$\frac{z_{1-\alpha/2}^2 \cdot P \cdot (1-P)}{a^2} < n$$

Wir nehmen an, dass die genannte Anforderung für ein 95%-Konfidenzintervall gelten soll. Somit haben wir $z = 1{,}96$ und erhalten:

$$\frac{1{,}96^2 \cdot 0{,}1 \cdot (1-0{,}1)}{0{,}01^2} = 3\,457{,}4 < n$$

Es müssen also $n = 3\,458$ Personen befragt werden, um ein Konfidenzintervall der halben Länge von $a = 1{,}0\,\%$ zu erhalten, bzw. einen Stichprobenfehler von $\pm 1{,}0\,\%$.

Bei Befragungen und dem einhergehenden Planen der Stichprobengröße ist oft dem Umstand Rechnung zu tragen, dass die unterliegende Population nicht sehr groß ist.

Für einen solchen Fall muss obige Formel korrigiert werden, um eine Aussage der Stichprobengröße für endliche Populationen zu erhalten. Sei N die Populationsgröße und n die Stichprobengröße. Die Standardabweichung der prozentualen Häufigkeit wird nun zu

$$\sigma = \sqrt{\frac{P \cdot (1-P)}{n}} \cdot \sqrt{\frac{N-n}{N-1}}$$

Die gesuchte Stichprobengröße n wird nach dieser Modifikation zu

$$\frac{N \cdot z^2_{1-\alpha/2} \cdot P \cdot (1-P)}{(N-1) \cdot a^2 + z^2_{1-\alpha/2} \cdot P \cdot (1-P)} < n$$

Wir erläutern die Formel an einem Beispiel. In einer Firma mit insgesamt $N = 2\,000$ Mitarbeitenden soll mittels einer Stichprobe eine Umfrage durchgeführt werden. Wie groß muss diese sein, wenn der maximale Stichprobenfehler $a = 5\,\%$ sein soll? Bei dieser Fragestellung steht keine Information über die zu untersuchende prozentuale Häufigkeit zur Verfügung. Der Stichprobenfehler wird jedoch maximal, wenn man $P = 50\,\% = 0{,}5$ setzt. Im vorherigen Beispiel konnte P innerhalb einer Größenordnung von 10 % abgeschätzt werden (anders gesagt man hat eine konkrete Vorstellung über die Größenordnung von P). Ist dies nicht möglich, so will man auf der sicheren Seite sein und setzt $P = 50\,\%$. Man erhält:

$$\frac{2\,000 \cdot 1{,}96^2 \cdot 0{,}5(1-0{,}5)}{(2\,000-1) \cdot 0{,}05^2 + 1{,}96^2 \cdot 0{,}5 \cdot (1-0{,}5)} = 322{,}4 < n$$

Es müssen also 323 Leute im Unternehmen befragt werden, um einen maximalen Stichprobenfehler von 5,0 % zu erhalten. Hätte man obige Formel ohne Endlichkeitskorrektur der Population angewandt, so hätte man als Resultat $n = 385$ erhalten. Da Umfragen kostenintensiv sind, kann es also durchaus Sinn machen, die Endlichkeitskorrektur anzuwenden.

Nach diesem Beispiel ist es wichtig anzumerken, dass die Endlichkeitskorrektur der Standardabweichung nur dann Sinn macht, wenn die Stichprobengröße n genügend groß im Vergleich zur Grundgesamtheit N ist. Das Verhältnis von Stichprobenumfang zur Grundgesamtheit sollte mindestens 5 % betragen, also

$$\frac{n}{N} > 5\,\%$$

Im gegebenen Beispiel ist dies der Fall – bei $N = 2\,000$ beträgt eine Stichprobe der Größe $n = 323$ mehr als 16 % des Stichprobenumfangs.

6.3 App zu den Kapiteln 5 und 6, Rechnen mit R

Die App zu Kapitel 5 und 6 stellt vor allem eine vertiefende Repetition hinsichtlich der t-Verteilung und der χ^2-Verteilung dar. Die App findet sich unter *https://pearson-dach.shinyapps.io/imklartext_kap0506/*. Sie repetieren die Berechnung von Vertrauensintervallen für den Mittelwert der Grundgesamtheit μ, die Streuung der Grundgesamtheit σ und für eine Verhältniszahl π der Grundgesamtheit. Mithilfe von interaktiven Apps können Vertrauensintervalle anhand von Stichproben automatisch berechnet werden, so dass Lösungen zu Aufgabenstellungen Schritt für Schritt überprüft werden können.

QR-Code zum Einstieg in R und zu Kapitel 5 und 6

Zusätzlich haben wir in Kapitel 2 einen Datensatz (Kap02ex.csv bzw. der dataframe `kap02` in der Datei imklartext.RData) kennen gelernt. Wir werten nun die IQ-Werte nach Geschlecht aus und erstellen eine Grafik für das Vertrauensintervall des Mittelwerts der Population.

Natürlich gibt es viele weitere Möglichkeiten, Daten nach Gruppen auszuwerten (zum Beispiel mit der Funktion **by**()). Damit die Auswertung in Ihrem **R** lokal funktioniert, muss dass Paket `dplyr` installiert sein. Dies erreichen Sie durch einmalige Installation mit dem Befehl: **install.packages**('dplyr') und anschließendem Aufrufen der Bibliothek mit **library**(dplyr). Zum Erstellen der Grafik installieren Sie das Paket `ggplot2`.

```

rm(list=ls())
load("imklartext.RData")

library(dplyr)
library(ggplot2)




kap02$geschlecht <- factor(kap02$geschlecht,levels=c(1,2),labels=c( \
    "Maenner","Frauen"),ordered=FALSE)
table(kap02$geschlecht)


mydata <- kap02 %>% group_by(geschlecht) %>% summarise(n=n(),
                                        MW=mean(iq,na.rm=TRUE),
                                        SD=sd(iq,na.rm=TRUE))


mydata <- as.data.frame(mydata)
mydata$lower <- mydata$MW-qt(0.975,mydata$n-1)*mydata$SD/sqrt( \
    mydata$n)
mydata$upper <- mydata$MW+qt(0.975,mydata$n-1)*mydata$SD/sqrt( \
    mydata$n)


myplot<-ggplot(data=mydata)+
  coord_flip()+labs(y="IQ-Mittelwert",x="Geschlecht")+
  geom_errorbar(data=mydata,aes(x=geschlecht,ymin=lower,ymax=upper) \
      ,width=0.5)+
  geom_hline(aes(yintercept=100),linetype=2)+
  geom_point(aes(x=geschlecht,y=MW),shape=21,size=4,fill="gray40")+ \
      theme_bw()+
  theme(legend.title=element_blank(),
        legend.position="None",
        panel.grid.major.x=element_line(linetype=2,size=0.25,color= \
            "gray40"),
        panel.grid.minor.x=element_line(linetype=2,size=0.25,color= \
            "gray40"),
        panel.grid.major.y=element_line(linetype=2,size=0.25,color= \
            "gray40"),
```

```
        panel.grid.minor.y=element_line(linetype=2,size=0.25,color= \
            "gray40"),
        panel.border=element_blank(),
        text=element_text(color="black"),
        axis.text.x=element_text(color="black"),
        axis.text.y=element_text(color="black"),
        axis.ticks.y=element_blank(),
        axis.ticks.x=element_blank(),
        axis.line.y=element_blank())

ggsave("ciplot2_kap06_v2_rel2.eps",myplot,width=16*1.,height=4*1., \
    units="cm",family="Times")
```

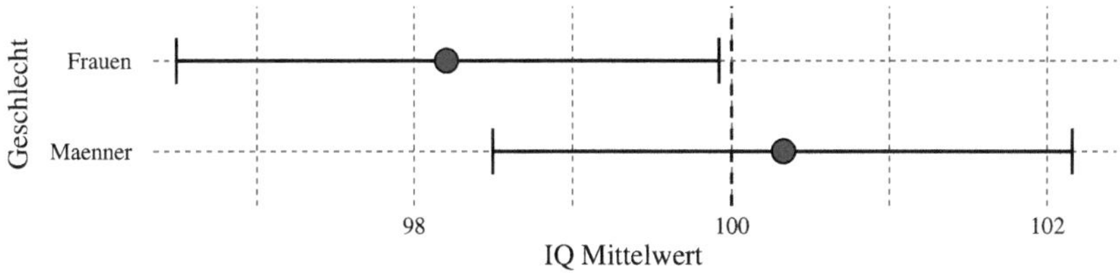

Abbildung 6.3: Konfidenzintervalle für IQ-Mittelwerte nach Geschlecht

ZUSAMMENFASSUNG

- Streubereiche für intervallskalierte Variablen geben an, wie viel Prozent der Werte in einem bestimmten Intervall liegen.
- Konfidenzintervalle entstehen durch den Schluss des Kennwerts einer Stichprobe (Mittelwert, Standardabweichung, prozentuale Häufigkeit) auf den entsprechenden Parameter der Grundgesamtheit.

6.4 Übungen

1. In einer epidemiologischen Studie wurde von 1 000 Jugendlichen der Body Mass Index (BMI) bestimmt. Der Mittelwert der normalverteilten Werte ergab sich zu 24,9, die Standardabweichung zu 3,6. Zwischen welchen BMI-Grenzen bewegen sich

   (a) 68,28 % der Jugendlichen?

   (b) 80,0 % der Jugendlichen?

   (c) Wie viel Prozent der Teilnehmer haben einen BMI zwischen $\pm 1{,}5$ Standardabweichungen vom Mittelwert?

2. Bei 14 Probanden, die an einem psychologischen Versuch teilnahmen, wurde mithilfe eines betreffenden Scores der Grad der Extravertiertheit festgestellt:

   14, 17, 10, 13, 8, 9, 16, 14, 12, 18, 15, 8, 13, 16

   (a) Berechnen Sie den Mittelwert und dazu ein 95%-Konfidenzintervall.

   (b) Berechnen Sie die Standardabweichung und dazu ein 95%-Konfidenzintervall.

3. Eine Zeitung berichtet, bei der letzten Wahlumfrage habe die Oppositionspartei, die bisher bei 49 % lag, noch um einen Prozentpunkt zugelegt. Was ist von dieser Aussage zu halten, wenn die Befragung an 1 000 Personen vorgenommen wurde?

4. In einem Unternehmen soll eine Umfrage durchgeführt werden. Wie groß muss der Stichprobenumfang n sein, damit der maximale Stichprobenfehler a nur 1,0 % beträgt? Rechnen Sie zum Sicherheitsniveau $1 - \alpha = 95\,\%$.

   (a) Im Unternehmen arbeiten gesamthaft $N = 500\,000$ Personen.

   (b) Im Unternehmen arbeiten gesamthaft $N = 500$ Personen.

5. Lösen Sie nun mit der App zu Vertrauensintervallen die Aufgaben aus dem Übungsgenerator unter *https://pearson-dach.shinyapps.io/imklartext_kap0506/*.

Überprüfung auf Verteilungsformen

7

ÜBERBLICK

LERNZIELE

- Überprüfung auf Gleichverteilung
- Überprüfung auf Verteilung nach vorgegebenen Verhältniszahlen
- Überprüfung auf Normalverteilung

In diesem Kapitel werden die Überprüfung auf Gleichverteilung bei kategorialen Variablen und die Überprüfung auf Normalverteilung der Häufigkeiten bei intervallskalierten Variablen behandelt. Eine Variante zur Überprüfung auf Gleichverteilung ergibt sich, wenn die erwarteten Häufigkeiten nicht für jede Kategorie gleich sind, sondern vorgegebenen Verhältniszahlen folgen.

7.1 Gleichverteilung

Neben der Überprüfung, ob die Werte von intervallskalierten Variablen einer Normalverteilung folgen, stellt sich oft die Frage, ob sich die Häufigkeiten, die sich beim Auszählen der Kategorien einer nominal- oder ordinalskalierten Variable ergeben, untereinander unterscheiden oder ob sie als gleichverteilt angesehen werden können.

Ein Beispiel ist die Unterrichtsbeurteilung. Einhundert Studierende der Psychologie wurden befragt, welcher Professor die beste Vorlesung hält. Die betreffenden Häufigkeiten und die Ergebnisse der weiteren Rechenschritte sind in Tabelle 7.1 zusammengefasst.

Professor	f_{o_i}	f_{e_i}	$\frac{(f_{o_i}-f_{e_i})^2}{f_{e_i}}$	Signifikanz
Prof. Niederer	30	20	5,000	*
Prof. Heimsch	13	20	2,450	
Prof. Hulliger	18	20	0,200	
Prof. Schoch	24	20	0,800	
Prof. Meier	15	20	1,250	
Summe	100	100	9,700	

Tabelle 7.1: Rechenschritte zum Chi-Quadrat-Test auf Gleichverteilung

Es sei k die gegebene Anzahl der Kategorien (hier $k = 5$) und n die Gesamtsumme der Häufigkeiten. Diese berechnet sich aus den beobachteten Häufigkeiten f_{o_i} zu

$$n = \sum_{i=1}^{k} f_{o_i}$$

Da wegen der gleichen Ausgangsbedingungen auf Gleichverteilung getestet werden soll, sind die erwarteten Häufigkeiten bei allen Kategorien (hier: bei allen Professoren) gleich und folgendermaßen zu berechnen:

$$f_{e_i} = \frac{n}{k} \quad i = 1, \ldots, k$$

Im vorliegenden Beispiel ergibt dies

$$f_{e_i} = \frac{100}{5} = 20 \quad i = 1, \ldots, 5$$

Ein signifikanter Unterschied zwischen den erwarteten und beobachteten Werten zeigt sich, wenn diese Abweichungen genügend groß sind. Als Abweichungsmaß zwischen den beobachteten und erwarteten Häufigkeiten gelten die standardisierten Residuen:

$$\frac{(f_{o_i} - f_{e_i})^2}{f_{e_i}} \quad i = 1, \ldots, k$$

Diese sind in der vorletzten Spalte der Tabelle 7.1 eingetragen. Ihre Summe ergibt die Prüfgröße χ^2:

$$\chi^2 = \sum_{i=1}^{k} \frac{(f_{o_i} - f_{e_i})^2}{f_{e_i}}$$

Dieser χ^2-Wert ist χ^2-verteilt mit

$$df = k - 1$$

Freiheitsgraden.

Im vorliegenden Beispiel wird

$$\chi^2 = 9{,}700 \quad df = 5 - 1 = 4$$

Dieser χ^2-Wert ist nach der χ^2-Tabelle bei der gegebenen Anzahl von Freiheitsgraden ein signifikanter Wert ($p < 0{,}05$). Darüber, welche Kategorien (hier: Professoren) im Einzelnen „aus dem Rahmen fallen“, geben die standardisierten quadrierten Residuen Auskunft (siehe auch ab Kapitel 12.1). Je nachdem, welchen Grenzwert diese Residuen überschreiten, gilt für den Unterschied zwischen beobachteter und erwarteter Häufigkeit:

> 3,84	signifikant ($p < 0{,}05$, *)
> 6,64	sehr signifikant ($p < 0{,}01$, **)
> 10,83	höchst signifikant ($p < 0{,}001$, ***)

Im Signifikanzfall ist das Signifikanzniveau in der letzten Spalte der Tabelle eingetragen. Als abschließendes Ergebnis erhält man, dass Professor Niederer signifikant häufiger genannt wurde, als es den Erwartungen entspricht. Bei den anderen Professoren liegen keine signifikanten Abweichungen von den erwarteten Häufigkeiten vor.

Es sei ausdrücklich darauf hingewiesen, dass diese Nachbetrachtung der standardisierten Residuen nur dann erlaubt ist, wenn die Prüfgröße χ^2 insgesamt ein signifikantes Ergebnis liefert.

Bevor eine Variante dieses *eindimensionalen* Chi-Quadrat-Tests aufgezeigt wird, soll zunächst ein weiteres einfaches Beispiel vor unerlaubter Anwendung dieses Tests warnen.

Betrachtet man die Ziehungshäufigkeit der 50 Zahlen im EuroMillions, so wurde seit 2004 die Zahl 50 mit 123 Ziehungen am häufigsten und die Zahl 46 mit 75 Ziehungen am seltensten gezogen. Mit dem χ^2-Test könnte man überprüfen, ob sich die beiden Ziehungshäufigkeiten signifikant voneinander unterscheiden (Tabelle 7.2).

Zahl	f_{oi}	f_{ei}	$\frac{(f_{oi}-f_{ei})^2}{f_{e_i}}$
50	123	99	5,818
46	75	99	5,818
Summe	198	198	11,636

Tabelle 7.2: Ziehungshäufigkeiten zweier Lottozahlen

Die Prüfgröße $\chi^2 = 11{,}636$ ist bei $df = 2 - 1 = 1$ Freiheitsgraden ein höchst signifikanter Wert ($p < 0{,}001$). Da sich also die beiden Ziehungshäufigkeiten der Zahlen 50 und 46 höchst signifikant voneinander unterscheiden, könnte man auf ein nichtkorrektes Ziehungsverfahren schließen.

Dieses Vorgehen aber, aus den gegebenen Ziehungshäufigkeiten aller 50 Zahlen die beiden mit maximaler und minimaler Häufigkeit herauszufischen und dann einem Signifikanztest zu unterziehen, ist natürlich nicht erlaubt. Es hätte die komplette Häufigkeitsverteilung aller 50 Zahlen getestet werden müssen. Hier ergeben sich, das sei verraten, bei weitem keine signifikanten Unterschiede.

7.2 Verteilung nach Verhältniszahlen

Eine Variante des eindimensionalen Chi-Quadrat-Tests entsteht, wenn die erwarteten Häufigkeiten nicht als gleich vorausgesetzt werden können, sondern vorgegebenen Verhältniszahlen folgen.

Ein Spielbankbesucher hat an einem bestimmten Tisch 194 Spiele beobachtet. Dabei hat er festgestellt, dass 101-mal Rouge gewann, 84-mal Noir und 9-mal Zero. Möchte man testen, ob sich diese Anzahlen signifikant voneinander unterscheiden, muss man berücksichtigen, dass sich die erwarteten Häufigkeiten nicht wie $1 : 1 : 1$, sondern wie $18 : 18 : 1$ verhalten. Dies führt zu einer etwas modifizierten Chi-Quadrat-Berechnung (Tabelle 7.3).

Ergebnis	f_{oi}	v_i	f_{ei}	$\frac{(f_{oi}-f_{ei})^2}{f_{e_i}}$
Rouge	101	18	94,4	0,461
Noir	84	18	94,4	1,146
Zero	9	1	5,2	2,777
Summe	194	37	194,0	4,384

Tabelle 7.3: Chi-Quadrat-Test bei vorgegebenen Verhältniszahlen

Bezeichnet man die Verhältniszahlen mit v_i und deren Summe mit v, so berechnen sich die erwarteten Häufigkeiten zu

$$f_{e_i} = \frac{n \cdot v_i}{v} \qquad i = 1, \ldots, k$$

Es darf Sie nicht stören, dass die erwarteten Häufigkeiten, da es sich um einen berechneten Wert handelt, Nachkommastellen beinhalten.

Die ermittelte Testgröße $\chi^2 = 4{,}384$ ist bei $3 - 1 = 2$ Freiheitsgraden nicht signifikant. Es besteht also kein Anlass, an der Korrektheit des Roulettetischs zu zweifeln.

Die Erweiterung des eindimensionalen Chi-Quadrat-Tests auf den zweidimensionalen Fall, der Chi-Quadrat-Mehrfeldertest, wird in Kapitel 12.1 vorgestellt.

7.3 Normalverteilung

Die Normalverteilung (siehe Abschnitt 4.3.1) spielt in der Statistik eine entscheidende Rolle. Je nachdem, ob eine Normalverteilung der Werte vorliegt oder nicht, sind gegebenenfalls verschiedene analytische Tests durchzuführen. Die häufigste Situation dürfte der Vergleich zweier Stichproben sein, der bei Normalverteilung mit dem klassischen t-Test nach Student und bei nicht-gegebener Normalverteilung mit dem U-Test nach Mann und Whitney durchgeführt wird (siehe Kapitel 10.1).

Vor der Anwendung eines statistischen Tests, der eine Normalverteilung der Werte voraussetzt, ist diese also zunächst zu überprüfen. Hierzu werden mit dem Chi-Quadrat-Test und dem Kolmogorov-Smirnov-Test zwei Tests vorgestellt, von denen der Chi-Quadrat-Test nur für größere und der Kolmogorov-Smirnov-Test auch insbesondere für kleinere Fallzahlen geeignet ist.

7.3.1 Chi-Quadrat-Test

Das Prinzip dieses Tests ist es, dass die Werte der zu überprüfenden Variable in Klassen eingeteilt und dann die beobachteten Klassenhäufigkeiten mit den unter Normalverteilung zu erwartenden verglichen werden. Hierfür bietet sich der Chi-Quadrat-Test an.

Als Beispiel sollen die Körpergewichtsangaben von 196 Patienten einer Klinik dienen (Textdatei gewicht.txt, SPSS-Datei gewicht.sav). Ein Histogramm hat das in Abbildung 7.1 wiedergegebene Aussehen.

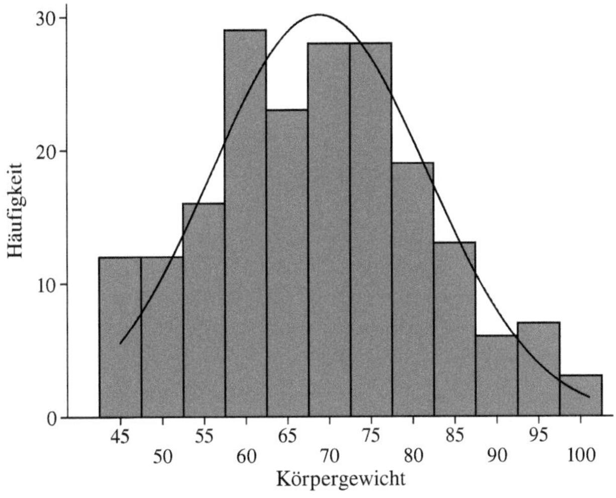

Abbildung 7.1: Verteilung von Körpergewichten

Die Verteilung wirkt leicht linksschief, so dass es sich empfiehlt, die Verteilung mit einem geeigneten Test auf Normalverteilung zu überprüfen. Dazu werden zunächst Mittelwert $\overline{x}$ und Standardabweichung s berechnet:

$$\overline{x} = 68{,}8 \quad s = 13{,}0$$

Die beim Chi-Quadrat-Test auszuführenden Schritte sind in Tabelle 7.4 zusammengestellt. Die erwarteten Häufigkeiten f_e werden auf eine Dezimalzahl gerundet dargestellt, die Summe ist jedoch mit den exakten Häufigkeiten berechnet worden.

Klasse		f_o	z	$\Phi(z)$	FD	f_e	$\frac{(f_o-f_e)^2}{f_e}$
≤ 47	47,5	12	−1,64	0,051	0,051	10,0	0,402
48–52	52,5	12	−1,25	0,106	0,055	10,8	0,138
53–57	57,5	16	−0,87	0,192	0,086	16,9	0,043
58–62	62,5	29	−0,48	0,316	0,124	24,3	0,907
63–67	67,5	23	−0,10	0,460	0,144	28,2	0,967
68–72	72,5	28	0,28	0,610	0,150	29,4	0,067
73–77	77,5	28	0,67	0,749	0,139	27,2	0,021
78–82	82,5	19	1,05	0,853	0,104	20,4	0,094
83–87	87,5	13	1,44	0,925	0,072	14,1	0,088
88–92	92,5	6	1,82	0,966	0,041	8,0	0,516
93–97	97,5	7	2,21	0,986	0,020	3,9	2,420
> 97		3		1,000	0,014	2,7	0,040
Summe		196			1,000	196,0	5,703

Tabelle 7.4: Rechenschritte zum Chi-Quadrat-Test

Die erste Spalte gibt die Klasseneinteilung (der Breite 5) an, in der zweiten Spalte sind die Klassenenden aufgeführt. In der dritten Spalte ist die *beobachtete Häufigkeit* f_o in der betreffenden Klasse eingetragen. Die vierte Spalte enthält den zum jeweiligen Klassenende gehörigen z-Wert gemäß der z-Transformation (siehe Abschnitt 4.3.1).

$$z = \frac{x - \overline{x}}{s}$$

In der ersten Klasse zum Beispiel ergibt sich

$$z = \frac{47{,}5 - 68{,}8}{13} = -1{,}64$$

Es folgt der zu diesem z-Wert gehörende $\Phi(z)$-Wert aus der z-Tabelle. Dieser gibt das Flächenstück unter der Standardnormalverteilungskurve von $-\infty$ bis z an. In der mit FD (Flächendifferenz) bezeichneten Spalte ist die Differenz zum vorhergehenden Flächenstück angegeben. Diese Fläche bestimmt den relativen Anteil der Gesamthäufigkeit n, der auf die betreffende Klasse entfällt. Die *erwartete Häufigkeit* f_e in der betreffenden Klasse berechnet sich daraus wie folgt:

$$f_e = FD \cdot n$$

Diese erwartete Häufigkeit ist, da es sich um einen theoretischen Wert handelt, mit einer Nachkommastelle angegeben.

Zum Beispiel ergibt sich in der ersten Klasse

$$f_e = 0{,}051 \cdot 196 = 10{,}0$$

Die letzte Spalte schließlich enthält die *standardisierten quadrierten Residuen*

$$\frac{(f_o - f_e)^2}{f_e}$$

Die Aufsummierung dieser standardisierten quadrierten Residuen über alle Klassen ergibt die Prüfgröße χ^2:

$$\chi^2 = \sum \frac{(f_o - f_e)^2}{f_e}$$

Diese Prüfgröße ist χ^2-verteilt mit

$$df = k - 3$$

Freiheitsgraden, wobei k die Anzahl der Klassen ist. Die Anzahl Freiheitsgrade ergibt sich im Allgemeinen aus $k-1-$Anzahl aus den Daten geschätzten Parametern. Somit ist die Anzahl Freiheitsgrade hier nicht $k-1$ sondern $k-1-2 = k-3$, da zwei Parameter, der Mittelwert μ mit $\overline{x}$ und die Standardabweichung σ mit s aus den Daten geschätzt wurden. Im vorliegenden Beispiel ergibt sich

$$\chi^2 = 5{,}703 \quad df = 12 - 3 = 9$$

Wie die χ^2-Tabelle ausweist, ist dies bei 9 Freiheitsgraden eine nicht-signifikante Prüfgröße. Dies bedeutet, dass sich die gegebene Verteilung nicht signifikant von einer Normalverteilung unterscheidet (die kritische Prüfgröße zum 95%-Niveau von 16,9 wird nicht überschritten). Die Variable „Körpergewicht" kann also als normalverteilt angesehen werden.

7.3.2 Kolmogorov-Smirnov-Test

Der Nachteil des Chi-Quadrat-Tests zur Überprüfung auf Normalverteilung ist, dass die Werte in Klassen eingeteilt werden müssen. Daher eignet sich dieser Test nur für recht große Fallzahlen. Für kleinere Fallzahlen bietet sich der Kolmogorov-Smirnov-Test an.

Es mögen acht Zeitangaben (in Minuten) vorliegen, die auf Normalverteilung geprüft werden sollen:

200, 198, 390, 215, 171, 160, 150, 224

Bei solch kleinen Fallzahlen ist eine signifikante Abweichung von der Normalverteilung recht selten; die Werte müssen sich sozusagen schon ziemlich „anstrengen", um nicht normalverteilt zu sein. So enthält das vorliegende Beispiel mit 390 einen Ausreißerwert, der die Normalverteilung aber, wie wir sehen werden, nicht entscheidend stören kann.

Zunächst müssen die Werte in eine aufsteigende Reihenfolge gebracht werden. Dies ist in Tabelle 7.5 geschehen, die zudem noch die Ergebnisse der einzelnen Rechenschritte enthält.

x	z	$\Phi(z)$	$f = \frac{i}{n}$	$\lvert\Phi(z) - f\rvert$
150	−0,84	0,200	0,125	0,075
160	−0,70	0,242	0,250	0,008
171	−0,56	0,288	0,375	0,087
198	−0,20	0,421	0,500	0,079
200	−0,18	0,429	0,625	0,196
215	0,02	0,508	0,750	0,242
224	0,14	0,556	0,875	0,319
390	2,32	0,990	1,000	0,010

Tabelle 7.5: Rechenschritte zum Kolmogorov-Smirnov-Test

Die ersten drei Spalten enthalten der Reihe nach die zu testenden Werte, die zugehörigen z-Werte und die gemäß der z-Tabelle ermittelten Flächenstücke unter der Normalverteilungskurve $\Phi(z)$. Diese sollten bei idealer Normalverteilung gleiche Abstände haben, so wie sie in der nächsten Spalte durch Division mit der Fallzahl n

$$f = \frac{i}{n} \quad i = 1, \ldots, n$$

erzeugt wurden. Die letzte Spalte enthält die absolute Differenz zwischen Φ und f:

$$d = \mid \Phi(z) - f \mid$$

Das Maximum dieser Differenzen

$$a = Maximum \mid \Phi(z) - f \mid$$

ist die Prüfgröße beim Kolmogorov-Smirnov-Test. Diese muss den bei der betreffenden Fallzahl n tabellierten Grenzwert (siehe Tabelle 9 im Anhang) überschreiten, damit eine signifikante Abweichung von der Normalverteilung vorliegt.

In dieser Tabelle sind die Grenzwerte bis zu einer Fallzahl von $n = 35$ aufgeführt. Bei Fallzahlen über 35 wird der Grenzwert durch

$$\frac{1{,}358}{\sqrt{n}}$$

festgelegt. Wesentlich strenger allerdings ist eine Variante von Lilliefors, der für Stichprobenumfänge > 30 den Grenzwert

$$\frac{0{,}886}{\sqrt{n}}$$

vorschlug.

Im vorliegenden Beispiel ($n = 8$) ist $a = 0{,}319$, was den betreffenden kritischen Wert von 0,454 nicht überschreitet. Die gegebenen Werte können daher als normalverteilt angesehen werden.

Trotzdem ist es bei Auftreten von solchen Ausreißerwerten meist empfehlenswert, in statistischen Analysen solche Methoden zu verwenden, die keine Normalverteilung voraussetzen.

ZUSAMMENFASSUNG

- Die Überprüfung von intervallskalierten Variablen auf Normalverteilung kann bei großen Fallzahlen mit dem Chi-Quadrat-Test, bei kleineren Fallzahlen mit dem Kolmogorov-Smirnov-Test erfolgen.
- Die Überprüfung von kategorialen Daten auf Gleichverteilung oder darauf, ob ihre Verteilung vorgegebenen Verhältniszahlen folgt, geschieht mit dem Chi-Quadrat-Test.

7.4 Übungen

Die App zu Kapitel 7 (und 8) beinhaltet eine kurze Repetition und Aufgaben zum χ^2-Anpassungstest. Sie findet sich unter *https://pearson-dach.shinyapps.io/imklartext_kap0708/*. Fokussieren Sie sich dabei vor allem auf das Testen mit R. Zusätzlich zu den nachstehenden Aufgaben prüfen wir in der App die EuroMillions-Zahlen der letzten 1 302 Ziehungen auf Gleichverteilung.

QR-Code zum Einstieg in R und zum Kapitel 7 und 8

1. Zwei Tennisspieler traten 25-mal gegeneinander an, wobei der Spieler A 15-mal, der Spieler B 10-mal siegte. A meint, dies zeige, dass er stärker sei, während B einwendet, dies sei kein signifikantes Ergebnis. Wer hat Recht?
2. Amalie, Berta und Christiane arbeiten seit fünf, sieben bzw. zwölf Jahren bei einer Firma. Amalie hatte dabei 45 Krankheitstage, Berta 97 und Christiane 130. Unterschieden sich die drei Arbeiterinnen signifikant bezüglich ihrer Krankheitstage?
3. Überprüfen Sie mit dem Kolmogorov-Smirnov-Test, ob die folgenden Werte einer Normalverteilung entstammen können und falls ja, welcher?

   (a) 179, 162, 176, 62, 184

   (b) falls der letzte Wert nicht 184 sondern 1 840 ist.
4. Die Zahl der Brandfälle in einer Stadt während einer gewissen Periode verteile sich wie folgt über die Wochentage von Montag bis Sonntag:

   35, 34, 32, 33, 45, 50, 51

   Testen Sie die Behauptung, die Brandfälle seien über die Woche gleichverteilt.

Übersicht über statistische Tests

8

ÜBERBLICK

LERNZIELE

- Der t-Test für eine Stichprobe
- Der χ^2-Test für eine Stichprobe
- Allgemeines über die Beziehungen zwischen zwei Variablen
- Übersicht über Tests auf signifikante Unterschiede

8.1 Der *t*-Test für eine Stichprobe

Im Kapitel 5 haben wir den t-Test für eine Stichprobe noch wenig formal eingeführt. Als Einstieg in das Testen mit mehreren Stichproben soll hier nun der Mittelwert-t-Test für eine Stichprobe erläutert werden.

In einer Zufallsstichprobe mit $n = 20$ Personen hat man folgende Körpergewichte erhoben:

Person i	1	2	3	4	5	6	7	8	9	10
Gewicht x_i	34	44	45	47	50	50	53	56	56	58
Person i	11	12	13	14	15	16	17	18	19	20
Gewicht x_i	58	62	66	67	69	76	78	80	86	94

Aus früheren Untersuchungen schätzt man das Populationsmittel der Körpergewichte auf $\mu = 69\,\text{kg}$. Mit einem 1-Stichproben-t-Test gilt es nun zu überprüfen, ob die Stichprobe mit der Behauptung $\mu = 69\,\text{kg}$ vereinbar ist.

Schritt 1: Aufstellen der Null- und Alternativ-Hypothese

Die Nullhypothese ist die zu testende Behauptung, sie lautet:

$$H_0: \quad \mu = 69$$

Die Alternativhypothese stellt immer das Gegenteil der Nullhypothese dar, sie lautet:

$$H_A: \quad \mu \neq 69$$

Schritt 2: Wahl des Signifikanzniveaus $1 - \alpha$

Der Nullhypothese H_0 wird häufig eines der folgendes Signifikanzniveaus zugewiesen: $1 - \alpha = 90\,\%, 95\,\%, 99\,\%$. Die Restwahrscheinlichkeit von $\alpha = 10\,\%, 5\,\%, 1\,\%$ wird dann der Alternativhypothese H_A zugewiesen. Falls nichts anderes spezifiziert wird, testet man am häufigsten auf dem $1 - \alpha = 95\,\%$ Signifikanzniveau.

Somit:

$$H_0: \quad \mu = 69, 1 - \alpha = 95\,\%$$
$$H_A: \quad \mu \neq 69, \alpha = 5\,\%$$

Oft werden die Schritte 1 und 2 gleich zusammen ausgeführt.

Schritt 3: Berechnen der Test-Statistik

Die Test-Statistik prüft, wie weit der erhobene Parameter, hier der Stichprobenmittelwert $\overline{x}$, vom hypothetischen Wert unter H_0 entfernt ist, also von $\mu = 69$. Die Test-Statistik lautet:

$$t = \frac{\overline{x} - \mu}{\frac{s}{\sqrt{n}}}$$

Wie erwähnt drückt der Zähler des Bruchs die Entfernung zwischen dem hypothetischen und dem erhobenen Parameter aus, skaliert wird diese Distanz mit dem Nenner, dem Standardfehler des Stichprobenmittels. Die Test-Statistik ist t verteilt mit $df = n - 1$ Freiheitsgraden, wir erhalten:

$$t = \frac{61{,}45 - 69}{\frac{15{,}48}{\sqrt{20}}} = -2{,}181$$

Schritt 4: Konstruktion des Annahme- und Verwerfungsbereichs von H_0

Die t-Statistik ist t-verteilt mit $df = n - 1 = 19$ Freiheitsgraden. Da die Alternativhypothese H_A **beidseitig** (ungleich) formuliert wurde, ist die Wahrscheinlichkeitsmasse $\alpha = 5\,\%$ auf **beide Enden** der Verteilung zu legen.

- Der Verwerfungsbereich befindet sich im oberen und unteren Ende der Verteilung (beim 2,5%- bzw. 97,5%-Quantil der Verteilung).
- Die Verteilung hat $df = 19$ Freiheitsgrade, daher befinden sich die **kritischen Test-Statistiken** bei $t = \pm 2{,}093$. Diese sind mit einem Kreuz in Abbildung 8.1 markiert und trennen den Verwerfungsbereich vom Annahmebereich von H_0.
- Unter perfekter Übereinstimmung der Stichprobe mit der Nullhypothese würde die t-Statistik 0 lauten. Daher befindet man sich im Annahmebereich von H_0, so

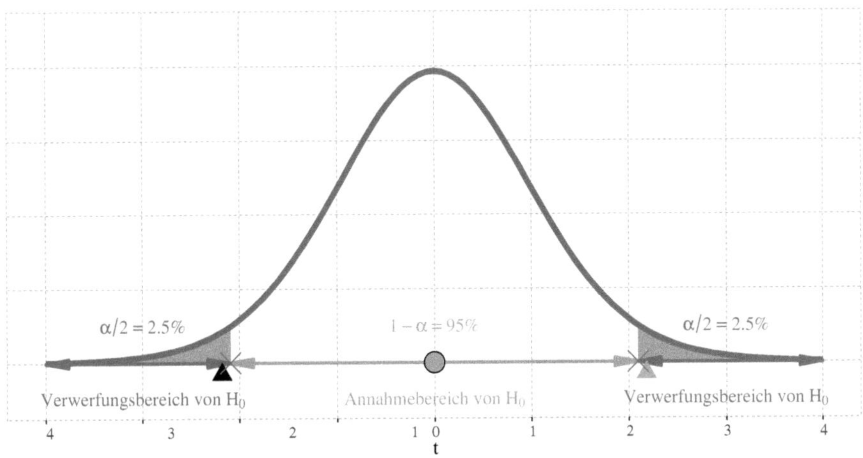

Abbildung 8.1: Konstruktion von Annahme und Verwerfungsbereich, Einzeichnen der kritischen Test-Statistik und der Test-Statistik

lange die t-Statistik ‚relativ' nahe bei 0 ist (hier eine beidseitige Wahrscheinlichkeitsmasse von $1-\alpha = 95\,\%$).

- Die Test-Statistik von $t = -2{,}181$ fällt offensichtlich in den **Verwerfungsbereich** von H_0.

Schritt 5: Test-Entscheid

Da die Test-Statistik in den **Verwerfungsbereich** von H_0 fällt, wird H_0 verworfen. Die Stichprobe lässt auf dem 95%-Niveau den Rückschluss $\mu = 69$ **nicht** zu.

Rechnen mit R

Folgender **R**-Code rechnet einen 1-Stichproben-t-Test:

```
rm(list=ls())

x<-c(34,44,45,47,50,50,53,56,56,58,58,62,66,67,69,76,78,80,86,94)
df <- data.frame(gewicht=x)

t.test(df$gewicht,mu=69,conf.level = 0.95,alternative = "two.sided")
```

Der Output liest sich wie folgt:

```
One Sample t-test

data:  df$gewicht
t = -2.1807, df = 19, p-value = 0.04198
alternative hypothesis: true mean is not equal to 69
95 percent confidence interval:
 54.20357 68.69643
sample estimates:
mean of x
    61.45
```

Im **R**-Code wird nur der Vollständigkeit halber ein dataframe erzeugt, man könnte ebenso nur mit Vektoren arbeiten. Im Output erhält man die Test-Statistik und das Vertrauensintervall für den Populationsmittelwert μ.

Zusätzlich erhält man einen p-Wert, welcher sich auf $p = 4{,}20\,\%$ beläuft. Der p-Wert ist die Wahrscheinlichkeit, noch weiter weg von der Nullhypothese zu sein, als dass man es ohnehin schon ist. Somit ist der p-Wert die Fläche hinter der eingezeichneten Test-Statistik (die beiden Dreiecke in obiger Grafik). Da der p-Wert kleiner als $\alpha = 5\,\%$ ist, wird die Nullhypothese H_0 verworfen. Hätten wir auf dem $1-\alpha = 99\,\%$-Niveau getestet, so wäre der p-Wert nicht kleiner $\alpha = 1\,\%$ und H_0 könnte nicht verworfen werden.

Wir wiederholen nun noch einmal sämtliche Testschritte und überlegen uns das Vorgehen für einen **einseitigen** Test. Die **kritische Test-Statistik**, welche Annahme- und Verwerfungsbereich trennt, lautet: $t = -1{,}729$.

Einseitiges Testen

Schritte 1 und 2

$$H_0: \quad \mu \geq 69, 1 - \alpha = 95\,\%$$
$$H_A: \quad \mu < 69, \alpha = 5\,\%$$

Da der Stichprobenmittelwert $\overline{x} = 61{,}45\,\text{kg}$ unter dem hypothetischen Wert H_0 liegt, vermuten wir unter H_A, dass der wahre Populationsmittelwert nicht ‚nur' ungleich sondern signifikant kleiner als 69 ist.

Schritt 3: Test-Statistik

$$t = \frac{61{,}45 - 69}{\frac{15{,}48}{\sqrt{20}}} = -2{,}181$$

Schritt 4: Konstruktion des Annahme- und des Verwerfungsbereichs von H_0

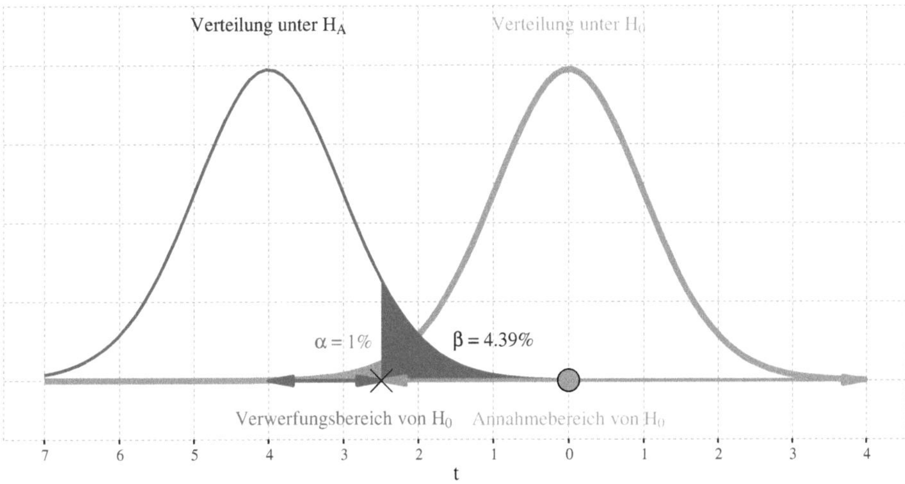

Abbildung 8.2: Konstruktion von Annahme und Verwerfungsbereich, Einzeichnen der kritischen Test-Statistik und der Test-Statistik

Der Verwerfungsbereich von H_0 befindet sich nun **einseitig unten**, da die Alternativhypothese so formuliert wurde.

Schritt 5: Test-Entscheid

Da die Test-Statistik in den **Verwerfungsbereich** von H_0 fällt, wird H_0 verworfen. Die Stichprobe lässt auf dem 95%-Niveau den Rückschluss $\mu = 69$ **nicht** zu.

Rechnen mit R

Folgender **R**-Code rechnet einen **einseitigen** 1-Stichproben-t-Test:

```


rm(list=ls())

x<-c(34,44,45,47,50,50,53,56,56,58,58,62,66,67,69,76,78,80,86,94)
df <- data.frame(gewicht=x)

t.test(df$gewicht,mu=69,conf.level = 0.95,alternative = "less")
```

Der Output liest sich wie folgt:

```
One Sample t-test


data:  df$gewicht
t = -2.1807, df = 19, p-value = 0.02099
alternative hypothesis: true mean is less than 69
95 percent confidence interval:
     -Inf 67.43657
sample estimates:
mean of x
    61.45
```

Auffallend ist nun, dass der p-Wert nur noch **halb** so groß ist. Da einseitig getestet wurde, ist der p-Wert wiederum die Fläche hinter der Test-Statistik, aber nun einseitig. Da der p-Wert wiederum kleiner als $\alpha = 5\%$ ist, wird H_0 verworfen. Ein einseitiger Test verwirft die Nullhypothese eher, es ist im Zweifelsfall daher beidseitig zu testen.

8.2 Der χ^2-Test für eine Stichprobe

Hier soll ein 1-Stichproben-Test für Populationsstreuungen σ bzw. -varianzen σ^2 gezeigt werden. Wir formulieren einen Test gleich anhand des vorherigen Beispiels und wollen prüfen, ob die Stichprobenstreuung von $s = 15{,}48$ mit der Behauptung hinsichtlich der Grundgesamtheit $H_0 : \sigma = 20$ vereinbar ist.

Schritte 1 und 2

$$H_0\colon \quad \sigma = 20, 1 - \alpha = 95\,\%$$
$$H_A\colon \quad \sigma \neq 20, \alpha = 5\,\%$$

Schritt 3: Test-Statistik

Die Test-Statistik lautet:

$$\chi^2 = \frac{(n-1) \cdot s^2}{\sigma^2}$$

Diese ist offensichtlich χ^2 verteilt mit d$f = n - 1$ Freiheitsgraden. Wir erhalten:

$$\chi^2 = \frac{(20-1) \cdot 15{,}48^2}{20^2} = 11{,}39$$

Würde der Stichprobenwert s **perfekt** zum hypothetischen Wert $\sigma = 20$ passen, so würde die Testgröße $\chi^2 = n - 1 = 19$ betragen, was gerade dem Mittelwert einer χ^2-Verteilung mit $df = 19$ entspricht. Die Frage ist nun, ob der berechnete Testwert zu weit von diesem Wert entfernt ist.

Schritt 4: Konstruktion des Annahme- und des Verwerfungsbereichs von H_0

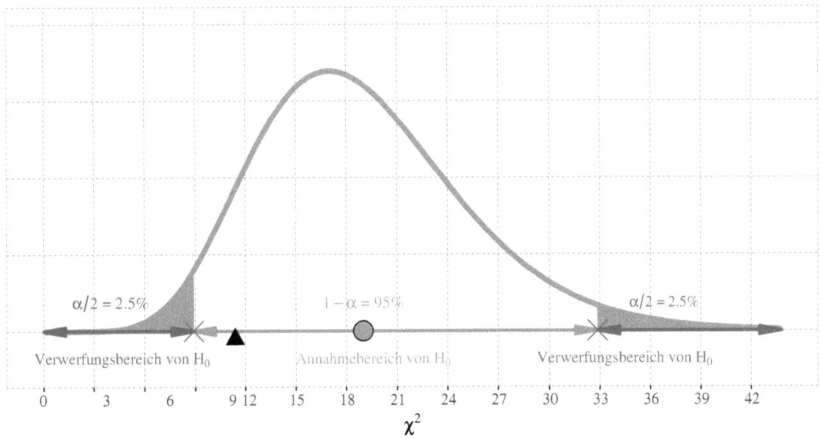

Abbildung 8.3: Konstruktion von Annahme und Verwerfungsbereich, Einzeichnen der kritischen Test-Statistik und der Test-Statistik

Die **kritischen** Test-Statistiken trennen wiederum Verwerfungs- vom Annahmebereich. Sie lauten: $\chi_1^2 = 8{,}91$ und $\chi_2^2 = 32{,}85$ (die χ^2-Verteilung ist nicht symmetrisch). Wiederum markieren die beiden Kreuze in der Grafik die erwähnten Quantile. Die Test-Statistik selbst wird mit einem schwarzen Dreieck eingezeichnet. Analog zum t-Test testen wir zwar beidseitig, zeichnen die gespiegelte Test-Statistik nach oben aber nicht mehr ein, da die Verteilung nicht symmetrisch ist. Als p-Wert würden wir wiederum die zweifache Fläche hinter dieser Test-Statistik nehmen.

Schritt 5: Test-Entscheid

Da die Test-Statistik in den **Annahmebereich** von H_0 fällt, wird H_0 beibehalten. Die Stichprobe lässt auf dem 95%-Niveau den Rückschluss $\sigma = 20$ **zu**.

Rechnen mit R

Mit dem Paket EnvStats kann der Test durchgeführt werden.

```


rm(list=ls())

library(EnvStats)

x<-c(34,44,45,47,50,50,53,56,56,58,58,62,66,67,69,76,78,80,86,94)
df <- data.frame(gewicht=x)

varTest(df$gewicht,sigma.squared = 20^2,conf.level = 0.95, \
    alternative
= "two.sided")
```

Wichtig bei dem Kommando varTest() ist die Spezifikation der **Varianz** unter H_0 (sigma.squared = 20^2).

Als Output erhält man:

```
Chi-Squared Test on Variance


data:  df$gewicht
Chi-Squared = 11.387, df = 19, p-value = 0.1798
alternative hypothesis: true variance is not equal to 400
95 percent confidence interval:
 138.6492 511.4177
sample estimates:
variance
239.7342
```

Der p-Wert liegt über $\alpha = 5\%$, das heißt, die Nullhypothese $H_0 : \sigma = 20$ wird beibehalten. Um das Vertrauensintervall für σ abzulesen, ist zusätzlich die Wurzel zu ziehen, daher lautet dieses:

$$11{,}77 \leq \sigma \leq 22{,}61$$

App für 1-Stichproben-Tests

QR-Code zum Einstieg in R und zu Kapitel 7 und 8

Die App zu Kapitel 8 stellt vor allem eine vertiefende Repetition hinsichtlich des Kolmogorov-Tests, des 1-Stichproben-t-Tests und des 1-Stichproben-χ^2-Tests dar. Sie findet sich unter *https://pearson-dach.shinyapps.io/imklartext_kap0708/*. Üben Sie hier noch einmal vertieft die Durchführung der vorgestellten Tests. Ebenfalls erhalten Sie wiederum einen Übungsgenerator zum Erzeugen von Übungen.

8.3 Allgemeines über die Beziehungen zwischen zwei Variablen

Die häufigste Testsituation in der analytischen Statistik dürfte diejenige sein, dass man Beziehungen zwischen zwei Variablen untersuchen möchte. Je nach Skalenniveau der beteiligten Variablen und je nachdem, ob bei intervallskalierten Variablen Normalverteilung vorliegt oder nicht, gelangen hierbei unterschiedliche Tests zur Anwendung.

Sieht man von dem Fall ab, dass beide Variablen nominalskaliert mit mehr als zwei Kategorien sind, wo die Beziehung zwischen beiden Variablen in Form einer Kreuztabelle herzustellen ist (siehe Kapitel 12), gibt es prinzipiell zwei Ansatzmöglichkeiten, um eine Beziehung zwischen zwei Variablen aufzudecken.

- Eine der beiden Variablen wird als Gruppierungsvariable verwendet. Die entstehenden Gruppen werden dann bezüglich des Mittelwerts oder des Medians der anderen Variable auf signifikante Unterschiede getestet (siehe Abschnitt 9.1 und 9.2). Die Gruppierungsvariable muss dabei nominalskaliert oder ordinalskaliert sein und eher wenige Kategorien ausweisen.
- Der Zusammenhang der beiden Variablen wird mithilfe eines Korrelationskoeffizienten (siehe Kapitel 11) beschrieben, der mit einem Betrag zwischen 0 und 1 angibt, wie stark die Aussage „je größer die eine Variable, desto größer die andere" bzw. „je größer die eine Variable, desto kleiner die andere" zutrifft. Diese Methode kommt zum Beispiel zum Einsatz, wenn beide Variablen intervallskaliert sind.

Einige Beispiele sollen dies verdeutlichen. Innerhalb einer Befragung von Krankenpflegepersonal an einer Klinik wurde ein Score entwickelt, der den Grad der emotionalen Erschöpfung wiedergeben sollte. Die Werte sind zusammen mit der Angabe des Geschlechts (1 = männlich, 2 = weiblich) in der Datei ee.txt (SPSS-Variante ee.sav) enthalten. Die Scorewerte erweisen sich nach Prüfung mit dem Kolmogorov-Smirnov-Test als normalverteilt.

Wenn wir untersuchen wollen, wie der Score der emotionalen Erschöpfung vom Geschlecht abhängt, besteht eine Möglichkeit darin, dass wir für beide Kategorien des Geschlechts den Mittelwert des Scores bestimmen und dann diese beiden Mittelwerte mithilfe des *t*-Tests nach Student (siehe Abschnitt 9.1) auf signifikanten Unterschied testen.

Geschlecht	Mittelwert
männlich	23,08
weiblich	17,71

Tabelle 8.1: Emotionale Erschöpfung und Geschlecht

Der *t*-Test liefert mit $p < 0{,}05$ ein signifikantes Ergebnis. Männliche Probanden haben also einen höheren mittleren Wert der emotionalen Erschöpfung.

Als zweite Möglichkeit kann auch die punktbiseriale Korrelation (siehe Kapitel 11.5) zwischen emotionaler Erschöpfung und Geschlecht berechnet werden. Diese liefert mit $r = 0{,}216$ einen zwar signifikanten, aber nur geringen Zusammenhang.

Welche der beiden Vorgehensweisen man vorzieht, ist sicherlich Geschmackssache. Vorteilhafter ist wohl die erstgenannte Variante, da sie durch die Angabe der beiden Mittelwerte (im Falle fehlender Normalverteilung durch die Angabe der beiden Mediane) den Unterschied zwischen beiden Gruppen deutlicher macht als durch die Angabe des bloßen Korrelationskoeffizienten.

In einem zweiten Beispiel gibt es sogar drei Möglichkeiten, eine Beziehung zwischen zwei Variablen zu beschreiben. Im Freiburger Fragebogen zur Krankheitsverarbeitung werden 35 Strategien für den Umgang mit Krankheiten aufgeführt. Auf einer Fünfer-Skala von 1 (gar nicht) bis 5 (stark) soll der Patient angeben, wie intensiv er die jeweilige Strategie verfolgt. Tabelle 8.2 gibt in Form einer „Kreuztabelle" (siehe Kapitel 12) an, inwieweit, abhängig vom Schulabschluss, die Strategie „Einen Plan machen und danach handeln" verfolgt wird.

Schulbildung	Einen Plan machen und danach handeln				
	gar nicht (1)	wenig (2)	mittel (3)	ziemlich (4)	stark (5)
Hauptschule	9	7	6	4	1
	33,3 %	25,9 %	22,2 %	14,8 %	3,7 %
Mittlere Reife	2	8	6	8	4
	7,1 %	28,6 %	21,4 %	28,6 %	14,3 %
Abitur	1	3	7	8	9
	3,6 %	10,7 %	25,0 %	28,6 %	32,1 %

Tabelle 8.2: Schulbildung und Krankheitsverarbeitung

Neben den Häufigkeiten sind auch die auf die jeweiligen Zeilensummen bezogenen Prozentwerte aufgeführt. Zum Beispiel machen nur 3,7 % der Hauptschüler starken Gebrauch von der Strategie „Einen Plan machen und danach handeln", aber 32,1 % der Abiturienten. Zur Überprüfung der Unterschiede der Häufigkeitsverteilungen zwischen den verschiedenen Schulabschlüssen liefert der Chi-Quadrat-Wert mit $p < 0{,}01$ ein sehr signifikantes Ergebnis.

In einer zweiten Variante könnte man die Schulbildung als Gruppierungsvariable benutzen und in den drei Gruppen den Median der ordinalskalierten Variable „Plan machen" bestimmen, wobei die Medianformel für gehäufte Daten (siehe Abschnitt 2.4.3) zur Anwendung kommt. Heraus kommt das in Tabelle 8.3 dargestellte Ergebnis.

Schulbildung	Median
Hauptschule	2,14
mittlere Reife	3,17
Abitur	3,88

Tabelle 8.3: Schulbildung und Plan machen (Mediane)

Diese Mediane können dann mit dem H-Test nach Kruskal und Wallis (siehe Kapitel 10.3) auf signifikanten Unterschied getestet werden. Dieser liefert mit $p < 0{,}001$ ein höchst signifikantes Ergebnis.

In der dritten Variante kann zwischen den beiden ordinalskalierten Variablen Schulbildung und „Plan machen" der Rangkorrelationskoeffizient nach Spearman (siehe Kapitel 11.2) bestimmt werden. Dieser liefert mit $r = 0{,}448$ einen höchst signifikanten Wert ($p < 0{,}001$).

Sie haben also in vielen Fällen mehrere Möglichkeiten, Zusammenhänge zwischen zwei Variablen aufzuzeigen. Im letzten Beispiel dürfte es empfehlenswert sein, zunächst den Korrelationskoeffizienten anzugeben und daneben zur weiteren Veranschaulichung entweder die Kreuztabelle oder die Mediane.

Bevor die je nach Skalenniveau und Verteilungsform (normalverteilt bzw. nicht normalverteilt) der beteiligten Variablen in Frage kommenden Tests aufgezeigt werden, seien in Tabelle 8.4 noch einmal die fünf Stufen in Erinnerung gebracht, nach denen sich Variablen einteilen lassen (siehe Abschnitt 4.4).

Stufe	Skalenniveau
1	nominalskaliert mit mehr als zwei Kategorien
2	nominalskaliert mit zwei Kategorien
3	ordinalskaliert
4	intervallskaliert und nicht normalverteilt
5	intervallskaliert und normalverteilt

Tabelle 8.4: Variablenklassifikation

Die bei den einzelnen Stufenkombinationen in Frage kommenden Tests sind im Folgenden zusammengestellt. Dabei sind redundante Kombinationen weggelassen.

Stufenkombination	Test
1 mit 1	Kreuztabelle mit Chi-Quadrat-Test
1 mit 2	Kreuztabelle mit Chi-Quadrat-Test
1 mit 3	Kreuztabelle mit Chi-Quadrat-Test
	H-Test nach Kruskal und Wallis
1 mit 4	*H*-Test nach Kruskal und Wallis
1 mit 5	einfaktorielle Varianzanalyse
2 mit 2	Kreuztabelle mit Chi-Quadrat-Vierfeldertest
	Exakter Test nach Fisher und Yates
	Vierfelderkorrelation
	Chi-Quadrat-Test nach McNemar *)
2 mit 3	Kreuztabelle mit Chi-Quadrat-Test
	U-Test nach Mann und Whitney
	Rangkorrelation nach Spearman
	Rangkorrelation nach Kendall
2 mit 4	*U*-Test nach Mann und Whitney
	Rangkorrelation nach Spearman
	Rangkorrelation nach Kendall
2 mit 5	*t*-Test nach Student
	punktbiseriale Korrelation
3 mit 3	Kreuztabelle mit Chi-Quadrat-Test
	H-Test nach Kruskal und Wallis
	Rangkorrelation nach Spearman
	Rangkorrelation nach Kendall
	Wilcoxon-Test *)

3 mit 4	*H*-Test nach Kruskal und Wallis
	Rangkorrelation nach Spearman
	Rangkorrelation nach Kendall
3 mit 5	einfaktorielle Varianzanalyse
	Rangkorrelation nach Spearman
	Rangkorrelation nach Kendall
4 mit 4	Rangkorrelation nach Spearman
	Rangkorrelation nach Kendall
	Wilcoxon-Test *)
4 mit 5	Rangkorrelation nach Spearman
	Rangkorrelation nach Kendall
	Wilcoxon-Test *)
5 mit 5	Produkt-Moment-Korrelation
	partielle Korrelation *)
	t-Test für abhängige Stichproben *)

Die mit *) bezeichneten Tests können nicht in allen Situationen durchgeführt werden bzw. sind nicht in allen Situationen sinnvoll. In den folgenden Kapiteln werden die einzelnen Verfahren vorgestellt.

8.4 Übersicht über Signifikanztests

Falls Sie Stichproben hinsichtlich ihrer Mittelwerte oder Mediane (allgemein: ihrer zentralen Tendenzen) vergleichen möchten, so gibt es drei Kriterien bzw. Unterscheidungsmöglichkeiten, die dabei relevant werden:

- unabhängige Stichproben — abhängige Stichproben
- Vergleich von zwei Stichproben — Vergleich von mehr als zwei Stichproben
- intervallskalierte und normalverteilte Werte — ordinalskalierte oder nicht-normalverteilte intervallskalierte Werte

Abhängigkeit von zwei Stichproben (wobei Entsprechendes auch bei mehr als zwei Stichproben gilt) bedeutet, dass jeweils ein Wertepaar aus beiden Stichproben sinnvoll und eindeutig einander zugeordnet werden kann. Dies ist zum Beispiel immer dann der Fall, wenn eine Variable bei dem gleichen Probanden unter zwei (oder mehreren) Bedingungen gemessen wurde.

Das klassische Beispiel von abhängigen Stichproben liegt vor, wenn eine Variable zu mehreren Zeitpunkten gemessen wurde. Dies ist im folgenden Beispiel der Fall, bei dem an zwei aufeinander folgenden Versuchstagen ein Konzentrationsleistungstest durchgeführt wurde. Die Werte der ersten fünf Probanden sind in Tabelle 8.5 enthalten.

Hier liegen zwei voneinander abhängige Stichproben vor, deren Werte sich probandenweise einander zuordnen lassen. Eine unmittelbare Folgerung der Abhängigkeit ist, dass voneinander abhängige Stichproben stets dieselbe Fallzahl haben.

Nicht immer muss die Abhängigkeit über zeitlich versetzte Messungen erfolgen. So können, um ein Beispiel aus der Medizin zu bemühen, etwa bei einer zahnmedizinischen Untersuchung bei jedem beteiligten Probanden an zwei verschiedenen Zähnen unterschiedliche Behandlungsmethoden getestet werden.

Proband	1. Versuchstag	2. Versuchstag
August	210	240
Berta	190	195
Christine	180	192
Dietrich	205	202
Emil	180	212

Tabelle 8.5: Zwei abhängige Stichproben

Unabhängige Stichproben liegen dann vor, wenn diese unterschiedliche Probanden (allgemein: Fälle) enthalten. In diesem Fall brauchen die Fallzahlen der beteiligten Stichproben nicht gleich zu sein.

Die zweite Unterscheidungsmöglichkeit bei der Anwendung eines Signifikanztests ist die Anzahl der verglichenen Stichproben. Im einfachsten und übersichtlichsten Fall werden zwei Stichproben miteinander verglichen. Ergibt sich ein signifikanter Unterschied, so ist unmittelbar klar, zwischen welchen beiden Stichproben dieser Unterschied besteht — es sind ja nur zwei Stichproben beteiligt.

Komplizierter wird es, wenn Sie mehrere Stichproben miteinander vergleichen wollen. Nehmen wir einmal an, Sie erproben acht verschiedene Methoden zur Gewichtsabnahme bei übergewichtigen Probanden. Sie bilden also acht verschiedene Gruppen entsprechender Versuchspersonen mit etwa gleichem mittlerem Ausgangsgewicht und stellen nach einem vorher festgelegten Zeitpunkt die Gewichtsabnahme fest.

Dabei könnten Sie so vorgehen, dass Sie alle Gruppen paarweise miteinander vergleichen. Bei k Gruppen ergibt dies

$$\frac{k \cdot (k-1)}{2}$$

Vergleiche, im gegebenen Beispiel von acht Gruppen also deren

$$\frac{8 \cdot 7}{2} = 28$$

Bedenkt man, dass auf dem Signifikanzniveau $p = 0{,}05$ von 100 Signifikanztests etwa deren 5 mit einem Fehler erster Art behaftet sind, so kann man annehmen, dass bei 28 Einzelvergleichen ein solcher Fehler zwei- bis dreimal auftreten wird. Erhalten Sie also hierbei eine Hand voll signifikanter Ergebnisse, werden Sie nicht unbedingt daraus schließen können, dass die untersuchten Methoden insgesamt unterschiedliche Ergebnisse liefern.

Um den geschilderten Effekt abzufangen, macht man im Falle mehrerer zu vergleichender Stichproben zunächst einen „globalen" Test über alle Stichproben. Nur in dem Fall, dass dieser Test ein signifikantes Ergebnis liefert, ist es dann erlaubt, unter Anwendung passender paarweiser Tests zu untersuchen, welche Stichproben sich im Einzelnen signifikant voneinander unterscheiden. Liegt Normalverteilung vor und hat man daher als globalen Test die einfaktorielle Varianzanalyse angewandt (s. Kapitel 13), so stehen hier anstelle des t-Tests passendere Tests zur Verfügung, die Zwischenergebnisse der Varianzanalyse benutzen.

Die dritte Unterscheidungsmöglichkeit resultiert daraus, ob die Werte der beteiligten Stichproben intervallskaliert und normalverteilt sind oder nicht; die Alternative sind entweder ordinalskalierte oder intervallskalierte, aber nicht normalverteilte

Werte. Im letzteren Fall wendet man so genannte *parameterfreie* Tests an (s. Kapitel 10), deren Formeln nicht auf den Originalwerten aufbauen, sondern auf Rangplätzen, die diesen Werten zugeordnet sind. Die *Effizienz* eines solchen parameterfreien Tests beträgt dabei etwa 95 % des entsprechenden parametrischen Tests. Als Effizienz eines parameterfreien Tests bezeichnet man dabei das Verhältnis der für den Signifikanznachweis erforderlichen Stichprobenumfänge beim entsprechenden parametrischen Test und diesem parameterfreien Test.

Sind also die Voraussetzungen zur Anwendung des t-Tests nach Student gegeben (Vergleich zweier unabhängiger Stichproben mit normalverteilten intervallskalierten Werten) und benötigen Sie zum Signifikanznachweis 19 Werte, so würden Sie beim entsprechenden parameterfreien Test, dem U-Test nach Mann und Whitney, 20 Werte benötigen.

Möchten Sie mehrere Signifikanztests durchführen und haben Sie in einigen Fällen normalverteilte, in anderen Fällen nicht-normalverteilte Werte, so empfiehlt es sich wegen ihrer hohen Effizienz, stets parameterfreie Tests zu rechnen, um ein schwer interpretierbares Durcheinander verschiedener Tests zu vermeiden. Viele Anwender sind schon dazu übergegangen, prinzipiell nur parameterfreie Tests zu rechnen, da diese an keine Voraussetzungen gebunden sind und sowieso normalverteilte Werte in der Praxis eher die Ausnahme sind.

Mit den drei aufgeführten dichotomen Unterscheidungsmöglichkeiten gibt es zum Vergleich von Stichproben acht unterschiedliche Testsituationen, für welche die gebräuchlichsten Tests in den Tabellen 8.6 und 8.7 zusammengestellt sind.

Anzahl der Stichproben	Art der Abhängigkeit	Test
2	unabhängig	t-Test nach Student
2	abhängig	t-Test für abhängige Stichproben
> 2	unabhängig	einfaktorielle Varianzanalyse
> 2	abhängig	einfaktorielle Varianzanalyse mit Messwiederholung

Tabelle 8.6: Tests bei intervallskalierten und normalverteilten Variablen

Anzahl der Stichproben	Art der Abhängigkeit	Test
2	unabhängig	U-Test von Mann und Whitney
2	abhängig	Wilcoxon-Test
> 2	unabhängig	H-Test nach Kruskal und Wallis
> 2	abhängig	Friedman-Test

Tabelle 8.7: Tests bei ordinalskalierten oder nicht-normalverteilten Variablen

Der Friedman-Test und die einfaktorielle Varianzanalyse mit Messwiederholung behandeln den Fall, dass mehr als zwei (abhängige) Variablen miteinander in Beziehung gebracht werden. Sie werden in den Kapiteln 10 und 13 behandelt. Die anderen Tests werden in den Kapiteln 9 und 10 vorgestellt.

ZUSAMMENFASSUNG

- Der t-Test für eine Stichprobe erlaubt einen Rückschluss von der Stichprobe auf die Grundgesamtheit. Der Rückschluss beinhaltet dabei die Annahme oder Ablehnung der Nullhypothese hinsichtlich des Populationsmittelwerts μ.
- Der χ^2-Test für eine Stichprobe erlaubt einen Rückschluss von der Stichprobe auf die Grundgesamtheit. Der Rückschluss beinhaltet dabei die Annahme oder Ablehnung der Nullhypothese hinsichtlich der Populationsstreuung σ.
- Entscheidend für die Auswahl von statistischen Verfahren ist das Messniveau der relevanten Variable und deren unterliegende Verteilung.
- An Signifikanztests stehen im Normalverteilungsfall der t-Test nach Student, der t-Test für abhängige Stichproben, der t-Test für eine Stichprobe (siehe Kapitel 9) und die einfaktorielle Varianzanalyse zur Verfügung (siehe Kapitel 13). Im Falle beliebiger Verteilung entsprechen diesen Tests der U-Test nach Mann und Whitney, der Wilcoxon-Test sowie der H-Test nach Kruskal und Wallis. Diese so genannten nicht-parametrischen Tests werden in Kapitel 10 behandelt.

8.5 Übungen

1. Lösen Sie eine Version der Übung vom Übungsgenerator unter *https://pearson-dach.shinyapps.io/imklartext_kap0708/*. Lösen Sie die Aufgaben womöglich ebenfalls mit **R**.
2. Bestimmen Sie für die nachstehend geschilderten Situationen, welche Testverfahren je nach Skalenniveau der beteiligten Variablen angewandt werden können.

   (a) Vergleich der Zustimmung von Befragten zu einer Vorlage (ja/nein) mit dem Bildungsabschluss der Befragten

   (b) Untersuchung des Gewichts (normalverteilt) von Versuchspersonen nach deren Alter

   (c) Vergleich der Laufzeit mit der Startnummer beim Skirennen

   (d) Vergleich der Körpergröße (normalverteilt) von Männern nach der Branche, in welcher diese tätig sind

   (e) Vergleich von Umsatzzahlen (nicht-normalverteilt) nach Branchen

   (f) Vergleich der Häufigkeit der Benutzung eines Fahrrads (nie, selten, monatlich, wöchentlich, täglich) mit dem Monatseinkommen (nicht-normalverteilt)

   (g) Vergleich des Rangs beim Test zu Politikfragen mit der Parteizugehörigkeit

t-Test: Vergleich von 2 Mittelwerten

9

ÜBERBLICK

LERNZIELE

- Der *t*-Test nach Student
- Der *t*-Test für abhängige Stichproben

9.1 Der *t*-Test nach Student

Der *t*-Test nach Student dient zum Vergleich zweier unabhängiger Stichproben hinsichtlich ihrer Mittelwerte, wobei die Werte der beiden Stichproben normalverteilt sein müssen. Die Nullhypothese und Alternativhypothese lauten (Schritte 1 und 2, wobei wir das Signifikanzniveau auf $1 - \alpha = 0{,}95$ belassen):

$$H_0: \mu_1 = \mu_2 \quad H_1: \mu_1 \neq \mu_2$$

Je nachdem, ob sich die Varianzen in beiden Stichproben signifikant unterscheiden oder nicht, gibt es zwei verschiedene Formeln für eine *t*-verteilte Prüfgröße t, in die jeweils die beiden Mittelwerte $\overline{x}_1$ und $\overline{x}_2$, die beiden Standardabweichungen s_1 und s_2 und die beiden Fallzahlen n_1 und n_2 eingehen. Eine Übersicht zur Test-Strategie bietet nachstehende Abbildung.

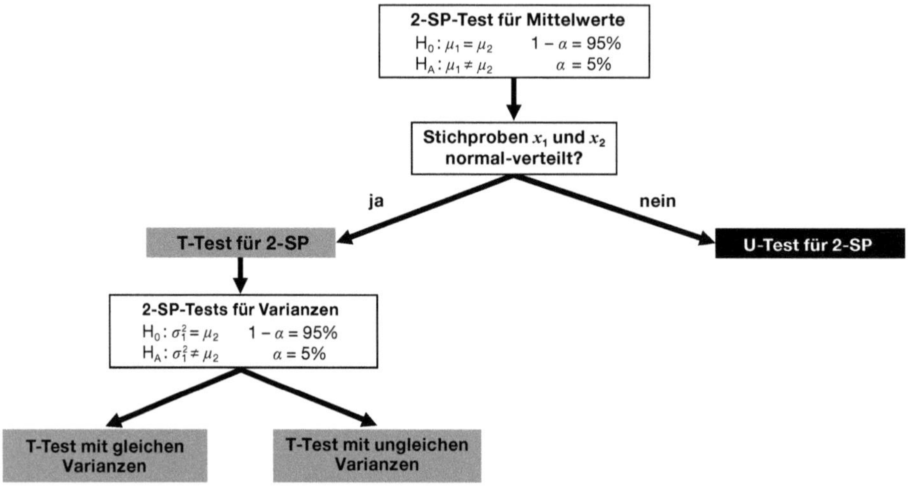

Abbildung 9.1: Vorgehen beim Mittelwerttest mit 2 Stichproben

Im ersten Rechenschritt ist also zu entscheiden, ob Normalverteilung vorliegt. Wir rechnen ein Beispiel anhand von Stundenlöhnen durch:

Geschlecht	m	m	m	m	m	m	f	f	m	m	m	f	f	m	m	f
Lohn	16	21	22	23	23	23	24	24	25	25	25	25	25	26	26	26
Geschlecht	m	f	m	m	f	m	m	m	m	m	f	m	f	f	f	
Lohn	27	27	28	28	28	29	29	29	30	30	30	32	34	34	35	

Es gilt nun zu prüfen, ob sich die verhältnisskalierte Variable Lohn signifikant nach Ausprägungen der nominalskalierten Variable Geschlecht (mit zwei Gruppen) unterscheidet. Zuerst werden beide Stichproben auf Normalverteilung geprüft. Die Möglichkeit der Rechnung von Hand sei gerne dem Leser überlassen, wir führen einen Kolmogorov-Test auf Normalverteilung mit **R** wie folgt durch:

```

rm(list=ls())

lohn<-c(16,21,22,23,23,23,24,24,25,25,25,25,25,26,26,26,
        27,27,28,28,28,29,29,29,30,30,30,32,34,34,35)
geschlecht<-c \
    (0,0,0,0,0,0,1,1,0,0,0,1,1,0,0,1,0,1,0,0,1,0,0,0,0,0,1,0,1,1,1)
geschlecht <- factor(geschlecht,levels=0:1,labels=c("m","f"), \
    ordered=FALSE)

df<-data.frame(lohn=lohn,geschlecht=geschlecht)


#KS.Test
ks.test(df$lohn[which(df$geschlecht=="m")],"pnorm",
        mean(df$lohn[which(df$geschlecht=="m")]),
        sd(df$lohn[which(df$geschlecht=="m")]))

ks.test(df$lohn[which(df$geschlecht=="f")],"pnorm",
        mean(df$lohn[which(df$geschlecht=="f")]),
        sd(df$lohn[which(df$geschlecht=="f")]))

#Mit Shapiro-Test
by(df$lohn,df$geschlecht,shapiro.test)
```

In **R** lautet die vereinfachte Syntax zum Rechnen eines KS-Tests `ks.test(x, 'pnorm',mu,sigma)`, wobei `x` die zu testende Variable ist, das zweite Argument benennt die zu testende Verteilung unter H_0 (hier Normalverteilung), und die restlichen Argumente übergeben die Parameter der Verteilung.

Der Output der beides KS-Tests lautet:

```
One-sample Kolmogorov-Smirnov test

data:  df$lohn[which(df$geschlecht == "m")]
D = 0.11416, p-value = 0.9568
alternative hypothesis: two-sided

One-sample Kolmogorov-Smirnov test

data:  df$lohn[which(df$geschlecht == "f")]
D = 0.18161, p-value = 0.8612
alternative hypothesis: two-sided
```

Da beide Tests p-Werte über $\alpha = 5\,\%$ liefern, kann die Nullhypothese der Normalverteilung beider Stichproben nicht verworfen werden. Gemäß Test-Strategie kann somit ein t-Test für zwei Stichproben angewandt werden.

Zusätzlich ist im Code noch eine weitere Testmöglichkeit aufgeführt, das Kommando `shapiro.test(x)` testet ebenfalls eine Variable `x` auf Normalverteilung. Obiges Kommando liefert:

```
df$geschlecht: m
Shapiro-Wilk normality test
data:  dd[x, ]
W = 0.95365, p-value = 0.4259
---------------------------------------------------------------
df$geschlecht: f
Shapiro-Wilk normality test
data:  dd[x, ]
W = 0.85637, p-value = 0.05167
```

Auch bei dieser Art des Testens liegen beide p-Werte über $\alpha = 5\,\%$, was vorherige Resultate bestätigt.

Die Berechnung der Mittelwerte und Standardabweichungen ergibt

$$\overline{x}_1 = 25{,}9 \quad \overline{x}_2 = 28{,}4 \quad s_1 = 3{,}80 \quad s_2 = 4{,}23$$

Die Fallzahlen sind

$$n_1 = 20 \quad n_2 = 11$$

Gemäß Test-Strategie ist als nächstes ein Test auf Varianzenhomogenität durchzuführen. Bei diesem Test prüft man, ob Varianzenhomogenität (die Varianzen unterscheiden sich nicht signifikant) oder Varianzenheterogenität (die Varianzen unterscheiden sich signifikant) vorliegt. Die Nullhypothese und Alternativhypothese lauten:

$$H_0\colon \sigma_1^2 = \sigma_2^2 \quad H_1\colon \sigma_1^2 \neq \sigma_2^2$$

Dazu berechnet man die Prüfgröße

$$F = \frac{s^2_{\text{major}}}{s^2_{\text{minor}}}$$

Dabei ist s_{major} die größere und s_{minor} die kleinere der beiden Standardabweichungen. Die Prüfgröße F ist F-verteilt mit

$$df = (n_{\text{major}} - 1, n_{\text{minor}} - 1)$$

Freiheitsgraden. Major bezieht sich hier nicht auf das größere n, sondern auf das n der Gruppe mit der größeren Standardabweichung. Varianzenheterogenität wird bei einer Signifikanz auf der Stufe $p < 0{,}05$ angenommen.

Im Falle der Varianzenhomogenität, also unter Annahme von $H_0 : \sigma_1^2 = \sigma_2^2$:

$$t = \frac{\overline{x}_1 - \overline{x}_2}{\sqrt{\frac{(n_1-1)\cdot s_1^2+(n_2-1)\cdot s_2^2}{n_1+n_2-2}} \cdot \sqrt{\frac{n_1+n_2}{n_1\cdot n_2}}}$$

$$df = n_1 + n_2 - 2$$

Dabei ist der Term unter der Wurzel der Standardfehler der Mittelwertdifferenz unter Varianzenhomogenität.

Im Falle der Varianzenheterogenität:

$$t = \frac{\overline{x}_1 - \overline{x}_2}{\sqrt{\frac{s_1^2}{n_1} + \frac{s_2^2}{n_2}}}$$
$$df = \frac{n_1 + n_2 - 2}{2}$$

Dabei ist der Term unter der Wurzel der Standardfehler der Mittelwertdifferenz unter Varianzenheterogenität.

Zunächst ist der F-Test auf Überprüfung der Varianzenhomogenität auszuführen.

$$F = \frac{4{,}23^2}{3{,}80^2} = 1{,}24$$

Wie die F-Tabelle ausweist, ist dies bei (10, 19) Freiheitsgraden ein nicht-signifikanter Wert (die kritische F-Statistik von 2,79 wird nicht überschritten) die Nullhypothese wird nicht verworfen, Varianzenhomogenität ist also gegeben.

Damit wird

$$t = \frac{25{,}9 - 28{,}4}{\sqrt{\frac{19 \cdot 3{,}80^2 + 10 \cdot 4{,}23^2}{29}} \cdot \sqrt{\frac{20 + 11}{20 \cdot 11}}} = -1{,}685$$

Nach der t-Tabelle ist dies bei $df = 20 + 11 - 2 = 29$ Freiheitsgraden ein nicht-signifikanter Wert ($p > 0{,}05$, der beidseits kritische Wert lautet $t = \pm 2{,}045$).

Es ist also kein Unterschied zwischen den beiden Geschlechtern bezüglich des Stundenlohns auszuweisen, die Nullhypothese wird nicht verworfen.

Rechnen mit R

Zur Vollständigkeit sei noch einmal der gesamte **R**-Code inklusive Normalverteilungstest gezeigt.

```

rm(list=ls())

lohn<-c(16,21,22,23,23,23,24,24,25,25,25,25,25,26,26,26,
        27,27,28,28,28,29,29,29,30,30,30,32,34,34,35)
geschlecht<-c \
    (0,0,0,0,0,0,1,1,0,0,0,1,1,0,0,1,0,1,0,0,1,0,0,0,0,0,1,0,1,1,1)
geschlecht <- factor(geschlecht,levels=0:1,labels=c("m","f"), \
    ordered=FALSE)

df<-data.frame(lohn=lohn,geschlecht=geschlecht)


#KS.Test
ks.test(df$lohn[which(df$geschlecht=="m")],"pnorm",
        mean(df$lohn[which(df$geschlecht=="m")]),
        sd(df$lohn[which(df$geschlecht=="m")]))

ks.test(df$lohn[which(df$geschlecht=="f")],"pnorm",
        mean(df$lohn[which(df$geschlecht=="f")]),
```

```
        sd(df$lohn[which(df$geschlecht=="f")]))

#Mit Shapiro-Test
by(df$lohn,df$geschlecht,shapiro.test)
```

Der Output liest sich wie folgt:

```
> #2SP-Varianz-Test
> var.test(df$lohn~df$geschlecht,conf.level=0.95)

F test to compare two variances

data:  df$lohn by df$geschlecht
F = 0.80932, num df = 19, denom df = 10, p-value = 0.6617
alternative hypothesis: true ratio of variances is not equal to 1
95 percent confidence interval:
 0.2356021 2.2800464
sample estimates:
ratio of variances
         0.8093177

>
> #2SP-t-Test
> t.test(df$lohn~df$geschlecht,conf.level=0.95,alternative="two.sided",
paired=FALSE)

Welch Two Sample t-test

data:  df$lohn by df$geschlecht
t = -1.6412, df = 18.912, p-value = 0.1173
alternative hypothesis: true difference in means between group m and
group f is not equal to 0
95 percent confidence interval:
 -5.7202173  0.6929446
sample estimates:
mean in group m mean in group f
       25.85000        28.36364
```

Wie wir sehen, beläuft sich der p-Wert auf 11,7 %. Das heißt, dass ein einseitiger Test (`alternative = 'less'`) einen p-Wert von 5,85 % liefern würde und H_0 auch unter einseitigem Testen beibehalten würde.

9.2 Der *t*-Test für abhängige Stichproben

Dieser Test dient zum Vergleich zweier abhängiger Stichproben hinsichtlich ihrer Mittelwerte, wobei die Differenzen zusammengehöriger Messwertpaare aus einer normalverteilten Grundgesamtheit stammen müssen.

Die Befindlichkeiten von zehn Patienten einer psychiatrischen Klinik wurden auf einer Skala gemessen, welche Werte zwischen 0 und 56 annehmen kann, wobei hohe Werte für schlechte Befindlichkeiten stehen. Eine Bewegungstherapie sollte die

Befindlichkeit verbessern. Die Befindlichkeitswerte vor und nach der Bewegungstherapie sind in nachstehender Tabelle enthalten.

VP	1	2	3	4	5	6	7	8	9	10
vorher	30	22	38	34	25	28	33	21	29	31
nachher	20	24	31	29	20	28	27	24	21	25
Differenzen x	−10	2	−7	−5	−5	0	−6	3	−8	−6

Die beiden Stichproben, die durch die Befindlichkeitswerte vor und nach der Bewegungstherapie gebildet werden, sind voneinander abhängig, da zu jedem Probanden genau ein Wertepaar „vor — nach" existiert. Bei entsprechender Prüfung (siehe Abschnitt 7.3) erweisen sich die Differenzen als hinreichend normalverteilt, so dass der geeignete Test zum Vergleich der beiden Stichproben der *t*-Test für abhängige Stichproben ist.

Ab hier rechnen wir gleich wie beim *t*-Test für eine Stichprobe. Ähnlich wie zuvor befolgen wir die beim 1-Stichproben-*t*-Test eingeführten Schritte nicht mehr derart explizit:

Wir testen (auf dem 95%-Niveau)

$$H_0\colon \mu = 0 \quad H_A\colon \mu \neq 0$$

Der Mittelwert und die Streuung der Differenzen lauten:

$$\overline{x} = -4{,}2 \quad \text{und} \quad s = 4{,}367$$

Die Test-Statistik lautet somit:

$$t = \frac{\overline{x} - \mu}{\frac{s}{\sqrt{n}}} = \frac{-4{,}2 - 0}{\frac{4{,}367}{\sqrt{10}}} = -3{,}042$$

Zu $df = n-1 = 9$ Freiheitsgraden lautet die kritische t-Statistik beidseits $t = \pm 2{,}262$. Diese wird von unserer Test-Statistik unterschritten, weshalb die Nullhypothese H_0 verworfen wird, die Veränderung des Stresslevels ist signifikant von 0 verschieden. Hätten wir einseitig getestet, so wäre die kritische Test-Statistik $-1{,}833$ und H_0 würde ebenfalls verworfen.

Rechnen mit R

Der hier anzuwendende **R**-Code lautet:

```

rm(list=ls())

vorher <- c(30,22,38,34,25,28,33,21,29,31)
nachher <- c(20,24,31,29,20,28,27,24,21,25)
df <- data.frame(vorher=vorher,nachher=nachher,x=nachher-vorher)

# Test auf Normal-Verteilung
shapiro.test(df$x)

# 1SP-Test mit Differenzen d
t.test(df$x,mu=0,alternative="two.sided",conf.level=0.95)
```

Output:

```
One Sample t-test

data:  df$x
t = -3.0417, df = 9, p-value = 0.01398
alternative hypothesis: true mean is not equal to 0
95 percent confidence interval:
 -7.323634 -1.076366
sample estimates:
mean of x
     -4.2
```

Der p-Wert beläuft sich auf 1,4 %. Hätten wir also auf dem 99%-Niveau getestet, so würde H_0 nicht verworfen.

9.3 Die Effektstärke

Ob ein Mittelwertunterschied signifikant ist oder nicht, hängt u. a. von der Größe des Unterschieds ab. Aber nicht nur, denn auch die Standardabweichung der Werte und die Gruppengrößen spielen eine wichtige Rolle. Wenn ein Medikament A im Mittel den Blutdruck innerhalb eines Jahres um einen einzigen Blutdruckwert mehr senkt als ein Medikament B, kann dieser Unterschied signifikant nachgewiesen werden, sofern die Gruppengrößen genügend groß sind. Dieser Unterschied ist hier aber nicht relevant. Es gilt zu beachten:

Signifikanz ist nicht gleich Relevanz!

Die Effektstärke ist eine Größe, um die Relevanz darzustellen. Grundsätzlich gibt es zwei verschiedene Familien von Effektstärken: Die d-Familie, welche Mittelwertunterschiede zwischen Gruppen betrachtet und die r-Familie, welche ein Maß für den Zusammenhang zwischen zwei Variablen darstellt:

- d-Familie: Abstandsmaße
- r-Familie: Zusammenhangsmaße (Korrelationen, s. Kapitel 11)

9.3.1 Abstandsmaße nach Cohen

Das einfachste Abstandsmaß heißt nach seinem Erfinder Cohen's d:

$$d = \frac{\mu_A - \mu_B}{\sigma_{AB}}$$

Die griechischen Buchstaben weisen darauf hin, dass es sich um Populationsparameter handelt. Bei Stichproben verwendet man entsprechend:

$$d = \frac{\overline{x}_A - \overline{x}_B}{s_{AB}}$$

Für die Standardabweichung gilt die gepoolte Standardabweichung der beiden Gruppen A und B:

$$s_{AB} = \sqrt{\frac{n_A \cdot s_A^2 + n_B \cdot s_B^2}{n_A + n_B}}$$

somit gilt:

$$d = \frac{\overline{x}_A - \overline{x}_B}{\sqrt{\frac{n_A \cdot s_A^2 + n_B \cdot s_B^2}{n_A + n_B}}}$$

Für kleine Stichproben ($n < 20$) sollte die Variante von Hedge, als Hedge's g oder oft auch als Hedge's d bezeichnet, verwendet werden. Diese Variante verwendet für die Berechnung der Standardabweichung s_{AB} die Besselkorrektur, also eine Division durch jeweils $n - 1$ anstatt durch n:

$$d = \frac{\overline{x}_A - \overline{x}_B}{\sqrt{\frac{(n_A - 1) \cdot s_A^2 + (n_B - 1) \cdot s_B^2}{n_A + n_B - 2}}}$$

9.3.2 Abstandsmaße nach Glass

Glass's Δ gehört zur d-Familie. Es findet Anwendung in experimentellen Studien mit Experimental- und Kontrollgruppen (am häufigsten sind Anwendungen aus der Psychologie). Statt durch die gepoolte Standardabweichung wird durch die Standardabweichung der Kontrollgruppe dividiert, da diese eher der Standardabweichung der Grundgesamtheit entspricht.

$$\Delta = \frac{\mu_{Exp} - \mu_{Kontroll}}{\sigma_{Kontroll}} \widehat{=} \frac{\overline{x}_{Exp} - \overline{x}_{Kontroll}}{s_{Kontroll}}$$

Cohen schlägt folgende Interpretation der Effektstärken vor, dargestellt in Tabelle 9.2. Dies ist eine Richtgröße und muss nicht allzu strikt befolgt werden:

Größe des Effekts	Cohen's d	Glass's Δ
klein	0,2	0,1
mittel	0,5	0,3
groß	0,8	0,5

Tabelle 9.1: Beurteilung der Effektstärken nach Cohen

9.3.3 Bedeutung der Effektstärke und Interpretation

In den folgenden Tabellen werden Stundenlöhne von Mitarbeitern nach zwei Gruppen (Temporär- und Fest-Angestellte) verglichen.

Tabelle 9.2 zeigt das Resultat eines Mittelwert-Tests der Stundenlöhne von Mitarbeitern eines Großunternehmens, welches weltweit 50 000 Mitarbeiter fest angestellt hat und 50 000 Mitarbeiter temporär beschäftigt.

MW $\overline{x}$	Std.Abw. s	N	t	Irrtums-W'keit p	Cohen's d
32,20	2,13	50 000	2,966	0,003	0,019
32,25	3,11	50 000			

Tabelle 9.2: Mittelwert t-Test und Cohen's d bei $N = 50\,000$ Befragten pro Gruppe

Tabelle 9.3 zeigt das Resultat eines Mittelwert-Tests der Stundenlöhne eines KMU, welches 21 Mitarbeiter fest angestellt hat und 21 Mitarbeiter temporär beschäftigt.

MW $\overline{x}$	Std.Abw. s	n	t	Irrtums-W'keit p	Cohen's d
32,20	2,13	21	1,580	0,129	0,488
33,50	3,11	21			

Tabelle 9.3: Mittelwert t-Test und Cohen's d bei $n = 21$ Befragten pro Gruppe

Interpretationen

1. Im ersten Fall beträgt die Differenz der Stundenlöhne 0,05 €. Diese Differenz ist aufgrund der hohen Fallzahlen hochsignifikant ($p = 0{,}003$). Bei einer Wochenarbeitszeit von 40 Stunden, 4 Wochen im Monat und 12 Monate im Jahr macht das für einen einzelnen Mitarbeiter einen unerheblichen Lohnunterschied von 96 €. Dieses irrelevante Ergebnis wird durch das kleine Cohen's d von 0,019 bestätigt.
2. Im zweiten Fall beträgt die Differenz der Stundenlöhne 1,30 €. Diese Differenz ist aufgrund der geringen Fallzahlen nicht signifikant und kann daher zufällig sein. Für einen einzelnen Mitarbeiter macht die Differenz jedoch einen erheblichen Unterschied von 2 456 €. Cohen's d ist mit einem Wert von 0,488 mittelgroß.
3. Im Fall 1 ergibt die Lohndifferenz für eine Firma mit 50 000 Mitarbeitenden, die einen erhöhten Stundenlohn von 0,05 € haben, eine jährliche Differenz von 4,8 Millionen Euro. Dies kann erheblich sein, obwohl Cohen's d klein ist.

Fazit

1. Das Berechnen der Signifikanz ist wichtig, genügt aber alleine nicht.
2. Benötigt werden vertiefte Überlegungen zur Bedeutung der Ergebnisse. Diese Überlegungen resultieren aus dem Sachzusammenhang. Effektstärken können ein Mittel zur Darstellung sein.
3. Nicht-signifikante Ergebnisse müssen nicht bedeutungslos sein (Möglichkeit eines β-Fehlers). Die Teststärke ist zu gering (siehe Abschnitt 9.4).
4. Signifikante Ergebnisse können bedeutungslos sein. Der Test ist zu stark, oder es besteht die Möglichkeit eines α-Fehlers.

9.4 Teststärke und Poweranalyse

Unter der statistischen Stärke eines Tests (Teststärke) versteht man die Wahrscheinlichkeit oder Fähigkeit, mit der ein Test eine Beziehung zwischen Variablen feststellt, wenn eine Beziehung tatsächlich vorliegt.

Der β-Fehler ist die Wahrscheinlichkeit, die Nullhypothese irrtümlicherweise nicht zu verwerfen, das heißt, dass ein bestehender Unterschied nicht aufgedeckt wird. Dies ist auch gleichzeitig der Fehler zweiter Art, welcher in Abschnitt 5.4 illustriert wurde.

$$\text{Teststärke} = 1 - \beta$$

Ist $\beta = 15\,\%$, so beträgt die Teststärke $1 - \beta = 85\,\%$. Mit 85 % Wahrscheinlichkeit wird somit ein vorhandener Effekt auch als signifikant erkannt. Ein schwacher Test verwirft die Nullhypothese oftmals nicht, obwohl eine Beziehung besteht. Ein solcher

Test hat eine starke Tendenz zu einem Fehler zweiter Art, also zu einem hohen β und zu einem irrtümlichen Nichtverwerfen von H0.

Tests, welche als Kennwerte Maßzahlen verwenden, die alle Messwerte berücksichtigen (z. B. den Mittelwert) sind stärker als Tests, welche nur einzelne Messwerte berücksichtigen (z. B. den Median). Die Teststärke hängt von den folgenden Faktoren ab:

- Stärke der tatsächlichen Beziehung in der Population (Effektstärke)
- Signifikanzniveau α und Vorliegen einer einseitigen oder zweiseitigen Fragestellung
- Varianz oder Standardabweichung der Verteilung
- Stichprobengröße

Die Faktoren Signifikanzniveau und Stichprobengröße sind dabei beeinflussbar.

Bei zu kleinen Stichproben können bestehende Zusammenhänge zwischen Variablen bzw. Unterschiede zwischen Gruppen nicht (immer) nachgewiesen werden. Dieser Fall liegt oftmals bei teuren oder sonst ressourcen-intensiven Untersuchungen, wie z. B. klinischen Studien, vor. Für den Forschenden besteht der Nachteil, dass Forschungshypothesen oftmals keine Bestätigung finden, obwohl sie richtig sind. In diesem Fall besteht eine zu geringe Teststärke.

Bei zu großen Stichproben wird die Nullhypothese verworfen, obwohl die praktische Bedeutung des Zusammenhangs (die Relevanz) gering ist. Dieser Fall liegt oft bei Befragungen mit zu großen Stichprobenumfängen vor. Negative Folgen können sich ergeben, wenn die Ergebnisse fälschlicherweise als bedeutend interpretiert werden. In diesem Fall besteht eine zu große Teststärke.

Zur Illustration der beschriebenen Effekte analysieren wir folgendes Beispiel:

Eine Pharmafirma bringt ein neues Schmerzmittel auf den Markt und verspricht, dass die schmerzstillende Wirkung nach spätestens 32 Sekunden eintritt. Um diese Angabe zu überprüfen, werden $n = 25$ Probanden einem Test unterzogen. Für die gemessenen Zeiten bis zur Schmerzstillung ergaben sich die Parameter $\overline{x} = 28$ Sekunden und $s = 9$ Sekunden. Wir wollen nun (einseitig) testen, ob die Behauptung der Firma mit der gemachten Beobachtung vereinbar ist (auf dem Niveau $1 - \alpha = 95\,\%$).

Die Null- und Alternativhypothese lauten:

$$H_0\colon \mu \geq 32 \quad H_A\colon \mu < 32$$

Die Test-Statistik errechnet sich zu:

$$t = \frac{\overline{x} - \mu}{\frac{s}{\sqrt{n}}} = \frac{28 - 32}{\frac{9}{\sqrt{25}}} = -2{,}22$$

Der kritische t-Wert ändert sich zu $t_{p=0{,}10,df=24} = 1{,}71$, da das Signifikanzniveau $\alpha = 5{,}0\,\%$ nur in das obere Ende der Verteilung gesetzt wird. Wiederum gilt, dass die Nullhypothese verworfen wird, da $p < \alpha$ ist, der p-Wert beläuft sich auf 1,8 %.

Abbildung 9.3 zeigt eine Verteilung unter der Nullhypothese $H_0 : \delta = 0$ und unter der Alternativhypothese $H1 : \delta = -4$. Der Parameter δ entspricht dabei der Verschiebung des hypothetischen Mittelwerts in Anzahl Standardfehler. Unter H_A wäre der hypothetische Mittelwert somit $32 - 4 \cdot \frac{9}{\sqrt{(25)}} = 24{,}8$. Natürlich ist der wirkliche Wert unter H_A nicht bekannt, dieser wurde hier beispielhaft gewählt.

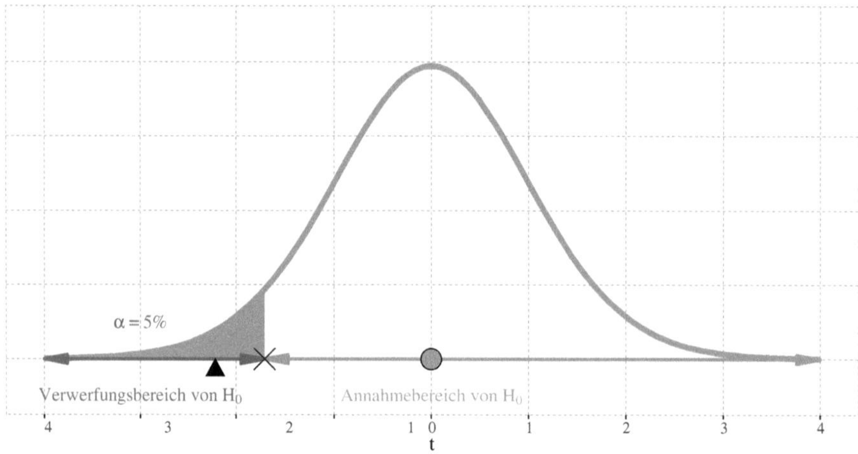

Abbildung 9.2: Annahme und Verwerfungsbereich beim einseitigen *t*-Test

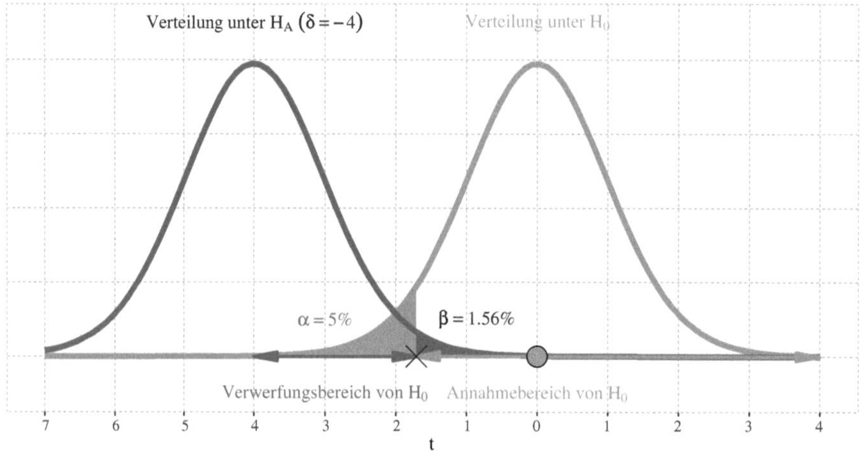

Abbildung 9.3: Fehler erster Art (α) und Fehler zweiter Art (β) unter der Nullhypothese H0: $\delta = 0$ und der Alternativhypothese H1: $\delta = 4$

Tabelle 9.4 zeigt den Überblick zum Fehler erster Art und zweiter Art noch einmal: Fällt der Testentscheid zugunsten der Nullhypothese aus, obwohl sie in Wirklichkeit wahr ist, so entspricht dies dem Fehler erster Art, α. Fällt der Entscheid jedoch zugunsten von H_0 aus, obwohl H_A wahr wäre, so vermag der Test den in Wirklichkeit bestehenden Unterschied nicht zu erkennen: dies entspricht dem Fehler zweiter Art, β. In Abbildung 9.3 ist dies jene schraffierte Fläche, welche unter die Verteilung unter H_A fällt und mit dem Annahmebereich von H_0 übereinstimmt. In unserem Beispiel beträgt die Teststärke $1 - \beta = 98{,}4\,\%$. Der Abbildung ist auch folgendes zu entnehmen: Wird das Signifikanzniveau erhöht, so wird die Wahrscheinlichkeit eines Fehlers erster Art (α) kleiner, dass der Test zugunsten der Alternativhypothese entscheidet (obwohl H_0 wahr wäre). Gleichzeitig erhöht sich aber die Wahrscheinlichkeit eines Fehlers zweiter Art, β, also die Wahrscheinlichkeit, dass man die Nullhypothese beibehält, obwohl H_A wahr wäre.

	H0 wahr	H0 falsch
Testentscheid: H0 abgelehnt	α	$1-\beta$
Testentscheid: H0 beibehalten	$1-\alpha$	β

Tabelle 9.4: Illustration des Fehlers 1. und zweiter Art

Die Tabelle 9.4 ist an dieser Stelle mit Tabelle 5.3 zu vergleichen.

Als Fazit kann man folgende Punkte anführen:

- Bei einem Test bestehen sowohl ein Fehler erster Art (α-Fehler: irrtümliches Verwerfen von H_0) als auch ein Fehler zweiter Art (β-Fehler: irrtümliches Beibehalten von H_0)
- Falls ein Test keine Signifikanz hinsichtlich eines Effekts zeigt, heißt das nicht, dass kein Effekt besteht. Er konnte einfach nicht gefunden werden.
- Bei kleinen Stichproben ist die Wahrscheinlichkeit eher groß, dass ein Effekt nicht gefunden wird, vor allem dann, wenn dieser eher klein ist.
- Ob ein Effekt gefunden werden kann, hängt im Wesentlichen von drei Einflussfaktoren ab, welche sich gegenseitig kompensieren können:
  - die (angenommene) Effektstärke in der Population
  - die Stichprobengröße
  - die Abwägung von α und β
- Vor einem Test sollte eine Teststärkenanalyse durchgeführt werden, welche die drei genannten Einflussfaktoren untersucht. Diese Untersuchung basiert auf Software, z. B. zu finden unter *http://www.psycho.uni-duesseldorf.de//abteilungen/aap/gpower3/downloadn-and-register/*.

9.4.1 App für Tests mit 2 Stichproben

Die App zu Kapitel 9 (und 10) stellt vor allem eine vertiefende Repetition hinsichtlich des t-Tests für zwei Stichproben dar. Sie findet sich unter *https://pearson-dach.shinyapps.io/imklartext_kap0910/*. Üben Sie hier noch einmal vertieft die Durchführung der vorgestellten Tests. Ebenfalls erhalten Sie wiederum einen Übungsgenerator zum Erzeugen von Übungen. Die Test-Strategie für das Testen mit zwei Stichproben beinhaltet auch den nicht-parametrischen U-Test, welcher erst im Kapitel 10 behandelt wird. Behandeln Sie daher zunächst nur die Teile der App, welche die 2-Stichproben-t-Tests betreffen.

QR-Code zum Einstieg in R und zu Kapitel 9 und 10

Mehr Übungen finden Sie ebenfalls wiederum in der App, jedoch sollten Sie sich diesen erst nach Abschluss des Kapitels 10 zu wenden.

ZUSAMMENFASSUNG

- Möchte man die Beziehungen zwischen zwei Variablen untersuchen, gibt es im Prinzip zwei Möglichkeiten. Die erste Möglichkeit ist die Verwendung einer (kategorialen) Variable als Gruppierungsvariable. Anschließend werden die entstehenden Gruppen auf signifikante Unterschiede bezüglich ihrer Mittelwerte bzw. Mediane getestet. Die zweite Möglichkeit besteht darin, dass der Zusammenhang zwischen zwei Variablen mithilfe eines Korrelationskoeffizienten beschrieben wird. Diese Möglichkeit wird in Kapitel 11 behandelt.

9.5 Übungen

Bei folgenden Aufgaben darf angenommen werden, dass die zugrunde liegenden Daten normalverteilt sind.

1. Bei insgesamt 105 Personen einer bestimmten Berufsgruppe wurde mithilfe eines entsprechenden Fragebogens ein Scorewert für den „Burnout" ermittelt. Die 46 verheirateten Personen hatten einen mittleren Wert von 10,08 bei einer Standardabweichung von 1,969, die 59 ledigen Personen einen mittleren Wert von 10,82 bei einer Standardabweichung von 2,165. Unterscheiden sich die verheirateten von den ledigen Personen bezüglich des Burnout?
2. Acht Versuchspersonen führten an zwei aufeinander folgenden Tagen einen Geschicklichkeitstest aus und erzielten dabei die folgenden Punktzahlen.

1. Tag	2. Tag
23	25
17	23
24	24
19	20
20	18
16	21
22	26
21	23

   Liegt ein signifikanter Übungsfortschritt vor? Beantworten Sie die Frage ebenfalls mit einem geeigneten R-Code.
3. In einer Studie sollen die Schlafzeiten bei der Einnahme von zwei unterschiedlichen Schlafmitteln verglichen werden. Ein Experiment mit jeweils zufällig ausgewählten Versuchspersonen ergab:

	Schlafmittel A	Schlafmittel B
Stichprobenumfang	21	18
Mittelwert	9,6 Stunden	8,3 Stunden
Standardabweichung	2,3 Stunden	1,4 Stunden

(a) Liegt ein signifikanter Unterschied der mittleren Schlafdauer vor?
(b) Berechnen Sie die Effektstärke nach Cohen.

4. Lösen Sie nun mit der App zu allen Verteilungen die Aufgaben aus dem Übungsgenerator unter *https://pearson-dach.shinyapps.io/imklartext_kap0910/*.

Nicht-parametrische Tests

10

ÜBERBLICK

LERNZIELE

- Der U-Test von Mann und Whitney
- Der Wilcoxon-Test
- Der H-Test nach Kruskal und Wallis
- Der Friedman-Test

Der in Kapitel 9 vorgestellte t-Test nach Student ist ein parametrischer Test. Bei parametrischen Test-Statistiken wird von einer der Grundgesamtheit bestimmten unterliegenden Verteilung ausgegangen (oft die Normalverteilung). Nicht-parametrische Test-Statistiken sind hingegen verteilungsfrei, sie machen keine Annahmen betreffend der unterliegenden Verteilung der Daten.

10.1 Der *U*-Test von Mann und Whitney

Der von H. B. Mann und D. R. Whitney im Jahre 1947 entwickelte U-Test dient zum Vergleich von zwei Stichproben hinsichtlich ihrer zentralen Tendenz, wobei die Werte beliebig verteilt sein oder Ordinalniveau aufweisen können. Im Falle nichtgegebener Normalverteilung oder beim Vorliegen von Ordinalniveau ersetzt der U-Test also den t-Test nach Student. Wendet man den U-Test bei normalverteilten Werten an, so besitzt er eine Effizienz von 95 % des t-Tests, bei großen Fallzahlen von 95,5 %.

Als Zahlenbeispiel soll das Beispiel dienen, das bereits für den t-Test nach Student verwendet wurde (siehe Abschnitt 9.1). Hier führte man mit zwanzig Männern und elf Frauen einen Test bezüglich der Stundenlöhne durch. Das versetzt uns in die Lage, die Ergebnisse von t-Test und U-Test bei normalverteilten Werten vergleichen zu können.

Das Prinzip des U-Tests ist, wie bei den anderen parameterfreien Prüfverfahren auch, die Ersetzung der gegebenen Variablenwerte durch Rangplätze. Die Werte beider Stichproben werden dabei mit einer gemeinsamen Rangreihe versehen, wobei der kleinste Wert den Rangplatz 1 erhält. Diese Rangreihe ist in Tabelle 10.1 eingetragen.

Der Wert 24 tritt zweimal auf, daher werden die beiden in Frage kommenden Rangplätze 7 und 8 zu 7,5 gemittelt. Bei mehr als zwei gleichen Werten wird entsprechend verfahren.

Beim U-Test werden die beiden Stichproben so nummeriert, dass die vom Umfang her kleinere Stichprobe die Nummer 1 und die größere die Nummer 2 erhält. Folgt man dieser Vorgehensweise, so sind die beiden Stichprobenumfänge

$$n_1 = 11 \quad n_2 = 20$$

Die Summen der Rangplätze (kurz: Rangsummen) sind

$$R_1 = 205{,}5 \quad R_2 = 290{,}5$$

Setzt man

$$n = n_1 + n_2$$

Männer		Frauen	
Wert	Rangplatz	Wert	Rangplatz
22	3,0	35	31,0
27	17,5	26	15,0
28	20,0	34	29,5
30	26,0	24	7,5
23	5,0	27	17,5
25	11,0	25	11,0
26	15,0	28	20,0
29	23,0	24	7,5
32	28,0	25	11,0
25	11,0	30	26,0
23	5,0	34	29,5
29	23,0		
29	23,0		
28	20,0		
30	26,0		
21	2,0		
26	15,0		
16	1,0		
23	5,0		
25	11,0		
Summe	290,5	Summe	205,5

Tabelle 10.1: Vergabe einer gemeinsamen Rangreihe

so bietet die Beziehung

$$R_1 + R_2 = \frac{n \cdot (n+1)}{2}$$

eine Kontrollmöglichkeit bei der Berechnung der beiden Rangsummen. Im gegebenen Beispiel ergibt sich hierbei

$$205{,}5 + 290{,}5 = \frac{31 \cdot 32}{2}$$

Auf beiden Seiten erhält man den Wert 496. Die Rangsummen werden nun umgerechnet in

$$U_1 = R_1 - \frac{n_1 \cdot (n_1+1)}{2}$$
$$U_2 = R_2 - \frac{n_2 \cdot (n_2+1)}{2}$$

Im vorliegenden Beispiel ergibt sich Folgendes:

$$U_1 = 205{,}5 - \frac{11 \cdot 12}{2} = 139{,}5$$
$$U_2 = 290{,}5 - \frac{20 \cdot 21}{2} = 80{,}5$$

Eine weitere Kontrollmöglichkeit bietet jetzt die Beziehung

$$U_1 + U_2 = n_1 \cdot n_2$$

Im vorliegenden Fall wird hieraus

$$139{,}5 + 80{,}5 = 11 \cdot 20$$

Übereinstimmend ergibt sich auf beiden Seiten der Wert 220.

Die Prüfgröße U des U-Tests ist nun der kleinere der beiden Werte U_1 und U_2:

$$U = Minimum(U_1, U_2)$$

Im gegebenen Beispiel ist demnach $U = 80{,}5$. Diesen Wert vergleicht man mit den zu $n_1 = 11$ und $n_2 = 20$ gehörenden kritischen Werten der U-Tabelle. Der berechnete U-Wert muss kleiner oder gleich dem kritischen U-Wert sein, wenn Signifikanz auf der betreffenden Stufe vorliegen soll.

Im gegebenen Beispiel ist auf der 0,05-Stufe der kritische Tabellenwert 62; die Signifikanz ist also verfehlt.

In der U-Tabelle sind die kritischen U-Werte bis $n_2 = 20$ aufgeführt. Wird $n_2 > 20$, so nutzt man die Tatsache aus, dass sich die Verteilung von U sehr schnell einer Normalverteilung nähert. Man rechnet dann die errechnete Prüfgröße U in einen z-Wert um:

$$z = \frac{\frac{n_1 \cdot n_2}{2} - U}{\sqrt{\frac{n_1 \cdot n_2 \cdot (n_1 + n_2 + 1)}{12}}}$$

In unserem Beispiel ergibt sich

$$z = \frac{\frac{11 \cdot 20}{2} - 80{,}5}{\sqrt{\frac{11 \cdot 20 \cdot 32}{12}}} = 1{,}22$$

Laut z-Tabelle gehört hierzu ein p-Wert von 0,222. Ähnlich deutlich verfehlt war die Signifikanz mit dem t-Test.

Treten mehrfach geteilte Rangplätze auf, ist zur Berechnung von z eine etwas modifizierte Formel zu verwenden:

$$z = \frac{\frac{n_1 \cdot n_2}{2} - U}{\sqrt{\frac{n_1 \cdot n_2}{12 \cdot n \cdot (n-1)} \cdot \left(n^3 - n - \sum_{j=1}^{m} (t_j^3 - t_j)\right)}}$$

Dabei steht m für die Anzahl der mehrfach auftretenden Werte und t_j für die Häufigkeit, mit welcher der j-te mehrfach auftretende Wert vorkommt.

Im vorliegenden Beispiel treten mehrere Werte (und damit Rangplätze) gehäuft auf:

Der Wert 23 tritt 3-mal auf,
der Wert 24 tritt 2-mal auf,
der Wert 25 tritt 5-mal auf,
der Wert 26 tritt 3-mal auf,
der Wert 27 tritt 2-mal auf,
der Wert 28 tritt 3-mal auf,
der Wert 29 tritt 3-mal auf,
der Wert 30 tritt 3-mal auf,
der Wert 34 tritt 2-mal auf.

Damit ist $m = 9$ und

$$\sum_{j=1}^{9}(t_j^3 - t_j) = 3 \cdot (2^3 - 2) + 5 \cdot (3^3 - 3) + (5^3 - 5) = 258$$

Für den modifizierten z-Wert ergibt sich somit

$$z = \frac{\frac{11 \cdot 20}{2} - 80{,}5}{\sqrt{\frac{11 \cdot 20}{12 \cdot 31 \cdot 30} \cdot (31^3 - 31 - 258)}} = 1{,}22$$

Der z-Wert hat sich also gegenüber der unkorrigierten Formel bei zwei Nachkommastellen nicht verändert.

10.2 Der Wilcoxon-Test

Der von F. Wilcoxon entwickelte Test dient zum Vergleich zweier abhängiger Stichproben bzgl. ihrer zentralen Tendenzen (Mediane), wobei die Differenzen zusammengehöriger Messwertpaare nicht wie beim t-Test für abhängige Stichproben normalverteilt sein müssen. Im Falle nicht-gegebener Normalverteilung der Differenzen oder beim Vorliegen von Ordinalniveau ersetzt der Wilcoxon-Test also den t-Test für abhängige Stichproben. Wendet man den Wilcoxon-Test bei normalverteilten Differenzen an, so besitzt er eine Effizienz von 95 % des t-Tests.

Die häufigste Anwendung findet der Test in der Situation, dass Messwerte einer Person zu zwei verschiedenen Zeitpunkten vorliegen. Diese typische Testsituation ist im folgenden Beispiel gegeben.

Patienten mit einer psychiatrischen Erkrankung nahmen an einer Bewegungstherapie teil. Vor und nach dieser Therapie wurde eine so genannte Beschwerden-Liste ausgefüllt, die insgesamt 24 Beschwerden (zum Beispiel Kurzatmigkeit, Mattigkeit, Reizbarkeit, Schlaflosigkeit usw.) enthielt. Bei den einzelnen Beschwerden musste jeweils eine der Codierungen

1 = stark
2 = mäßig
3 = kaum
4 = gar nicht

angekreuzt werden. Die Summe aller angekreuzten Codierungen ergab einen Beschwerden-Score.

Die Wertepaare, die sich für jeden der 24 Patienten für den Beschwerden-Score vor und nach der Therapie ergeben, sind in Tabelle 10.2 aufgeführt. Der Median der Werte vor der Therapie ist 39,5, derjenige nach der Therapie 30,5. Es soll die Frage geklärt werden, ob dieser Unterschied signifikant ist.

Erstellt man ein Histogramm der Differenzen der jeweils zusammengehörigen Werte, so erhält man eine Verteilung, die recht deutlich von der Normalverteilung abweicht. Als passenden statistischen Test wählt man daher den Wilcoxon-Test.

Tabelle 10.2 enthält für jeden Patienten den Beschwerden-Score vor und nach der Therapie, die Differenz d dieser Werte, die absolute Differenz, die nach diesen absoluten Differenzen ermittelte Rangreihe (wobei die kleinste Differenz den Rangplatz 1 erhält und Nulldifferenzen unberücksichtigt bleiben) und noch einmal in zwei Spalten getrennt die Rangplätze für positive und negative Differenzen.

vor	nach	d	$\|d\|$	Rang	Rang bei $d > 0$	Rang bei $d < 0$
45	30	15	15	18,5	18,5	
52	22	30	30	22	22	
32	37	−5	5	8		8
23	16	7	7	14	14	
27	23	4	4	4	4	
38	33	5	5	8	8	
30	25	5	5	8	8	
46	24	22	22	21	21	
59	54	5	5	8	8	
30	42	−12	12	17		17
42	27	15	15	18,5	18,5	
51	31	20	20	20	20	
47	44	3	3	3	3	
37	31	6	6	12,5	12,5	
17	17	0				
55	21	34	34	23	23	
48	43	5	5	8	8	
24	30	−6	6	12,5		12,5
37	32	5	5	8	8	
41	33	8	8	15,5	15,5	
20	19	1	1	1	1	
41	36	5	5	8	8	
18	16	2	2	2	2	
51	43	8	8	15,5	15,5	
Summe					238,5	37,5

Tabelle 10.2: Rechenschritte zum Wilcoxon-Test

Bei gleichen Messwerten wurden entsprechend geteilte Rangplätze vergeben (vgl. Abschnitt 10.1).

Durch eine auftretende Nulldifferenz hat sich die Anzahl der relevanten Wertepaare von ursprünglich $n = 24$ auf $n = 23$ verringert. Eine Kontrollmöglichkeit bietet jetzt die Beziehung

$$T_1 + T_2 = \frac{n \cdot (n+1)}{2}$$

Dabei sind T_1 und T_2 die beiden nach positiven und negativen Differenzen aufgeteilten Rangsummen, hier also

$$T_1 = 238{,}5 \quad T_2 = 37{,}5$$

Damit ergibt sich die Kontrollbeziehung zu

$$238{,}5 + 37{,}5 = \frac{23 \cdot 24}{2}$$

Beide Seiten ergeben übereinstimmend den Wert 276. Die Prüfgröße T des Wilcoxon-Tests ist der kleinere der beiden T-Werte:

$$T = Minimum(T_1, T_2)$$

Im vorliegenden Beispiel ist also $T = 37{,}5$. Diesen Wert vergleicht man mit den zu $n = 23$ gehörenden kritischen Werten der T-Tabelle. Ist der berechnete T-Wert kleiner oder gleich dem kritischen T-Wert, so liegt Signifikanz auf der betreffenden Stufe vor.

Wie sich der T-Tabelle entnehmen lässt, ist der kritische Wert bei $n = 23$ und dem 0,01-Signifikanzniveau 54. Es kann also ein sehr signifikanter Abfall der Beschwerden nachgewiesen werden.

In der T-Tabelle sind die kritischen Werte bis $n = 25$ aufgeführt. Bei größeren Fallzahlen nutzt man die Tatsache aus, dass sich dann die Verteilung von T einer Normalverteilung nähert. Man berechnet in diesem Fall aus der Prüfgröße T die Prüfgröße z:

$$z = \frac{\frac{n\cdot(n+1)}{4} - T}{\sqrt{\frac{n \cdot (n+1) \cdot (2 \cdot n + 1)}{24}}}$$

Im vorliegenden Beispiel würde sich Folgendes ergeben:

$$z = \frac{\frac{23\cdot 24}{4} - 37{,}5}{\sqrt{\frac{23 \cdot 24 \cdot 47}{24}}} = \frac{100{,}5}{\sqrt{1\,081}} = 3{,}06$$

Nach der z-Tabelle gehört hierzu ein p-Wert von 0,002, was einen sehr signifikanten Unterschied bedeutet.

Im Fall des Auftretens von geteilten Rangplätzen gibt es, ähnlich wie beim U-Test, eine modifizierte Formel für z. Ist m die Anzahl der mehrfach auftretenden Rangplätze und t_j die Häufigkeit, mit welcher der j-te mehrfach auftretende Rangplatz vorkommt, so wird

$$z = \frac{\frac{n\cdot(n+1)}{4} - T}{\sqrt{\frac{n \cdot (n+1) \cdot (2 \cdot n + 1)}{24} - \frac{\sum_{j=1}^{m}(t_j^3 - t_j)}{48}}}$$

Im gegebenen Beispiel gilt:

Der Rangplatz 8 tritt 7-mal auf,
der Rangplatz 12,5 tritt 2-mal auf,
der Rangplatz 15,5 tritt 2-mal auf,
der Rangplatz 18,5 tritt 2-mal auf.

Hiermit ist $m = 4$ und

$$\sum_{j=1}^{4}(t_j^3 - t_j) = (7^3 - 7) + 3 \cdot (2^3 - 2) = 354$$

Damit ergibt sich

$$z = \frac{\frac{23 \cdot 24}{4} - 37{,}5}{\sqrt{\frac{23 \cdot 24 \cdot 47}{24} - \frac{354}{48}}} = \frac{100{,}5}{\sqrt{1\,081 - 7{,}375}} = 3{,}07$$

Die Modifizierung des z-Werts hat sich bei zwei Nachkommastellen nicht ausgewirkt.

10.2.1 App für Tests mit 2 Stichproben

Nun können Sie sämtliche Übungen vom Übungsgenerator in nebenstehender App bearbeiten. Repetieren Sie hierfür nochmals den 2-Stichproben-t-Test und den Theorieteil zum U-Test. Die App finden Sie unter dem folgenden Link: *https://pearson-dach.shinyapps.io/imklartext_kap0910/*

QR-Code zum Einstieg in R und zu Kapitel 9 und 10

10.3 Der *H*-Test nach Kruskal und Wallis

Der von W. H. Kruskal und W. A. Wallis im Jahr 1952 vorgestellte H-Test dient zum Vergleich von mehr als zwei Stichproben hinsichtlich ihrer zentralen Tendenzen (Mediane), wobei die Werte beliebig verteilt sein können oder Ordinalniveau aufweisen dürfen. Im Falle nicht-gegebener Normalverteilung oder beim Vorliegen von Ordinalniveau ersetzt der H-Test also die einfaktorielle Varianzanalyse (Kapitel 13.1). Wendet man den H-Test bei normalverteilten Werten an, so besitzt er eine Effizienz von 95 % der Varianzanalyse.

Im Rahmen einer Bevölkerungsumfrage wurden die befragten Personen u. a. nach ihrer Schulbildung und ihrer politischen Selbsteinschätzung gefragt. Dabei war für die Schulbildung folgende Codierung vorgegeben:

1 = Hauptschule
2 = Mittlere Reife
3 = Abitur

Die politische Selbsteinschätzung war auf einer zehn Punkte umfassenden Skala (von 1 = ganz links bis 10 = ganz rechts) vorzunehmen.

Die Werte der beiden Variablen sind in Tabelle 10.3 aufgeführt. Berechnet man getrennt nach den drei Kategorien der Schulbildung den Median (für gehäufte Daten) der politischen Selbsteinschätzung, so ergibt sich für Hauptschüler der Wert 6,25, für Personen mit Mittlerer Reife der Wert 5,25 und für Personen mit Abitur der Wert 4,00.

Es soll getestet werden, ob der Unterschied zwischen diesen Werten signifikant ist. Etwas präziser formuliert, soll geprüft werden, ob die Nullhypothese „Die drei Kategorien der Schulbildung unterscheiden sich nicht bezüglich der politischen Selbsteinschätzung“ beizubehalten ist oder verworfen werden muss. Da Daten auf Ordinalniveau vorliegen, wird der H-Test nach Kruskal und Wallis benutzt.

Tabelle 10.3 enthält, getrennt nach den drei Kategorien der Schulbildung, die von den einzelnen befragten Personen abgegebenen Skalenwerte und den entsprechenden Rangplatz. Dabei wurde eine gemeinsame Rangreihe über die drei Stichproben vorgenommen, wobei der kleinste Wert den Rangplatz 1 erhielt.

Hauptschule		Mittlere Reife		Abitur	
Wert	**Rang**	**Wert**	**Rang**	**Wert**	**Rang**
5	13	5	13	3	4
5	13	3	4	5	13
7	22,5	3	4	4	8
9	27	8	25,5	5	13
5	13	6	18,5	3	4
6	18,5	7	22,5	4	8
8	25,5	5	13	6	18,5
6	18,5	3	4	2	1
10	28	4	8		
		7	22,5		
		7	22,5		
Summe	179,0	Summe	157,5	Summe	69,5

Tabelle 10.3: Rechenschritte zum *H*-Test

Der Skalenwert 2 als kleinster Wert erhielt den Rangplatz 1. Der Skalenwert 3 tritt insgesamt fünfmal auf; die dafür zu vergebenden Ränge 2 bis 6 wurden zu dem mittleren Rangplatz 4 zusammengefasst usw.

Bezeichnet man allgemein die Anzahl der Stichproben mit k, die Stichprobenumfänge mit $n_i(i = 1, \ldots, k)$ und die Rangsummen in den Stichproben mit $T_i(i = 1, \ldots, k)$, so ist im gegebenen Beispiel also

$$k = 3 \quad n_1 = 9 \quad n_2 = 11 \quad n_3 = 8$$
$$T_1 = 179 \quad T_2 = 157{,}5 \quad T_3 = 69{,}5$$

Eine Kontrollmöglichkeit bietet die Beziehung

$$\sum_{i=1}^{k} T_i = \frac{n \cdot (n+1)}{2}$$

Dabei ist

$$n = \sum_{i=1}^{k} n_i$$

die Gesamtzahl der Werte, hier also

$$n = 9 + 11 + 8 = 28$$

Die Kontrollrechnung ergibt damit

$$179 + 157{,}5 + 69{,}5 = \frac{28 \cdot 29}{2}$$

Beide Seiten ergeben übereinstimmend den Wert 406.

Die Prüfgröße H des Kruskal-Wallis-Tests berechnet sich zu

$$H = \frac{12}{n \cdot (n+1)} \cdot \sum_{i=1}^{k} \frac{T_i^2}{n_i} - 3 \cdot (n+1)$$

Diese Prüfgröße ist χ^2-verteilt mit

$$df = k - 1$$

Freiheitsgraden.

Im vorliegenden Beispiel erhält man

$$H = \frac{12}{28 \cdot 29} \cdot (\frac{179^2}{9} + \frac{157{,}5^2}{11} + \frac{69{,}5^2}{8}) - 3 \cdot 29 = 7{,}862$$

und

$$df = 3 - 1 = 2$$

Freiheitsgrade.

Der berechnete H-Wert muss bei der gegebenen Zahl der Freiheitsgrade die kritischen Tabellenwerte der Chi-Quadrat-Tabelle übersteigen, damit eine Signifikanz auf der betreffenden Stufe vorliegt. Wie ein Blick in diese Tabelle ausweist, liegt eine Signifikanz auf der durch $p = 0{,}05$ gegebenen Stufe vor (kritischer Tabellenwert: 5,991). Es ergibt sich also das signifikante Ergebnis, dass Personen mit höherer Schulbildung mehr zu linker politischer Selbsteinschätzung tendieren.

Ähnlich wie beim U-Test wurde auch beim H-Test eine korrigierte Formel für den Fall entwickelt, dass Werte mehrfach auftreten und daher geteilte Rangplätze vergeben werden müssen.

Betrachtet man das vorliegende Beispiel, so treten wegen der recht kleinen Kategorienanzahl Werte häufig mehrfach auf:

Der Wert 3 tritt 5-mal auf,
der Wert 4 tritt 3-mal auf,
der Wert 5 tritt 7-mal auf,
der Wert 6 tritt 4-mal auf,
der Wert 7 tritt 4-mal auf,
der Wert 8 tritt 2-mal auf.

Im Falle des mehrfachen Auftretens von Werten berechnet man das Korrekturglied

$$c = 1 - \frac{\sum_{j=1}^{m} (t_j^3 - t_j)}{n^3 - n}$$

und korrigiert hiermit die Prüfgröße H zu

$$H_{\text{korr}} = \frac{H}{c}$$

Dabei ist m die Anzahl der mehrfach auftretenden Messwerte (hier $m = 6$) und t_j die Häufigkeit, mit der der j-te mehrfach auftretende Messwert vorkommt, also im gegebenen Beispiel

$$t_1 = 5 \quad t_2 = 3 \quad t_3 = 7 \quad t_4 = 4 \quad t_5 = 4 \quad t_6 = 2$$

Daraus ergibt sich

$$\sum_{j=1}^{m}(t_j^3 - t_j) = (5^3 - 5) + (3^3 - 3) + (7^3 - 7) + 2 \cdot (4^3 - 4) + (2^3 - 2) = 606$$

und hieraus

$$c = 1 - \frac{606}{28^3 - 28} = 0{,}9724$$

Damit berechnet sich der korrigierte H-Wert zu

$$H_{\text{korr}} = \frac{7{,}862}{0{,}9724} = 8{,}086$$

Der korrigierte H-Wert ist also etwas größer geworden. An der Signifikanzstufe zu $p = 0{,}05$ ändert dies allerdings nichts.

Ergibt der H-Test ein signifikantes Ergebnis ($p < 0{,}05$), so besagt dies, dass die Nullhypothese „Alle k Stichproben haben die gleiche zentrale Tendenz“ verworfen werden muss. Möchte man wissen, welche der k Stichproben sich im Einzelnen signifikant voneinander unterscheiden, muss man paarweise den U-Test nach Mann und Whitney ausführen (siehe Abschnitt 10.1).

Unter der App können Sie das eben besprochene Beispiel zusätzlich mit **R** lösen: *https://pearson-dach.shinyapps.io/imklartext_kap0910/*

10.4 Der Friedman-Test

Der von Milton Friedman entwickelte Test dient zum Vergleich von mehr als zwei abhängigen Stichproben, wobei nicht, wie bei der einfachen Varianzanalyse mit Messwiederholung, die Voraussetzung der Normalverteilung erfüllt sein muss. Auf die Varianzanalyse werden wir in Kapitel 13 näher eingehen. Häufigster Anwendungsfall ist der, dass eine Messung zu verschiedenen Zeitpunkten vorgenommen wurde.

Zehn Probanden nahmen an drei aufeinander folgenden Wochen an einem Wortgedächtnistest teil. Dabei wurden jeweils dreißig Wörter dargeboten, von denen die Probanden möglichst viele behalten sollten. Tabelle 10.4 zeigt die Ergebnisse.

Berechnet man zu den drei Zeitpunkten jeweils den Median, so erhält man der Reihe nach die Werte 11,5, 13 und 14; Mittelwertsberechnung würde die Werte 11,5, 12,6 und 13,4 ergeben.

Getestet werden soll, ob die Steigerung der Gedächtnisleistung über die drei Zeitpunkte signifikant ist oder, etwas präziser formuliert, ob die Nullhypothese „Alle drei Zeitpunkte zeigen in der Grundgesamtheit gleiche mittlere Werte“ beizubehalten oder abzulehnen ist.

Zu beachten ist, dass, wie im vorliegenden Fall gegeben, nur komplette Verläufe in die Berechnungen einbezogen werden können.

1. Woche	2. Woche	3. Woche
14	14	16
10	11	11
12	11	12
13	14	15
11	13	14
9	11	10
12	13	14
14	15	16
11	13	14
9	11	12

Tabelle 10.4: Ergebnisse eines Wortgedächtnistests

Für jeden Probanden (allgemein: für jeden Fall) wird eine Rangreihe der Werte erstellt, wobei der kleinste Wert den Rangplatz 1 erhält und bei gleichen Werten entsprechend gemittelte Rangreihen vergeben werden. Diese Rangzuordnungen sind in Tabelle 10.5 enthalten.

1. Woche	2. Woche	3. Woche
1,5	1,5	3
1	2,5	2,5
2,5	1	2,5
1	2	3
1	2	3
1	3	2
1	2	3
1	2	3
1	2	3
1	2	3
12,0	20,0	28,0

Tabelle 10.5: Rangplätze für den Friedman-Test

Die Rangsummen zu den einzelnen Zeitpunkten (allgemein: in den k Stichproben) werden mit $T_i (i = 1, \ldots, k)$ bezeichnet. Im gegebenen Beispiel gilt also

$$k = 3 \quad T_1 = 12 \quad T_2 = 20 \quad T_3 = 28$$

Bezeichnet man mit n den (für alle Stichproben gleichen) Stichprobenumfang (hier $n = 10$), so gilt die Kontrollbeziehung

$$\sum_{i=1}^{k} T_i = \frac{n \cdot k \cdot (k+1)}{2}$$

Im vorliegenden Fall ergibt sich

$$12 + 20 + 28 = \frac{10 \cdot 3 \cdot 4}{2}$$

Beide Seiten ergeben übereinstimmend den Wert 60.

Die von Friedman angegebene Prüfgröße ist

$$\chi^2 = \frac{12}{n \cdot k \cdot (k+1)} \cdot \sum_{i=1}^{k} T_i^2 - 3 \cdot n \cdot (k+1)$$

Diese Prüfgröße ist χ^2-verteilt mit

$$df = k - 1$$

Freiheitsgraden.

Im gegebenen Beispiel erhält man

$$\chi^2 = \frac{12}{10 \cdot 3 \cdot 4} \cdot (12^2 + 20^2 + 28^2) - 3 \cdot 10 \cdot 4 = 12{,}8$$
$$df = 3 - 1 = 2$$

Nach der Chi-Quadrat-Tabelle ist der berechnete Chi-Quadrat-Wert auf der 0,01-Stufe signifikant (kritischer Tabellenwert bei zwei Freiheitsgraden: 9,21).

Nicht geklärt mit dem Friedman-Test ist die Frage, welche Zeitpunkte sich im Einzelnen signifikant voneinander unterscheiden. Dies müsste man gegebenenfalls paarweise mit dem Wilcoxon-Test überprüfen (siehe Abschnitt 10.2).

Für die Fälle $k = 3$ und $n < 10$ sowie $k = 4$ und $n < 5$ ist die Chi-Quadrat-Verteilung der Prüfgröße nicht gegeben. Man benutzt in diesen beiden Fällen Tabelle 8 des Anhangs, in der die kritischen Grenzwerte zu drei Signifikanzniveaus angegeben sind. Ist der berechnete Wert größer oder gleich dem Tabellenwert, liegt Signifikanz auf der betreffenden Stufe vor.

Unter der App können Sie das eben besprochene Beispiel zusätzlich mit **R** lösen: *https://pearson-dach.shinyapps.io/imklartext_kap0910/*

10.5 Fallstudie zu Immobilienpreisen in Schweizer Gemeinden

Wir wenden nun das Erlernte anhand einer Fallstudie an: *https://pearson-dach.shinyapps.io/kap0910_FallstudieHomegate*. Es geht darum, zwei Schweizer Gemeinden anhand der Postleitzahl auszuwählen, und dann die zur Verfügung stehenden Wohnungen auf signifikante Unterschiede der monatlichen Mietpreise (in CHF) zwischen diesen Gemeinden zu analysieren. Die App bezieht die Daten zum aktuellen Stichtag, die gezeigten Daten hier im Buch wurden am 01.12.2021 anhand der Gemeinden **4600** (Olten) und **6600** (Locarno) gezogen.

QR-Code zur Homegate-Fallstudie

Der Einstieg in die App, abgesehen von der ersten Seite mit einer erneuten Erklärung der Test-Strategie, schaut wie in Abbildung 10.1 aus:

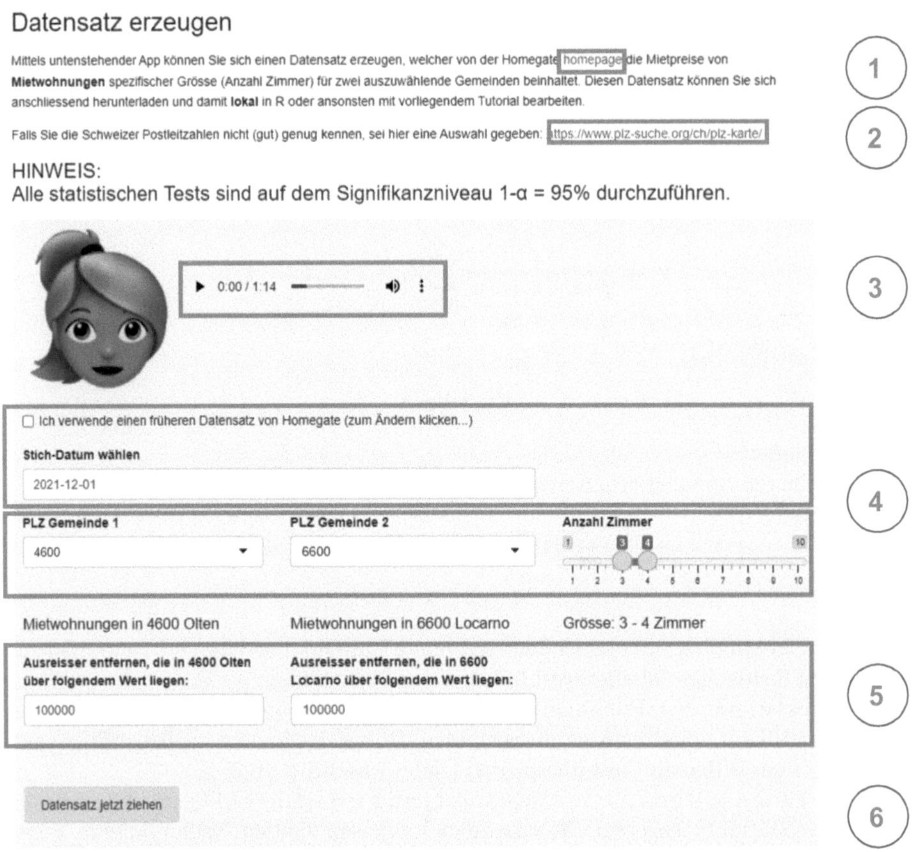

Abbildung 10.1: Einstieg in die Fallstudie Immobilienpreise

1. Die Homepage von **homegate** kann unter dem angegebenen Link eingesehen und ausprobiert werden, dies ist aber für die Bedienung der App nicht zentral.
2. Die Postleitzahlen der Schweizer Gemeinden können unter dem angegebenem Link eingesehen werden: *https://www.plz-suche.org/ch/plz-karte/*
3. Die Bedienung der App wird Ihnen interaktiv erklärt. Insbesondere müssen Sie bei Eingabe der Postleitzahlen die Rückstelltaste betätigen, und diese dann eingeben.
4. Wir können wählen, ob wir Echtzeitdaten von Homegate beziehen wollen (Stand heute aktuell) oder ob Daten aus früheren Beständen, die laufend auf dem Server aktualisiert werden, verwendet werden. Wir **deaktivieren** nun das Kästchen Nummer 4 und wählen als Auswertungsdatum den **01.12.2021**. Als Postleitzahlen verwenden wir aktuell **4600** Olten (ein Standort der Fachhochschule Nordwestschweiz) und **6600** Locarno. Natürlich wollen wir Wohnungen ähnlicher Größe vergleichen, deshalb wählen wir als untere Grenze zum Beispiel Wohnungen mit drei Zimmern und als obere Wohnungen mit vier Zimmern.

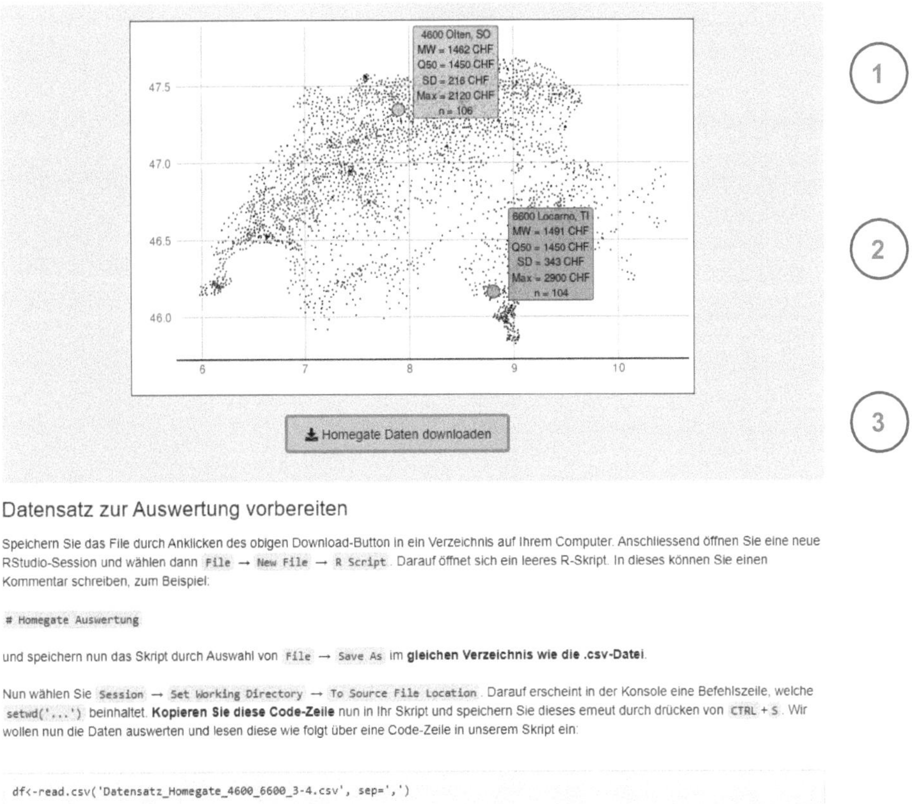

Abbildung 10.2: Resultat des Webscrapping für die Gemeinden Olten und Locarno, Dezember 2021

5. Teilweise gibt es auf der Homepage unrealistisch hohe Mietpreise (Fehleingaben) wie z. B. 123 456 CHF Miete pro Monat, daher entfernen wir Wohnungen mit Mietpreis über CHF 100 000 pro Monat
6. Sie drücken nun **Daten jetzt ziehen** und es werden Ihnen die verfügbaren Wohnungen in den beiden Gemeinden ausgegeben (Stand 01.12.2021). Haben Sie bitte **5 Sekunden Geduld**, drücken Sie die Taste bitte nur einmal. Falls Sie das Kästchen unter Punkt 4 wieder **aktivieren**, so würden Sie wie erwähnt Daten in Echtzeit scrappen. In diesem Fall bitten wir um ca. 30 Sekunden Geduld, und ebenfalls hier wäre es wichtig, die Taste zum Scrappen nur einmal zu betätigen.

Nach ca. 5 Sekunden Wartezeit zeigt die App folgende in Abbildung 10.2 gezeigte Punkte:

1. eine Karte der Schweiz, wobei die schwarzen Punkte die Zentrums-Koordinaten der Schweizer Gemeinden sind. Zum Ausführungstag am 01.12.2021 wurden in Olten $n_1 = 88$ 3–4-Zimmer-Wohnungen gefunden, welche zu einem mittleren Mietpreis von $\overline{x_1} = 1\,494$ CHF pro Monat vermietet werden. Die Streuung beträgt $s_1 = 319$ CHF.

PLZ	Mittelwert	Median	Streuung	Umfang
4600	1,494	1,425	319	88
6600	1,631	1,492	497	65

1

Durchführen eines 2-Stichproben-Testes für die Mieten nach Gemeinde

Schritt 1: Auf Normalverteilung testen

Gemäss Test-Strategie auf Seite 1 dieses Tutorials ist zuerst ein Test auf Normalverteilung durchzuführen. In R wird eine Stichprobe mittels des Kommandos `shapiro.test()` auf Normalverteilung getestet.

Der Shapiro-Test hat die Nullhypothese $\mathbf{H_0}$: Die Daten in der Grundgesamtheit **sind** normal verteilt (1-α = 95%)

Die Alternativhypothese $\mathbf{H_A}$ lautet: Die Daten in der Grundgesamtheit **sind nicht** normal verteilt (α = 5%). 2

Die Stichprobe für die Postleitzahl 4600 wird wie folgt auf Normalverteilung getestet (diesen Code fügen Sie Ihrem Skript hinzu):

```
shapiro.test(df$Miete[which(df$PLZ==4600)])
```

Resultat:

```
        Shapiro-Wilk normality test

data:  df$Miete[which(df$PLZ == input$plz1)]
W = 0.86981, p-value = 2.906e-07
```

3

Die Stichprobe für die Postleitzahl 6600 wird wie folgt auf Normalverteilung getestet (diesen Code fügen Sie Ihrem Skript hinzu):

```
shapiro.test(df$Miete[which(df$PLZ==6600)])
```

Resultat:

```
        Shapiro-Wilk normality test

data:  df$Miete[which(df$PLZ == input$plz2)]
W = 0.8126, p-value = 1.42e-07
```

4

Der p-Wert des Shapiro-Testes für die Mieten in der Postleitzahl 4600 lautet **p = 0%**. Da dieser Wert **unter** α = 5% fällt, ist die Nullhypothese $\mathbf{H_0}$ der Normalverteilung der Mieten zu **verwerfen**.
Der p-Wert des Shapiro-Testes für die Mieten in der Postleitzahl 6600 lautet **p = 0%**. Da dieser Wert **unter** α = 5% fällt, ist die Nullhypothese $\mathbf{H_0}$ der Normalverteilung der Mieten zu **verwerfen**.

Für das weitere Vorgehen kann also **NICHT von Normalverteilung ausgegangen werden.**

Abbildung 10.3: Schritt 1: Deskriptive Statistiken und Test auf Normalverteilung

2. In Locarno wurden $n_2 = 65$ Wohnungen zu einem mittleren Mietpreis von $\overline{x_2} = 1\,631$ CHF pro Monat gefunden. Das Mietpreisniveau scheint somit relativ ähnlich zu sein. Die Streuung ist mit $s_2 = 497$ CHF aber um einiges höher.
3. Die Daten können in im csv-Format auf den eigenen Rechner gespeichert werden. Weiter unten erklärt die App, wie die Daten lokal in **R** eingelesen und dann weiter bearbeitet werden. Auf der Folgeseite der App wird gemäß Abbildung 9.1. die Test-Strategie zum 2-Stichproben-Mittelwert-Test angewandt.

Auf der Folgeseite, gezeigt in Abbildung 10.3, erhalten wir die deskriptive Statistiken und den dazugehörigen **R**-Code.

1. Für einen Überblick werden die deskriptiven Statistiken ausgegeben.
2. Für beide Stichproben wird ein Normalverteilungstest angewendet.
3. Die Stichprobe der Mieten in Olten ist gemäß p-Wert **nicht normalverteilt**.
4. Die Stichprobe der Mieten in Locarno ist gemäß p-Wert **nicht normalverteilt**.

In einem letzten Schritt, gezeigt in Abbildung 10.4, werden die eigentlichen Tests durchgeführt. Da Normalverteilung der Monatsmieten im aktuellen Fall nicht gegeben ist, wird demzufolge ein nicht-parametrischer U-Test angewandt.

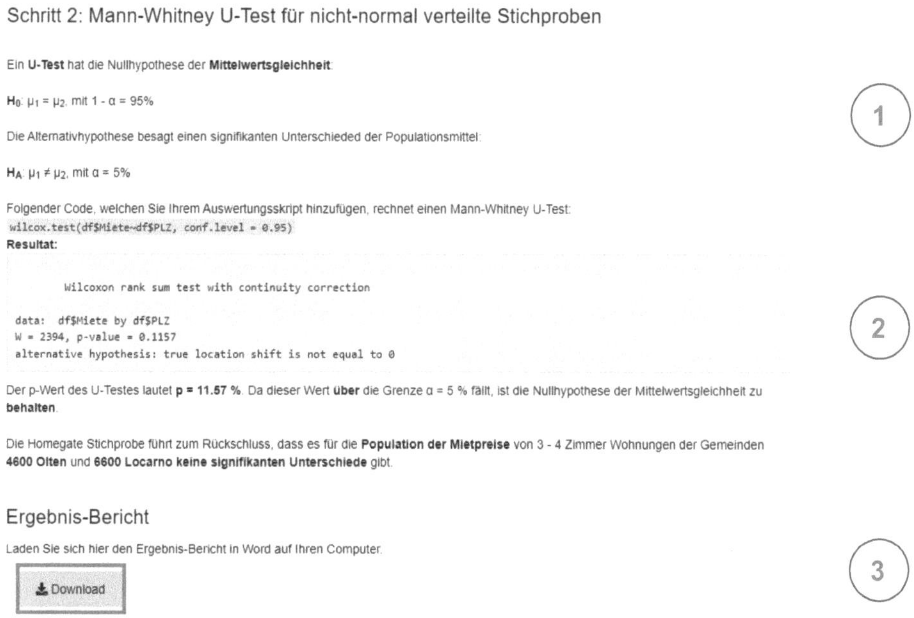

Schritt 2: Mann-Whitney U-Test für nicht-normal verteilte Stichproben

Ein **U-Test** hat die Nullhypothese der **Mittelwertsgleichheit**:

H_0: $\mu_1 = \mu_2$, mit $1 - \alpha = 95\%$

Die Alternativhypothese besagt einen signifikanten Unterschieded der Populationsmittel:

H_A: $\mu_1 \neq \mu_2$, mit $\alpha = 5\%$

Folgender Code, welchen Sie Ihrem Auswertungsskript hinzufügen, rechnet einen Mann-Whitney U-Test:

```
wilcox.test(df$Miete~df$PLZ, conf.level = 0.95)
```

Resultat:

```
        Wilcoxon rank sum test with continuity correction

data:  df$Miete by df$PLZ
W = 2394, p-value = 0.1157
alternative hypothesis: true location shift is not equal to 0
```

Der p-Wert des U-Testes lautet **p = 11.57 %**. Da dieser Wert **über** die Grenze α = 5 % fällt, ist die Nullhypothese der Mittelwertsgleichheit zu **behalten**.

Die Homegate Stichprobe führt zum Rückschluss, dass es für die **Population der Mietpreise** von 3 - 4 Zimmer Wohnungen der Gemeinden **4600 Olten** und **6600 Locarno keine signifikanten Unterschiede** gibt.

Ergebnis-Bericht

Laden Sie sich hier den Ergebnis-Bericht in Word auf Ihren Computer.

Download

1

2

3

Abbildung 10.4: Test-Resultate und Ergebnisbericht

1. Es werden H_0 und H_A des Tests und der relevante Code zum Testen angegeben.
2. Der p-Wert des Tests beträgt $p = 11{,}57\,\%$. Die Nullhypothese der Mittelwertgleichheit der Monatsmieten von 3–4-Zimmer-Wohnungen in Olten und Locarno kann daher auf dem 95 %-Niveau **nicht verworfen** werden.
3. Zusätzlich kann ein Word-Dokument mit den relevanten **R**-Codes und Resultaten als Bericht heruntergeladen werden. Natürlich schadet es auch nicht, für Beispiele mit kleinen Fallzahlen n_1 und n_2 die Rechnungen **von Hand** durchzuführen.

ZUSAMMENFASSUNG

- Möchte man die Beziehungen zwischen zwei Variablen untersuchen, gibt es im Prinzip zwei Möglichkeiten. Die erste Möglichkeit ist die Verwendung einer (kategorialen) Variable als Gruppierungsvariable. Anschließend werden die entstehenden Gruppen auf signifikante Unterschiede bezüglich ihrer Mittelwerte bzw. Mediane getestet. Die zweite Möglichkeit besteht darin, dass der Zusammenhang zwischen zwei Variablen mithilfe eines Korrelationskoeffizienten beschrieben wird. Diese Möglichkeit wird in Kapitel 11 behandelt.
- An Signifikanztests stehen im Normalverteilungsfall der t-Test nach Student, der t-Test für abhängige Stichproben und die einfaktorielle Varianzanalyse (s. Kapitel 13) zur Verfügung. Im Falle beliebiger Verteilung entsprechen diesen Tests der U-Test nach Mann und Whitney, der Wilcoxon-Test und der H-Test nach Kruskal und Wallis.

10.6 Übungen

1. Bei einem Seminar beklagen sich die Studenten, die Studentinnen würden durch ihre Unpünktlichkeit den Lehrbetrieb stören, was diese natürlich bestreiten. Beim nächsten Mal notiert der Professor heimlich die Reihenfolge des Eintreffens: Hans und Ernst gemeinsam, Gisela, Erich zusammen mit Hanna, gemeinsam Emil, Karl und Heinz, dann Ria, Theo, Gerda, Heinrich, Peter, Helga zusammen mit Monika, Uli und schließlich gemeinsam Anke und Erika. Besteht ein signifikanter Unterschied zwischen den beiden Geschlechtern bezüglich ihrer Eintreffzeit?
2. Rechnen Sie das Problem der Übung 9.2 mit dem Wilcoxon-Test.
3. Rechnen Sie das folgende Problem mit dem H-Test nach Kruskal und Wallis:

   Drei verschiedene Gruppen von männlichen Versuchspersonen nahmen an einem Leistungstest teil, wobei die einzelnen Gruppen auf verschiedene Weise motiviert wurden. So sollte der Beste der Gruppe A mit einer Urkunde, der Beste der Gruppe B mit einem Geldpreis und der Beste der Gruppe C mit einem Abendessen belohnt werden. Die Versuchspersonen erzielten dabei die folgenden Punktwerte:

A:	29, 32, 34, 24, 29, 33, 30
B:	34, 33, 29, 37, 35, 38, 30, 33
C:	41, 40, 35, 44, 36, 39

   Unterscheiden sich die verschiedenen Motivationsarten signifikant?
4. Acht Schüler mit schlechten Mathematiknoten nahmen Nachhilfeunterricht. In der folgenden Tabelle sind die Noten der letzten Klassenarbeit vor dem Nachhilfeunterricht und der drei nachfolgenden Arbeiten aufgeführt.

Arbeit vor	1. Arbeit danach	2. Arbeit danach	3. Arbeit danach
5	4	4	3
4	4	5	4
4	3	3	3
6	5	4	5
4	3	3	2
5	3	4	5
4	4	3	3
5	5	3	3

   Prüfen Sie mit einem Friedman-Test, ob es einen signifikanten Übungsfortschritt gibt.
5. Lösen Sie die Aufgaben 1–4 zusätzlich unter *https://pearson-dach.shinyapps.io/imklartext_kap0910/* mit **R**.
6. Bearbeiten Sie das Tutorial ‚Daten einlesen und selbst bearbeiten mit **R**' unter *https://pearson-dach.shinyapps.io/imklartext_kap0910/* mit **R**. Achten Sie darauf, dass Sie Daten lokal von Ihrem Rechner einlesen und analysieren können.

7. Rechnen Sie einen 2-Stichproben-Test für die Mietpreise der Gemeinden 8618 Oetwil am See und 8712 Stäfa zum Stichtag 01.12.2021: *https://pearson-dach.shinyapps.io/kap0910_FallstudieHomegate/*. Rechnen Sie zuerst von Hand und anschließend mit **R**. Die Daten sind nachstehend sortiert pro Postleitzahl (PLZ) ausgegeben. Es wird auf einem Signifikanzniveau von $1 - \alpha = 99{,}0\,\%$ gerechnet.

PLZ	8618	8618	8618	8618	8618	8712	8712	8712	8712	8712	8712	8712
Miete	1 450	1 595	1 630	1 680	1 950	1 536	1 760	1 874	1 999	2 050	2 250	3 780

Korrelation und Regression

11

ÜBERBLICK

LERNZIELE

- Produkt-Moment-Korrelation, Rangkorrelation, Vierfelderkorrelation, punktbiseriale Korrelation
- Scheinkorrelation, partielle Korrelation
- lineare Regression
- nicht-lineare Regression
- multiple lineare Regression

QR-Code zu Kapitel 11

Wir lernen Teile der in diesem Kapitel besprochenen Lerninhalte wiederum interaktiv: *https://pearson-dach.shinyapps.io/imklartext_kap11.*

In diesem Kapitel geht es um die Analyse des Zusammenhangs zwischen zwei Variablen, und zwar um die Beschreibung dieses Zusammenhangs mithilfe des so genannten Korrelationskoeffizienten.

Dabei handelt es sich um Zusammenhänge der Art „je größer die eine Variable, desto größer die andere" oder auch „je größer die eine Variable, desto kleiner die andere". Daraus ist zu schließen, dass Korrelationskoeffizienten nur dann berechnet werden können, wenn die beteiligten Variablen mindestens ordinalskaliert oder aber dichotom sind. Ausgeschlossen sind also nominalskalierte Variablen mit mehr als zwei Kategorien.

Im Folgenden wollen wir einige Zusammenhänge zwischen intervallskalierten Variablen betrachten. Es sind dies Variablen, die bestimmte Angaben der Staaten der Erde beinhalten. Die Daten können Sie in der Datei `imklartext.RData` (bzw. darin im dataframe `Welt`) betrachten, die nacheinander die folgenden Angaben enthält:

Landesbezeichnung
mittlere Lebenserwartung Männer
mittlere Lebenserwartung Frauen
Bevölkerungszuwachs (Prozent)
prozentualer Anteil der Stadtbevölkerung
mittlere tägliche Kalorienaufnahme
Einwohnerdichte

Die Zusammenhänge sind jeweils in Form einer Punktwolke in einem Streudiagramm dargestellt. Im ersten Beispiel (Abbildung 11.1) ist die mittlere Lebenserwartung der Frauen gegen die mittlere Lebenserwartung der Männer aufgetragen.

Jeder markierte Punkt entspricht einem Staat. Man sieht sehr deutlich einen strengen *linearen* Zusammenhang zwischen den beiden Variablen. Die Punkte schmiegen sich eng an eine imaginäre Gerade an, die von links unten nach rechts oben verläuft: Je größer die Lebenserwartung der Männer, desto größer die Lebenserwartung der Frauen.

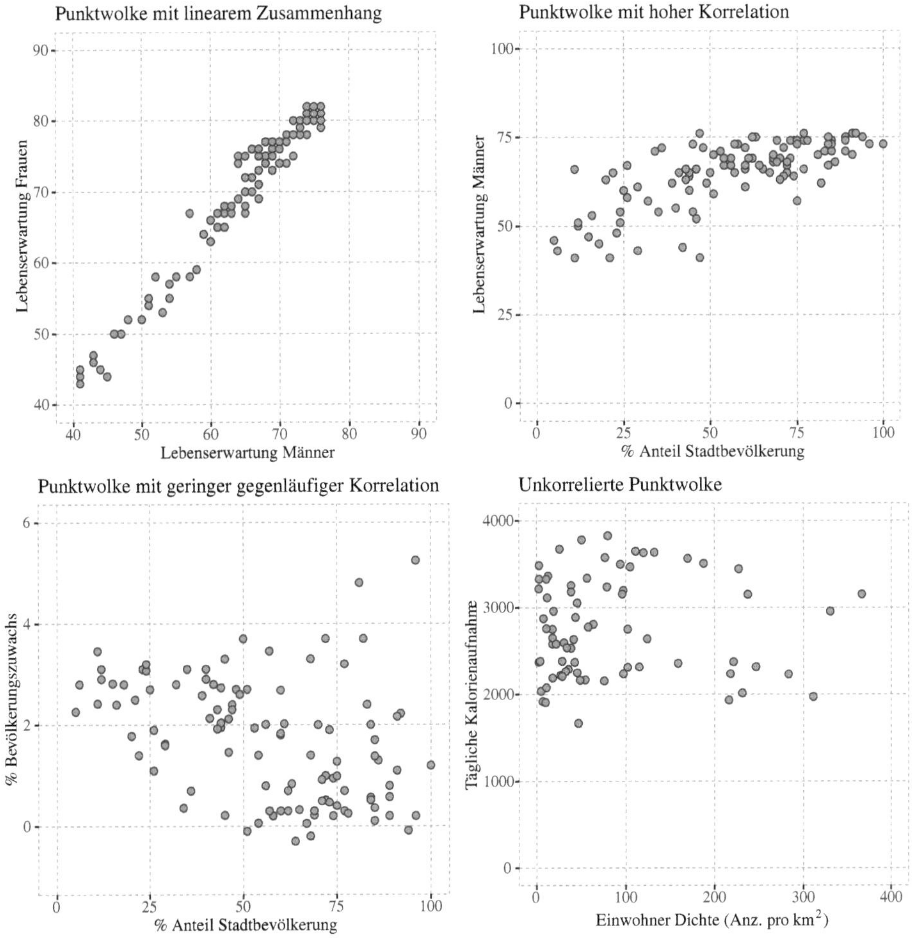

Abbildung 11.1: Punktwolken ausgewählter Variablen

Die Strenge oder besser *Stärke* eines linearen Zusammenhangs kann durch eine Maßzahl beschrieben werden, die man, wie schon erwähnt, *Korrelationskoeffizient* nennt. Dieser wird für Stichproben mit dem Kleinbuchstaben r bezeichnet und für die Grundgesamtheit mit dem griechischen Buchstaben ρ (Rho) und liegt stets in den Grenzen von -1 bis $+1$:

$$-1 \leq r \leq +1$$

Liegen die Punkte exakt auf einer Geraden, so beträgt der Korrelationskoeffizient bei positiver Steigung $r = +1$, bei negativer Steigung $r = -1$. Für die Stärke des Zusammenhangs ist allein der Betrag des Korrelationskoeffizienten maßgebend. Das Vorzeichen gibt an, ob der Zusammenhang gleichläufig (wie im betrachteten Beispiel) oder gegenläufig ist. Dabei ist die in Tabelle 11.1 vorgestellte Einstufung üblich.

Die Berechnung des Korrelationskoeffizienten nach der für intervallskalierte (und normalverteilte) Variablen üblichen Produkt-Moment-Korrelation nach Pear-

Korrelationskoeffizient	Einstufung
$0{,}0 < \|r\| \leq 0{,}2$	sehr geringe Korrelation
$0{,}2 < \|r\| \leq 0{,}5$	geringe Korrelation
$0{,}5 < \|r\| \leq 0{,}7$	mittlere Korrelation
$0{,}7 < \|r\| \leq 0{,}9$	hohe Korrelation
$0{,}9 < \|r\| \leq 1{,}0$	sehr hohe Korrelation

Tabelle 11.1: Einstufung des Korrelationskoeffizienten

son (siehe Abschnitt 11.1) ergibt den Wert $r = 0{,}990$, also einen Wert nahe beim Maximalwert 1 und damit einen sehr hohen Zusammenhang.

Im zweiten Beispiel (oben rechts in Abbildung 11.1) ist der Zusammenhang zwischen der mittleren Lebenserwartung der Männer und dem prozentualen Anteil der Bevölkerung dargestellt, der in Städten wohnt. Auch hier ist ein deutlicher gleichläufiger Zusammenhang zu erkennen, der aber nicht ganz so ausgeprägt ist wie im ersten Beispiel, was sich demzufolge auch im allerdings immer noch hohen Korrelationskoeffizienten $r = 0{,}750$ niederschlägt.

In diesem Beispiel kann man zwischen einer abhängigen und einer unabhängigen Variable unterscheiden, wobei man dann die abhängige Variable auf der y-Achse und die unabhängige auf der x-Achse aufträgt. Es dürfte klar sein, dass die Lebenserwartung als von der Urbanität abhängig betrachtet werden kann und nicht umgekehrt die Urbanität als von der Lebenserwartung abhängig. Für die Berechnung des Korrelationskoeffizienten spielt diese Einteilung nach abhängiger und unabhängiger Variable keine Rolle, wohl aber für die in Abschnitt 11.8 vorgestellte Regressionsrechnung. Mit deren Hilfe kann die Gleichung der *Regressionsgeraden* ermittelt werden. Die Gleichung stellt eine imaginäre Gerade dar, an die sich die Punkte des Streudiagramms mehr oder weniger stark anschmiegen. Im dritten Beispiel (unten links in Abbildung 11.1) wird der Bevölkerungszuwachs in Abhängigkeit von der Urbanität dargestellt. Hier muss man schon etwas genauer hinsehen, um einen schwachen gegenläufigen Trend zu erkennen; der Korrelationskoeffizient ist mit $r = -0{,}371$ gering und gegenläufig.

Im letzten Beispiel ist die tägliche Kalorienaufnahme in Abhängigkeit von der Einwohnerdichte aufgetragen. Hier liegt offenbar keinerlei Zusammenhang vor, was auch durch den Korrelationskoeffizienten $r = -0{,}003$ dokumentiert wird.

Sie sollten nun in der Lage sein, Werte von Korrelationskoeffizienten richtig einzuordnen. Auch bei der Korrelationsrechnung stellt sich aber die Frage, ob die Werte der berechneten Korrelationskoeffizienten signifikant (genauer: signifikant verschieden von null) sind. Dies ist stets abhängig vom Betrag des Korrelationskoeffizienten und von der zugrunde liegenden Fallzahl.

Auf einen wichtigen Umstand sei noch hingewiesen. Es sind (wenn auch recht selten auftretende) Fälle denkbar, in denen zwischen zwei Variablen zwar ein Zusammenhang besteht, dennoch aber der Korrelationskoeffizient keinen signifikanten Wert ausweist. Dies kann dann vorkommen, wenn der Zusammenhang nicht linear ist, sondern zum Beispiel U-förmig ist.

Der von den Kunden eines Geschäfts ausgegebene Betrag steigt zunächst mit dem verfügbaren Einkommen an, um dann aber bei höherem Einkommen wieder abzufallen. Dieser Effekt kann dadurch zustande kommen, dass die höheren Einkommensschichten ein anderes Geschäft bevorzugen.

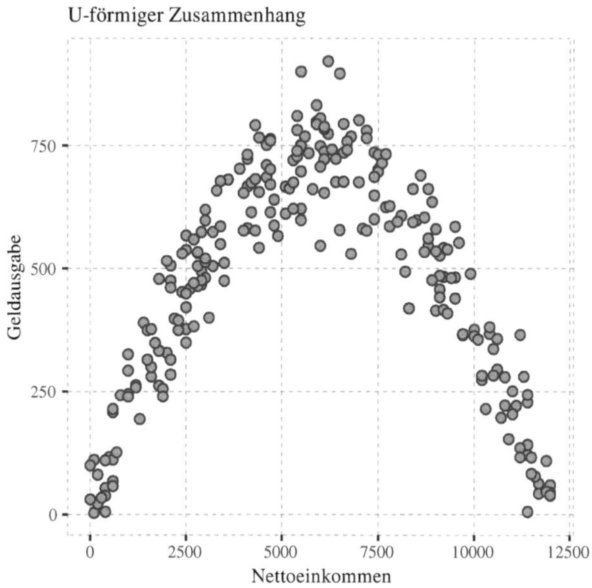

Abbildung 11.2: U-förmiger Zusammenhang

Niemand wird bestreiten können, dass ein deutlicher Zusammenhang zwischen Einkommen und Geldausgabe besteht (Abbildung 11.2). Dennoch erhalten Sie, wenn Sie nun den Korrelationskoeffizienten berechnen, einen Wert nahe null. Die Berechnung des Korrelationskoeffizienten ist daher nur bei linearen Zusammenhängen sinnvoll und versagt etwa bei U-förmigen Zusammenhängen völlig.

Es empfiehlt sich bei intervallskalierten Variablen deshalb dringend, vor Berechnung des Korrelationskoeffizienten zunächst das zugehörige Streudiagramm zu betrachten.

Abbildung 11.3 zeigt Streudiagramme mit verschiedenen Korrelationen ρ. Hierfür wurden $n = 1\,000$ normalverteilte Datenpunkte (x_i, y_i) simuliert.

Es ist wichtig zu erkennen, dass die Korrelation nur den Grad des linearen Zusammenhangs misst. Eine Korrelation von $\rho = 0$ heißt somit nur, dass ein linearer Zusammenhang nicht bestätigt werden kann, es aber trotzdem einen Zusammenhang von anderer Form geben kann! Hier sei nochmals auf den U-förmigen Zusammenhang in Abbildung 11.2 hingewiesen.

Je nach Skalenniveau der beteiligten Variablen gibt es verschiedene Verfahren zur Berechnung des Korrelationskoeffizienten. Eine Übersicht über die in den nachfolgenden Abschnitten behandelten Verfahren bietet Tabelle 11.2.

Ein weiterer Abschnitt beschäftigt sich mit der Regressionsanalyse, also der Analyse der Art des Zusammenhangs von intervallskalierten und normalverteilten Variablen.

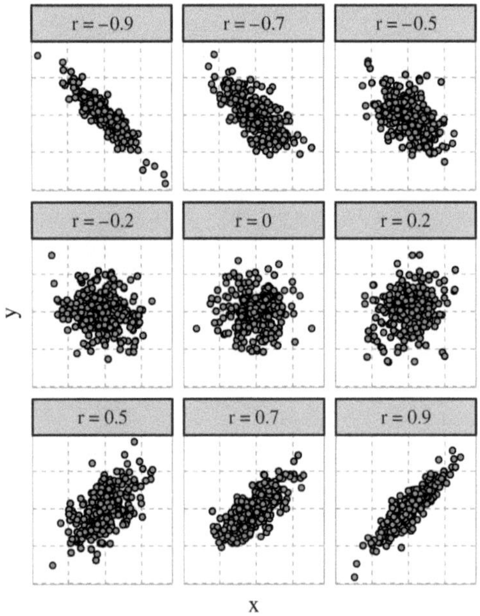

Abbildung 11.3: Übersicht von Streudiagrammen mit verschiedenen Korrelationen

Skalenniveau	Verfahren
beide Variablen intervallskaliert und normalverteilt	Produkt-Moment-Korrelation nach Pearson; partielle Korrelation
mindestens eine Variable ordinalskaliert oder nicht normalverteilt	Rangkorrelation nach Spearman; Rangkorrelation nach Kendall
eine Variable dichotom, die andere intervallskaliert und normalverteilt	punktbiseriale Korrelation
beide Variablen dichotom	Vierfelderkorrelation

Tabelle 11.2: Skalenniveaus und Korrelationskoeffizienten

11.1 Die Produkt-Moment-Korrelation

Der Produkt-Moment-Korrelationskoeffizient, auch Maßkorrelationskoeffizient oder Korrelationskoeffizient nach Pearson genannt, ist sozusagen der „klassische" Korrelationskoeffizient zur Beschreibung des Zusammenhangs zwischen zwei intervallskalierten und normalverteilten Variablen.

Von 11 Personen liegen Daten zur Körpergröße (in cm) und dem Körpergewicht (in kg) vor. Die Werte dieser beiden Variablen sind in Tabelle 11.3 enthalten.

In der Tabelle sind ferner die Quadrate der Werte und das Produkt der jeweiligen Wertepaare enthalten. Diese Größen werden zur Berechnung des Korrelationskoeffizienten benötigt. Dieser ist definiert durch

$$r = \frac{\sum_{i=1}^{n} (x_i - \overline{x}) \cdot (y_i - \overline{y})}{(n-1) \cdot s_x \cdot s_y}$$

Körpergröße (*x*)	Gewicht (*y*)	x^2	y^2	$x \cdot y$
178	61	31 684	3 721	10 858
165	52	27 225	2 704	8 580
164	50	26 896	2 500	8 200
168	57	28 224	3 249	9 576
171	58	29 241	3 364	9 918
162	57	26 244	3 249	9 234
173	63	29 929	3 969	10 899
173	67	29 929	4 489	11 591
165	52	27 225	2 704	8 580
164	57	26 896	3 249	9 348
173	66	29 929	4 356	11 418
1 856	640	313 422	37 554	108 202

Tabelle 11.3: Rechenschritte zur Produkt-Moment-Korrelation

Dabei sind $\overline{x}$ und $\overline{y}$ die Mittelwerte sowie s_x und s_y die Standardabweichungen der beiden korrelierten Variablen. Man sieht es der Formel nicht unbedingt an, aber der Produkt-Moment-Korrelationskoeffizient r nimmt, wie jeder andere Korrelationskoeffizient auch, Werte zwischen -1 und $+1$ an. Für die praktische Berechnung ist allerdings die folgende Formel zu empfehlen:

$$r = \frac{n \cdot \sum_{i=1}^{n} x_i \cdot y_i - \sum_{i=1}^{n} x_i \cdot \sum_{i=1}^{n} y_i}{\sqrt{\left(n \cdot \sum_{i=1}^{n} x_i^2 - (\sum_{i=1}^{n} x_i)^2\right) \cdot \left(n \cdot \sum_{i=1}^{n} y_i^2 - (\sum_{i=1}^{n} y_i)^2\right)}}$$

Die im gegebenen Beispiel benötigten Werte kann man der Summenzeile der obigen Tabelle entnehmen. Damit ergibt sich:

$$r = \frac{11 \cdot 108\,202 - 1\,856 \cdot 640}{\sqrt{(11 \cdot 313\,422 - 1\,856^2) \cdot (11 \cdot 37\,554 - 640^2)}} = 0{,}748$$

Sie werden zugeben, dass niemand alle diese Rechnungen noch per Hand ausführen wird, insbesondere dann nicht, wenn nicht elf, sondern beispielsweise einige hundert Fälle zu verarbeiten sind.

Im Beispiel ergibt sich eine positive Korrelation zwischen Körpergröße und Gewicht: Je größer eine Person ist, umso schwerer ist diese auch und umgekehrt. Angenommen, wir hätten in unserer Stichprobe nur zwei Wertepaare. In diesem Fall beträgt der Korrelationskoeffizient $r = \pm 1$, auch wenn kein linearer Zusammenhang besteht und der Korrelationskoeffizient der Grundgesamtheit $\rho = 0$ wäre, da durch zwei Datenpunkte immer eine Gerade gezeichnet werden kann. Aus diesem Grund muss man mit einem statistischen Test die Nullhypothese gegen die Alternativhypothese überprüfen:

$$H0\colon \rho = 0 \quad H1\colon \rho \neq 0$$

Die statistische Absicherung des Korrelationskoeffizienten gegen Null erfolgt über die t-verteilte Prüfgröße

$$t = \frac{r}{\sqrt{\frac{1-r^2}{n-2}}}$$

bei

$$df = n - 2$$

Freiheitsgraden. Der Term unter der Wurzel kann als Standardfehler der empirischen Korrelation unter H_0 verstanden werden.

Im gegebenen Beispiel ergibt sich durch Einsetzen des exakten Werts für die Korrelation ($r = 0{,}74754$)

$$t = \frac{0{,}748}{\sqrt{\frac{1-0{,}748^2}{11-2}}} = 3{,}376$$

Wie ein Blick in die t-Tabelle ausweist, ist dies bei $11 - 2 = 9$ Freiheitsgraden ein hoch signifikanter Wert ($p < 0{,}01$). Eine besondere Bedeutung kommt auch dem Quadrat des Korrelationskoeffizienten zu, welches als Bestimmtheitsmaß R^2 (auch: Determinationskoeffizient) bezeichnet wird:

$$R^2 = r^2$$

Das Bestimmtheitsmaß gibt den Anteil der gemeinsamen Varianz der beiden Variablen wieder. Im gegebenen Beispiel wird

$$R^2 = 0{,}748^2 = 0{,}5588$$

In Prozenten ausgedrückt bedeutet dies, dass der Anteil der gemeinsamen Varianz der beiden Variablen Körpergröße und Gewicht 55,9 % beträgt.

11.2 Die Rangkorrelation nach Spearman

Der Rangkorrelationskoeffizient nach Spearman wird zwischen zwei Variablen berechnet, die mindestens ordinalskaliert sind. Sie ist auch bei intervallskalierten Variablen zu benutzen, wenn keine Normalverteilung gegeben ist.

Wie bei allen nicht-parametrischen Verfahren werden nicht die eigentlichen Messwerte formelmäßig verarbeitet, sondern die diesen Werten zugeordneten Rangplätze. So ist die Rangkorrelation nach Spearman vor allem auch dann der Korrelation nach Pearson vorzuziehen, wenn Ausreißer vorhanden sind.

Aus Gründen der Vergleichbarkeit wollen wir das Beispiel verwenden, das schon bei der Bestimmung des Produkt-Moment-Korrelationskoeffizienten benutzt wurde (siehe Abschnitt 11.1).

Im ersten Rechenschritt erstellen Sie für jede der beiden Variablen jeweils eine Rangreihe der Werte, wobei Sie dem kleinsten Wert den Rangplatz 1 zuteilen und bei gleichen Werten entsprechend gemittelte Rangplätze vergeben. Anschließend bestimmen Sie die Differenz d der zugehörigen Rangplatzpaare und hieraus das Quadrat d^2. Diese Rechenschritte sind in Tabelle 11.4 eingetragen.

Eine Kontrollmöglichkeit bietet die Tatsache, dass die Summe der Rangplätze einer Variable den Wert

$$\frac{n \cdot (n+1)}{2}$$

Körpergröße	Gewicht	Körpergröße Rang	Gewicht Rang	d_i	d_i^2
178	61	11	8	3	9
165	52	4,5	2,5	2	4
164	50	2,5	1	1,5	2,25
168	57	6	5	1	1
171	58	7	7	0	0
162	57	1	5	−4	16
173	63	9	9	0	0
173	67	9	11	−2	4
165	52	4,5	2,5	2	4
164	57	2,5	5	−2,5	6,25
173	66	9	10	−1	1
Summe		66	66	0	47,5

Tabelle 11.4: Rechenschritte zur Rangkorrelation nach Spearman

haben muss, wobei n die Anzahl der Messwertpaare ist. Die Summe der Rangplatzdifferenzen muss 0 ergeben.

Der Rangkorrelationskoeffizient nach Spearman berechnet sich nach der Formel

$$r = 1 - \frac{6 \cdot \sum_{i=1}^{n} d_i^2}{n \cdot (n^2 - 1)}$$

In unserem Beispiel ergibt sich somit

$$r = 1 - \frac{6 \cdot 47{,}5}{11 \cdot (121 - 1)} = 0{,}784$$

Es zeigt sich also (wiederum) ein positiver Zusammenhang zwischen der Körpergröße und dem Gewicht.

Die Absicherung gegen Null erfolgt über die t-verteilte Prüfgröße

$$t = \frac{r}{\sqrt{\frac{1-r^2}{n-2}}}$$

bei

$$df = n - 2$$

Freiheitsgraden. Im gegebenen Beispiel erhält man

$$t = \frac{0{,}784}{\sqrt{\frac{1-0{,}748^2}{11-2}}} = 3{,}790$$

Nach der t-Tabelle ist dies bei $11 - 2 = 9$ Freiheitsgraden ein hoch signifikanter Wert ($p < 0{,}01$). Bei der Produkt-Moment-Korrelation hatte sich der signifikante Wert $r = 0{,}748$ ergeben. Liegt hinreichende Normalverteilung der Werte vor, ist die Berechnung der Produkt-Moment-Korrelation vorzuziehen.

Im Falle mehrfach auftretender Messwerte benutzt man zur Berechnung des Korrelationskoeffizienten eine etwas modifizierte Formel.

Bei beiden Variablen, der Körpergröße und dem Gewicht, gibt es wiederholt auftretende Messwerte:

Beim Gewicht tritt der Wert 52 2-mal und der Wert 57 3-mal auf. Bei der Körpergröße tritt der Wert 164 2-mal, der Wert 165 2-mal und der Wert 173 3-mal auf. Bezeichnet man diese Häufigkeiten mit m, so ist jeweils der Term

$$m^3 - m$$

zu bilden und über alle Häufigkeiten zum Korrekturglied T aufzusummieren. Im gegebenen Beispiel wird dann

$$T = 3 \cdot (2^3 - 2) + 2 \cdot (3^3 - 3) = 66$$

Die Formel für den Korrelationskoeffizienten lautet unter Berücksichtigung des Korrekturglieds:

$$r = 1 - \frac{6 \cdot \sum_{i=1}^{n} d_i^2}{n \cdot (n^2 - 1) - \frac{T}{2}}$$

Im gegebenen Beispiel ergibt dies

$$r = 1 - \frac{6 \cdot 47{,}5}{11 \cdot (121 - 1) - 33} = 0{,}779$$

Der Betrag des Korrelationskoeffizienten hat sich also geringfügig verkleinert.

11.3 Die Rangkorrelation nach Kendall

Der Korrelationskoeffizient nach Kendall (*Kendall's Tau* genannt) wird, ebenso wie der Rangkorrelationskoeffizient nach Spearman, zwischen zwei mindestens ordinalskalierten Variablen berechnet. Das Vorgehen soll anhand eines Beispiels erläutert werden, bei dem die eine Variable bereits in Form einer Rangreihe vorliegt.

In Tabelle 11.5 ist für die Vereine der Fußball-Bundesliga der Tabellenstand der Stadiongröße gegenübergestellt. Es soll überprüft werden, ob die Stadiongröße mit dem Tabellenplatz korreliert.

Der erste Schritt bei der Korrelationsberechnung nach Kendall besteht darin, dass man die Rangreihe der ersten Variable in aufsteigender Folge aufschreibt und die andere entsprechend zuordnet. In diesem Zusammenhang spricht man auch von einer *Ankerreihe* und einer *Vergleichsreihe*. Im gegebenen Beispiel ist der bereits in aufsteigender Folge notierte Tabellenplatz die Ankerreihe. Die Vergleichsreihe besteht aus den Rangplätzen der Stadiongröße. Zu beachten ist dabei, dass dem größten Stadion der Rangplatz 1 zugeordnet wurde.

Ob diese Zuordnung aufsteigend oder absteigend erfolgt, ist im Grunde gleichgültig. Die Art der Zuordnung ist dann allerdings bei der Deutung der Richtung des Korrelationskoeffizienten im Auge zu behalten; im vorliegenden Beispiel wurde dem größten Stadion der Rangplatz 1 zugeordnet, weil vermutet werden kann, dass ein größeres Stadion auch einen besseren Tabellenplatz impliziert.

Tabellenplatz	Stadiongröße	Rang	*I*	*P*
1	30 000	11	10	7
2	72 000	2,5	1,5	14,5
3	65 000	5	3	12
4	80 000	1	0	14
5	72 000	2,5	0	13
6	25 000	14	8	4
7	41 000	10	5	6
8	45 000	9	4	6
9	59 000	7	2	7
10	15 000	18	8	0
11	70 000	4	0	7
12	23 000	16	5	1
13	58 000	8	1	4
14	24 000	15	3	1
15	64 000	6	0	3
16	22 000	17	2	0
17	26 000	13	1	0
18	28 000	12		
Summe			53,5	99,5

Tabelle 11.5: Rechenschritte zur Rangkorrelation nach Kendall

Bei einer positiven Korrelation steht zu erwarten, dass die Vergleichsreihe ähnlich monoton aufsteigt wie die Ankerreihe. Die Anzahl der Störungen dieser Monotonie stellt daher ein Maß für die Höhe des Zusammenhangs dar.

Eine solche Störung (*Inversion* genannt) liegt vor, wenn in der Vergleichsreihe einem Rangplatz ein niedrigerer folgt. Beim Verein auf Tabellenplatz 1 ist dies zehnmal der Fall, beim Verein auf dem dritten Tabellenplatz dreimal usw. Schwierigkeiten bereiten in diesem Zusammenhang die Vereine auf dem zweiten und fünften Tabellenplatz mit gleicher Stadiongröße und daher entsprechend gleichen Rangplätzen. Als Kompromiss wurde hier eine „halbe“ Inversion hinzugerechnet. Die Anzahl der Inversionen ist in der mit I bezeichneten Spalte eingetragen.

Im Sinne der Erwartung bei einer positiven Korrelation ist der umgekehrte Fall, dass nämlich in der Vergleichsreihe einem Rangplatz höhere folgen. Die Anzahl dieser *Proversionen* ist in der mit P bezeichneten Spalte eingetragen.

Die Summe aus I und P muss in der i-ten Zeile den Wert $n - i$ annehmen, wobei n für die Fallzahl (die Anzahl der Wertepaare) steht. Man sollte immer I und P bestimmen und die Richtigkeit des Auszählens anhand dieser Beziehung überprüfen. In der letzten Zeile entfällt natürlich die Bestimmung von I und P.

Man bildet nun die Summen von I und P und bildet hieraus die Kendall-Summe S:

$$S = \sum P - \sum I$$

Im gegebenen Beispiel ergibt sich also

$$S = 99{,}5 - 53{,}5 = 46$$

Nach der Summenbildung hat man eine weitere Kontrollmöglichkeit; es gilt nämlich

$$\sum I + \sum P = \frac{n \cdot (n-1)}{2}$$

Im vorliegenden Fall ergibt sich

$$53{,}5 + 99{,}5 = \frac{18 \cdot 17}{2}$$

Beide Seiten ergeben übereinstimmend den Wert 153.

Der Korrelationskoeffizient *Kendall's Tau* berechnet sich zu

$$\tau = \frac{2 \cdot S}{n \cdot (n-1)}$$

Im gegebenen Beispiel erhält man hiermit

$$\tau = \frac{2 \cdot 46}{18 \cdot 17} = 0{,}301$$

Die Signifikanzüberprüfung erfolgt über die standardnormalverteilte Prüfgröße

$$z = \frac{|\tau|}{\sqrt{\frac{2 \cdot (2 \cdot n + 5)}{9 \cdot n \cdot (n-1)}}}$$

Dies ergibt im vorliegenden Fall

$$z = \frac{0{,}301}{\sqrt{\frac{2 \cdot (2 \cdot 18 + 5)}{9 \cdot 18 \cdot 17}}} = 1{,}74$$

Nach der z-Tabelle ist dies ein nicht-signifikanter Wert ($p = 0{,}082$). Es besteht also lediglich eine Tendenz zur Signifikanz dahingehend, dass ein besserer Tabellenplatz mit einem größeren Stadion einhergeht.

Berechnet man den Rangkorrelationskoeffizienten nach Spearman, so ergibt sich die signifikante Korrelation $r = 0{,}498$. Im Normalfall ist es so, dass der Kendall-Koeffizient kleiner ist als der Spearman-Koeffizient, so dass beide Koeffizienten nicht unbedingt miteinander vergleichbar sind. Schwierigkeiten bereiten bei der Berechnung von Kendall's Tau auch geteilte Rangplätze, für die recht komplizierte Rechengänge vorgeschlagen werden.

So erscheint die Berechnung von Kendall's Tau im Normalfall nicht sonderlich empfehlenswert. Nur in dem Fall, dass starke Ausreißerdifferenzen auftreten, erweist sich Kendall's Tau als überlegen, nämlich unempfindlicher.

11.4 Die Vierfelderkorrelation

Die Vierfelderkorrelation wird zwischen zwei dichotomen Variablen berechnet.

Als Beispiel betrachten wir den Zusammenhang zwischen Geschlecht und Auftreten von Depressionen bei Patienten einer Klinik, der durch die in Tabelle 11.6 wiedergegebene Vierfeldertafel belegt wird.

	Depressionen	keine Depressionen
Männer	$a = 10$	$b = 101$
Frauen	$c = 40$	$d = 143$

Tabelle 11.6: Vierfeldertafel

Mit den Buchstaben a, b, c und d werden üblicherweise die Häufigkeiten der Vierfeldertafel bezeichnet.

Der Vierfelder-Korrelationskoeffizient wird nach folgender Formel berechnet:

$$r = \frac{a \cdot d - b \cdot c}{\sqrt{(a+b) \cdot (c+d) \cdot (a+c) \cdot (b+d)}}$$

Im gegebenen Beispiel ergibt sich damit

$$r = \frac{10 \cdot 143 - 101 \cdot 40}{\sqrt{111 \cdot 183 \cdot 50 \cdot 244}} = -0{,}166$$

Es ergibt sich also ein sehr geringer und gegenläufiger Zusammenhang. Das bedeutet, dass die höhere Kategorie des Geschlechts mit der niedrigeren Kategorie der Depressionen einhergeht, Frauen also eher zu Depressionen neigen.

Die Absicherung gegen null erfolgt über die χ^2-verteilte Prüfgröße

$$\chi^2 = (a+b+c+d) \cdot r^2$$

bei $df = 1$ Freiheitsgrad. Dies führt im vorliegenden Beispiel zu

$$\chi^2 = 294 \cdot 0{,}166^2 = 8{,}101$$

Nach der χ^2-Tabelle ist dies bei 1 Freiheitsgrad ein sehr signifikanter Wert ($p < 0{,}01$). Es ist also ein sehr signifikanter, wenn auch betragsmäßig sehr geringer Zusammenhang zwischen Geschlecht und dem Auftreten von Depressionen nachgewiesen.

Wenn Sie für den Zusammenhang zwischen zwei dichotomen Variablen anstelle der Vierfelderkorrelation die Korrelation nach Pearson oder die Rangkorrelation nach Spearman berechnen, erhalten Sie für alle drei Korrelationskoeffizienten denselben Wert. Der Vorteil der Vierfelderkorrelation liegt aber in der relativen Einfachheit der Formel.

11.5 Die punktbiseriale Korrelation

Die punktbiseriale Korrelation wird zwischen einer dichotomen und einer intervallskalierten, normalverteilten Variable berechnet.

Geschlecht	Körpergröße
weiblich	157
männlich	180
männlich	175
männlich	179
männlich	162
männlich	170
männlich	180
männlich	176
weiblich	157
weiblich	160
männlich	159
weiblich	160
weiblich	162
männlich	169
männlich	170
weiblich	159

Tabelle 11.7: Geschlecht und Körpergröße

Von zehn Männern und sechs Frauen wurde die Körpergröße bestimmt (siehe Tabelle 11.7). Es soll die Korrelation zwischen Geschlecht und Körpergröße berechnet werden.

Der punktbiseriale Korrelationskoeffizient berechnet sich nach der Formel

$$r = \frac{\overline{x}_1 - \overline{x}_2}{\frac{(n_1+n_2)\cdot s}{\sqrt{n_1 \cdot n_2}}}$$

Dabei bedeuten im gegebenen Beispiel:

$\overline{x}_1$	Mittelwert der Körpergröße bei den Männern
$\overline{x}_2$	Mittelwert der Körpergröße bei den Frauen
s	gemeinsame Standardabweichung
n_1	Anzahl der Männer
n_2	Anzahl der Frauen

Entsprechende Berechnung ergibt im vorliegenden Fall

$$\overline{x}_1 = 172{,}0 \quad \overline{x}_2 = 159{,}2 \quad s = 8{,}66 \quad n_1 = 10 \quad n_2 = 6$$

Damit wird

$$r = \frac{172{,}0 - 159{,}2}{\frac{(10+6)\cdot 8{,}66}{\sqrt{10\cdot 6}}} = 0{,}716$$

Es besteht also ein hoher Zusammenhang zwischen Geschlecht und Körpergröße dahingehend, dass Männer größer sind (wegen $\overline{x}_1 > \overline{x}_2$). Die Absicherung gegen null erfolgt über die t-verteilte Prüfgröße

$$t = \frac{r}{\sqrt{\frac{1-r^2}{n_1+n_2-2}}}$$

bei

$$df = n_1 + n_2 - 2$$

Freiheitsgraden.

Im gegebenen Beispiel ergibt sich

$$t = \frac{0{,}716}{\sqrt{\frac{1-0{,}716^2}{10+6-2}}} = 3{,}838$$

Aus der t-Tabelle lässt sich entnehmen, dass dies bei $df = 10 + 6 - 2 = 14$ Freiheitsgraden ein sehr signifikanter Wert ist ($p < 0{,}01$).

11.6 Die partielle Korrelation

Von 18 zufällig ausgewählten Ländern wurden drei Variablen erhoben und in Tabelle 11.8 zusammengestellt: die tägliche Kalorienaufnahme, der Prozentsatz der Leute, die lesen können, und das Brutto-Inlandsprodukt.

Land	tägliche Kalorienaufnahme	Leute, die lesen können (%)	Brutto-Inlandsprodukt
Ägypten	3 336	48	748
Äthiopien	1 667	24	122
Bolivien	1 916	78	730
Deutschland	3 443	99	17 539
Frankreich	3 465	99	18 944
Großbritannien	3 149	99	15 974
Honduras	2 247	73	1 030
Japan	2 956	99	19 860
Kolumbien	2 598	87	1 538
Liberia	2 382	40	409
Niederlande	3 151	99	17 245
Österreich	3 495	99	18 396
Paraguay	2 757	90	1 500
Ruanda	1 971	50	292
Schweden	2 960	99	16 900
Somalia	1 906	24	2 126
Thailand	2 316	93	1 800
Türkei	3 236	81	3 721

Tabelle 11.8: Datenbeispiel zur partiellen Korrelation

Nach Überprüfung mit dem Kolmogorov-Smirnov-Test erweisen sich diese drei Variablen als hinreichend normalverteilt, so dass zur Beurteilung des Zusammenhangs zwischen diesen drei Variablen die Korrelation nach Pearson berechnet werden darf. Die Ergebnisse sind in Tabelle 11.9 eingetragen.

Alle Korrelationen erweisen sich als sehr bzw. höchst signifikant. So besteht mit $r = 0{,}671$ ein recht hoher Zusammenhang zwischen der täglichen Kalorienaufnahme und dem prozentualen Anteil der Leute, die lesen können.

	Leute, die lesen können (%)	Brutto-Inlandsprodukt
tägliche Kalorienaufnahme	$r = 0{,}671$	$r = 0{,}719$
Leute, die lesen können (%)		$r = 0{,}698$

Tabelle 11.9: Korrelationskoeffizienten nach Pearson

Es ist dies der typische Fall, wo der Korrelationskoeffizient lediglich einen formalen, nicht aber einen unmittelbaren kausalen Zusammenhang beschreibt. Der Zusammenhang wird vielmehr von einer anderen Variable mitbestimmt; diese ist im vorliegenden Fall das Brutto-Inlandsprodukt. Dieses korreliert in etwa gleicher Höhe sowohl mit der täglichen Kalorienaufnahme als auch mit dem prozentualen Anteil der Leute, die lesen können, wobei hier der kausale Zusammenhang unmittelbar einsichtig ist.

Die Berechnung so genannter partieller Korrelationen bietet die Möglichkeit, solche *Störvariablen*, die derartige *Scheinkorrelationen* erzeugen, auszuschließen.

Versieht man die beiden zu korrelierenden Variablen mit den Ziffern 1 und 2 sowie die Störvariable mit 3 und die paarweise berechneten Korrelationskoeffizienten mit r_{12}, r_{13} bzw. r_{23}, so berechnet sich der partielle Korrelationskoeffizient nach der Formel

$$r_{12.3} = \frac{r_{12} - r_{13} \cdot r_{23}}{\sqrt{(1 - r_{13}^2) \cdot (1 - r_{23}^2)}}$$

Im gegebenen Beispiel ergibt sich damit

$$r_{12.3} = \frac{0{,}671 - 0{,}719 \cdot 0{,}698}{\sqrt{(1 - 0{,}719^2) \cdot (1 - 0{,}698^2)}} = 0{,}340$$

Die Absicherung gegen Null erfolgt über die t-verteilte Prüfgröße

$$t = \frac{r_{12.3}}{\sqrt{\frac{1-r_{12.3}^2}{n-2}}}$$

bei

$$df = n - 3$$

Freiheitsgraden. Im gegebenen Beispiel ergibt sich

$$t = \frac{0{,}340}{\sqrt{\frac{1-0{,}340^2}{18-2}}} = 1{,}446$$

Dies ist, wie die t-Tabelle ausweist, bei $df = 18 - 3 = 15$ Freiheitsgraden ein nichtsignifikanter Wert. Zwischen der täglichen Kalorienaufnahme und dem prozentualen Anteil der Leute, die lesen können, konnte also kein Zusammenhang nachgewiesen werden.

Abbildung 11.4 zeigt den nachgewiesenen Sachverhalt noch einmal. Wird die tägliche Kalorienaufnahme direkt mit dem Prozentsatz der Leute, die lesen können, in Beziehung gesetzt, so ergibt sich eine signifikante Korrelation von 0,671. Wird der Einfluss des Brutto-Inlandsprodukts hingegen eliminiert, so verringert sich die Korrelation auf 0,340, was wie gezeigt nicht signifikant ist.

Im gegebenen Beispiel wurde der Fall *einer* Störvariable behandelt; es können auch mehrere Störvariablen herauspartialisiert werden, was entsprechend zu partiellen

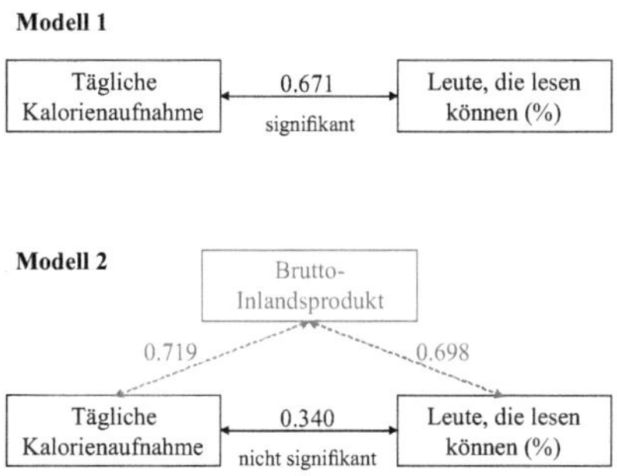

Abbildung 11.4: Grafische Illustration zur Eliminierung der Störvariable

Korrelationen höherer Ordnung führt. So lautet die Formel für die partielle Korrelation zweiter Ordnung zwischen den Variablen 1 und 2 unter Eliminierung der Variablen 3 und 4:

$$r_{12.34} = \frac{r_{12.3} - r_{14.3} \cdot r_{24.3}}{\sqrt{(1 - r_{14.3}^2) \cdot (1 - r_{24.3}^2)}}$$

In eine partielle Korrelation höherer Ordnung gehen also ausschließlich partielle Korrelationen niedrigerer Ordnung ein, was zu einem erheblichen Rechenaufwand führt.

Die Gefahr der Scheinkorrelation lauert überall, so dass vor diesem Phänomen nicht ausdrücklich genug gewarnt werden kann. So wurden von 193 Patienten einer Klinik u. a. die folgenden Variablen erhoben:

- Geschlecht (Codierung: 1 = männlich, 2 = weiblich)
- Alkoholkonsum (Codierung: 1 = keiner, 2 = mäßig, 3 = stark, 4 = sehr stark)
- Körpergröße

Berechnet man die Rangkorrelation zwischen Alkoholkonsum und Körpergröße, so erhält man mit $r = 0{,}374$ einen höchst signifikanten Wert, was bedeutet, dass große Leute mehr trinken als kleine. Trotzdem sollte man sich hüten, diese sensationelle Entdeckung zu veröffentlichen, denn auch hier würde man einer Scheinkorrelation aufsitzen.

Ermittelt man nämlich die Rangkorrelationen beider Variablen zum Geschlecht (was bei einer dichotomen Variable gestattet ist), so erhält man zwischen Geschlecht und Alkoholkonsum einen Koeffizienten von $r = -0{,}480$ und zwischen Geschlecht und Körpergröße einen solchen von $r = -0{,}754$. Dies bedeutet unter Beachtung der entsprechenden Codierungen, dass Frauen weniger trinken als Männer und kleiner sind als Männer. Dies führt zur erwähnten Scheinkorrelation zwischen Alkoholkonsum und Körpergröße, was schließlich auch durch die Berechnung des partiellen Korrelationskoeffizienten zwischen Alkoholkonsum und Körpergröße bei Eliminierung des Geschlechts bewiesen wird:

$$r = \frac{0{,}374 - (-0{,}480 \cdot -0{,}754)}{\sqrt{(1 - 0{,}480^2) \cdot (1 - 0{,}754^2)}} = 0{,}021$$

Dies ist ein Wert nahe bei null und nicht signifikant, wie über die Prüfgröße t bewiesen wird:

$$t = \frac{0{,}021}{\sqrt{\frac{1-0{,}021^2}{191}}} = 0{,}290$$

In diesem Zusammenhang sei noch darauf hingewiesen, dass die partiellen Korrelationskoeffizienten auf Produkt-Moment-Korrelationen nach Pearson aufbauen. Da diese im vorliegenden Beispiel ähnliche Werte wie die durchgeführten Rangkorrelationen ergeben, sollte die Störung dieser Voraussetzung hier nicht allzu sehr ins Gewicht fallen.

11.7 Konfidenzintervall der Produkt-Moment-Korrelation

Die Berechnung eines Konfidenzintervalls für Korrelationskoeffizienten geschieht in vier Schritten, wobei r für die berechnete Korrelation und n für die Anzahl Wertepaare steht:

1. Transformation der Korrelation in einen Fisher-Z-Wert. Dieser Z-Wert ist annähernd normalverteilt – im Gegensatz zur Korrelation ρ, welche ja zwischen -1 und $+1$ beschränkt ist.

   Die Fisher-Transformation berechnet sich für eine gegebene Korrelation r in den (annähernd) normalverteilten Z-Wert wie folgt:

   $$Z = \frac{1}{2} \cdot \ln \left(\frac{1+r}{1-r} \right)$$

2. Berechnen des Standardfehlers des Fisher-Z-Werts (Standardabweichung von Z).

   Die Standardabweichung von Z berechnet sich über:

   $$\sigma_Z = \sqrt{\frac{1}{n-3}}$$

3. Bestimmung des Konfidenzintervalls für den Fisher-Z-Wert.

   Das Konfidenzintervall für den Z-Wert (Z_u, Z_o), wobei Z_o für die obere und Z_u für die untere Grenze stehen, berechnet sich für ein gegebenes Signifikanzniveau $1-\alpha$ (siehe Abschnitt 5.4) wie folgt:

   $$Z_u = Z - z_{1-\alpha/2} \cdot \sigma_Z \leq Z \leq Z_o = Z + z_{1-\alpha/2} \cdot \sigma_Z$$

4. Rücktransformation der Fisher-Z-Werte (Z_u, Z_o) in Korrelationen (ρ_u, ρ_o):

   $$\rho_u = \frac{e^{2Z_u} - 1}{e^{2Z_u} + 1} \leq \rho \leq \rho_o = \frac{e^{2Z_o} - 1}{e^{2Z_o} + 1}$$

Im Folgenden berechnen wir gemäß obigen vier Schritten das 95%-Konfidenzintervall ($\alpha = 5\,\%$) für die Produkt-Moment-Korrelation zwischen Körpergröße und Gewicht (siehe Abschnitt 11.1). Dort wurde eine Korrelation von $r = 0{,}748$ anhand von $n = 11$ Probanden errechnet.

1. Transformation der Korrelation in einen Fisher-Z-Wert.

   $$Z = \frac{1}{2} \cdot \ln \left(\frac{1+0{,}748}{1-0{,}748} \right) = 0{,}968$$

2. Berechnen des Standardfehlers des Fisher-Z-Werts (Standardabweichung von Z).

$$\sigma_Z = \sqrt{\frac{1}{11-3}} = 0{,}354$$

3. Bestimmung des Konfidenzintervalls für den Fisher-Z-Wert.
Mithilfe der z-Tabelle erhalten wir für $z_{97,5\,\%} = 1{,}96$.

$$Z_u = 0{,}968 - 1{,}96 \cdot 0{,}354 = 0{,}275 \leq Z \leq Z_o = 0{,}968 + 1{,}96 \cdot 0{,}354 = 1{,}661$$

4. Rücktransformation der Fisher-Z-Werte (Z_u, Z_o) in Korrelationen (ρ_u, ρ_o):

$$\rho_u = \frac{e^{2\cdot 0{,}275} - 1}{e^{2\cdot 0{,}275} + 1} = 0{,}269 \leq \rho \leq \rho_o = \frac{e^{2\cdot 1{,}661} - 1}{e^{2\cdot 1{,}661} + 1} = 0{,}930$$

Der wahre Parameter ρ liegt mit 95%-iger Wahrscheinlichkeit im Intervall $0{,}269 \leq \rho \leq 0{,}930$. Die Korrelation ist somit signifikant von 0 verschieden, da die 0 im angegebenen Intervall nicht enthalten ist. Man erkennt im vorliegenden Beispiel, dass das Vertrauensintervall eines Korrelationskoeffizienten bei nur $n = 11$ Probanden sehr groß ist. Für das Bestimmtheitsmaß R^2 ergibt sich somit folgendes Konfidenzintervall:

$$0{,}269^2 \leq R^2 \leq 0{,}930^2$$
$$0{,}0722 \leq R^2 \leq 0{,}866$$

Abbildung 11.5 zeigt den Verlauf des 90%-, 95%- und 99%-Konfidenzintervalls für die unbekannte wahre Korrelation ρ. Je größer die Beobachtungszahl n ist, desto

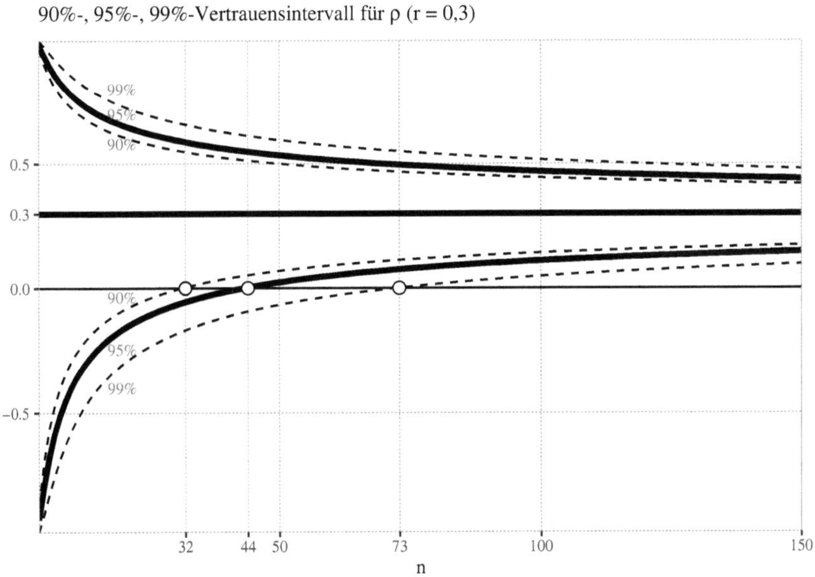

Abbildung 11.5: Übersicht von Konfidenzintervallen in Abhängigkeit der Anzahl Beobachtungen n

kleiner werden die Konfidenzintervalle. Damit eine Korrelation von beispielsweise $r = 0{,}3$ auf dem 95%-Sicherheitsniveau signifikant von 0 verschieden ist, braucht es $n = 44$ Beobachtungen, für das 99%-Sicherheitsniveau hingegen $n = 73$ Beobachtungen. Ferner ist zu sehen, dass eine Korrelation von $r = 0{,}3$ für nur $n = 11$ Beobachtungen statistisch nicht signifikant wäre, da die 0 in einem solchen Intervall enthalten wäre. Auch bei $n = 100$ Beobachtungen ist das 95 %-Vertrauensintervall noch groß und liegt bei $0{,}141 \leq \rho \leq 0{,}446$. Für die Berechnung von aussagekräftigen Korrelationskoeffizienten müssen die Fallzahlen genügend groß sein.

11.8 Regression

Die Korrelationsrechnung bestimmt die Stärke des Zusammenhangs zwischen zwei Variablen; mithilfe der Regressionsrechnung soll der Zusammenhang erfasst werden. Man versucht Formeln zu finden, nach denen man aus der Kenntnis des Werts der einen Variable den zu erwartenden Wert der anderen (abhängigen) Variable bestimmen kann. Dabei unterscheidet man zwischen linearen und nicht-linearen Zusammenhängen.

11.8.1 Lineare Regression

In dem am häufigsten vorkommenden Fall des linearen Zusammenhangs sind die Parameter a und b der Geradengleichung

$$y(x) = a \cdot x + b$$

zu ermitteln. Diese so genannte Regressionsgerade ist diejenige Gerade, für welche die Summe der Quadrate der Abweichungen aller Punkte von dieser Geraden ein Minimum wird. Dabei sind die Abstände parallel zur Ordinate gemeint, so dass es bei der Regressionsrechnung von wesentlicher Bedeutung ist, welche der beiden gegebenen Variablen die abhängige Variable ist, die dann auf der Ordinate (y-Achse) aufzutragen ist.

Den Parameter a nennt man den *Regressionskoeffizienten*; seine geometrische Bedeutung liegt darin, dass er die Steigung, d. h. den Tangens des Steigungswinkels, der Regressionsgeraden angibt. Das Vorzeichen von a richtet sich offensichtlich nach dem des zugehörigen Korrelationskoeffizienten; bei positiver Korrelation ist auch a positiv, bei negativer Korrelation auch a negativ. Der Parameter b ist der Ordinatenabschnitt und gibt den Punkt wieder, an dem die Regressionsgerade die y-Achse schneidet.

Die Methode der kleinsten Quadrate

Werden mit x die Werte der unabhängigen und mit y die Werte der abhängigen Variable bezeichnet und sind $\overline{x}$ und $\overline{y}$ deren Mittelwerte, so ist der Regressionskoeffizient definiert durch

$$a = \frac{\sum_{i=1}^{n} (x_i - \overline{x}) \cdot (y_i - \overline{y})}{\sum_{i=1}^{n} (x_i - \overline{x})^2}$$

In der Praxis verwendet man besser die folgende Formel:

$$a = \frac{\sum\limits_{i=1}^{n}(x_i \cdot y_i) - \frac{1}{n} \cdot \sum\limits_{i=1}^{n} x_i \cdot \sum\limits_{i=1}^{n} y_i}{\sum\limits_{i=1}^{n} x_i^2 - \frac{1}{n} \cdot (\sum\limits_{i=1}^{n} x_i)^2}$$

Der Ordinatenabschnitt b berechnet sich nach Kenntnis von a zu

$$b = \frac{\sum\limits_{i=1}^{n} y_i - a \cdot \sum\limits_{i=1}^{n} x_i}{n}$$

In die Formeln für a und b gehen ausschließlich Größen ein, die bereits bei der Berechnung des Produkt-Moment-Korrelationskoeffizienten anfallen (siehe Abschnitt 11.1). Insbesondere vereinfachen sich die Gleichungen zu:

$$a = r \cdot \frac{s_y}{s_x}$$

und

$$b = \overline{y} - a \cdot \overline{x}$$

Wir greifen auf das dort vorgestellte Beispiel zurück und wollen die betreffenden Messpunkte zunächst in einem Streudiagramm darstellen (Abbildung 11.6), wobei das Körpergewicht die abhängige Variable (auf der y-Achse) und die Körpergröße die unabhängige Variable (auf der x-Achse) sein soll[1]. Zusätzlich sind der Wert einer Beobachtung i, nämlich y_i, der durch die Regression vorhergesagte Wert $\hat{y}_i$ und das Residuum, genannt Fehlerterm $e_i = y_i - \hat{y}_i$, eingezeichnet. Die Koeffizienten a und b haben die Eigenschaft, dass sie die Quadratsumme der Fehlerterme $\sum e_i^2$ minimieren, um so eine optimale Anpassung der Regressionsgeraden an die Daten zu erreichen.

Im Beispiel ist ein linearer und gleichlaufender (positiver) Zusammenhang zu erkennen; seine Stärke war mit $r = 0{,}748$ beschrieben worden. Für den Regressionskoeffizienten ergibt sich mit den in Tabelle 11.3 berechneten Zwischengrößen

$$a = \frac{108\,202 - \frac{1}{11} \cdot 1\,856 \cdot 640}{313\,422 - \frac{1}{11} \cdot 1\,856^2} = 0{,}820$$

Für den Ordinatenabschnitt ergibt sich

$$b = \frac{640 - 0{,}820 \cdot 1\,856}{11} = -80{,}12$$

Die Gleichung der Regressionsgeraden lautet somit

$$\hat{y} = 0{,}820 \cdot x - 80{,}12$$

1 Der Body Mass Index (BMI) ist das Verhältnis von Körpergewicht in Kilogramm dividiert durch die in Meter gemessene quadrierte Körpergröße. Der BMI geht somit von einem quadratischen Zusammenhang zwischen Körpergröße und Körpergewicht aus. Allerdings ist zu erwähnen, dass über engere Bereiche von Gewichten und Größen der Zusammenhang auch linear dargestellt werden kann, was in unserem Beispiel der Fall ist.

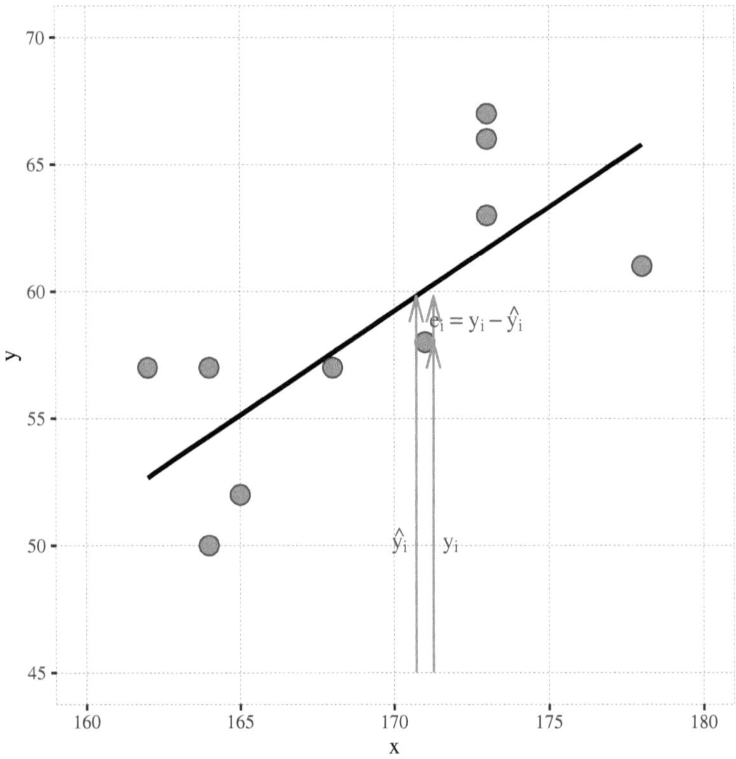

Abbildung 11.6: Linearer Zusammenhang zwischen Körpergewicht und Körpergröße

Wie erwähnt ist durch Kenntnis der Mittelwerte, Streuungen und Korrelation auch folgende Rechnung möglich:

$$a = r \cdot \frac{s_y}{s_x} = 0{,}748 \cdot \frac{5{,}636}{5{,}140} = 0{,}820$$
$$b = \overline{y} - a \cdot \overline{x} = 58{,}18 - 0{,}820 \cdot 168{,}72 = -80{,}12$$

Wir halten fest, dass mit $\hat{y}$ die durch das Modell vorhergesagten y-Werte bezeichnet werden. Diese Regressionsgerade ist in Abbildung 11.6 in das Streudiagramm eingezeichnet. Zum Zeichnen per Hand genügen zwei Punkte auf der Regressionsgeraden.

Die Daten stammen von erwachsenen Personen mit Alter zwischen 20 und 40 Jahren. Für Kleinkinder mit einer Körpergröße von vielleicht 50 cm ist die ermittelte Gleichung somit nicht gültig. Für Vorhersagen mittels der Regressionsgleichung ist es zentral, dass diese im Bereich der erhobenen Daten gemacht werden. Je weiter man sich von diesem Bereich entfernt, umso unsicherer werden die Vorhersagen.

Da x für die Körpergröße und y für das Körpergewicht steht, gilt letztlich die Vorhersagegleichung

$$\textit{Körpergewicht} = 0{,}820 \cdot \textit{Körpergröße} - 80{,}12$$

Eine solche Regressionsrechnung sollte also nur vorgenommen werden, wenn die Punktwolke nicht allzu sehr um die Regressionsgerade streut, da dann die Vorhersage allzu unsicher wird. Auf alle Fälle muss natürlich der Korrelationskoeffizient überhaupt signifikant sein. Die Gleichung der Regressionsgeraden lautete $\hat{y} = 0{,}820 \cdot x - 80{,}12$. Somit erhält man für den ersten vorhergesagten Wert $\hat{y}(x = 178) = 0{,}820 \cdot 178 - 80{,}12 = 65{,}78$ (abgesehen von Rundungsfehlern).

Varianzzerlegung und Interpretation der Resultate einer einfachen linearen Regression

Werden eine spezifische Beobachtung der abhängigen Variable mit y_i, der durch das Modell vorhergesagte Wert mit $\hat{y}_i$ und der Mittelwert mit $\overline{y}$ bezeichnet, so kann die Varianz der beobachteten y-Werte in die Varianz der vorhergesagten Werte $\hat{y}$ und in die Varianz der Abweichungen $e = (y - \hat{y})$ zerlegt werden. Diese Abweichungen oder Fehler entstehen auf zwei Arten:

- Messfehler in der Erfassung der abhängigen Variable y: Diese Messfehler entstehen z. B. durch Rundungsfehler.
- Modellierungsfehler in den unabhängigen Variablen x_i: Es können mehrere unabhängige Variablen zur Erklärung der abhängigen herangezogen werden, was die Schätzgenauigkeit erhöhen kann. Im vorliegenden Kapitel beschränken wir uns jedoch auf die einfache lineare Regression mit nur einer unabhängigen Variable x.

Die Varianzzerlegung liefert folgende Gleichung:

$$s_y^2 = s_{\hat{y}}^2 + s_e^2$$

Die Varianz der vorhergesagten Werte $s_{\hat{y}}^2$ bezeichnet man als die (durch das Modell) erklärte Varianz. Sie wird meistens im Verhältnis zur Gesamtvarianz angegeben. Dabei handelt es sich um das zuvor eingeführte Bestimmtheitsmaß R^2:

$$R^2 = \frac{s_{\hat{y}}^2}{s_y^2}$$

Streuen die realisierten Werte y_i breit um die vorhergesagten Werte $\hat{y}_i$, so ist die Varianz des Fehlerterms e_i größer und R^2 entsprechend kleiner. Nach Einsetzen liefert die Varianzzerlegung folgende Gleichung:

$$\frac{1}{n-1}\sum_{i=1}^{n}(y_i - \overline{y})^2 = \frac{1}{n-1}\sum_{i=1}^{n}(\hat{y}_i - \overline{y})^2 + \frac{1}{n-1}\sum_{i=1}^{n}(y_i - \hat{y}_i)^2$$

Wird auf beiden Seiten der Gleichung mit $(n - 1)$ multipliziert, so erhält man die Gleichung nach zerlegten Quadratsummen (QS). Diese Quadratsummen nennen wir nicht mehr Varianz sondern Variation.

$$\sum_{i=1}^{n}(y_i - \overline{y})^2 = \sum_{i=1}^{n}(\hat{y}_i - \overline{y})^2 + \sum_{i=1}^{n}(y_i - \hat{y}_i)^2$$

Tabelle 11.10 zeigt die Varianzzerlegung.

Die nachfolgenden drei Spalten in Tabelle 11.10 zeigen die Anteile in der Varianzzerlegung. Für die Summe der totalen Variation, ergibt sich somit für die erste Beobachtung $(y - \overline{y})^2 = (61 - 58{,}18)^2 = 7{,}94$. Für den Anteil der erklärten Variation

Beobachtung	x	y	$\hat{y}$	$(y-\overline{y})^2$	$(\hat{y}-\overline{y})^2$	$(y-\hat{y})^2$
1	178	61	65,78	7,94	57,77	22,87
2	165	52	55,13	38,21	9,33	9,78
3	164	50	54,31	66,94	15,01	18,55
4	168	57	57,59	1,40	0,355	0,343
5	171	58	60,04	0,033	3,47	4,18
6	162	57	52,67	1,40	30,41	18,77
7	173	63	61,68	23,21	12,27	1,73
8	173	67	61,68	77,76	12,27	28,26
9	165	52	55,13	38,21	9,33	9,78
10	164	57	54,31	1,40	15,01	7,25
11	173	66	61,68	61,12	12,27	18,63
Summe				317,64	177,50	140,14
Mittelwert	168,73	58,18	58,18			
Std. Abw.		5,64	4,21			
Varianz		31,76	17,75			

Tabelle 11.10: Rechenschritte zur Varianzzerlegung

ergibt sich dann $(\hat{y}-\overline{y})^2 = (65{,}78 - 58{,}18)^2 = 57{,}77$ und für den Anteil der unerklärten Variation $(y-\hat{y})^2 = (61 - 65{,}78)^2 = 22{,}87$ (wiederum abgesehen von Rundungsdifferenzen). Summiert man alle Variationsteile auf, so erkennt man in der Summenzeile, dass die Gleichung für die Quadratsummen tatsächlich erfüllt ist: $317{,}64 = 177{,}50 + 140{,}14$. Das Bestimmtheitsmaß errechnet sich somit zu $R^2 = \frac{177{,}50}{317{,}64} = 0{,}5588$. Dasselbe Resultat erhalten wir, wenn wir das Verhältnis nicht nach den Variationen, sondern nach den Varianzen bilden, nämlich (von Rundungsfehlern abgesehen): $R^2 = \frac{17{,}75}{31{,}76} = 0{,}5588$. Durch die Körpergröße werden somit 55,88 % der Varianz der Körpergewichte aufgeklärt. 44,12 % hingegen bleiben nicht aufgeklärt. Durch Hinzunahme weiterer unabhängiger Variablen wie beispielsweise des Bauchumfangs der beteiligten Personen ist es evtl. möglich, die Modellierungsfehler und damit die Fehlervarianz zu verringern, was dazu führt, dass die aufgeklärte Varianz vergrößert wird.

Im Allgemeinen werden Regressionen nicht von Hand gerechnet, sondern mittels eines geeigneten Computer-Programmes erzeugt. Die lineare Regression ist heutzutage in fast allen Taschenrechnern oder Software-Paketen wie Excel, SPSS, STATA oder **R** implementiert, um nur einige zu nennen. Eine typische Form der Resultate ist in Tabelle 11.11 dargestellt.

Die erste Tabelle zeigt auf, welcher Anteil der Gesamt-Varianz in den Daten durch das Modell erklärt werden kann. Der Term auf der linken Seite ist dabei die totale Quadratsumme (QS) oder Variation in der abhängigen Variable. Der erste Term auf der rechten Seite stellt den Anteil der Variation durch das Modell oder die Vorhersagen $\hat{y}_i$ dar und der zweite Term den durch das Modell nicht-erklärbaren Rest der Variation. Diese Zerlegung der Variation werden wir im Kapitel 13 noch einmal antreffen. Wie in Tabelle 11.10 zu sehen ist, beträgt die gesamte Variation in den Daten 317,64, wovon ein Anteil von 177,50 durch das Modell erklärt werden kann. Dieser Anteil ist im mittleren Teil der Auswertung, bei der Modell-Zusammenfassung, angegeben.

Er beträgt:

$$R^2 = \frac{177{,}50}{317{,}64} = 0{,}5588$$

Unser Modell vermag somit 56 % der Variation in den Daten zu erklären. Im Allgemeinen wird dieser Anteil der erklärbaren Varianz (oder Variation) dadurch erhöht, dass mehrere Variablen x zur Erklärung der abhängigen Variable y herangezogen werden. In unserem Modell wird nur eine verwendet, nämlich die Körpergröße. Die Anzahl der verwendeten Variablen wird mit k bezeichnet. Im vorliegenden Fall ist somit $k = 1$. Ein gutes Modell soll einerseits wenige Variablen zur Erklärung beinhalten, aber ein großes R^2 liefern. Zu diesem Zweck wird zusätzlich ein korrigiertes (oder adjustiertes) Bestimmtheitsmaß berechnet:

$$R^2_{adj} = 1 - (1 - R^2) \cdot \frac{n-1}{n-k-1} = 1 - (1 - 0{,}5588) \cdot \frac{10}{9} = 0{,}51$$

Das korrigierte Bestimmtheitsmaß „bestraft" somit den Einbezug von zu vielen erklärenden Variablen x in ein Regressionsmodell. Die Fehlerterme werden auch als Residuum bezeichnet (s. Tabelle unten).

Variabilität	***QS***	***df***	***MQS***
Modell	177,50	$k = 1$	177,50
Residuum	140,14	$n - k - 1 = 9$	15,57
Gesamt	317,64	$n - 1 = 10$	31,76

Modell-Zusammenfassung	
n	11,0
$F(1,9)$	11,40
$Prob > F$	0,0082
R^2	0,5588
R^2_{adj}	0,5098
RMSE	3,946

Gewicht (*y*)	**Koeffizient**	**Standardfehler**	***t***	***P* > |*t*|**	**95%-Konfidenzintervall**	
Größe	0,8197	0,24278	3,38	0,008	0,2705	1,369
Konstante	−80,121	40,9801	−1,96	0,082	−172,82	12,582

Tabelle 11.11: Resultate eines einfachen linearen Regressions-Modells

In einem weiteren Schritt wird abgeklärt, ob der Anteil der durch das Modell erklärten Varianz statistisch auch signifikant ist. Hierfür wird aus den Quadratsummen *QS* die mittlere Quadratsumme *MQS* errechnet, bei der die Quadratsumme *QS* durch die Anzahl Freiheitsgrade *df* dividiert wird. Das Verhältnis der mittleren Quadratsumme des Modells zur Quadratsumme der Residuen ergibt eine F-Statistik.

$$F = \frac{MQS_{\hat{y}}}{MQS_e} = \frac{177{,}50}{15{,}57} = 11{,}40$$

Diese Größe ist F-verteilt mit $df_1 = k = 1$ und $df_2 = n{-}k{-}1 = 9$ Freiheitsgraden. Aus der F-Tabelle ist zu entnehmen, dass der Wert auf dem 95%-Niveau signifikant ist.

Das heißt, das Modell leistet einen signifikanten Beitrag zur Erklärung der Variation in den Daten.

Das letzte in der Modell-Zusammenfassung zu erklärende Element wäre der Term *RMSE*, was aus dem Englischen als „root mean squared error" bekannt ist. In Deutsch hieße das etwa die Wurzel der mittleren Fehler-Quadratsumme. Die mittlere Fehler-Quadratsumme kann Tabelle 11.11 entnommen werden. Man erhält:

$$RMSE = \sqrt{MQS_e} = \sqrt{15{,}57} = 3{,}95$$

Dies entspricht der erwarteten Schwankung der wahren y-Werte um die durch die Regressionsgerade vorhergesagten Werte $\hat{y}$. Der Term *RMSE* wird oft auch als $s_{y.x}$ bezeichnet. Auf eine alternative Berechnung gehen wir in Kürze ein.

Der letzte Teil von Tabelle 11.11 zeigt die schon eingangs dieses Kapitel berechneten Werte der Koeffizienten. Für die Konstante a wurde ein Wert von $-80{,}12$ und für den Koeffizient b ein Wert von 0,820 berechnet. Folgende Rechenschritte zeigen, wie diese Koeffizienten abgesichert werden: Als Maß für den Vorhersagefehler wird obig erwähntes *RMSE* oder eben $s_{y.x}$ mit folgenden Hilfsgrößen berechnet:

$$Q_x = \sum_{i=1}^{n} x_i^2 - \frac{1}{n}(\sum_{i=1}^{n} x_i)^2$$

$$Q_y = \sum_{i=1}^{n} y_i^2 - \frac{1}{n}(\sum_{i=1}^{n} y_i)^2$$

$$Q_{xy} = \sum_{i=1}^{n} x_i \cdot y_i - \frac{1}{n}\sum_{i=1}^{n} x_i \cdot \sum_{i=1}^{n} y_i$$

$$s_{y.x} = \sqrt{\frac{Q_y - \frac{Q_{xy}^2}{Q_x}}{n-k-1}}$$

Wir ziehen zur Berechnung dieser Terme die in Tabelle 11.3 dargestellten Werte heran. Es ergibt sich

$$Q_x = 313\,422 - \frac{1}{11} \cdot (1\,856)^2 = 264{,}18$$

$$Q_y = 37\,554 - \frac{1}{11} \cdot (640)^2 = 317{,}64$$

$$Q_{xy} = 108\,202 - \frac{1}{11} \cdot 1\,856 \cdot 640 = 216{,}54$$

$$RMSE = s_{y.x} = \sqrt{\frac{317{,}64 - \frac{(216{,}54)^2}{264{,}18}}{11-1-1}} = 3{,}946$$

Dies entspricht wiederum dem Wert, der in Tabelle 11.11 angegeben wird. Die Standardfehler der Koeffizienten errechnen sich wie folgt:

$$s_a = \frac{s_{y.x}}{\sqrt{Q_x}} = \frac{3{,}946}{\sqrt{264{,}18}} = 0{,}2428$$

$$s_b = s_a \cdot \sqrt{\frac{\sum x_i^2}{n}} = 0{,}2428 \cdot \sqrt{\frac{313\,422}{11}} = 40{,}98$$

Dies sind die gleichen Werte wie die in Tabelle 11.11 angegebenen Standardfehler der Koeffizienten. Die Absicherung des Koeffizienten gegen die Nullhypothese H_0: $\alpha = 0$ erfolgt über die Test-Statistik

$$t = \frac{a - \alpha}{s_a} = \frac{0{,}8197 - 0}{0{,}24278} = 3{,}38$$

Vorhersagen und Standardfehler von Vorhersagen berechnen

Der folgende **R**-Code legt ein lineares Modell `mymodel` an, wobei die Variablen x und y im dataframe `df` gespeichert sind (Wohnfläche bzw. Monatsmiete). Mit dem Befehl in Zeile 8 werden die Resultate ausgeschrieben.

```
1
2  rm(list=ls())
3
4  df <- data.frame(x = c(178,165,164,168,171,162,173,173,165,164,173) \
     ,
5                   y = c(61,52,50,57,58,57,63,67,52,57,66))
6
7  mymodel <- lm(y~x, data = df)
8  summary(mymodel)
```

Wir wollen nun das Körpergewicht y für eine Person mit Körpergröße $x = 180\,\text{cm}$ vorhersagen, und zwar ebenfalls die Schätzunsicherheit der Vorhersage berechnen.

Die Vorhersage selbst, $\hat{y_i} = a \cdot x_i + b$, berechnet sich über $\hat{y_i} = 0{,}8197 \cdot 180 - 80{,}121 = 67{,}43\,\text{kg}$.

Es interessiert aber nun vor allem die Schätzunsicherheit dieser Vorhersage – bzw. der Standardfehler. Man kann nun Standardfehler für **individuelle Vorhersagen** oder **mittlere Vorhersagen** berechnen. Standardfehler für individuelle Vorhersagen berücksichtigen, dass Personen mit einer Körpergröße von $x_i = 180\,\text{cm}$ sehr heterogen sind – zum Beispiel gibt es vegane sportliche Personen oder auch fleisch-essende Netflix-Gucker. Beim Standardfehler für mittlere Vorhersagen werden diese heterogenen Personen alle zusammen genommen, der individuelle Standardfehler ist dementsprechend größer, da er die Heterogenität eben berücksichtigt. Wir definieren für die Berechnung der Standardfehler der Vorhersagen den Hebelwert h_i:

$$h_i = \frac{1}{n} + \frac{(x_i - \overline{x})^2}{(n-1) \cdot s_x^2}$$

Der Formel entnimmt man, dass der Hebelwert am kleinsten wird für eine Vorhersage am Mittelwert.

Der Hebelwert lautet in unserem Fall:

$$h_i = \frac{1}{11} + \frac{(180 - 168{,}72)^2}{(11-1) \cdot 5{,}14^2} = 0{,}5725$$

Den Vorhersagefehler für **mittlere Vorhersagen** berechnet sich dann über das vorhin berechnete *RMSE* mittels:

$$SE(\overline{\hat{y}}) = RMSE \cdot \sqrt{h_i} = 3{,}956 \cdot 0{,}5725 = 2{,}98$$

Zum Vertrauensintervall mit $1 - \alpha = 95\,\%$ lautet die t-Statistik mit $df = n - k - 1 = 9$ Freiheitsgraden $t = 2{,}26$. Wir sind nun in der Lage, für die mittlere Vorhersage ein

95%-Vertrauensintervall anzugeben:

$$\bar{\hat{y}} \pm t \cdot SE(\bar{\hat{y}}) = 67{,}43 \pm 2{,}26 \cdot 2{,}98 = [60{,}69 - 74{,}16]$$

Den Vorhersagefehler für **individuelle Vorhersagen** berechnet sich dann über das vorhin berechnete *RMSE* mittels:

$$SE(\hat{y}) = RMSE \cdot \sqrt{1 + h_i} = 3{,}956 \cdot 1{,}5725 = 4{,}96$$

Zum Vertrauensintervall mit $1 - \alpha = 95\,\%$ lautet die t-Statistik mit $df = n - k - 1 = 9$ Freiheitsgraden $t = 2{,}26$. Wir sind nun in der Lage, für die mittlere Vorhersage ein 95%-Vertrauensintervall anzugeben:

$$\hat{y} \pm t \cdot SE(\hat{y}) = 67{,}43 \pm 2{,}26 \cdot 4{,}96 = [56{,}2 - 78{,}6]$$

In R lassen sich mit der Funktion `predict()` die Vertrauensintervalle für Vorhersagen generieren.

```

rm(list=ls())

df <- data.frame(x = c(178,165,164,168,171,162,173,173,165,164,173) \
    ,
                 y = c(61,52,50,57,58,57,63,67,52,57,66))

mymodel <- lm(y~x, data = df)
summary(mymodel)

# Mittlere Vorhersagen
predict(mymodel, newdata = data.frame(x=180), interval='confidence' \
    )
predict(mymodel, newdata = data.frame(x=0), interval='confidence')

# Individuelle Vorhersage
predict(mymodel, newdata = data.frame(x=180), interval='prediction' \
    )
```

11.8.2 Nicht-lineare Regression

Bei nicht-linearen Zusammenhängen, die eher seltener auftreten, gibt es praktisch unbegrenzt viele Möglichkeiten der formelmäßigen Gestaltung. Die Rechengänge sind dabei in der Regel so kompliziert, dass sie nur noch mit einem entsprechenden Computerprogramm erledigt werden können. Dabei ist aus der Erfahrung bzw. der Theorie heraus oder durch Probieren die Gestalt der Formel vorzugeben; der Computer liefert dann eine optimale Schätzung der in der Formel enthaltenen Parameter. Einige nicht-lineare Zusammenhänge allerdings lassen sich durch Logarithmieren in lineare Zusammenhänge überführen. Es sind exponentielle Zusammenhänge der Form

$$y = a \cdot e^{b \cdot x}$$
$$y = a \cdot b^x$$
$$y = a \cdot x^b$$

Dabei ist e^x die Umkehrfunktion des natürlichen Logarithmus mit der eulerschen Zahl $e = 2{,}71828\ldots$

Das Vorgehen in diesen Fällen soll anhand zweier Beispiele erläutert werden.

In einem Gedächtnistest wurden den Versuchspersonen 30 Ortsnamen aus der äußeren Mongolei vorgegeben. Dann wurde über einen Zeitraum von zehn Tagen festgehalten, wie viele Namen jeweils noch im Gedächtnis geblieben sind. Die gemittelten Werte über die Versuchspersonen sind in Tabelle 11.12 enthalten.

Tag (x)	Anzahl Namen (y)	ln(y)
1	24,9	3,21
2	19,7	2,98
3	17,0	2,83
4	13,2	2,58
5	11,0	2,40
6	8,5	2,14
7	7,9	2,07
8	5,8	1,76
9	5,5	1,70
10	5,0	1,61

Tabelle 11.12: Gedächtnisleistungen an aufeinander folgenden Tagen

Ein Streudiagramm mit dem Tag auf der x-Achse und der Anzahl der Namen auf der y-Achse ist in Abbildung 11.7 wiedergegeben.

Der Zusammenhang ist offensichtlich nicht-linear. Eine bessere Beschreibung soll mit der Beziehung

$$y = a \cdot e^{b \cdot x}$$

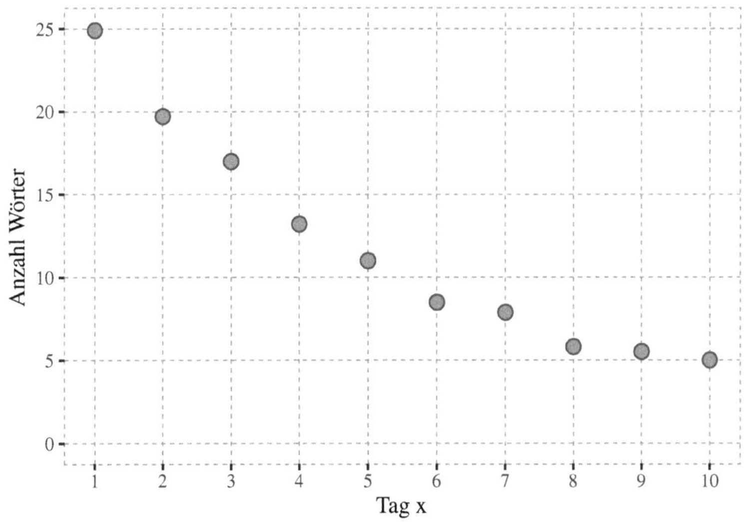

Abbildung 11.7: Nicht-linearer Abfall

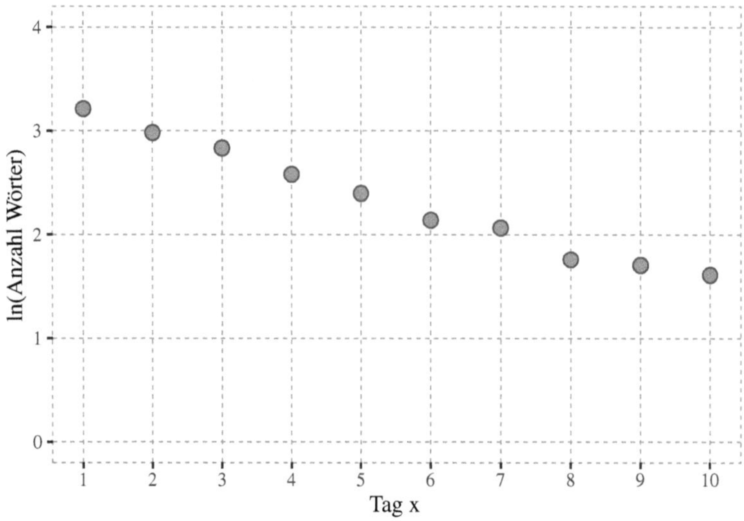

Abbildung 11.8: Linearer Abfall nach Logarithmierung

versucht werden.

Die Logarithmierung beider Seiten ergibt

$$\ln(y) = \ln(a) + \ln(e^{b \cdot x})$$
$$\ln(y) = \ln(a) + b \cdot x$$

Dieses ist eine lineare Gleichung mit $\ln(y)$ als abhängiger Variable. Ein Streudiagramm (Abbildung 11.8) mit dem Tag auf der x-Achse und dem natürlichen Logarithmus der Namensanzahl auf der y-Achse zeigt tatsächlich einen linearen Zusammenhang.

Die Regressionsrechnung mit $\ln(y)$ als abhängiger und x als unabhängiger Variable ergibt

$$b = -0{,}185 \quad \ln(a) = 3{,}347$$

Hieraus folgt

$$a = e^{3{,}347} = 28{,}4$$

Die gefundene Gleichung lautet also schließlich

$$Namensanzahl = 28{,}4 \cdot e^{-0{,}185 \cdot Tage}$$

Nach dieser Gleichung beträgt zum Beispiel die Zahl der gemerkten Namen nach fünf Tagen

$$28{,}4 \cdot e^{-0{,}185 \cdot 5} = 11{,}3$$

Der tatsächliche Wert ist 11,0, stimmt also mit dem vorhergesagten sehr gut überein. Ähnlich verfahren Sie, wenn Sie als Regressionsgleichung

$$y = a \cdot b^x$$

wählen. Logarithmieren beider Seiten ergibt

$$\ln(y) = \ln(a) + \ln(b^x)$$
$$\ln(y) = \ln(a) + \ln(b) \cdot x$$

Sie führen wieder eine Regressionsanalyse mit $\ln(y)$ als abhängiger und x als unabhängiger Variable durch, der sich dabei ergebende Regressionskoeffizient hat dann aber die Bedeutung von $\ln(b)$, so dass Sie hieraus nach

$$b = e^{\ln(b)}$$

den Parameter b berechnen müssen. Für den Ordinatenabschnitt gilt Entsprechendes. Schließlich sei ein Beispiel für einen Zusammenhang nach der Gleichung

$$y = a \cdot x^b$$

gezeigt. Auf diese Weise ist bei Fischen das Gewicht von der Länge abhängig. Die entsprechenden Messungen an 16 Fischen sind in Tabelle 11.13 wiedergegeben.

Ein Streudiagramm mit der Länge auf der x-Achse und dem Gewicht auf der y-Achse (Abbildung 11.9) zeigt einen nicht-linearen Zusammenhang.

Beidseitiges Logarithmieren der Gleichung

$$y = a \cdot x^b$$

ergibt

$$\ln(y) = \ln(a) + \ln(x^b)$$
$$\ln(y) = \ln(a) + b \cdot \ln(x)$$

Länge (x)	Gewicht (y)	ln(x)	ln(y)
15,0	28,3	2,71	3,34
16,2	37,3	2,79	3,62
16,9	45,8	2,83	3,82
18,3	58,0	2,91	4,06
19,0	66,4	2,94	4,20
20,4	85,1	3,02	4,44
21,0	93,9	3,04	4,54
21,9	110,0	3,09	4,70
23,2	129,9	3,14	4,87
24,5	157,9	3,20	5,06
25,3	177,1	3,23	5,18
26,1	194,1	3,26	5,27
26,8	214,7	3,29	5,37
28,0	249,7	3,33	5,52
29,1	281,4	3,37	5,64
30,0	315,7	3,40	5,75

Tabelle 11.13: Länge und Gewicht von Fischen

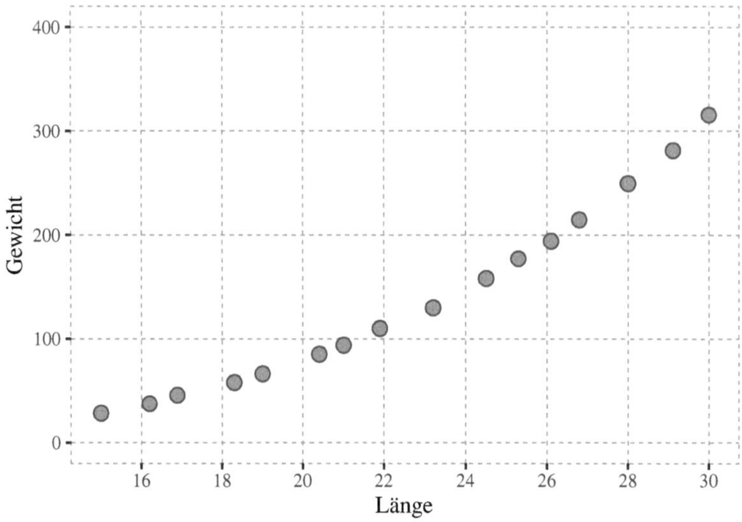

Abbildung 11.9: Nicht-linearer Anstieg

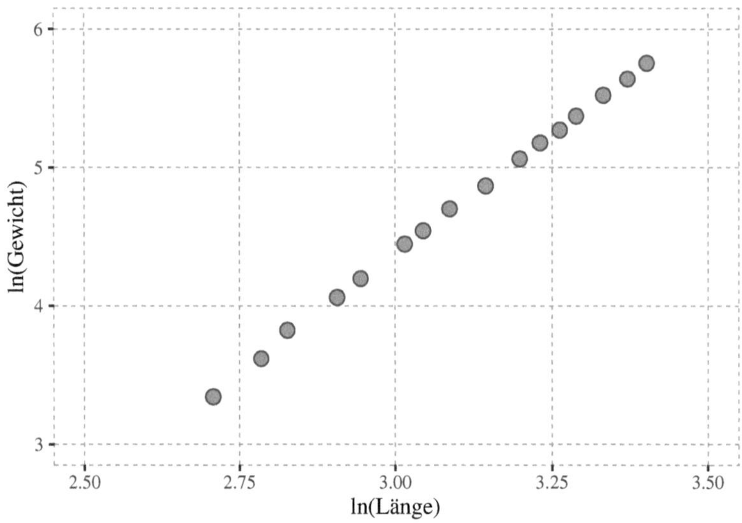

Abbildung 11.10: Linearer Anstieg nach Logarithmierung

Wenn Sie $\ln(x)$ und $\ln(y)$ in einem Streudiagramm (Abbildung 11.10) auftragen, erkennen Sie einen linearen Zusammenhang.

Führen Sie eine Regressionsrechnung mit $\ln(y)$ als abhängiger und $\ln(x)$ als unabhängiger Variable durch, so erhalten Sie

$$b = 3{,}436 \quad \ln(a) = -5{,}928$$

Hieraus folgt

$$a = \mathrm{e}^{-5{,}928} = 0{,}0027$$

und damit die Beziehung

$$Gewicht = 0{,}0027 \cdot Länge^{3{,}436}$$

Damit ergibt sich zum Beispiel für einen 21 cm langen Fisch ein Gewicht von

$$0{,}0027 \cdot 21^{3{,}436} = 94{,}3$$

Als tatsächlicher Wert hatte sich 93,9 ergeben. Weitere Möglichkeiten, um nichtlineare Beziehungen zu beschreiben, sind Polynome, zum Beispiel quadratische Gleichungen

$$y = a + b_1 \cdot x + b_2 \cdot x^2$$

oder kubische Gleichungen

$$y = a + b_1 \cdot x + b_2 \cdot x^2 + b_3 \cdot x^3$$

Die Schätzung der betreffenden Parameter bei diesen und anderen Formeln ist nur noch mit entsprechenden Computerprogrammen zu leisten.

11.8.3 Multiple lineare Regression

Die Abhängigkeit einer Variable von *einer* unabhängigen Variable wurde in Abschnitt 11.8.1 behandelt. Von *multipler* linearer Regression spricht man, wenn die Abhängigkeit einer abhängigen Variable von *mehreren* unabhängigen Variablen analysiert wird. Die in eine solche Regressionsanalyse eingehenden Variablen müssen intervallskaliert sein. Allerdings lassen sich dichotome nominalskalierte unabhängige Variablen wie solche metrischen Variablen behandeln, was die Einsetzbarkeit der multiplen Regressionsanalyse deutlich erweitert. Mathematisch formuliert geht es darum, bei n unabhängigen Variablen x_1 bis x_n (auch Einflussvariablen oder Vorhersagevariablen genannt) und der abhängigen Variable y die Regressionskoeffizienten b_1 bis b_n und die Konstante a der Gleichung

$$y = a_1 \cdot x_1 + a_2 \cdot x_2 + \ldots + a_n \cdot x_n + b$$

zu schätzen. Für alle aufgenommenen Variablen werden bei beiden Methoden als wichtigstes Ergebnis der Analyse die folgenden Größen ausgegeben:

- Regressionskoeffizienten a_i und Konstante b sowie deren Standardfehler
- Signifikanzüberprüfung über die Prüfgröße t
- Beta-Gewichte

Die Beta-Gewichte sind die auf den jeweiligen Wertebereich der zugehörigen Variable normierten Regressionskoeffizienten. Während über das Vorzeichen der Regressionskoeffizienten die Richtung des jeweiligen Einflusses festgestellt werden kann, ist der absolute Betrag des Beta-Gewichts ein Maß für die Stärke des Einflusses. So lässt sich anhand der Beta-Gewichte eine Reihenfolge der unabhängigen Variable bezüglich der Stärke ihres Einflusses auf die abhängige Variable erstellen.

Voraussetzung für die Gültigkeit der Analyse ist, dass die Residuen (Differenzen) zwischen den beobachteten und den gemäß der Regressionsgleichung vorhergesagten Werten einer Normalverteilung folgen.

ZUSAMMENFASSUNG

- Je nach Skalenniveau und Verteilungsform der beteiligten Variablen gibt es zur Berechnung des Zusammenhangs die Produkt-Moment-Korrelation nach Pearson, die Rangkorrelationen nach Spearman und Kendall, die Vierfelderkorrelation und die punktbiseriale Korrelation. Zu achten ist auf Scheinkorrelationen, die mithilfe partieller Korrelationskoeffizienten aufgedeckt werden können.
- Im Falle von signifikanten und deutlichen Zusammenhängen zwischen intervallskalierten Variablen kann eine Regressionsrechnung vorgenommen werden, wobei zwischen linearer und nicht-linearer Regression unterschieden wird.
- Das Verfahren der multiplen linearen Regression analysiert die Abhängigkeit einer intervallskalierten Variable von *mehreren* unabhängigen Variablen.

11.9 Übungen

1. Vierzehn Probanden nahmen an einem Wort- und einem Zahlengedächtnistest teil und erzielten dabei die folgenden Ergebnisse.

Wort:	22 30 23 25 26 29 32 25 29 28 30 21 26 23
Zahlen:	14 14 15 12 13 19 17 13 14 17 15 13 16 13

   Berechnen Sie die Produkt-Moment-Korrelation zwischen den beiden Tests.

2. Bei einer Schönheitskonkurrenz wurden die zwölf Kandidatinnen von zwei Wettkampfrichterinnen beurteilt, die schließlich die folgenden Reihenfolgen festlegten.

   Richterin Petra Pastis: Nicole, Margit, Jacqueline, Birgit, Mary, Li, Esmeralda, Anke, Elisabeth, Wanja, Natascha, Olga

   Richterin Iwanka Wodkow: Natascha, Li, Wanja, Elisabeth, Anke, Olga, Mary, Esmeralda, Jacqueline, Margit, Nicole, Birgit

   Berechnen Sie zwischen den beiden Beurteilungen die Rangkorrelation nach Spearman.

3. Rechnen Sie das Beispiel aus Übung 11.2 mit der Rangkorrelation nach Kendall.

4. Anhand von 200 Patienten einer Klinik wurde der Zusammenhang von Alkohol- und Nikotinkonsum in Form einer Vierfeldertafel ermittelt.

	Nichtraucher	Raucher
Nichttrinker	92	21
Trinker	40	47

   Bestimmen Sie den Zusammenhang zwischen der Gewohnheit zu trinken und der Gewohnheit zu rauchen.

5. Eine Versuchs- und eine Kontrollgruppe, bestehend aus jeweils fünfzehn Probanden, wurden einem Leistungstest unterzogen, wobei die zusätzlich motivierte Versuchsgruppe im Schnitt fünf Punkte mehr erzielte als die Kontrollgruppe. Wie groß ist der Grad der Verbundenheit zwischen zusätzlicher Motivation und Leistungssteigerung, wenn die gemeinsame Standardabweichung aller erzielten Punktwerte 4,3 beträgt?

6. In einer Umfrage an 250 Kirchenbesuchern wurde unter anderem nach der Kirchgangshäufigkeit und nach der Einstellung zu Ausländern gefragt. Dabei wurde für Letztere ein Score entwickelt, bei dem hohe Werte eine kritische Einstellung wiedergaben. Für die Korrelation zwischen der Kirchgangshäufigkeit und diesem Score ergab sich ein Wert von $r = 0{,}432$, was bedeuten würde, dass häufiger Kirchenbesuch mit kritischerer Einstellung zu Ausländern einhergeht. Ein Vertreter der Kirche hält dem entgegen, man müsse das Alter der Befragten einbeziehen. Dieses korreliere mit $r = 0{,}779$ zur Kirchgangshäufigkeit und mit $r = 0{,}468$ zum Ausländerscore. Berechnen und testen Sie die partielle Korrelation zwischen Kirchgangshäufigkeit und Ausländerscore unter Berücksichtigung der Störvariable Alter!

7. Berechnen Sie zu Übung 11.1 die Gleichung der Regressionsgeraden (also Regressionskoeffizienten und Ordinatenabschnitt), wobei das Ergebnis des Zahlengedächtnistests die abhängige Variable sei. Berechnen Sie zusätzlich das Bestimmtheitsmaß R^2.

8. Interpretieren Sie die Tabelle zur Regression aus der Übung 11.1

Variabilität	***QS***	***df***	***MQS***
Modell	15,30	$k = 1$	15,30
Residuum	35,91	$n - k - 1 = 12$	2,99
Gesamt	51,21	$n - 1 = 13$	3,94

Modell-Zusammenfassung	
n	14,0
$F(1{,}12)$	5,11
Prob > *F*	0,043
R^2	0,2988
R^2_{adj}	0,2404
RMSE	1,73

Zahlen (*y*)	**Koeffizient**	**Standardfehler**	***t***	***P* > |*t*|**	**95%-Konfidenzintervall**	
Wort	0,320	0,142	2,26	0,043	0,012	0,629
Konstante	6,20	3,76	1,65	0,125	−1,99	14,40

9. Bei einer Bakterienkultur wird exponentielles Wachstum vermutet. Ein Forscher legt zur Zeit $t = 0$ eine Kultur an und zählt während der nächsten fünf Stunden den Bestand. Folgende Daten konnten generiert werden:

Zeit in Stunden (x)	Anzahl Bakterien (y)	Log. Anzahl Bakterien ln(y)
0	98	4,585
1	116	4,754
2	139	4,934
3	182	5,204
4	205	5,323
5	236	5,464

Das Resultat der Regression der logarithmierten Anzahl Bakterien nach der Zeit in Stunden ergab folgendes Resultat:

Variabilität	*QS*	*df*	*MQS*
Modell	0,580	$k = 1$	0,580
Residuum	0,00669	$n - k - 1 = 4$	0,00167
Gesamt	0,5867	$n - 1 = 5$	0,11734

Modell-Zusammenfassung	
n	6,0
$F(1,4)$	346,9
$Prob > F$	0,000
R^2	0,9886
R^2_{adj}	0,9858
RMSE	0,0489

Log. Anzahl (y)	Koeffizient	Standardfehler	t	$P > \|t\|$	95%-Konfidenzintervall	
Zeit [h]	0,182	0,00977	18,63	0,000	0,155	0,209
Konstante	4,589	0,0296	155,1	0,000	4,507	4,671

Interpretieren Sie die Resultate dieser exponentiellen Regression und geben Sie insbesondere die Gleichung der Bakterienanzahl nach fortlaufender Zeit in Stunden (x) an. Wie viele Bakterien sind nach $x = 10\,\text{h}$ zu erwarten?

10. Bearbeiten Sie die Übungen unter dem Link *https://pearson-dach.shinyapps.io/imklartext_kap11/*. Unter dem Kapitel 'Übungsgenerator' können Sie zusätzliche Übungen zur Regressions-Rechnung bearbeiten. Insbesondere soll dabei auch die App auf der Seite ‚Univariate Regression' benutzt werden. Sie können so für auserwählte Schweizer Gemeinden (z. B. 4600 Olten, 8712 Stäfa usw.) einen Zusammenhang zwischen monatlichem Mietpreis in CHF und der Wohnfläche in m^2 errechnen.

Kreuztabellen

12

ÜBERBLICK

LERNZIELE

- Kreuztabellen und Chi-Quadrat-Test
- Kontingenzkoeffizient, Cramér's V
- Chi-Quadrat-Vierfeldertest
- relatives Risiko und odds ratio
- exakter Test nach Fisher und Yates
- Chi-Quadrat-Test nach McNemar

Zwei nominalskalierte oder ordinalskalierte Variablen mit nicht zu vielen Kategorien können in Form einer *Kreuztabelle* miteinander in Beziehung gebracht werden. Mithilfe einer χ^2-Analyse kann dann überprüft werden, ob es signifikant auffällige Kategorienkombinationen gibt. Für nominalskalierte Variablen mit mehr als zwei Kategorien ist dies die einzige Möglichkeit, Beziehungen untereinander aufzudecken. Spezielle Verfahren gibt es für die Beziehungen zwischen zwei dichotomen Variablen (Vierfeldertafeln).

12.1 Chi-Quadrat-Mehrfeldertest

Das Prinzip einer Kreuztabelle und die Rechenschritte einer χ^2-Analyse sollen anhand des folgendes Beispiels erläutert werden. An einer deutschen Universität wurden Studierende u. a. zu ihrer politischen Einstellung befragt. Hierbei waren die Antwortkategorien „eher links — Mitte — eher rechts" vorgegeben. Ferner waren die jeweiligen Fächergruppen anzugeben.

Kann man die politische Einstellung noch als ordinalskalierte Variable betrachten, sind die Fächergruppen nominalskaliert, so dass die einzige Möglichkeit, beide Variablen miteinander in Beziehung zu bringen, in der Erstellung einer Kreuztabelle mit anschließender χ^2-Analyse besteht. Diese Kreuztabelle ist als Tabelle 12.1 wiedergegeben.

Fächergruppe	eher links	Mitte	eher rechts	Zeilensumme
Rechtswissenschaften	52	24	35	111
Wirtschaftswissenschaften	28	16	37	81
Sozialwissenschaften	215	39	11	265
Sprachwissenschaften	247	64	35	346
Naturwissenschaften	152	41	51	244
Medizin	82	35	31	148
Spaltensumme	776	219	200	1 195

Tabelle 12.1: Kreuztabelle mit beobachteten Häufigkeiten und Randsummen

Diese Tabelle enthält die *beobachteten Häufigkeiten* aller Kategorienkombinationen, ferner die *Zeilensummen* und *Spaltensummen*. So gibt es zum Beispiel 35 Studierende der Rechtswissenschaften mit eher rechter politischer Grundeinstellung, bei den Naturwissenschaften sind es deren 51, also mehr. Allerdings ist auch die Gesamtzahl in den Naturwissenschaften mit 244 höher als diejenige in den Rechtswissenschaften mit 111.

Zur besseren Beurteilung der Häufigkeiten ist also eine Prozentuierung mit Bezug auf die Zeilensummen sinnvoll. Diese Zeilenprozentuierung ist in Tabelle 12.2 eingetragen.

Fächergruppe	eher links	Mitte	eher rechts	Zeilensumme
Rechtswissenschaften	52	24	35	111
	46,8 %	21,6 %	31,5 %	
Wirtschaftswissenschaften	28	16	37	81
	34,6 %	19,8 %	45,7 %	
Sozialwissenschaften	215	39	11	265
	81,1 %	14,7 %	4,2 %	
Sprachwissenschaften	247	64	35	346
	71,4 %	18,5 %	10,1 %	
Naturwissenschaften	152	41	51	244
	62,3 %	16,8 %	20,9 %	
Medizin	82	35	31	148
	55,4 %	23,6 %	20,9 %	
Spaltensumme	776	219	200	1 195

Tabelle 12.2: Kreuztabelle mit Zeilenprozentuierung

Die 35 Studierenden der Rechtswissenschaften mit eher rechter politischer Grundeinstellung machen von den insgesamt 111 befragten Studierenden der Rechtswissenschaften 31,5 % aus; die 51 Studierenden der Naturwissenschaften sind von den insgesamt 244 Studierenden der Naturwissenschaften 20,9 %. In den Rechtswissenschaften ist eine eher rechte Grundeinstellung also stärker verbreitet als in den Naturwissenschaften. Betrachtet man alle Fächergruppen, so ist eine eher linke politische Grundeinstellung mit 81,1 % am stärksten in den Sozialwissenschaften verbreitet, eine eher rechte Einstellung findet sich am stärksten mit 45,7 % in den Wirtschaftswissenschaften.

Die Zeilenprozentuierung ist also ein probates Hilfsmittel zum übersichtlichen Vergleich der Zeilenkategorien, hier der Fächergruppen. Die Alternative zur Zeilenprozentuierung ist die auf die jeweilige Spaltensumme vorgenommene Prozentuierung. Diese erscheint im gegebenen Fall vom sachlogischen Gesichtspunkt her nicht so sinnvoll. Im Regelfall ist es so, dass entweder die Zeilen- oder Spaltenprozente eine sinnvolle Prozentuierung wiedergeben, sehr selten aber Zeilen- und Spaltenprozente zugleich.

Bisher wurde der Zusammenhang zwischen der Zeilen- und der Spaltenvariable lediglich beschrieben und mithilfe der passenden Prozentuierung transparent gemacht; nun soll die entsprechende Signifikanzberechnung folgen. Die zugehörige Fragestellung könnte lauten: „Unterscheiden sich die einzelnen Fächergruppen signifikant bezüglich der vorherrschenden politischen Grundeinstellung?" Korrekter formuliert lautet sie aber: „Unterscheiden sich die beobachteten Häufigkeiten signifikant von den erwarteten Häufigkeiten?"

Dabei sind die *erwarteten Häufigkeiten* diejenigen, die man unter Zugrundelegung der gegebenen Randsummen (Zeilen- und Spaltensummen) bei Gleichverteilung erhalten würde.

Bezeichnet man die Anzahl der Zeilen mit k, die Anzahl der Spalten mit m und die beobachtete Häufigkeit in der i-ten Zeile und j-ten Spalte mit $f_{o_{ij}}$ (f_o = Frequenz observiert), so berechnet sich die zugehörige erwartete Häufigkeit $f_{e_{ij}}$ (f_e = Frequenz erwartet) zu

$$f_{e_{ij}} = \frac{Zeilensumme_i \cdot Spaltensumme_j}{Gesamtsumme} \qquad (i = 1, \ldots, k;\ j = 1, \ldots, m)$$

Die erwartete Häufigkeit ist also das Produkt aus zugehöriger Zeilen- und Spaltensumme, dividiert durch die Gesamtsumme. Dem liegt die Nullhypothese zugrunde, dass Zeilen- und Spaltenvariable voneinander unabhängig sind. Zum Beispiel beträgt die erwartete Häufigkeit für die Studierenden der Sozialwissenschaften mit eher linker politischer Grundeinstellung

$$f_{e_{31}} = \frac{265 \cdot 776}{1\,195} = 172{,}1$$

Die erwartete Häufigkeit ist ein theoretischer Wert, so dass Sie sich an der Dezimalstelle nicht stören sollten. Tabelle 12.3 enthält die beobachteten und erwarteten Häufigkeiten für alle Felder der Kreuztabelle.

Fächergruppe	eher links	Mitte	eher rechts	Zeilensumme
Rechtswissenschaften	52	24	35	111
	72,1	20,3	18,6	
Wirtschaftswissenschaften	28	16	37	81
	52,6	14,8	13,6	
Sozialwissenschaften	215	39	11	265
	172,1	48,6	44,4	
Sprachwissenschaften	247	64	35	346
	224,7	63,4	57,9	
Naturwissenschaften	152	41	51	244
	158,4	44,7	40,8	
Medizin	82	35	31	148
	96,1	27,1	24,8	
Spaltensumme	776	219	200	1 195

Tabelle 12.3: Kreuztabelle mit erwarteten Häufigkeiten

Zum Beispiel wären also ca. 53 eher links eingestellte Studierende der Wirtschaftswissenschaften zu erwarten gewesen, tatsächlich sind es nur 28. Bei den Sozialwissenschaften wären ca. 44 eher rechts eingestellte Studierende zu erwarten gewesen, tatsächlich beobachtet wurden aber nur 11. Bei den Wirtschaftswissenschaften sind die eher links eingestellten Studierenden also unterrepräsentiert, bei den Sozialwissenschaften sind dies die eher rechts eingestellten Studierenden. Bei letzterer Fächergruppe sind dagegen die eher links eingestellten Studierenden überrepräsentiert: 215 tatsächlich beobachtete bei nur etwa 172 zu erwartenden.

Betrachtet man die Naturwissenschaften, so wurden 152 eher links eingestellte Studierende beobachtet, erwartet wurden ca. 158 Studierende. Hier liegt die tatsächlich beobachtete Häufigkeit also offenbar im Rahmen der Erwartung.

So ergibt sich die Frage, ob die Unterschiede zwischen den beobachteten und erwarteten Häufigkeiten signifikant sind. Hierzu berechnet man zunächst in jedem Feld der Kreuztabelle das *standardisierte quadrierte Residuum*

$$\frac{(f_{\mathrm{o}ij} - f_{\mathrm{e}ij})^2}{f_{\mathrm{e}ij}} \quad (i = 1, \ldots, k; j = 1, \ldots, m)$$

Diese Residuen werden über alle Felder der Kreuztabelle zur Prüfgröße χ^2 aufsummiert:

$$\chi^2 = \sum_{i=1}^{k} \sum_{j=1}^{m} \frac{(f_{\mathrm{o}ij} - f_{\mathrm{e}ij})^2}{f_{\mathrm{e}ij}}$$

Diese Prüfgröße ist χ^2-verteilt mit

$$df = (k-1) \cdot (m-1)$$

Freiheitsgraden.

Zum Beispiel ergibt sich im Falle der eher links eingestellten Studierenden der Sozialwissenschaften das folgende standardisierte quadrierte Residuum:

$$\frac{(215 - 172{,}1)^2}{172{,}1} = 10{,}69$$

Die quadrierten standardisierten Residuen sind mit den beobachteten und erwarteten Häufigkeiten für alle Felder in Tabelle 12.4 eingetragen.

Die Aufsummierung der Residuen über alle Felder ergibt die Prüfgröße χ^2:

$$\chi^2 = 130{,}87$$

Fächergruppe	eher links	Mitte	eher rechts	Zeilensumme
Rechtswissenschaften	52	24	35	111
	72,1	20,3	18,6	
	5,59	0,66	14,52	
Wirtschaftswissenschaften	28	16	37	81
	52,6	14,8	13,6	
	11,50	0,09	40,54	
Sozialwissenschaften	215	39	11	265
	172,1	48,6	44,4	
	10,69	1,88	25,08	
Sprachwissenschaften	247	64	35	346
	224,7	63,4	57,9	
	2,22	0,01	9,06	
Naturwissenschaften	152	41	51	244
	158,4	44,7	40,8	
	0,26	0,31	2,53	
Medizin	82	35	31	148
	96,1	27,1	24,8	
	2,07	2,29	1,57	
Spaltensumme	776	219	200	1 195

Tabelle 12.4: Kreuztabelle mit quadrierten standardisierten Residuen

Dies ist nach der χ^2-Tabelle (Tabelle 4 im Anhang) bei

$$df = (6-1) \cdot (3-1) = 10$$

Freiheitsgraden ein höchst signifikanter Wert ($p < 0{,}001$).

Dies bedeutet, dass die Nullhypothese, beobachtete und erwartete Häufigkeiten würden sich nirgends unterscheiden, verworfen werden muss. Es drängt sich nun die Frage auf, in welchen Zellen genau es signifikante Unterschiede gibt. Auskunft hierüber geben die quadrierten standardisierten Residuen

$$\frac{(f_{o_{ij}} - f_{e_{ij}})^2}{f_{e_{ij}}}$$

Je nachdem, welchen Grenzwert diese Residuen überschreiten, gilt für den Unterschied zwischen beobachteter und erwarteter Häufigkeit:

> 3,84	signifikant ($p < 0{,}05$, *)
> 6,64	sehr signifikant ($p < 0{,}01$, **)
> 10,83	höchst signifikant ($p < 0{,}001$, ***)

In Tabelle 12.5, die als Endergebnis der χ^2-Analyse gelten kann, sind die so markierten Signifikanzniveaus eingetragen.

Fächergruppe	eher links	Mitte	eher rechts	Zeilensumme
Rechtswissenschaften	52	24	35	111
	72,1	20,3	18,6	
	*		***	
Wirtschaftswissenschaften	28	16	37	81
	52,6	14,8	13,6	
	***		***	
Sozialwissenschaften	215	39	11	265
	172,1	48,6	44,4	
	**		***	
Sprachwissenschaften	247	64	35	346
	224,7	63,4	57,9	
			**	
Naturwissenschaften	152	41	51	244
	158,4	44,7	40,8	
Medizin	82	35	31	148
	96,1	27,1	24,8	
Spaltensumme	776	219	200	1 195

Tabelle 12.5: Kreuztabelle mit Signifikanzniveaus

Zusammenfassend lässt sich feststellen, dass eine eher linke politische Grundeinstellung in den Sozialwissenschaften überrepräsentiert ist, eine eher rechte Einstellung vor allem in den Wirtschaftswissenschaften, aber auch in den Rechtswissenschaften. Die Naturwissenschaften und die Medizin liegen im Schnitt.

Die Erstellung von Kreuztabellen zwischen nominal- und ordinalskalierten Variablen mit anschließender χ^2-Analyse dürfte inzwischen das bei Benutzung eines Computerprogramms am häufigsten angewandte statistische Verfahren sein. Den aufgezeigten Rechenschritten folgend, ist die Ausgabe der beobachteten Häufigkeiten, der passenden Prozentuierung, der erwarteten Häufigkeiten und der quadrierten standardisierten Residuen zu empfehlen. Das Programmsystem SPSS gibt allerdings hier die nicht-quadrierten standardisierten Residuen aus.

Der χ^2-Test unterliegt allerdings einer Voraussetzung: Die erwarteten Häufigkeiten in den Feldern der Kreuztabelle müssen mindestens den Wert 5 haben; in 20 % der Felder sind Werte < 5 erlaubt. Um dies gegebenenfalls zu erreichen, können Sie versuchen, sachlogisch ähnliche Kategorien zusammenzufassen oder schwach besetzte Kategorien in der Analyse auszulassen.

Schöne Anwendungen der χ^2-Analyse findet man in dem Buch „Die Akte Astrologie“ von Gunter Sachs. Er untersuchte u. a. 358 763 Heiraten der Jahre 1987 bis 1994 in der Schweiz und stellte dabei die jeweiligen Kombinationshäufigkeiten der Sternzeichen fest. In einer χ^2-Analyse fand er dann heraus, dass bei insgesamt 25 von den möglichen 144 Kombinationen signifikante Unterschiede zwischen beobachteten und erwarteten Häufigkeiten auftraten. Vor allem Heiraten zwischen gleichen Sternzeichen fanden mit meist signifikant erhöhter Häufigkeit statt.

Kontingenzkoeffizient

Da mit einer nominalskalierten Variable keine Ordnungsrelation verbunden ist, kann mit solchen Variablen bekanntlich kein Korrelationskoeffizient berechnet werden. Trotzdem hat man auch hier ein Maß entwickelt, das den Grad der Verbundenheit der beiden Variablen angeben soll.

Die im gegebenen Beispiel erhaltenen Ergebnisse kann man schließlich verbal auch so verstehen, dass ein Zusammenhang zwischen Fächergruppen und politischer Grundeinstellung dahingehend besteht, dass in manchen Fächergruppen eine eher linke, in anderen Fächergruppen eine eher rechte politische Grundeinstellung überrepräsentiert ist. Dieses für nominalskalierte Variablen entwickelte „Zusammenhangsmaß“ heißt *Kontingenzkoeffizient*.

Dieser berechnet sich unmittelbar aus der Prüfgröße χ^2 und der Gesamtfallzahl n zu

$$C = \sqrt{\frac{\chi^2}{\chi^2 + n}}$$

Im gegebenen Beispiel erhält man hiermit

$$C = \sqrt{\frac{130{,}87}{130{,}87 + 1\,195}} = 0{,}314$$

Nach der Formel für den Kontingenzkoeffizienten ist stets $0 < C < 1$, wobei hohe Werte von C einen hohen Zusammenhang bedeuten. Gleichzeitig macht die Formel deutlich, dass der Wert 1 nie erreicht werden kann. Der maximal erreichbare

Wert hängt von der Größe der zugrunde liegenden Kreuztabelle ab. Für quadratische Kreuztabellen mit k Zeilen bzw. Spalten beträgt er

$$C_{\text{max}} = \sqrt{\frac{k-1}{k}}$$

Unterscheidet sich die Zeilen- von der Spaltenzahl, lässt sich C_{max} abschätzen, indem man die Werte für die beiden entsprechenden quadratischen Tafeln mittelt. Dies ergibt im gegebenen Beispiel

$$\sqrt{\frac{3-1}{3}} = 0{,}816 \quad \sqrt{\frac{6-1}{6}} = 0{,}913 \quad C_{\text{max}} = \frac{0{,}816 + 0{,}913}{2} = 0{,}865$$

Kontingenzkoeffizienten werden über Kreuztabellen verschiedener Größe also erst vergleichbar, wenn man sie anhand des maximal erreichbaren Werts relativiert:

$$C_{\text{korr}} = \frac{C}{C_{\text{max}}}$$

Im vorliegenden Fall ergibt sich

$$C_{\text{korr}} = \frac{0{,}314}{0{,}865} = 0{,}363$$

Eine Signifikanzüberprüfung des Kontingenzkoeffizienten braucht nicht mehr vorgenommen zu werden; sie erfolgte bereits über die Prüfgröße χ^2 bei der χ^2-Analyse. Zwei Varianten des Kontingenzkoeffizienten sind Cramér's φ-Koeffizient und Cramér's V.

Cramér's φ-Koeffizient

Dieser Koeffizient macht nur Sinn für eine Vierfeldertafel (siehe Kapitel 11.4), da er sonst auch Werte > 1 annehmen kann:

$$\varphi = \sqrt{\frac{\chi^2}{n}}$$

Für Vierfeldertafeln liegt der Wert des φ-Koeffizienten zwischen 0 und 1.

Cramér's V

Der Vorteil von Cramér's V gegenüber dem Kontingenzkoeffizienten liegt darin, dass alle Werte zwischen 0 und 1 erreicht werden können:

$$V = \sqrt{\frac{\chi^2}{n \cdot (k-1)}}$$

Dabei ist k die kleinere der beiden Anzahlen der Zeilen und Spalten. Im gegebenen Beispiel ergibt sich

$$V = \sqrt{\frac{130{,}87}{1\,195 \cdot (3-1)}} = 0{,}234$$

Aus dem Vergleich der beiden Formeln für den Kontingenzkoeffizienten und für Cramér's V ergibt sich, dass Cramér's V stets kleiner ist als der Kontingenzkoeffizient.

12.2 Chi-Quadrat-Vierfeldertest

Besteht eine Kreuztabelle lediglich aus zwei Zeilen und zwei Spalten, insgesamt also aus vier Feldern, so vereinfachen sich die Rechenschritte. In diesem häufig vorkommenden Fall wird der χ^2-Vierfeldertest ausgeführt.

In einer Befragung von Studierenden über die Computernutzung im Alltag wurden diese unter anderem danach gefragt, ob sie das Internet nutzen. Das Ergebnis ist, getrennt nach Geschlecht, in Tabelle 12.6 als Vierfeldertafel dargestellt.

	Internet-Nutzung	keine Internet-Nutzung	Summe
männlich	449	165	614
	73,1 %	26,9 %	
weiblich	369	246	615
	60,0 %	40,0 %	
Summe	818	411	1 229

Tabelle 12.6: Vierfeldertafel

In der Tabelle sind auch die Randsummen und die Zeilenprozentuierung eingetragen. So nutzen also 73,1 % der männlichen Studierenden das Internet, aber nur 60,0 % der weiblichen Studierenden. Die Frage, ob dieser Unterschied signifikant ist, wird mit dem χ^2-Vierfeldertest geklärt. Wie bei der Vierfelderkorrelation auch, werden dabei die Felder der Vierfeldertafel mit den Buchstaben *a*, *b*, *c* und *d* bezeichnet:

a	*b*
c	*d*

Die Prüfgröße χ^2 berechnet sich zu

$$\chi^2 = \frac{(a \cdot d - b \cdot c)^2 \cdot n}{(a + b) \cdot (c + d) \cdot (a + c) \cdot (b + d)}$$

Dabei ist

$$n = a + b + c + d$$

die Gesamtsumme der Häufigkeiten.

Die Prüfgröße χ^2 ist χ^2-verteilt mit 1 Freiheitsgrad.

Im gegebenen Beispiel wird

$$\chi^2 = \frac{(449 \cdot 246 - 165 \cdot 369)^2 \cdot 1\,229}{614 \cdot 615 \cdot 818 \cdot 411} = 23{,}787$$

Nach der χ^2-Tabelle ist dies bei 1 Freiheitsgrad ein höchst signifikanter Wert ($p < 0{,}001$). Männliche Studierende nutzen das Internet also höchst signifikant häufiger als weibliche Studierende.

Der χ^2-Vierfeldertest hat sehr viel zu tun mit der Berechnung der Vierfelderkorrelation (siehe Kapitel 11.4). Ein Vergleich der beiden Formeln für die Testgröße χ^2 des χ^2-Tests und den Vierfelder-Korrelationskoeffizienten *r* ergibt die Beziehung

$$r = \sqrt{\frac{\chi^2}{n}}$$

Dabei ist das Vorzeichen von r negativ, falls $b \cdot c > a \cdot d$ ist.

Dies ist im gegebenen Beispiel nicht der Fall, so ergibt sich für den Vierfelder-Korrelationskoeffizienten

$$r = \sqrt{\frac{23{,}787}{1\,229}} = 0{,}139$$

Die Aussage des Chi-Quadrat-Tests, männliche Studierende nutzten das Internet höchst signifikant häufiger als weibliche, kann man unter Benutzung des Vierfelder-Korrelationskoeffizienten und seines Vorzeichens sowie der Codierung der beteiligten Variablen auch so formulieren: Zwischen Geschlecht und Internetnutzung besteht ein höchst signifikanter, aber betragsmäßig nur sehr geringer Zusammenhang dahingehend, dass männliche Studierende das Internet häufiger nutzen.

Die angegebene Formel für den χ^2-Wert gilt nur für den Fall, dass die Gesamtsumme n der Häufigkeiten mindestens 40 beträgt. Im anderen Fall benutzt man eine Formel mit der so genannten Yates-Korrektur:

$$\chi^2 = \frac{(|a \cdot d - b \cdot c| - \frac{n}{2})^2 \cdot n}{(a+b) \cdot (c+d) \cdot (a+c) \cdot (b+d)}$$

Für sehr kleine Fallzahlen wurde der exakte Test nach Fisher und Yates entwickelt. Diesem ist ein eigener Abschnitt (Abschnitt 12.3) gewidmet.

Relatives Risiko und odds ratio

Im Zusammenhang mit Vierfeldertafeln sind in bestimmten Situationen zwei Begriffe von Bedeutung, die man *relatives Risiko* und *odds ratio* nennt. Dabei wird eine so genannte Risikovariable, die angibt, ob ein bestimmtes Ereignis eintrifft oder nicht, in Abhängigkeit von einer unabhängigen (ursächlichen) und ebenfalls dichotomen Variable untersucht. Solche Risikovariablen treten vornehmlich in der Medizin auf; sie geben dann an, ob eine bestimmte Krankheit auftritt oder nicht. Im gegebenen Beispiel könnte man leicht boshaft die Internetnutzung als Risikovariable betrachten und das Geschlecht als ursächliche Variable.

Als *Inzidenzrate* bezeichnet man im gegebenen Beispiel bei beiden Kategorien des Geschlechts das Verhältnis der Internetnutzer zur Gesamtzahl der Frauen bzw. Männer. So ist die Inzidenzrate bei den Frauen

$$\frac{369}{369 + 246} = 0{,}600$$

und bei den Männern

$$\frac{449}{449 + 165} = 0{,}731$$

Diese Werte entsprechen den Zeilenprozenten der Vierfeldertafel. Der Quotient aus den beiden Inzidenzraten wird relatives Risiko genannt, wobei die höhere der beiden Inzidenzraten im Zähler steht, so dass sich für das relative Risiko stets ein Wert ≥ 1 ergibt:

$$\textit{relatives Risiko} = \frac{0{,}731}{0{,}600} = 1{,}218$$

Das „Risiko, der Internetnutzung zu verfallen", liegt also bei den Männern um das 1,218-Fache höher als bei den Frauen. Eine etwas andere Variante ist das odds ratio. Die „Chancen" (odds) bei den Frauen, der Internetnutzung anheim zu fallen, sind

369/246 = 1,500, bei den Männern sind sie 449/165 = 2,721. Das Chancenverhältnis (odds ratio) ist demnach

$$odds\ ratio = \frac{2{,}721}{1{,}500} = 1{,}814$$

Auch hier wird der größere Wert stets in den Zähler gestellt. Die Rechenvorschriften für relatives Risiko und odds ratio seien noch einmal formelmäßig dargestellt, wobei die Bedeutung der Buchstaben a, b, c und d aus Tabelle 12.7 hervorgeht.

	Ereignis tritt ein	Ereignis tritt nicht ein
Kategorie der ursächlichen Variable mit höherer Inzidenzrate	*a*	*b*
Kategorie der ursächlichen Variable mit niedrigerer Inzidenzrate	*c*	*d*

Tabelle 12.7: Bezeichnungen beim relativen Risiko und odds ratio

$$relatives\ Risiko = \frac{a \cdot (c+d)}{c \cdot (a+b)}$$
$$odds\ ratio = \frac{a \cdot d}{b \cdot c}$$

Die Begriffe seien noch einmal an einem Beispiel aus der Medizin erläutert. Eine Untersuchung bezüglich des Auftretens von Angststörungen brachte das in Tabelle 12.8 dargestellte Ergebnis.

	Angststörung	keine Angststörung
Frauen	$a = 154$	$b = 592$
Männer	$c = 79$	$d = 715$

Tabelle 12.8: Angststörungen bei Frauen und Männern

Damit ergibt sich:

$$relatives\ Risiko = \frac{154 \cdot (79+715)}{79 \cdot (154+592)} = 2{,}075$$
$$odds\ ratio = \frac{154 \cdot 715}{592 \cdot 79} = 2{,}354$$

Das odds ratio weist aus, dass die Gefahr, eine Angststörung zu bekommen, bei Frauen gegenüber Männern um das 2,354-Fache erhöht ist.

12.3 Der exakte Test nach Fisher und Yates

Bei sehr kleinen Häufigkeiten der Vierfeldertafel (Häufigkeiten < 5) ist der Chi-Quadrat-Vierfeldertest nicht anwendbar. In diesen Fällen kann der exakte Test nach Fisher und Yates angewandt werden. Dieser gestattet es, das Signifikanzniveau exakt zu bestimmen, indem bei den gegebenen Randsummen die Wahrscheinlichkeit der gegebenen Häufigkeitsverteilung und die Wahrscheinlichkeiten der „unwahrscheinlicheren“ Verteilungen bestimmt werden.

In einem Betrieb wurden siebzehn Arbeitnehmer befragt, ob sie im letzten Jahr an Grippe erkrankt waren und ob sie mit den Arbeitsbedingungen zufrieden waren oder nicht. Die Ergebnisse sind in Tabelle 12.9 festgehalten.

	zufrieden	nicht zufrieden
Grippe	$a = 2$	$b = 5$
keine Grippe	$c = 7$	$d = 3$

Tabelle 12.9: Vierfeldertafel mit kleinen Häufigkeiten

In der Gruppe der Grippekranken ist der Anteil der nicht-zufriedenen Arbeitnehmer also höher. Wegen der geringen Häufigkeiten kommt zur Signifikanzprüfung der exakte Test nach Fisher und Yates zur Anwendung. Bezeichnet man wie beim Chi-Quadrat-Vierfeldertest die auftretenden Häufigkeiten mit a, b, c und d (wie in Tabelle 12.9 geschehen), ist die exakte Wahrscheinlichkeit dafür, dass sich bei den gegebenen Randsummen die Häufigkeiten wie gegeben verteilen:

$$p_0 = \frac{\binom{a+c}{a} \cdot \binom{b+d}{b}}{\binom{a+b+c+d}{a+b}}$$

In diese Formel gehen die in Abschnitt 3.7.3 definierten Binomialkoeffizienten ein. Im vorliegenden Beispiel wird

$$p_0 = \frac{\binom{2+7}{2} \cdot \binom{5+3}{5}}{\binom{2+5+7+3}{2+5}} = \frac{36 \cdot 56}{19\,448} = 0{,}104$$

Zur gegebenen Verteilung gibt es zwei unwahrscheinlichere Verteilungen. Diese sind

1	6
8	2

und

0	7
9	1

Hierfür ergeben sich die Wahrscheinlichkeiten

$$p_1 = \frac{\binom{1+8}{1} \cdot \binom{6+2}{6}}{\binom{1+6+8+2}{1+6}} = \frac{9 \cdot 28}{19\,448} = 0{,}013$$

$$p_2 = \frac{\binom{0+9}{0} \cdot \binom{7+1}{7}}{\binom{0+7+9+1}{0+7}} = \frac{1 \cdot 8}{19\,448} = 0{,}000$$

Die Gesamtwahrscheinlichkeit wird demnach

$$p = p_0 + p_1 + p_2 = 0{,}104 + 0{,}013 + 0{,}000 = 0{,}117$$

Die Wahrscheinlichkeit dafür, dass bei den gegebenen Randsummen die gegebene Häufigkeitsverteilung oder noch unwahrscheinlichere auftreten, ist also 0,117. Da dieser Wert größer ist als die Signifikanzgrenze von 0,05, liegt also kein signifikanter Unterschied zwischen der Arbeitsbedingung und Auftreten der Grippe vor.

Im vorliegenden Beispiel hätte man nach der Berechnung von p_0 den Rechenvorgang schon abbrechen können, da mit $p = 0{,}104$ bereits ein nicht-signifikanter Wert erreicht war. Weitere Summanden konnten den Wahrscheinlichkeitswert ja nur erhöhen. Ferner sei festgehalten, dass bei der Berechnung der Wahrscheinlichkeiten der einzelnen Verteilungen der Nenner unverändert bleibt. Er braucht also nur einmal berechnet zu werden.

12.4 Der Chi-Quadrat-Test nach McNemar

Grundlage dieses Chi-Quadrat-Tests ist wie beim Chi-Quadrat-Vierfeldertest oder beim exakten Test nach Fisher und Yates eine Vierfeldertafel. Anders als dort behandelt er aber den Fall von abhängigen Stichproben.

Insgesamt 66 Personen, die sich einer Kur unterzogen, wurden vor und nach der Kur nach ihrem Befinden befragt, worauf sie mit „gut“ oder „schlecht“ antworten konnten. Die Ergebnisse sind in Tabelle 12.10 enthalten.

	gut nach Kur	**schlecht nach Kur**
gut vor Kur	$a = 11$	$b = 4$
schlecht vor Kur	$c = 24$	$d = 27$

Tabelle 12.10: Vierfelderschema für den McNemar-Test

Im Gegensatz zu den bisherigen Varianten des Chi-Quadrat-Tests haben wir nun für jeden Fall (hier: jeden Kurgast) zwei Angaben, die entsprechend einander zugeordnet werden können. In die Formel für die Prüfgröße χ^2 gehen nur die beiden mit b und c bezeichneten Häufigkeiten ein, welche die Änderungen zwischen den beiden Zeitpunkten angeben:

$$\chi^2 = \frac{(b-c)^2}{b+c}$$

Diese Prüfgröße ist χ^2-verteilt mit 1 Freiheitsgrad. Im gegebenen Beispiel wird

$$\chi^2 = \frac{(4-24)^2}{4+24} = 14{,}286$$

Dies ist nach der χ^2-Tabelle bei 1 Freiheitsgrad ein höchst signifikanter Wert ($p < 0{,}001$). Durch die Kur ist das Befinden also höchst signifikant besser geworden. Im

Fall, dass $b + c < 30$ ist, ist folgende kontinuitätskorrigierte Formel zu verwenden:

$$\chi^2 = \frac{(|b - c| - 0{,}5)^2}{b + c}$$

Im gegebenen Beispiel ergibt sich damit $\chi^2 = 13{,}580$, was ebenfalls ein höchst signifikanter Wert ist.

ZUSAMMENFASSUNG

- Zwei kategoriale Variablen können in Form einer Kreuztabelle verbunden werden, wobei als Signifikanztest der Chi-Quadrat-Test zur Anwendung kommt.
- Im Falle einer Vierfeldertafel können die Begriffe des relativen Risikos und des odds ratio Bedeutung erlangen.
- Bei kleinen Fallzahlen steht der exakte Test nach Fisher und Yates zur Verfügung.
- Der Chi-Quadrat-Test nach McNemar ist eine Variante des Vierfeldertests bei abhängigen Stichproben.

12.5 Übungen

1. In einer Bevölkerungsumfrage wurde unter anderem nach dem Beruf und der politischen Selbsteinschätzung gefragt. Im Folgenden sind die Häufigkeiten einer entsprechenden Kreuztabelle aufgeführt.

	eher links	Mitte	eher rechts
Landwirt	2	6	10
Akad. Freier Beruf	11	11	9
Selbstständiger	21	42	41
Beamter	52	50	33
Angestellter	185	297	136
Arbeiter	111	182	61
in Ausbildung	25	21	9

   Führen Sie eine Chi-Quadrat-Analyse durch.

2. In einer entsprechenden Umfrage gaben 286 von 681 Männern an, schon einmal schwarzgefahren zu sein. Von 721 Frauen behaupteten das deren 227. Ist der Unterschied zwischen den Geschlechtern signifikant?

3. Sir R. A. Fisher, der berühmte Statistiker, machte einst ein wissenschaftliches Experiment echt britischer Art. Eine Bekannte hatte behauptet, sie könne es einer Tasse Tee ansehen, ob zuerst der Tee oder zuerst die Milch eingegossen

worden sei. Fisher wollte dies überprüfen und setzte der Teetrinkerin acht Tassen Tee mit Milch vor, von denen vier zuerst mit Tee und vier zuerst mit Milch gefüllt waren. Die Bekannte landete jeweils drei Treffer und lag einmal daneben. Ist das ein signifikantes Ergebnis?

4. Einer Gruppe von Testpersonen wurden zwei Aufgaben vorgelegt. 41 Probanden lösten Aufgabe A richtig und Aufgabe B nicht, während 20 Probanden Aufgabe B richtig lösten und Aufgabe A nicht. Unterscheiden sich beide Aufgaben signifikant hinsichtlich ihrer Schwierigkeit?

Varianzanalyse: Vergleich von mehreren Mittelwerten

13

ÜBERBLICK

LERNZIELE

- ein- und mehrfaktorielle Varianzanalysen
- Post-hoc-Tests
- Kovarianzanalyse
- Messwiederholungsfaktoren

13.1 Einleitung

Die einfaktorielle Varianzanalyse dient zum Vergleich von mehr als zwei unabhängigen Gruppen hinsichtlich ihrer Mittelwerte. Die Bezeichnung „Varianzanalyse" wird dabei von manchen als irreführend empfunden, da sie meinen, es würden damit die Varianzen auf signifikante Unterschiede getestet. Der Name des Verfahrens rührt daher, dass der Vergleich der Mittelwerte auf einer Zerlegung der Gesamtvarianz beruht.

Es gibt zwei Voraussetzungen bei der Varianzanalyse: Die Varianzhomogenität über die Gruppen und die Normalverteilung der Werte innerhalb der Gruppe. Auf die Überprüfung dieser Voraussetzungen und die Konsequenzen der Verletzung dieser wird am Ende des Abschnitts 13.2 eingegangen.

Man unterscheidet verschiedene Typen von Varianzanalysen. Die unabhängigen Variablen (UV), welche die Gruppen für die Mittelwerte bilden, nennt man Faktoren und die einzelnen Merkmalsausprägungen Faktorstufen. Hat man genau eine unabhängige Variable, so ergibt sich eine einfaktorielle, ansonsten eine mehrfaktorielle Varianzanalyse. Werden beispielsweise Mittelwertsunterschiede beim Lohn hinsichtlich unterschiedlicher Berufe untersucht, hat man eine einfaktorielle Varianzanalyse. Die einzelnen Berufe sind die Faktorstufen des Faktors Beruf. Unterscheidet man zusätzlich die Gruppen nach Geschlecht, so hat man eine zwei- bzw. mehrfaktorielle Varianzanalyse. Der beschriebene Sachverhalt ist in Abbildung 13.1 illustriert.

Basiert die Analyse auf einer abhängigen Variable (AV), wie beim obigen Beispiel der Lohn, so spricht man von einer univariaten Varianzanalyse. Sind hingegen mehrere AV vorhanden, so spricht man von einer multivariaten Analyse. Dies wäre z. B. der Fall, wenn neben dem Lohn simultan auch die Mittelwertsunterschiede bei den Boni untersucht werden, wie es in Abbildung 13.2 links gezeigt ist.

In gewissen Fällen möchte man den Einfluss einer oder mehrerer UV aus dem Ergebnis herausrechnen. In diesem Fall spricht man von einer Kovarianzanalyse und die entsprechende Variable heißt Kovariate. Das ist beispielsweise dann der Fall, wenn eine UV viele Gruppen bildet, wenn also im obigen Beispiel die Dienstjahre z. B. mit Werten von 1 bis 40 als UV einbezogen werden, was 40 Gruppen entspräche. Falls nur der Einfluss der Berufe auf den Lohn und die Boni interessiert, kann man mit einer Kovarianzanalyse den Einfluss der Dienstjahre als Kovariate aus dem Ergebnis herausrechnen. Dies ist in Abbildung 13.2, rechts, dargestellt. Der grau gefärbte Pfeil trägt dem Umstand Rechnung, dass der Einfluss der Dienstjahre aus dem Ergebnis herausgerechnet wird.

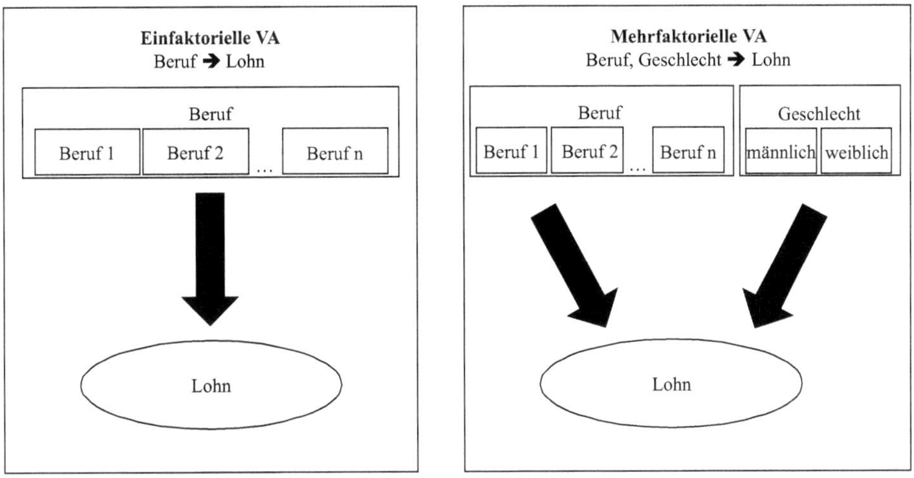

Abbildung 13.1: Ein- und mehrfaktorielle Varianzanalyse

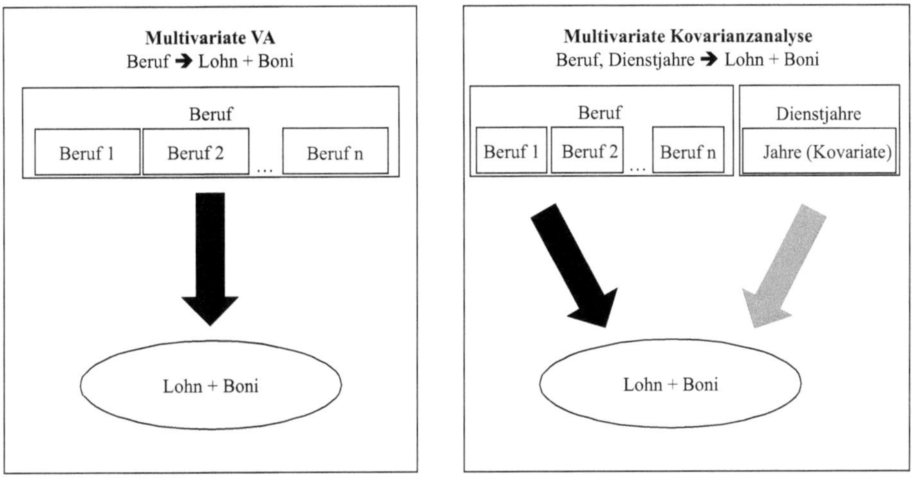

Abbildung 13.2: Multivariate Varianz- und Kovarianzanalyse

13.2 Einfaktorielle Varianzanalyse

Die Erläuterung der Rechenschritte zur einfaktoriellen Varianzanalyse soll anhand des folgenden Beispiels erfolgen. Studierende dreier Fachrichtungen unterzogen sich einem Zahlengedächtnistest, bei dem Ziffernfolgen wachsender Länge vorgegeben wurden. Dann wurde festgestellt, wie viele Ziffern die Probanden maximal behalten konnten, wobei die Wiedergabe der Ziffern einmal in der dargebotenen und einmal in umgekehrter Reihenfolge vorgenommen werden musste. Die Summe beider Ergebnisse war dann das Endergebnis des Gedächtnistests. Die Studienrichtung ist der Faktor und die Gedächtnisleistung die abhängige Variable. Im Einzelnen wurden die folgenden Leistungen erbracht, wobei die Werte fiktiv und so gewählt sind, dass einfache Kennwerte entstehen, um den Rechenvorgang nachzuvollziehen:

Mathematiker:	15, 14, 15, 13, 11, 16, 15, 13
Psychologen:	12, 14, 13, 11, 15
Geisteswissenschaftler:	10, 11, 10, 13

In Tabelle 13.1 sind die Mittelwerte, Standardabweichungen und Fallzahlen in den drei Stichproben aufgeführt. Es soll geklärt werden, ob die Unterschiede zwischen den drei Mittelwerten signifikant sind.

Die zu testende Nullhypothese lautet:

$$\text{H0: } \mu_1 = \mu_2 = \mu_3$$

	$\overline{x}$	s	n
Mathematiker	14	1,6036	8
Psychologen	13	1,5811	5
Geisteswissenschaftler	11	1,4142	4
Gesamt	13	1,9044	17

Tabelle 13.1: Deskriptive Statistiken

Es sei noch einmal auf die beiden Voraussetzungen der Varianzanalyse hingewiesen:

- Normalverteilung in den einzelnen Stichproben
- Varianzenhomogenität über die Stichproben hinweg

Bei so geringen Fallzahlen wie im vorliegenden Beispiel ist eine signifikante Abweichung von der Normalverteilung kaum möglich, wenn nicht eklatante Ausreißer in den Werten auftreten, was im gegebenen Beispiel aber nicht der Fall ist. Die Varianzenhomogenität kann mit einem der Tests überprüft werden, die am Ende dieses Kapitels beschrieben sind.

Ist k die Anzahl der Gruppen, n die Gesamtzahl der Werte und x_{ij} der j-te Wert in der i-ten Gruppe, so beträgt die Gesamtvarianz (siehe auch Abschnitt 2.5.1)

$$\frac{1}{n-1} \cdot \sum_{i=1}^{k} \sum_{j=1}^{n_i} (x_{ij} - \overline{x})^2$$

Dabei ist $\overline{x}$ der Mittelwert über alle Werte und n_i der Umfang der i-ten Gruppe.

Das Prinzip der Varianzanalyse ist eine Zerlegung dieser Gesamtvarianz in eine Varianz *innerhalb* der Gruppen und eine Varianz *zwischen* den Gruppen.

$$\frac{1}{n-1} \sum_{i=1}^{k} \sum_{j=1}^{n_i} (x_{ij} - \overline{x})^2 = \frac{1}{n-1} \sum_{i=1}^{k} \sum_{j=1}^{n_i} (x_{ij} - \overline{x}_i)^2 + \frac{1}{n-1} \sum_{i=1}^{k} (n_i \cdot (\overline{x}_i - \overline{x})^2)$$

Multipliziert man die obige Gleichung beidseits mit $n - 1$ erhält man die Gleichung für die Summe der Abweichungsquadrate *SAQ*:

$$\sum_{i=1}^{k} \sum_{j=1}^{n_i} (x_{ij} - \overline{x})^2 = \sum_{i=1}^{k} \sum_{j=1}^{n_i} (x_{ij} - \overline{x}_i)^2 + \sum_{i=1}^{k} (n_i \cdot (\overline{x}_i - \overline{x})^2)$$

Die Summe auf der linken Seite dieser Gleichung, die unter Zugrundelegung der Aufspaltung

$$x_{ij} - \overline{x} = (x_{ij} - \overline{x}_i) + (\overline{x}_i - \overline{x})$$

leicht bewiesen werden kann, ist die Aufsummierung der Abweichungen aller Werte vom Gesamtmittel $\overline{x}$. Sie wird daher Summe der Abweichungsquadrate SAQ(gesamt) genannt.

Das erste Glied auf der rechten Seite steht für die Abweichungen der Werte vom jeweiligen Gruppenmittel und wird daher als SAQ(innerhalb) bezeichnet. Das zweite Glied auf der rechten Seite steht für die Variabilität, die sich aus den Abweichungen der Gruppenmittel vom Gesamtmittel ergeben, und heißt deshalb SAQ(zwischen).

Abbildung 13.3 zeigt die Varianzzerlegung illustrativ. Dabei ist der Term in obiger Gleichung links durch den fett gedruckten Pfeil dargestellt. Diese Gesamtabweichung der Quadrate (aufsummiert über alle Stichproben $i = 1 \dots 3$ und alle Stichprobenwerte $j = 1 \dots n_j$) kann, wie im Dreieck in Abbildung 13.3 gezeigt, zerlegt werden in quadrierte Abweichungen der Werte x_{ij} vom jeweiligen Gruppenmittel SAQ(innerhalb) und in eine zweite quadrierte Abweichung der Gruppenmittel vom Gesamtmittel SAQ(zwischen).

Man kann sich nun vorstellen, dass der fett gedruckte Pfeil über alle Werte x_{ij} für $j = 1 \dots n_i$ und über alle Stichproben $i = 1 \dots k$ läuft. Die quadrierten Abweichungen so aufsummiert werden dann identisch sein.

In Kurzschreibweise gilt also die Beziehung

$$SAQ(\text{gesamt}) = SAQ(\text{innerhalb}) + SAQ(\text{zwischen})$$

In Tabelle 13.2 wird der Rechenvorgang für unser Beispiel zur Berechnung von $SAQ(\text{innerhalb}) = \sum_{i=1}^{k} \sum_{j=1}^{n_i} (x_{ij} - \overline{x}_i)^2$ gezeigt.

Für SAQ(innerhalb) erhält man somit 34,0.

Für den Gesamtmittelwert ergibt sich $\overline{x} = (15 + 14 + \dots + 13)/17 = 13{,}0$.

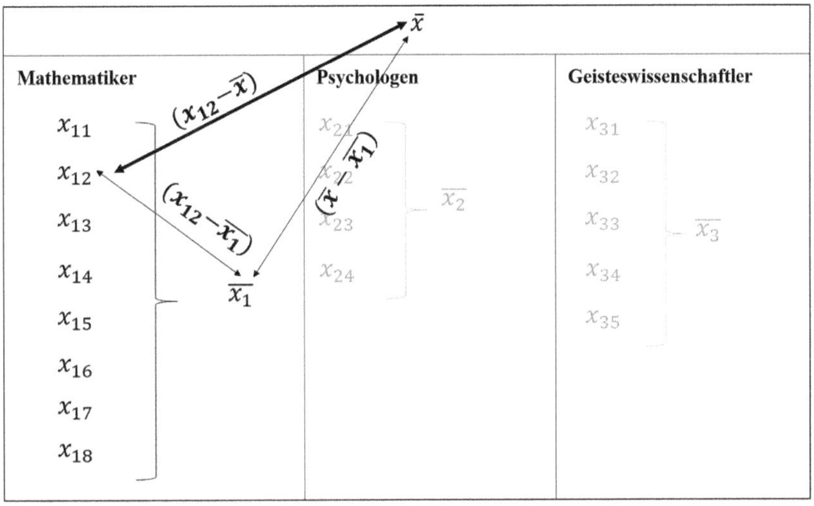

Abbildung 13.3: Illustration der Varianzzerlegung

Gruppe	Werte	MW	SAQ(innerhalb)
Mathematiker	15, 14, 15, 13, 11, 16, 15, 13	14,0	$(15-14)^2+\cdots+(13-14)^2=18{,}0$
Psychologen	12, 14, 13, 11, 15	13,0	$(12-13)^2+\cdots+(15-13)^2=10{,}0$
Geisteswissenschaftler	10, 11, 10, 13	11,0	$(10-11)^2+\cdots+(13-11)^2=6{,}0$
SAQ(innerhalb)			34,0

Tabelle 13.2: Berechnung von *SAQ*(innerhalb)

Für die Berechnung von $SAQ(\text{zwischen}) = \sum_{i=1}^{k}(n_i \cdot (\overline{x}_i - \overline{x})^2)$ kann gleich vorgegangen werden wie in Tabelle 13.2 gezeigt. Da die Parameter $\overline{x}_i$ und $\overline{x}$ sich innerhalb einer Stichprobe i nicht ändern, muss nicht über alle Werte einzeln aufsummiert werden (daher die Multiplikation mit n_i). Wir erhalten

$$SAQ(\text{zwischen}) = \sum_{i=1}^{k}(n_i \cdot (\overline{x}_i - \overline{x})^2) = 8 \cdot (14-13)^2 + 5 \cdot (13-13)^2 + 4 \cdot (11-13)^2 = 24{,}0$$

Schließlich berechnen wir die gesamte quadrierte Abweichung:

$$SAQ(\text{gesamt}) = \sum_{i=1}^{k}\sum_{j=1}^{n_i}(x_{ij} - \overline{x})^2 = (15-13)^2 + \cdots + (13-13)^2 = 58{,}0$$

Für die Zerlegung ergibt sich hier: $58{,}0 = 24{,}0 + 34{,}0$.

Diese Summen der Abweichungsquadrate werden durch ihre zugehörigen Anzahlen der Freiheitsgrade geteilt, woraus sich die *mittleren Quadrate* (*MQ*) ergeben. Liegen keine signifikanten Unterschiede vor, werden sich *MQ*(innerhalb) und *MQ*(zwischen) nur zufällig voneinander unterscheiden. Dies führt zu einer entsprechenden Prüfgröße, die einer *F*-Verteilung folgt.

Wie die *F*-Verteilung (siehe Abschnitt 5.6) geht auch die Varianzanalyse auf den englischen Statistiker Sir R. A. Fisher zurück, der erstmals im Jahr 1918 diesen Begriff erwähnte und im Jahr 1925 in seinem Werk „Statistical Methods of Research Workers" die varianzanalytischen Methoden beschrieb.

Die Rechenschritte der einfaktoriellen Varianzanalyse seien im Folgenden dargestellt, wobei zur Berechnung der SAQ die obigen Ausdrücke umgeformt werden.

$$\begin{aligned} df(\text{zwischen}) &= k-1 \\ df(\text{innerhalb}) &= n-k \\ MQ(\text{zwischen}) &= \frac{SAQ(\text{zwischen})}{df(\text{zwischen})} \\ MQ(\text{innerhalb}) &= \frac{SAQ(\text{innerhalb})}{df(\text{innerhalb})} \\ F &= \frac{MQ(\text{zwischen})}{MQ(\text{innerhalb})} \end{aligned}$$

Im gegebenen Beispiel erhält man die folgenden Ergebnisse:

$$\begin{aligned} df(\text{zwischen}) &= k-1 = 3-1 && = 2 \\ df(\text{innerhalb}) &= n-k = 17-3 && = 14 \end{aligned}$$

$$MQ(\text{zwischen}) = \frac{SAQ(\text{zwischen})}{df(\text{zwischen})} = \frac{24}{2} = 12{,}0$$

$$MQ(\text{innerhalb}) = \frac{SAQ(\text{innerhalb})}{df(\text{innerhalb})} = \frac{34}{14} = 2{,}43$$

$$F = \frac{MQ(\text{zwischen})}{MQ(\text{innerhalb})} = \frac{12}{2{,}43} = 4{,}94$$

Die Prüfgröße F ist F-verteilt mit $(k-1, n-k)$ Freiheitsgraden.

Die berechneten Zwischengrößen trägt man üblicherweise in das in Tabelle 13.3 dargestellte Schema ein.

Variabilität	***SAQ***	***df***	***MQ***	***F***
gesamt	*SAQ*(gesamt)			
zwischen	*SAQ*(zwischen)	*df*(zwischen)	*MQ*(zwischen)	
innerhalb	*SAQ*(innerhalb)	*df*(innerhalb)	*MQ*(innerhalb)	*MQ*(zwischen)/*MQ*(innerhalb)

Tabelle 13.3: Schema der einfaktoriellen Varianzanalyse

Im Schema von Tabelle 13.3 eingetragen erhält man folgendes Resultat, dargestellt in Tabelle 13.4:

Variabilität	***SAQ***	***df***	***MQ***	***F***
gesamt	58,0			
zwischen	24,0	2	12,0	
innerhalb	34,0	14	2,43	4,94

Tabelle 13.4: Schema der einfaktoriellen Varianzanalyse anhand des Beispiels

Die Prüfgröße $F = 4{,}94$ ist somit F-verteilt mit $(2, 14)$ Freiheitsgraden.

Nach der F-Tabelle ist dies bei (2, 14) Freiheitsgraden ein signifikanter Wert ($p < 0{,}05$).

Die drei Fachrichtungen unterscheiden sich also signifikant hinsichtlich des Mittelwerts der Gedächtnisleistung. Oder, besser formuliert: Die Nullhypothese, nach der zwischen den drei Fachrichtungen kein Unterschied bzgl. des Mittelwerts der Gedächtnisleistung besteht, ist zurückzuweisen. Die Frage drängt sich auf, welche von den Mittelwerten sich im Einzelnen paarweise voneinander unterscheiden. Dies wird mit einem so genannten Post-hoc-Test geklärt.

Post-hoc-Tests

Bei signifikantem Ergebnis einer Varianzanalyse stellt sich die Frage, welche Gruppen für diese Signifikanz verantwortlich sind. Dies kann mit einem paarweisen Vergleich der k Gruppen erfolgen, wozu

$$\frac{k \cdot (k-1)}{2}$$

Vergleiche notwendig sind. Im Prinzip bietet sich hierfür der t-Test nach Student an; korrekter ist aber die Anwendung eines Tests, der auf der Varianzanalyse aufbaut und Zwischenergebnisse dieses Verfahrens benutzt.

Solche Tests nennt man Post-hoc-Tests oder auch a-posteriori-Tests. Inzwischen wurden zahlreiche solcher Tests entwickelt; so bietet etwa das Programmsystem

SPSS achtzehn solcher Tests an. Zu den bekannteren zählen die Tests von Scheffé, Student-Newman-Keuls, Tukey und Duncan.

Im Folgenden soll der Scheffé-Test vorgestellt werden, der recht robust gegen die Verletzung der Voraussetzungen und leicht zu handhaben ist. Er gilt als eher „konservativ", d. h. im Sinne der Beibehaltung der Nullhypothese wirkend.

Nach Scheffé berechnen Sie zum Vergleich der Mittelwerte $\overline{x}_l$ und $\overline{x}_m$ $(1 \leq l, m \leq k)$ die Prüfgröße

$$F = \frac{(\overline{x}_l - \overline{x}_m)^2}{(\frac{1}{n_l} + \frac{1}{n_m}) \cdot (k-1) \cdot MQ(\text{innerhalb})}$$

Diese Prüfgröße ist F-verteilt mit

$$df = (k-1, n-k)$$

Freiheitsgraden.

Wir wollen zum Beispiel testen, ob sich die mittlere Gedächtnisleistung von Mathematikern und Psychologen signifikant voneinander unterscheidet, und berechnen

$$F = \frac{(14{,}0 - 13{,}0)^2}{(\frac{1}{8} + \frac{1}{5}) \cdot 2 \cdot 2{,}43} = 0{,}633$$

Nach der F-Tabelle ist dies bei (2, 14) Freiheitsgraden ein nicht-signifikanter Wert ($p > 0{,}05$). Der Vergleich der beiden „Extremgruppen" Mathematiker und Geisteswissenschaftler hingegen ergibt mit $F = 4{,}941$ einen Wert, der signifikant ist.

Überprüfung auf Varianzenhomogenität

Eine der beiden Voraussetzungen zur Durchführung der Varianzanalyse ist die Homogenität der Varianzen

$$s_1^2, s_2^2, \ldots, s_k^2$$

Zur Überprüfung auf Varianzenhomogenität gibt es über fünfzig verschiedene Tests. Im Folgenden seien drei dieser Tests vorgestellt: der Bartlett-Test, weil er der wohl am meisten angewandte ist, der Levene-Test als unempfindlicher Test bei schlecht normalverteilten Werten (der daher zum Beispiel auch vom Programmsystem SPSS benutzt wird) und der Hartley-Test wegen des geringen Rechenaufwands.

Unter Zugrundelegung der Fallzahlen

$$n_1, n_2, \ldots, n_k$$

werden beim *Bartlett-Test* nacheinander die folgenden Größen berechnet:

$$n = \sum_{i=1}^{k} n_i$$

$$s^2 = \frac{1}{n-k} \cdot \sum_{i=1}^{k} ((n_i - 1) \cdot s_i^2)$$

$$c = 1 + \frac{1}{3 \cdot (k-1)} \cdot (\sum_{i=1}^{k} \frac{1}{n_i - 1} - \frac{1}{n-k})$$

$$\chi^2 = \frac{1}{c} \cdot ((n-k) \cdot \ln(s^2) - \sum_{i=1}^{k} (n_i - 1) \cdot \ln(s_i^2))$$

Die Prüfgröße χ^2 ist χ^2-verteilt mit $df = k - 1$ Freiheitsgraden.

Die Rechenschritte für das gegebene Beispiel sind in Tabelle 13.5 zusammengestellt.

i	s_i^2	n_i	$\frac{1}{n_i-1}$	$(n_i-1)\cdot s_i^2$	$\ln(s_i^2)$	$(n_i-1)\cdot\ln(s_i^2)$
1	2,57	8	0,143	18,0	0,945	6,612
2	2,50	5	0,250	10,0	0,916	3,665
3	2,00	4	0,333	6,0	0,693	2,080
Summe		17	0,726	34,0		12,357

Tabelle 13.5: Rechenschritte zum Bartlett-Test

Damit ergibt sich

$$s^2 = \frac{1}{14}(34{,}0) = 2{,}43$$

$$c = 1 + \frac{1}{6}\cdot(0{,}726 - \frac{1}{14}) = 1{,}109$$

$$\chi^2 = \frac{1}{1{,}109}\cdot(14\cdot\ln(2{,}43) - 12{,}357) = 0{,}066$$

Dies ist, wie die χ^2-Tabelle ausweist, bei $df = 2$ Freiheitsgraden ein nicht-signifikanter Wert. Die gegebenen Varianzen können also als homogen betrachtet werden.

Beim *Levene-Test* werden die ursprünglichen Werte x_{ij} durch

$$|\,x_{ij} - \overline{x}_i\,|$$

ersetzt. Die so transformierten Werte werden dann auf die beschriebene Weise einer Varianzanalyse unterzogen. Der sich ergebende F-Wert gilt als Levene-Statistik, die mit

$$df = (k-1, n-k)$$

Freiheitsgraden F-verteilt ist.

Führt man die Berechnungen mit den gegebenen Werten aus, erhält man mit $F = 0{,}116$ einen bei (2, 14) Freiheitsgraden nicht-signifikanten Wert.

Eine Variante des Levene-Tests ist es, bei der Transformation der Werte nicht den Mittelwert, sondern den Median der Gruppe zu benutzen.

Am kürzesten ist der *Hartley-Test*. Die Testgröße wird aus der kleinsten und größten Varianz gebildet:

$$F = \frac{s_{\mathrm{max}}^2}{s_{\mathrm{min}}^2}$$

Dieser F-Wert ist F-verteilt mit

$$df = (k, n_{\mathrm{max}} - 1)$$

Freiheitsgraden, wobei n_{max} die größte aller Fallzahlen ist.

Im gegebenen Beispiel ergibt sich

$$F = \frac{2{,}57}{2{,}00} = 1{,}29$$

Dies ist bei $df = (2, 7)$ Freiheitsgraden ein nicht-signifikanter Wert. Der Hartley-Test erscheint, da er nur die beiden extremen Varianzen berücksichtigt, etwas zu undifferenziert.

13.3 Einfaktorielle Varianzanalyse mit Messwiederholung

Die einfaktorielle Varianzanalyse mit Messwiederholung dient zum Vergleich von mehr als zwei abhängigen Stichproben hinsichtlich ihrer Mittelwerte. Wie bei der in Abschnitt 13.2 vorgestellten Varianzanalyse ohne Messwiederholung müssen auch hier die Werte der Stichproben normalverteilt und Varianzenhomogenität über die Stichproben hinweg gegeben sein. Es kommt aber eine weitere Voraussetzung hinzu: Die Korrelationen zwischen den verschiedenen Stichproben der Messwiederholung müssen homogen sein.

Bei den meisten Anwendungen handelt es sich um zeitliche Verläufe, so auch im folgenden Beispiel.

Acht Probanden führten über vier aufeinander folgende Tage hinweg einen Durchstreichtest aus, bei dem in einer langen Liste vier Kombinationen von jeweils vier Schreibmaschinenzeichen zu erkennen und durchzustreichen waren. Die Anzahlen der in einer bestimmten Zeiteinheit richtig durchgestrichenen Zeichengruppen sind in Tabelle 13.6 enthalten.

1. Tag	2. Tag	3. Tag	4. Tag
88	122	184	181
81	118	113	143
125	168	217	269
160	168	195	253
151	167	189	218
118	141	178	197
111	131	155	180
120	129	174	225
$\overline{x}_1 = 119{,}3$	$\overline{x}_2 = 143{,}0$	$\overline{x}_3 = 175{,}6$	$\overline{x}_4 = 208{,}3$

Tabelle 13.6: Ergebnisse eines Durchstreichtests

Möchte man anhand der Werte aus Tabelle 13.6 die Voraussetzung der Homogenität der Korrelationen zwischen den einzelnen Versuchstagen überprüfen, so erhält man Produkt-Moment-Korrelationskoeffizienten zwischen 0,635 und 0,883, so dass keine erheblichen Abweichungen festzustellen sind.

Es soll überprüft werden, ob sich die Mittelwerte aus Tabelle 13.6 signifikant voneinander unterscheiden, d. h., ob der erzielte Übungsfortschritt signifikant ist. Da jeweils die Werte zu den vier Zeitpunkten über die Versuchspersonen eindeutig einander zugeordnet werden können, haben wir es hier mit abhängigen Stichproben zu tun. Dabei werden die folgenden Bezeichnungen verwendet.

k	Anzahl der Stichproben (Versuchsbedingungen)
n	Anzahl der Fälle (Versuchspersonen)
x_{ij}	Wert der i-ten Stichprobe (Versuchsbedingung) beim j-ten Fall ($i = 1, \ldots, k$; $j = 1, \ldots, n$)
$\overline{x}_i$	Mittelwert der i-ten Stichprobe (Spaltenmittelwerte; $i = 1, \ldots, k$)
$\overline{y}_j$	Mittelwert des j-ten Falls (Zeilenmittelwerte; $j = 1, \ldots, n$)
$\overline{x}$	Mittelwerte aller Werte

Gegenüber der einfaktoriellen Varianzanalyse ohne Messwiederholung wird folgende erweiterte Varianzzerlegung vorgenommen:

$$\sum_{i=1}^{k}\sum_{j=1}^{n}(x_{ij}-\overline{x})^2 = n\cdot\sum_{i=1}^{k}(\overline{x}_i-\overline{x})^2 + k\cdot\sum_{j=1}^{n}(\overline{y}_j-\overline{x})^2 + \sum_{i=1}^{k}\sum_{j=1}^{n}(x_{ij}-\overline{x}_i-\overline{y}_j+\overline{x})^2$$

Das erste Glied auf der rechten Seite ist die Summe der Abweichungsquadrate zwischen den Spalten, *SAQ*(Spalten) genannt. Das zweite Glied ist die Summe der Abweichungsquadrate zwischen den Zeilen, *SAQ*(Zeilen) genannt. Das dritte Glied ist die Summe der Abweichungen der Beobachtungswerte von den „erwarteten" Werten, *SAQ*(Rest) genannt.

Es gilt also die Beziehung

$$SAQ(\text{gesamt}) = SAQ(\text{Zeilen}) + SAQ(\text{Spalten}) + SAQ(\text{Rest})$$

Die Variabilität zwischen den Zeilen, also zwischen den Versuchspersonen, ist ohne Bedeutung. Nach der Berechnung der entsprechenden mittleren Quadratsummen wird daher mittels der F-Statistik die Variabilität zwischen den Spalten gegen die Restvariabilität getestet.

Im Einzelnen sind die folgenden Rechenschritte zu durchlaufen.

$$\begin{aligned}
S_i &= \sum_{j=1}^{n} x_{ij} \qquad i = 1,\ldots,k \\
T_j &= \sum_{i=1}^{k} x_{ij} \qquad j = 1,\ldots,n \\
S &= \sum_{i=1}^{k} S_i \\
SAQ(\text{gesamt}) &= \sum_{i=1}^{k}\sum_{j=1}^{n} x_{ij}^2 - \frac{S^2}{k\cdot n} \\
SAQ(\text{Zeilen}) &= \frac{1}{k}\cdot\sum_{j=1}^{n} T_j^2 - \frac{S^2}{k\cdot n} \\
SAQ(\text{Spalten}) &= \frac{1}{n}\cdot\sum_{i=1}^{k} S_i^2 - \frac{S^2}{k\cdot n} \\
SAQ(\text{Rest}) &= SAQ(\text{gesamt}) - SAQ(\text{Zeilen}) - SAQ(\text{Spalten}) \\
df(\text{Spalten}) &= k-1 \\
df(\text{Rest}) &= (k-1)\cdot(n-1) \\
MQ(\text{Spalten}) &= \frac{SAQ(\text{Spalten})}{df(\text{Spalten})} \\
MQ(\text{Rest}) &= \frac{SAQ(\text{Rest})}{df(\text{Rest})} \\
F &= \frac{MQ(\text{Spalten})}{MQ(\text{Rest})}
\end{aligned}$$

Dieser F-Wert ist F-verteilt mit

$$df_1 = k - 1; \; df_2 = (k-1) \cdot (n-1)$$

Freiheitsgraden.

Im gegebenen Beispiel erhält man die folgenden Ergebnisse.

$$\begin{array}{llll} S_1 = 954 & S_2 = 1\,144 & S_3 = 1\,405 & S_4 = 1\,666 \\ T_1 = 575 & T_2 = 455 & T_3 = 779 & T_4 = 776 \\ T_5 = 725 & T_6 = 634 & T_7 = 577 & T_8 = 648 \\ S = 5\,169 & & & \end{array}$$

$$SAQ(\text{gesamt}) = 898\,187 - \frac{5\,169^2}{4 \cdot 8} = 63\,232{,}0$$

$$SAQ(\text{Zeilen}) = \frac{1}{4} \cdot 3\,427\,081 - \frac{5\,169^2}{4 \cdot 8} = 21\,815{,}3$$

$$SAQ(\text{Spalten}) = \frac{1}{8} \cdot 6\,968\,433 - \frac{5\,169^2}{4 \cdot 8} = 36\,099{,}1$$

$$SAQ(\text{Rest}) = 63\,232{,}0 - 21\,815{,}3 - 36\,099{,}1 = 5\,317{,}6$$

$$df(\text{Spalten}) = 4 - 1 = 3$$

$$df(\text{Rest}) = (4-1) \cdot (8-1) = 21$$

$$MQ(\text{Spalten}) = \frac{36\,099{,}1}{3} = 12\,033{,}0$$

$$MQ(\text{Rest}) = \frac{5\,317{,}6}{21} = 253{,}2$$

$$F = \frac{12\,033{,}0}{253{,}2} = 47{,}52$$

Dies ist nach der F-Tabelle bei (3, 21) Freiheitsgraden ein höchst signifikanter Wert ($p < 0{,}001$).

Es wird also über die Zeitpunkte hinweg ein höchst signifikanter Anstieg der Testleistung festgestellt. Ähnlich wie bei der einfaktoriellen Varianzanalyse ohne Messwiederholung kann man auch hier fragen, welche Stichproben (hier: Tage) sich im Signifikanzfall voneinander unterscheiden.

Post-hoc-Tests

Für paarweise Vergleiche der einzelnen Stichproben steht im Prinzip der t-Test für abhängige Stichproben zur Verfügung; besser ist aber auch hier die Anwendung eines Post-hoc-Tests.

Aus der Vielzahl der hierfür entwickelten Tests soll wieder der Scheffé-Test vorgestellt werden.

Zum Vergleich der beiden Mittelwerte $\overline{x}_l$ und $\overline{x}_m$ $(1 \leq l, m \leq k)$ berechnet man die Prüfgröße

$$F = \frac{n \cdot (\overline{x}_l - \overline{x}_m)^2}{2 \cdot (k-1) \cdot MQ(\text{Rest})}$$

Diese Prüfgröße ist F-verteilt mit

$$df_1 = k - 1; \quad df_2 = (k-1) \cdot (n-1)$$

Freiheitsgraden.

Wir wollen überprüfen, ob sich die Testleistungen am dritten und vierten Tag signifikant voneinander unterscheiden, und berechnen

$$F = \frac{8 \cdot (175{,}6 - 208{,}3)^2}{2 \cdot 3 \cdot 253{,}2} = 5{,}63$$

Dies ist nach der F-Tabelle bei (3, 21) Freiheitsgraden ein sehr signifikanter Wert ($p < 0{,}01$).

Rechnen mit SPSS

Laden Sie die Datei durchstr.sav. Wählen Sie aus dem Menü *Analysieren/Allgemeines lineares Modell/Messwiederholung...* Überschreiben Sie den voreingestellten Namen des Innersubjektfaktors mit *tage* und setzen Sie die Anzahl der Stufen auf 4. Betätigen Sie die Schalter *Hinzufügen* und *Definieren*. Geben Sie nacheinander die Variablen *tag1, tag2, tag3, tag4* als Innersubjektvariablen an. Aktivieren Sie über den Schalter *Optionen...* die Ausgabe von deskriptiven Statistiken.

Sie können stattdessen die Berechnungen auch mit folgender Syntax starten:

```
glm tag1,tag2,tag3,tag4
  /wsfactor=tage 4
  /print=descriptive.
```

Der vom Programm erstellte Ausdruck ist recht umfangreich, da er sowohl die Berechnungen nach der klassischen Methode nach Fisher als auch die nach dem allgemeinen linearen Modell enthält. Die Ergebnisse der in diesem Buch dargestellten Rechenschritte können Sie den beiden Zeilen „Sphärizität angenommen" der Tabelle „Tests der Innersubjekteffekte" entnehmen.

Leider können in SPSS Post-hoc-Tests bei Messwiederholungsfaktoren nicht angefordert werden.

13.4 Mehrfaktorielle Varianzanalyse

Der typische Anwendungsfall einer mehrfaktoriellen Varianzanalyse soll anhand einer zweifaktoriellen Varianzanalyse aus der Psychologie erläutert werden.

Ein Begriff aus der Gedächtnisforschung ist die so genannte „rückwirkende Hemmung". Man bezeichnet damit die Tatsache, dass das Behalten eines eingeprägten Stoffs durch eine unmittelbar nachfolgende psychisch anspannende Tätigkeit beeinträchtigt wird. Lernt ein Schüler etwa eine Reihe von Vokabeln und führt anschließend seine Rechenaufgaben aus, so wird er die Vokabeln im Allgemeinen schlechter behalten, als wenn er danach eine Ruhepause eingelegt hätte. Um herauszufinden, ob die rückwirkende Hemmung nicht nur eine Schwächung des Erinnerungsvermögens bewirkt, sondern auch der bei einer Tätigkeit erzielte Übungsfortschritt beeinträchtigt wird, wurde eine entsprechende Untersuchung durchgeführt.

Als zu übende Tätigkeit diente ein Durchstreichtest. Es wurden vier Gruppen von jeweils vier Schreibmaschinenzeichen vorgegeben, die dann in einer großen Liste von solchen Zeichengruppen wiederzufinden und durchzustreichen waren. Die in einem festgesetzten Zeitraum richtig durchgestrichenen Zeichengruppen können dann als die von einer Versuchsperson erbrachte Leistung angesehen werden.

Insgesamt nahmen 36 Versuchspersonen an der Untersuchung teil, die den Durchstreichtest an zwei aufeinander folgenden Versuchstagen ausführten. Sie wurden in drei gleich große Gruppen eingeteilt. Die erste Gruppe wurde am ersten Versuchstag nach der Ausführung des Durchstreichtests noch einem Konzentrationsleistungstest (Lösen von einfachen Rechenaufgaben) unterzogen, die zweite Gruppe wurde entlassen und ging dann ihren normalen Beschäftigungen nach und die dritte Gruppe musste eine Ruhepause einlegen. Schließlich wurden die drei Probandengruppen noch einmal halbiert; die eine Hälfte führte den Versuch morgens, die andere abends durch. Die erzielten Ergebnisse sind in Tabelle 13.7 eingetragen.

KLT	morgens	Tag 1	61	106	84	127	97	73
		Tag 2	88	151	120	164	118	88
	abends	Tag 1	72	49	107	80	87	103
		Tag 2	81	87	154	98	112	136
normal	morgens	Tag 1	45	85	60	81	41	70
		Tag 2	72	135	107	111	104	120
	abends	Tag 1	72	132	74	71	58	81
		Tag 2	130	170	118	100	113	104
Ruhepause	morgens	Tag 1	78	123	92	99	98	45
		Tag 2	131	160	143	147	138	100
	abends	Tag 1	101	71	71	33	69	71
		Tag 2	144	125	95	93	118	111

Tabelle 13.7: Leistungen in einem Durchstreichtest

Der Übungsfortschritt ergibt sich offensichtlich aus der Differenz der an beiden Tagen erzielten Leistungen und ist aus Tabelle 13.8 ersichtlich.

KLT	morgens	27	45	36	37	21	15
	abends	9	38	47	18	25	33
normal	morgens	27	50	47	30	63	50
	abends	58	38	44	29	55	23
Ruhepause	morgens	53	37	51	48	40	55
	abends	43	54	24	60	49	40

Tabelle 13.8: Differenzen als Maß für den Übungsfortschritt

Tabelle 13.9 enthält die Mittelwerte, Standardabweichungen und Fallzahlen in den sechs Probandengruppen.

Versuchsbedingung	Tageszeit	$\bar{x}$	s	n
KLT	morgens	30,17	11,18	6
	abends	28,33	13,82	6
normal	morgens	44,50	13,61	6
	abends	41,17	13,93	6
Ruhepause	morgens	47,33	7,28	6
	abends	45,00	12,59	6

Tabelle 13.9: Mittelwerte und Standardabweichungen

Zu beiden Tageszeiten zeigen also die Probanden, die den Konzentrationsleistungstest durchführen mussten, einen deutlich geringeren Übungsfortschritt als die beiden anderen Gruppen. Ferner ist bei allen drei Versuchsbedingungen der Übungsfortschritt morgens etwas größer als abends.

Zu prüfen ist also einerseits, ob sich der Übungsfortschritt zwischen den drei Versuchsbedingungen (KLT, normal, Ruhepause) signifikant unterscheidet, und andererseits, ob sich zwischen den beiden Tageszeiten signifikante Unterschiede ergeben.

Was die Signifikanzüberprüfung zwischen den drei Versuchsbedingungen anbelangt, so könnten wir getrennt nach den beiden Tageszeiten jeweils eine einfaktorielle Varianzanalyse durchführen. Zum Vergleich der beiden Tageszeiten schließlich käme, getrennt nach den drei Versuchsbedingungen, jeweils der t-Test nach Student in Frage. Voraussetzung für diese Tests wäre, dass die jeweils sechs Werte einer Stichprobe hinreichend normalverteilt sind.

Dies lässt sich mit dem Kolmogorov-Smirnov-Test (siehe Abschnitt 7.3.2) überprüfen, wobei anzumerken ist, dass bei einer solch kleinen Fallzahl die Normalverteilung nur bei Vorliegen von extremen Ausreißern nachhaltig gestört sein kann. Der Kolmogorov-Smirnov-Test ergibt in der Tat in keiner der Gruppen eine signifikante Abweichung von der Normalverteilung.

Das geschilderte Vorgehen ist allerdings unbefriedigend. So ist beim Vergleich der beiden Tageszeiten mit dem t-Test die Fallzahl in beiden Gruppen jeweils nur 6, andererseits erscheint es nicht angebracht, die zu den drei Versuchsbedingungen gehörenden Werte einfach zusammenzuwerfen, wobei sich die Fallzahl auf jeweils 18 erhöhen würde. Ähnlich unbefriedigend ist die getrennte Durchführung der einfaktoriellen Varianzanalyse zu den beiden Tageszeiten.

Einen Ausweg aus diesem Dilemma bietet hier die zweifaktorielle Varianzanalyse. Der entscheidende Vorteil dieses Verfahrens ist, dass der Einfluss der beiden Faktoren Versuchsbedingung und Tageszeit auf die abhängige Variable Übungsfortschritt gleichzeitig untersucht wird. Dabei sei noch einmal darauf hingewiesen, dass die möglicherweise leicht irreführende Bezeichnung „Varianzanalyse" daher stammt, dass die Grundlage des Verfahrens eine Varianzzerlegung ist.

Das vorliegende Beispiel einer (zweifaktoriellen) Varianzanalyse ist sozusagen der Standardfall einer Varianzanalyse: Alle (sechs) Gruppen sind voneinander unabhängig und die Fallzahl ist in allen Gruppen gleich (nämlich 6). Bei solch geplanten Versuchen wie dem geschilderten sollte auf die Gleichheit der Fallzahl geachtet werden, da ungleiche Fallzahlen gewisse theoretische Schwierigkeiten bei der formelmäßigen Erfassung der einzelnen Rechenschritte nach sich ziehen. Die Ausprägungen (Kategorien) eines Faktors nennt man auch die Faktorstufen; die sich unter den verschiedenen Kombinationen der Faktorstufen ergebenden Gruppen bezeichnet man auch als Zellen.

Wie bei der einfaktoriellen Varianzanalyse auch, hat die mehrfaktorielle Varianzanalyse zwei Voraussetzungen: Normalverteilung der Werte in den einzelnen Zellen und Varianzenhomogenität zwischen den Zellen. Die Normalverteilung kann mit dem Kolmogorov-Smirnov-Test überprüft werden (siehe Abschnitt 7.3.2), die Varianzenhomogenität mit einem der in Abschnitt 13.2 vorgestellten Tests. Was im Falle der Störung dieser Voraussetzungen getan werden kann, wird am Schluss dieses Kapitels erläutert.

Das Prinzip der mehrfaktoriellen (hier: zweifaktoriellen) Varianzanalyse ist, wie bei der einfaktoriellen Varianzanalyse auch, eine Zerlegung der Gesamtvarianz in eine Varianz innerhalb der Gruppen und eine Varianz zwischen den Gruppen. Dies ergibt dann zunächst einen Test auf eine „Gesamtsignifikanz“, d. h., es wird die Frage geklärt, ob es „irgendwo“ signifikante Unterschiede gibt. In diesem Fall, und nur in diesem, ist es dann erlaubt, weiter zu prüfen, wo genau (d. h. bei welchem Faktor und gegebenenfalls zwischen welchen Faktorstufen) diese Unterschiede begründet sind.

Rechenschritte

Niemand rechnet eine Varianzanalyse noch per Hand; dennoch sollen zum besseren Verständnis die einzelnen Rechenschritte beim vorliegenden einfachen Standardfall der Varianzanalyse (zwei Faktoren, gleiche Fallzahlen, keine Faktorstufen mit abhängigen Werten) im Folgenden angegeben werden.

Wir wollen die beiden Faktoren (hier: Versuchsbedingungen und Tageszeit) A und B nennen und die folgenden Bezeichnungen einführen.

p	Anzahl der Stufen des Faktors A
q	Anzahl der Stufen des Faktors B
n	Anzahl der Werte pro Zelle
x_{ijm}	die gegebenen Einzelwerte ($i = 1, \ldots, p; j = 1, \ldots, q; m = 1, \ldots, n$)
S_{ij}	Summen der Werte in den einzelnen Zellen ($i = 1, \ldots, p; j = 1, \ldots, q$)
G	Gesamtsumme der Werte

Damit berechnet man der Reihe nach

$$S_{ij} = \sum_{m=1}^{n} x_{ijm} \qquad i = 1, \ldots, p; \ j = 1, \ldots, q$$

$$G = \sum_{i=1}^{p} \sum_{j=1}^{q} S_{ij}$$

$$(1) = \frac{G^2}{p \cdot q \cdot n}$$

$$(2) = \sum_{i=1}^{p} \sum_{j=1}^{q} \sum_{m=1}^{n} x_{ijm}^2$$

$$(3) = \frac{1}{n} \cdot \sum_{i=1}^{p} \sum_{j=1}^{q} S_{ij}^2$$

$$QSZ = (3) - (1)$$

$$QSI = (2) - (3)$$

$$QST = (2) - (1)$$

$$dfz = p \cdot q - 1$$

$$dfi = p \cdot q \cdot (n - 1)$$

$$MQZ = \frac{QSZ}{dfz}$$

$$MQI = \frac{QSI}{dfi}$$

$$F = \frac{MQZ}{MQI}$$

Dabei sind *QSZ*, *QSI* und *QST* die Quadratsummen zwischen den Gruppen, innerhalb der Gruppen bzw. die Quadratsumme total, *dfz* und *dfi* die zugehörigen Freiheitsgrade und *MQZ* bzw. *MQI* die entsprechenden mittleren Quadratsummen. F ist die mit (*dfz*, *dfi*) Freiheitsgraden F-verteilte Prüfgröße.

Die Ergebnisse stellt man im Schema der Tabelle 13.10 zusammen.

Art der Variation	QS	df	MQ	F
zwischen den Gruppen	QSZ	dfz	MQZ	F
innerhalb der Gruppen	QSI	dfi	MQI	
total	QST			

Tabelle 13.10: Schema beim Test auf Gesamtsignifikanz

In unserem Beispiel ergeben die einzelnen Rechenschritte:

$$p = 3 \qquad q = 2 \qquad n = 6$$
$$S_{11} = 181 \qquad S_{12} = 170 \qquad S_{21} = 267 \qquad S_{22} = 247 \qquad S_{31} = 284 \qquad S_{32} = 270$$
$$G = 1\,419$$
$$(1) = 55\,932{,}25 \qquad (2) = 62\,453 \qquad (3) = 57\,919{,}17$$
$$QSZ = 1\,986{,}92 \qquad QSI = 4\,533{,}83 \qquad QST = 6\,520{,}75$$
$$dfz = 5 \qquad dfi = 30$$
$$MQZ = 397{,}38 \qquad MQI = 151{,}13$$
$$F = 2{,}63$$

In das Schema der Tabelle 13.10 eingetragen, ergibt dies Tabelle 13.11.

Art der Variation	QS	df	MQ	F
zwischen den Gruppen	1 986,92	5	397,38	2,63
innerhalb der Gruppen	4 533,83	30	151,13	
total	6 520,75			

Tabelle 13.11: Test auf Gesamtsignifikanz anhand des Beispiels

Der berechnete F-Wert ist, wie die F-Tabelle ausweist, bei (5, 30) Freiheitsgraden auf der 0,05-Stufe signifikant.

Dies bedeutet, dass zumindest einer der beiden Faktoren einen signifikanten Einfluss auf die abhängige Variable (Übungsfortschritt) hat. Um zu testen, welche Faktoren einen signifikanten Einfluss haben und ob es eine „Wechselwirkung" zwischen den beiden Faktoren gibt, sind die folgenden Rechenschritte auszuführen.

$$(4) = \frac{1}{n \cdot q} \cdot \sum_{i=1}^{p} (\sum_{j=1}^{q} S_{ij})^2$$

$$(5) = \frac{1}{n \cdot p} \cdot \sum_{j=1}^{q} (\sum_{i=1}^{p} S_{ij})^2$$

$$QSA = (4) - (1)$$
$$QSB = (5) - (1)$$
$$dfa = p - 1$$
$$dfb = q - 1$$
$$MQA = \frac{QSA}{dfa}$$
$$MQB = \frac{QSB}{dfb}$$
$$FA = \frac{MQA}{MQI}$$
$$FB = \frac{MQB}{MQI}$$
$$QSAB = (3) - QSA - QSB - (1)$$
$$dfab = (p - 1) \cdot (q - 1)$$
$$MQAB = \frac{QSAB}{dfab}$$
$$FAB = \frac{MQAB}{MQI}$$

Die Prüfgrößen *FA*, *FB* und *FAB* sind *F*-verteilt mit (*dfa*, *dfi*), (*dfb*, *dfi*) bzw. (*dfab*, *dfi*) Freiheitsgraden.

Die Ergebnisse werden in dem Schema der Tabelle 13.12 zusammengestellt.

Art der Variation	QS	df	MQ	F
zwischen A	*QSA*	*dfa*	*MQA*	*FA*
zwischen B	*QSB*	*dfb*	*MQB*	*FB*
A * B	*QSAB*	*dfab*	*MQAB*	*FAB*

Tabelle 13.12: Schema beim Test auf Signifikanz der Faktoren

Die einzelnen Rechenschritte ergeben beim vorliegenden Beispiel:

$$(4) = 57\,859{,}42 \qquad (5) = 55\,988{,}5$$
$$QSA = 1\,927{,}17 \qquad QSB = 56{,}25 \qquad QSAB = 3{,}5$$
$$dfa = 2 \qquad dfb = 1 \qquad dfab = 2$$
$$MQA = 963{,}58 \qquad MQB = 56{,}25 \qquad MQAB = 1{,}75$$
$$FA = 6{,}38 \qquad FB = 0{,}37 \qquad FAB = 0{,}01$$

Diese Werte, in das Schema der Tabelle 13.12 eingetragen, ergeben Tabelle 13.13.

Nach der *F*-Tabelle hat Faktor A (Versuchsbedingungen) bei der gegebenen Anzahl von (2, 30) Freiheitsgraden einen sehr signifikanten Einfluss auf die abhängige Variable Übungsfortschritt ($p < 0{,}01$). Die Tageszeit hat keinen signifikanten Einfluss, ebenso gibt es keine signifikante Wechselwirkung.

Eine signifikante Wechselwirkung würde im vorliegenden Fall bedeuten, dass die Unterschiede zwischen den drei Versuchsbedingungen je nach Tageszeit verschieden

Art der Variation	*QS*	*df*	*MQ*	*F*
zwischen A	1 927,17	2	963,58	6,38
zwischen B	56,25	1	56,25	0,37
A * B	3,5	2	1,75	0,01

Tabelle 13.13: Test auf Signifikanz der Faktoren

groß sind. Dies ist so nicht der Fall und wird bereits bei Betrachtung der Zellenmittelwerte klar.

Nützlich ist in diesem Zusammenhang ein entsprechendes Diagramm (Abbildung 13.4), wie es zum Beispiel in SPSS unter der Bezeichnung *Profile* erstellt werden kann.

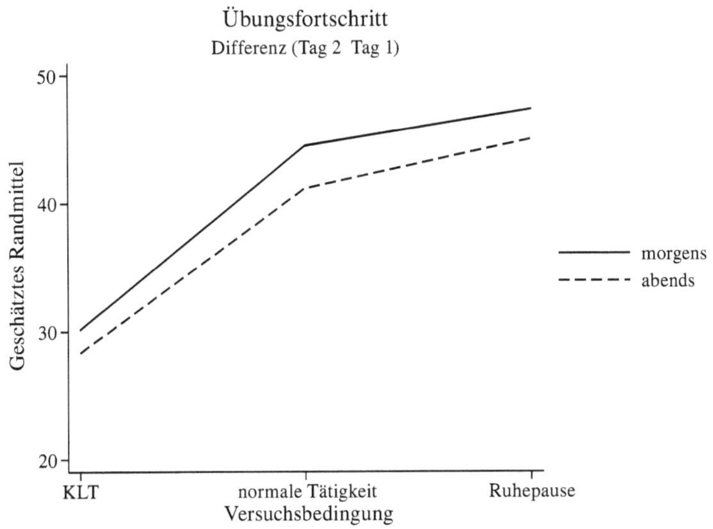

Abbildung 13.4: Wechselwirkungsdiagramm

Da die beiden Linien fast parallel verlaufen, liegt keine Wechselwirkung vor.

Post-hoc-Tests

Als signifikantes Ergebnis bleibt also die Erkenntnis, dass die drei Versuchsbedingungen (Konzentrationsleistungstest, normale Tätigkeit, Ruhepause) auf den Übungsfortschritt signifikant unterschiedlich wirken. Um dies zahlenmäßig zu belegen, seien zunächst die Mittelwerte dieser drei Abstufungen berechnet, wobei die Werte zu den beiden Tageszeiten zusammengeworfen werden sollen (was dann jeweils die Fallzahl 12 ergibt). Diese Stufenmittelwerte sind in Tabelle 13.14 eingetragen.

Der Übungsfortschritt wird also in der Tat durch die Ausführung des Konzentrationsleistungstests gehemmt; der entsprechende Mittelwert ist deutlich geringer als die beiden anderen, was sicherlich die ermittelte Signifikanz ausmacht. Unklar ist, ob sich auch die beiden anderen Versuchsbedingungen (normale Tätigkeit und Ruhepause) signifikant voneinander unterscheiden. Hier ist der Mittelwert bei der Ruhepause etwas höher.

Versuchsbedingung	mittlerer Übungsfortschritt
Konzentrationsleistungstest	29,25
normale Tätigkeit	42,83
Ruhepause	46,17

Tabelle 13.14: Stufenmittelwerte

Solche Fragestellungen, welche Faktorstufen sich im Falle einer signifikanten Wirkung des Faktors im Einzelnen voneinander unterscheiden, werden mit einem Post-hoc-Test geklärt, der zur Ermittlung seiner Testgröße Zwischenergebnisse der Varianzanalyse benutzt. Hierzu gibt es zahlreiche Varianten; so bietet zum Beispiel das Programmsystem SPSS achtzehn solcher Tests an. Die bekannteren sind die Tests nach Bonferroni, Scheffé, Student-Newman-Keuls und Duncan. Als einer der konservativsten gilt der Scheffé-Test, der also eher zögerlich bei der Aufspürung von Signifikanzen ist.

Bezeichnen wir etwa zwei der p Stufenmittelwerte des Faktors A (Versuchsbedingungen) mit a_i und a_j, so erfolgt die Überprüfung, ob sich diese beiden Mittelwerte signifikant voneinander unterscheiden, beim Scheffé-Test über die Prüfgröße

$$F = \frac{n \cdot q}{2 \cdot (p-1)} \cdot \frac{(a_i - a_j)^2}{MQI}$$

Diese Prüfgröße ist F-verteilt mit (dfa, dfi) Freiheitsgraden. Eine entsprechende Formel gilt für die Stufenmittelwerte des Faktors B. Im gegebenen Beispiel ist eine Post-hoc-Überprüfung beim Faktor B (Tageszeit) nicht nötig, da sich erstens dieser Faktor als nicht signifikant erwiesen und zweitens ohnehin nur zwei Abstufungen hat, so dass im Signifikanzfall klar wäre, dass sich eben diese beiden Stufen signifikant voneinander unterscheiden.

Möchten wir also überprüfen, ob sich die Mittelwerte zu den beiden Versuchsbedingungen normale Tätigkeit und Ruhepause signifikant voneinander unterscheiden, müssen wir folgende Prüfgröße berechnen:

$$F = \frac{6 \cdot 2}{2 \cdot (3-1)} \cdot \frac{(42{,}83 - 46{,}17)^2}{151{,}13} = 0{,}22$$

Dies ist bei (2, 30) Freiheitsgraden ein nicht-signifikanter Wert. Beim Vergleich des Konzentrationsleistungstests mit der normalen Tätigkeit ergibt sich

$$F = \frac{6 \cdot 2}{2 \cdot (3-1)} \cdot \frac{(29{,}25 - 42{,}83)^2}{151{,}13} = 3{,}66$$

Dies ist bei (2, 30) Freiheitsgraden ein signifikanter Wert ($p < 0{,}05$).

Da die Mittelwertdifferenz zwischen den Versuchsbedingungen KLT und Ruhepause noch größer ist, ist gemäß der Formel für die Prüfgröße F dieser Unterschied dann erst recht signifikant. Als Endergebnis der Varianzanalyse kann also festgehalten werden, dass das Ausüben einer anstrengenden Tätigkeit (KLT) gegenüber einer normalen Tätigkeit und einer Ruhepause eine signifikante Verminderung des Übungsfortschritts bewirkt. Die Tageszeit hat keinen Einfluss.

Bei den Rechenschritten der Varianzanalyse gehen Sie also, aber nur jeweils im Signifikanzfall des vorhergehenden Schritts, so vor:

1. Berechnung der Gesamtsignifikanz
2. Feststellung der signifikanten Faktoren und Wechselwirkungen
3. Post-hoc-Tests

Kovarianzanalyse

Wir wollen die Mittelwerte der erzielten Leistungen am ersten Versuchstag, getrennt nach den drei Versuchsbedingungen, betrachten. Diese sind in Tabelle 13.15 zusammengestellt.

Versuchsbedingung	Mittelwert
KLT	87,17
normal	72,50
Ruhepause	79,25

Tabelle 13.15: Mittlere Ausgangswerte

Die Probanden, die als hemmende Tätigkeit den KLT ausführten, haben demnach im Mittel am ersten Tag höhere Werte als die anderen Probanden. Dies ist recht ärgerlich, denn wenn jemand bereits am Anfang höhere Leistungen bringt, hat er von vornherein weniger Gelegenheit, sich zu verbessern, als jemand, der mit einer schwachen Leistung beginnt. Ein besonders krasses Beispiel für diesen Effekt sind Schulnoten: Ein Schüler mit einer Zwei kann sich allenfalls um eine Note verbessern, ein Schüler mit einer Fünf aber theoretisch um vier Noten.

Korreliert man im gegebenen Beispiel über alle Probanden hinweg den Wert des Durchstreichtests am ersten Versuchstag mit dem erzielten Übungsfortschritt, so zeigt sich in der Tat eine schwache, allerdings nicht-signifikante Korrelation ($r = -0{,}197$) dahingehend, dass höhere Werte am ersten Tag einen geringeren Übungsfortschritt bewirken.

Das Problem kann so gelöst werden, dass der Wert am ersten Tag als *Kovariate* in die Analyse eingeführt wird. So nennt man im Allgemeinen intervallskalierte Variablen, die zusätzlich zu den nominal- oder ordinalskalierten Faktoren in die Varianzanalyse eingebracht werden können; man spricht in diesem Fall von einer *Kovarianzanalyse.*

Die Rechenschritte seien hier nicht dargestellt; es mag der Hinweis genügen, dass die Signifikanz einer Kovariaten ebenfalls mit einem F-Wert überprüft wird. Führt man die Kovarianzanalyse in der beschriebenen Weise im gegebenen Beispiel mit einem Computerprogramm (zum Beispiel SPSS) durch, so erkennt man, dass die Kovariate (Leistung am ersten Tag) keinen signifikanten Einfluss auf den Übungsfortschritt hat. Allerdings wird der zum Faktor Versuchsbedingungen gehörende F-Wert etwas kleiner (5,51 statt 6,38 wie bisher), ohne aber am Signifikanzniveau ($p < 0{,}01$) etwas zu ändern.

Das beschriebene Beispiel einer mehrfaktoriellen Varianzanalyse ist sozusagen der einfachste Standardfall: zwei Faktoren und gleiche Fallzahlen in den sich ergebenden Zellen. Darüber hinaus gibt es folgende Varianten:

- mehr als zwei Faktoren,
- ungleiche Fallzahlen in den Zellen,
- Faktoren mit Messwiederholungsdesign,
- mehrere abhängige Variablen.

Was die Anzahl der Faktoren anbelangt, so gibt es hierfür theoretisch keine Obergrenze. Um alle Zellen mit Werten zu füllen, bedarf es dabei aber einer großen Zahl von Fällen. Außerdem wird die Vielzahl möglicher Wechselwirkungen leicht unüberschaubar; so gibt es neben zweifachen Wechselwirkungen nun auch dreifache und gegebenenfalls auch höhere Wechselwirkungen.

Ungleiche Zellenumfänge

Nicht immer sind gleich große Fallzahlen in den einzelnen Zellen des varianzanalytischen Designs zu gewährleisten. Bei geplanten Studien können Probanden ausfallen und bei retrospektiven Studien sind ungleiche Fallzahlen sowieso der Normalfall. Bei Varianzanalysen mit ungleichen Zellenumfängen werden diese entweder durch das harmonische Mittel aller Zellenumfänge geschätzt oder es wird eine andere, modernere Rechenmethode verwendet, das so genannte *allgemeine lineare Modell*. Bei der zweifaktoriellen Varianzanalyse mit p bzw. q Faktorstufen berechnet sich dabei das harmonische Mittel der Zellenumfänge n_{ij} nach folgender Formel:

$$\overline{n}_h = \frac{p \cdot q}{\sum\limits_{i=1}^{p} \sum\limits_{j=1}^{q} \frac{1}{n_{ij}}}$$

Messwiederholungsfaktoren

Beim gegebenen Beispiel wurde noch nicht getestet, ob der erzielte Übungsfortschritt zwischen dem ersten und zweiten Versuchstag überhaupt signifikant ist. Da sich die gemessenen Werte bei allen Probanden deutlich erhöhen, ist eine solche Überprüfung sicherlich nicht nötig. Falls eine solche Signifikanzüberprüfung doch vorgenommen werden soll, kann man die zweifaktorielle Varianzanalyse zu einer dreifachen erweitern, indem die beiden Faktoren Versuchsbedingungen und Tageszeit belassen werden und ein dritter Faktor eingeführt wird, der durch die Messungen an den beiden Versuchstagen gebildet wird. Diesen Faktor nennt man einen Faktor mit Messwiederholung und die Varianzanalyse wird zu einer dreifaktoriellen Varianzanalyse mit Messwiederholung auf einem Faktor (eine einfaktorielle Varianzanalyse mit Messwiederholung wurde bereits in Abschnitt 13.3 behandelt).

Bei Einsatz eines Computerprogramms wie SPSS werden die beiden Nicht-Messwiederholungsfaktoren durch entsprechende Gruppierungsvariablen realisiert, der Messwiederholungsfaktor durch zwei entsprechende Variablen.

Führt man eine solche dreifaktorielle Varianzanalyse mit Messwiederholung auf dem Zeitfaktor im gegebenen Beispiel durch, so ergibt sich erwartungsgemäß ein höchst signifikanter Einfluss des Zeitfaktors, es verschwindet aber die Signifikanz auf dem Faktor Versuchsbedingungen. Durch das Zusammenwerfen der Testergebnisse an beiden Versuchstagen haben sich die Unterschiede verwischt. Die signifikanten Unterschiede zwischen den Versuchsbedingungen werden nun aber wiedergegeben durch eine sehr signifikante Wechselwirkung zwischen dem Zeitfaktor und dem Faktor Versuchsbedingungen: Die Unterschiede zwischen beiden Versuchstagen sind je nach Versuchsbedingung verschieden groß.

Das vorliegende Problem kann also auf zwei Arten angegangen werden, zum einen durch Differenzenbildung zwischen den beiden Versuchstagen und dann Analyse dieser Differenzen mit einer zweifaktoriellen Varianzanalyse und zum anderen durch Definition der Werte an den beiden Versuchstagen zu einem Messwiederholungsfaktor einer dreifaktoriellen Varianzanalyse. Der erste Weg erscheint direkter und übersichtlicher.

Rechnen mit SPSS

Laden Sie aus dem Internet die Datei hemmung.sav mit den Variablen *gruppe, tzeit, tag1, tag2, uebfort.* Wählen Sie aus dem Menü *Analysieren/Allgemeines lineares Modell/Univariat...* Definieren Sie *uebfort* als abhängige Variable, *gruppe* und *tzeit* als feste Faktoren. Fordern Sie über den Schalter *Post Hoc...* für die Variable *gruppe* den Scheffé-Test an und über den Schalter *Optionen...* die Ausgabe von deskriptiven Statistiken.

Fordern Sie über den Schalter *Diagramme...* einen Profilplot an, wobei Sie unter *Horizontale Achse:* die Variable *gruppe* und unter *Separate Linien:* die Variable *tzeit* eintragen.

Stattdessen können Sie die Berechnungen auch mit folgender Syntax starten:

```
unianova uebfort by gruppe tzeit
 /posthoc=gruppe(scheffe)
 /plot=profile(gruppe*tzeit)
 /print=descriptive.
```

Möchten Sie die Analyse wie in Abschnitt 13.4 geschildert als Kovarianzanalyse rechnen, so geben Sie die Variable *tag1* als Kovariate an. In diesem Fall ist in SPSS aber die Ausführung eines Post-hoc-Tests nicht möglich. Die entsprechende Syntax ist:

```
unianova uebfort by gruppe tzeit with tag1
 /print=descriptive.
```

Falls Sie die in Abschnitt 13.3 geschilderte Varianzanalyse mit Messwiederholungsdesign rechnen möchten, treffen Sie die Menüwahl *Analysieren/Allgemeines lineares Modell/Messwiederholung...* Den voreingestellten Namen des Innersubjektfaktors *faktor1* überschreiben Sie mit *zeit.* Setzen Sie die Anzahl der Stufen auf 2 und betätigen Sie die Schalter *Hinzufügen* und *Definieren.* Erklären Sie *tag1* und *tag2* zu Innersubjektvariablen sowie *gruppe* und *tzeit* zu Zwischensubjektfaktoren. Auch die Eingabe von *tag1* als Kovariate wäre möglich. Über die Schalter *Post Hoc...* und *Optionen...* können Sie den Scheffé-Test bzw. die Ausgabe deskriptiver Statistiken anfordern.

Die zugehörige Syntax ist

```
glm tag1 tag2 by gruppe tzeit
 /wsfactor=zeit(2)
 /posthoc=gruppe(scheffe)
 /print=descriptive.
```

Die Ausgabe des Programms ist etwas unübersichtlich; es werden sowohl die Ergebnisse der klassischen Methode nach Fisher als auch diejenigen des allgemeinen linearen Modells ausgegeben.

13.5 Multivariate Varianzanalysen

Das vorliegende Beispiel einer zweifaktoriellen Varianzanalyse beinhaltet *eine* abhängige Variable, nämlich den Übungsfortschritt; man spricht in diesem Fall von einer univariaten Varianzanalyse. Man hat aber auch Verfahren entwickelt, die mehrere abhängige Variablen gleichzeitig behandeln, und nennt diese Verfahren multivariate Varianzanalysen. Man benutzt dieses Verfahren insbesondere in den Fällen, wo die abhängigen Variablen miteinander korrelieren. Ergibt sich dann eine Gesamtsignifikanz, hat man jeweils die einzelnen Variablen wieder einer univariaten Analyse zu unterziehen, um die für diese Signifikanz ursächlichen Variablen zu ermitteln.

13.6 Klassische Methode und allgemeines lineares Modell

Varianzanalysen können prinzipiell nach zwei verschiedenen Ansätzen gerechnet werden:

- die klassische Methode nach R. A. Fisher,
- die neuere Methode des allgemeinen linearen Modells.

Die erste Methode gründet sich, wie beschrieben, auf die Zerlegung von Quadratsummen; Grundlage des allgemeinen linearen Modells (englisch: general linear model, abgekürzt GLM) ist die Korrelations- und Regressionsrechnung. Bei ungleichen Zellenumfängen liefern beide Rechnungsarten etwas unterschiedliche Ergebnisse.

Das Computerprogramm SPSS zum Beispiel verwendet beide Verfahren, so dass die Ergebnisausdrucke teilweise etwas unübersichtlich wirken. Zudem werden beim allgemeinen linearen Modell mehrere Varianten angeboten.

13.7 Verletzungen der Voraussetzungen

Die Voraussetzungen zur Durchführbarkeit der Varianzanalyse sind Normalverteilung und Varianzenhomogenität. Bei Verletzung dieser Voraussetzungen kann im einfaktoriellen Fall der H-Test nach Kruskal und Wallis bzw. im Falle abhängiger Stichproben der Friedman-Test gerechnet werden. Im mehrfaktoriellen Fall gibt es aber leider kein entsprechendes nicht-parametrisches Verfahren.

Man kann auch bei nicht-gegebenen Voraussetzungen eine Varianzanalyse rechnen, wenn man Folgendes beachtet:

1. Ergibt sich keine Signifikanz, so hätte sich bei Erfüllung der Voraussetzungen erst recht keine ergeben.
2. Die Varianzanalyse ist recht robust gegen Abweichungen von der Normalverteilung. Testet man auf dem Niveau $p = 0{,}05$, so sollte der berechnete F-Wert etwa einem $p = 0{,}04$ entsprechen, d. h., der kritische F-Wert zu $p = 0{,}05$ sollte deutlich überschritten werden.
3. Problematischer ist die Verletzung der Varianzenhomogenität. Um ein faktisches Signifikanzniveau von $p = 0{,}05$ zu erreichen, sollte mit $p = 0{,}01$ getestet wer-

den. Eine Verletzung der Varianzhomogenität führt zu annähernd exakten Ergebnissen, sofern die Stichprobengrößen in den Gruppen annähernd gleich sind. Bei gleichen Stichprobengrößen kann die größere Varianz die kleinere um ein Mehrfaches übertreffen. Bei ungleichen Stichprobengrößen stellt die Verletzung der Varianzhomogenität ein ernsthaftes Problem dar.

4. Die Daten in den untersuchten Populationen müssen unabhängig sein. Diese Voraussetzung ist bei Randomisierung der Stichproben erfüllt.

Bei der Planung einer Untersuchung, bei der eine Varianzanalyse geplant ist, sollten von möglichst vielen Probanden Daten erhoben werden und die Stichprobenumfänge sollten möglichst gleich groß sein. Die Auswahl der Probanden sollte durch Randomisierung erfolgen.

Die Varianzanalyse ist eines der meistangewandten statistischen Analyseverfahren. Aufgrund der zahlreichen Varianten und der Entwicklung des neueren Ansatzes des allgemeinen linearen Modells ist es aber nicht immer leicht, den nötigen Überblick zu bewahren. Auch die gängigen Computerprogramme bieten eine zum Teil eher verwirrende Vielfalt von Optionen an.

ZUSAMMENFASSUNG

- Varianzanalysen untersuchen die Abhängigkeit einer intervallskalierten Variable von mehreren unabhängigen Variablen mit Nominal- bzw. Ordinalniveau (auch Faktoren genannt).
- Im Signifikanzfall kann mit so genannten Post-hoc-Tests überprüft werden, welche Faktorenkategorien (auch Faktorstufen genannt) sich signifikant voneinander unterscheiden.
- Fügt man bei den unabhängigen Variablen intervallskalierte Variablen hinzu, spricht man von einer Kovarianzanalyse.
- Ungleiche Zellenumfänge sind erlaubt, komplizieren aber die Rechenschritte.
- Eine Variante der Varianzanalyse ergibt sich, wenn Faktoren mit Messwiederholungsdesign vorliegen.
- Werden mehrere abhängige Variablen gleichzeitig untersucht, spricht man von multivariater Varianzanalyse.
- Neben der klassischen, auf R. A. Fisher zurückgehenden Methode gibt es den moderneren Ansatz des allgemeinen linearen Modells.

13.8 Übungen

1. Gegeben ist die nachstehende ANOVA-Tabelle. Berechnen Sie die fehlenden Tabellenwerte und geben Sie zusätzlich den p-Wert an.

Variabilität	*SAQ*	*df*	*MQ*	*F*
gesamt	64,703	17		
zwischen	40,018	2	20,009	
innerhalb	(1)	(2)	(3)	(4)

2. Drei verschiedene Gruppen von männlichen Versuchspersonen nahmen an einem Leistungstest teil, wobei die einzelnen Gruppen auf verschiedene Weise motiviert wurden. So sollte der Beste der Gruppe A mit einer Urkunde, der Beste der Gruppe B mit einem Geldpreis und der Beste der Gruppe C mit einem Abendessen belohnt werden. Die Versuchspersonen erzielten dabei die folgenden Punktwerte:

A:	29, 32, 34, 24, 29, 33, 30
B:	34, 33, 29, 37, 35, 38, 30, 33
C:	41, 40, 35, 44, 36, 39

   Berechnen Sie die Mittelwerte in den Gruppen und klären Sie mithilfe der einfaktoriellen Varianzanalyse, ob sich diese signifikant unterscheiden. Testen Sie gegebenenfalls mit dem Scheffé-Test auf paarweise Gruppenunterschiede.

3. Insgesamt 36 Studierende nahmen an einem Zahlengedächtnistest teil, wobei sie in Natur- und Geisteswissenschaftler eingeteilt wurden. Ferner musste eine Hälfte die vorgesagte Ziffernkolonne vorwärts, die andere rückwärts wiederholen. Die folgende Tabelle enthält die Länge der Ziffernkolonnen, die maximal reproduziert werden konnten.

	vorwärts	rückwärts
Naturwissenschaftler	7 10 8 6 7 10 7 7 8	6 8 6 7 9 7 6 6 5
Geisteswissenschaftler	5 7 8 8 6 5 6 6 6	7 6 5 5 5 8 6 5 5

   Rechnen Sie eine Varianzanalyse, um zu klären, ob die Studienrichtung (Naturwissenschaftler, Geisteswissenschaftler) bzw. die Versuchsdurchführung (vorwärts, rückwärts) einen Einfluss auf die Gedächtnisleistung haben und ob es eine Wechselwirkung zwischen beiden gibt.

4. Rechnen Sie mit SPSS und den Daten der Datei hemmung.sav die in Abschnitt 13.4 beschriebene Kovarianzanalyse.

5. Rechnen Sie mit SPSS und den Daten der Datei hemmung.sav die in Abschnitt 13.5 beschriebene Varianzanalyse mit Messwiederholungsdesign.

Faktorenanalyse

14

ÜBERBLICK

LERNZIELE

- Eigenwerte und aufgeklärte Varianz
- Faktorladungen
- Faktorwerte

Die Faktorenanalyse ist ein Verfahren, das eine größere Anzahl von Variablen auf eine kleinere Anzahl hypothetischer Größen, *Faktoren* genannt, zurückführt. Diese Faktoren werden durch Variablengruppen gebildet, die untereinander stark korreliert sind, während zu verschiedenen Faktoren gehörige Variablen nur schwach oder gar nicht miteinander korrelieren. So soll die Faktorenanalyse weitgehend voneinander unabhängige Faktoren liefern, welche die Zusammenhänge zwischen den Variablen möglichst vollständig erklären.
Als Beispiel soll eine Befragung von 646 Urlauberinnen und Urlaubern in Kenia herangezogen werden, die unter anderem die Gründe für ihren Kenia-Urlaub nennen sollten. Auf einer Skala von 1 = „trifft gar nicht zu“ bis 5 = „trifft völlig zu“ sollten sie angeben, inwieweit die in Tabelle 14.1 aufgeführten sechzehn Gründe zutreffen. Die Daten sind im Datensatz ‚kenia‘ gespeichert.

	Befragung
1	preisgünstiges Angebot
2	Interesse an der Natur
3	kulturelle Sehenswürdigkeiten
4	schönes Wetter
5	gute Bade- und Sportmöglichkeiten
6	Mentalität der Einheimischen
7	gute Erholung
8	Tapetenwechsel
9	ausspannen, abschalten
10	auch mal bedient werden
11	Gelegenheit zu Bekanntschaften
12	Flirt und Liebe
13	braun werden
14	sich sportlich betätigen
15	etwas für die Bildung tun
16	Tier- und Pflanzenwelt kennen lernen

Tabelle 14.1: Gründe für einen Kenia-Urlaub

Offenbar werden mit diesen *Items* verschiedene Aspekte abgedeckt, unter denen man Urlaub machen kann. So zielen etwa die Items 2 und 16 auf das Interesse an der Natur ab; sie korrelieren höchst signifikant miteinander mit einem Spearman-Korrelationskoeffizienten von $r = 0{,}594$ oder einem Pearson-Korrelationskoeffizienten $r = 0{,}600$. Es sei darauf hingewiesen, dass man sich bei der Faktorenanalyse auf die Produkt-Moment-Korrelationen nach Pearson stützt.

Die beiden Items 5 und 14 hingegen haben sportliche Betätigung zum Inhalt und korrelieren höchst signifikant mit $r = 0{,}509$. Hingegen gibt es keinerlei Zusammenhang zwischen den beiden Items 2 und 16 (Interesse an der Natur) einerseits und den beiden Items 5 und 14 (sportliche Betätigung) andererseits. Man wird von einer Faktorenanalyse also erwarten können, dass die beiden Itempaare in jeweils einen separaten Faktor (Variablengruppe) aufgenommen werden.

14.1 Erläuterung der Rechenschritte

Das Verfahren der Faktorenanalyse ist sehr rechenaufwendig, so dass man sich fragen muss, wie man ohne Hilfe eines Computers jemals eine Faktorenanalyse rechnen konnte. Ausgangspunkt der Faktorenanalyse ist die Matrix der Produkt-Moment-Korrelationen zwischen den beteiligten Variablen; dies bedeutet, dass auf alle Fälle nominalskalierte Variablen mit mehr als zwei Kategorien von der Analyse ausgeschlossen sind.

Zu dieser symmetrischen Korrelationsmatrix werden dann die so genannten *Eigenwerte* und die dazugehörigen *Eigenvektoren* bestimmt; das sind Größen, die in der Matrizenrechnung eine bestimmte Bedeutung haben. Dabei gibt es zu jeder Matrix so viele Eigenwerte (und damit Eigenvektoren), wie ihre Zeilen- bzw. Spaltenzahl angibt. Bezieht man also m Variablen in eine Faktorenanalyse ein, so werden auch m Eigenwerte bestimmt.

Die Eigenvektoren bilden die Faktoren, wobei ein zusätzliches so genanntes *Rotationsverfahren* (am gebräuchlichsten: orthogonale Rotation nach der Varimax-Methode) für Eindeutigkeit sorgt. Die Elemente der Eigenvektoren heißen *Faktorladungen*. Diese gelten als eigentliches Ergebnis der Faktorenanalyse. Dabei werden üblicherweise so viele Faktoren als relevant angesehen („extrahiert"), wie es Eigenwerte gibt, deren Betrag größer als 1 ist.

Werden k Faktoren extrahiert und bezeichnet man mit A die Matrix der Faktorladungen mit m Zeilen und k Spalten sowie mit R die gegebene quadratische Korrelationsmatrix (m Zeilen, m Spalten), so sollte die folgende Matrizengleichung, auch als das Fundamentaltheorem der Faktorenanalyse bezeichnet, möglichst gut erfüllt sein:

$$R = A \cdot A'$$

Dabei ist A' die zu A transponierte Matrix.

Das klingt alles recht verwirrend, daher sollen zur Verdeutlichung die Ergebnisse diskutiert werden, die zum Beispiel die Programme SPSS und **R** anhand der gegebenen Datendatei liefern. Zunächst seien in Tabelle 14.2 die ermittelten Eigenwerte aufgelistet.

Die Eigenwerte sind in absteigender Folge sortiert. Sechs Eigenwerte sind größer als 1; daher werden sechs Faktoren extrahiert. Aus dem Betrag der Eigenwerte und der Eigenwertsumme kann der durch den betreffenden Faktor aufgeklärte Varianzanteil ermittelt werden. Dabei ist die Summe der Eigenwerte λ_l gleich der Anzahl m der Variablen:

$$\sum_{l=1}^{m} \lambda_l = m$$

Der vom Eigenwert λ_l aufgeklärte prozentuale Anteil der Varianz ist somit

$$\frac{\lambda_l}{m} \cdot 100$$

Faktor	Eigenwert	erklärte Varianz	kumulierte erklärte Varianz
1	3,058	19,1 %	19,1 %
2	2,088	13,1 %	32,2 %
3	1,408	8,8 %	41,0 %
4	1,352	8,4 %	49,4 %
5	1,145	7,2 %	56,6 %
6	1,032	6,5 %	63,0 %
7	0,792	5,0 %	68,0 %
8	0,755	4,7 %	72,7 %
9	0,716	4,5 %	77,2 %
10	0,629	3,9 %	81,1 %
11	0,593	3,7 %	84,8 %
12	0,561	3,5 %	88,3 %
13	0,536	3,3 %	91,7 %
14	0,525	3,3 %	94,9 %
15	0,445	2,8 %	97,7 %
16	0,364	2,3 %	100,0 %

Tabelle 14.2: Eigenwerte und erklärte Varianz

Beim ersten Faktor ergibt dies

$$\frac{3{,}058}{16} \cdot 100 = 19{,}1\,\%$$

Der erste Faktor, wie auch immer dieser sich zusammensetzt, erklärt also 19,1 % der Gesamtvarianz (d. h. der Gesamtinformation, die durch die 16 Items wiedergegeben wird), der zweite Faktor 13,1 %. Die kumulierte erklärte Varianz zeigt zum Beispiel, dass die ersten sechs Faktoren zusammen eine Varianzaufklärung von 63,0 % haben.

Die Bedeutung der sechs extrahierten Faktoren ist Tabelle 14.3 zu entnehmen, welche die Faktorladungen dieser Faktoren enthält.

Die Faktorladungen haben den Rang von Korrelationskoeffizienten und bewegen sich daher wie diese in den Grenzen zwischen −1 und +1. Betrachten Sie etwa Item 2, so korreliert dieses mit 0,867 mit Faktor 2 („es lädt am höchsten auf Faktor 2"). Item 1 lädt am höchsten auf Faktor 3.

Um die einzelnen Items (Variablen) den sechs Faktoren zuzuordnen, suchen Sie zeilenweise die höchste Faktorladung heraus; in der Tabelle sind diese fett gedruckt. Auf diese Weise können Sie feststellen, aus welchen Variablenbündeln die einzelnen Faktoren bestehen. Diese seien in Tabelle 14.4 zusammengestellt.

Es ist nun an Ihnen, sozusagen ein „Aha-Erlebnis" zu haben, die Faktorenzusammensetzung zu verstehen und die Faktoren mit einem Begriff zu deuten. Dies dürfte im gegebenen Beispiel ohne große Mühe gelingen, wie Tabelle 14.5 zu entnehmen ist.

In den Faktor 3 (Kultur und Bildung) ist auch Item 1 (preisgünstiges Angebot) eingeflossen; dies kann so gedeutet werden, dass insbesondere Bildungsreisende auf ein preisgünstiges Angebot achten.

Zu bemerken ist, dass es auch negative Ladungen gibt. So lädt zum Beispiel Item 7 (gute Erholung) mit −0,117 schwach negativ auf Faktor 6 (Flirt und Liebe). Dies bedeutet, dass diese Urlauber auf gute Erholung weniger Wert legen.

Item	1. Faktor	2. Faktor	3. Faktor	4. Faktor	5. Faktor	6. Faktor
1	0,072	−0,116	**0,698**	0,029	−0,120	0,368
2	0,077	**0,867**	0,186	0,006	0,006	−0,023
3	0,082	0,168	**0,738**	0,028	0,161	−0,154
4	**0,704**	−0,003	−0,051	0,119	0,081	0,001
5	0,188	−0,007	0,018	**0,830**	0,003	0,056
6	0,081	0,121	0,182	−0,014	**0,775**	−0,175
7	**0,700**	−0,046	0,130	0,002	0,093	−0,117
8	**0,611**	0,137	0,119	0,032	0,289	−0,046
9	**0,748**	−0,056	0,049	0,006	0,037	−0,016
10	**0,641**	0,053	0,097	0,020	−0,207	0,137
11	0,038	−0,041	0,047	0,057	**0,763**	0,301
12	0,029	−0,036	−0,083	0,013	0,085	**0,855**
13	**0,553**	0,04	−0,148	0,219	−0,088	0,270
14	0,019	0,036	0,077	**0,878**	0,039	−0,026
15	0,031	0,154	**0,656**	0,054	0,189	−0,183
16	−0,039	**0,89**	0,017	0,024	0,073	−0,032

Tabelle 14.3: Faktorladungen

Faktor	Items	Bedeutung
1	4	schönes Wetter
1	7	gute Erholung
1	8	Tapetenwechsel
1	9	ausspannen, abschalten
1	10	auch mal bedient werden
1	13	braun werden
2	2	Interesse an der Natur
2	16	Tier- und Pflanzenwelt kennen lernen
3	1	preisgünstiges Angebot
3	3	kulturelle Sehenswürdigkeiten
3	15	etwas für die Bildung tun
4	5	gute Bade- und Sportmöglichkeiten
4	14	sich sportlich betätigen
5	6	Mentalität der Einheimischen
5	11	Gelegenheit zu Bekanntschaften
6	12	Flirt und Liebe

Tabelle 14.4: Faktoren

Faktor	Name
1	Erholung
2	Natur
3	Kultur und Bildung
4	Sport
5	Bevölkerung kennen lernen
6	Flirt und Liebe

Tabelle 14.5: Namen für die Faktoren

In der Matrix der Faktorladungen der Tabelle 14.3 ist zu sehen, dass Faktorladungen mit einem Wert größer als 0,3 fett gedruckt sind. Das Item 11 (Gelegenheit zu Bekanntschaften) lädt beispielsweise auf Faktor 6 (Flirt und Liebe), vor allem aber auf den Faktor 5 (Bevölkerung kennenlernen). Mit der eingangs erwähnten orthogonalen Rotation will man Konstellationen dieser Art nicht sehen, d. h. im optimalen Fall laden alle Items nur auf einen Faktor mit einer Ladung größer 0,3 (oder kleiner −0,3). Es ist gerade eine Schwierigkeit der Faktorenanalyse, Interpretationen von Faktoren zu finden, dass diese unabhängig sind. Die orthogonale Rotation nimmt eine Korrelation von 0 zwischen den Faktoren an. Natürlich wird es mit 16 Items und 6 Faktoren einen bis zwei Fälle geben, wo solche Querladungen auftauchen können. Treten aber zu viele auf, so ist das ein Zeichen, eine andere, nicht-orthogonale Rotationsmethode zu benutzen.

Wir haben also 16 Variablen (Items) auf 6 Faktoren zurückgeführt. So wie jeder Variable fallweise ein Wert zugeordnet ist (nämlich ein ganzzahliger Score von 1 bis 5), so kann man auch jedem Faktor einen Wert zuordnen. Man spricht in diesem Zusammenhang von *Faktorwerten*; diese sind die Werte eines Falls in Bezug auf einen Faktor und haben die Bedeutung von z-Werten, bewegen sich also etwa im Bereich zwischen −3 und +3, signifikante Werte sind kleiner als −1,96 oder größer als +1,96. Diese Faktorwerte sind so konstruiert, dass sich aus ihnen und aus den Faktorladungen die Variablenwerte wieder rekonstruieren lassen.

Für einige ausgewählte Fälle seien die berechneten Faktorwerte in Tabelle 14.6 angegeben.

Fall	Erholung	Natur	Bildung	Sport	Bevölkerung	Flirt
22	0,310	0,125	−0,079	−1,070	2,023	−0,015
41	2,154	−1,298	−1,476	−0,412	1,229	0,444
56	−1,783	0,800	−0,433	2,059	−1,112	0,590
111	0,892	0,240	2,533	−0,446	−0,214	−0,014
123	1,235	−0,569	−0,176	−0,849	−0,552	2,725
555	−0,739	0,996	2,216	−0,330	2,626	−0,918

Tabelle 14.6: Faktorwerte ausgewählter Fälle

Bei Fall 22 handelt es sich um einen Urlauber, der vor allem Kontakt zur einheimischen Bevölkerung sucht. Erholung steht im Vordergrund für Urlauber 41, Sport für Urlauber 56, Kultur und Bildung für Urlauber 111 und ein Urlaubsflirt für Urlauber

123. Sowohl Interesse an Kultur und Bildung wie auch an „Bevölkerung kennenlernen“ besteht bei Urlauber 555.

Mithilfe der Faktorenanalyse haben wir also die recht unübersichtliche Menge von sechzehn Variablen auf die überschaubare Anzahl von sechs Faktoren zurückgeführt, so dass die Faktorenanalyse auch als datenreduzierendes Verfahren bezeichnet wird.

Ihren Ursprung hat die Faktorenanalyse in der Psychologie; sie wird dort auch heute noch am häufigsten eingesetzt. Als Anfang der Faktorenanalyse wird dabei allgemein eine Publikation von Spearman aus dem Jahre 1904 angesehen, die sich mit Intelligenzforschung beschäftigte. Mehrere Statistiker, unter ihnen Pearson, beeinflussten die Entwicklung, bis schließlich Thurstone die heutige Form der Faktorenanalyse mathematisch begründete.

Die Faktorenanalyse ist ein spannendes Verfahren, das seit dem Einsatz von Computern auch die Lösung größerer Probleme gestattet. Ihren Reiz macht nicht zuletzt die Denkarbeit aus, die bei der Deutung der Faktoren erbracht werden muss.

14.2 Berechnen einer Faktorenanalyse mit R

Faktorenanalysen werden wie erwähnt mithilfe von Statistik-Software berechnet. Wir beschränken uns auf eine Berechnung mittels **R**. Die Ergebnistabellen werden anschließend kurz erläutert.

14.2.1 Rechnen mit R

Der Vollständigkeit halber sind in diesem Unterkapitel die Rechenschritte mit **R** explizit dargestellt. Für detaillierteres Nachrechnen ist der Leser auf folgenden Link verwiesen: *https://pearson-dach.shinyapps.io/imklartext_kap14/*. Die Website kann direkt über ein Tablet, Smartphone oder über die Bildschirmkamera Ihres Laptops alternativ über nebenstehenden QR-Code aufgerufen werden:

QR-Code zur Faktorenanalyse Kapitel 14

Nachstehender Code ist der Datei Faktorenanalyse14.R entnommen und dient als Minimal-Beispiel für eine Faktorenanalyse in **R**. Zentraler Bestandteil ist die Nutzung der Funktion `principal` im Paket (package) `psych` in Code-Zeile 10.

Oben stehender Code lädt die notwendigen Befehls-Bibliotheken (libraries) zur Durchführung einer Faktorenanalyse (package *psych*). Wichtig zur Erinnerung: Sind Pakete nicht vorhanden, so können diese über den Befehl `install.packages(„psych")` installiert werden. Kommentare werden wie schon erwähnt in **R**-Codes mit der Raute Taste erzeugt. Zur praktischen Durchführung der Faktorenanalyse wird zuerst die Korrelationsmatrix C nach Pearson berechnet, dann die Eigenwerte extrahiert und anschließend die Anzahl Eigenwerte größer 1 gezählt. Der Befehl für die Analyse selbst erfolgt dann über den Befehl `principal`.

14.2.2 Eignung eines Datensatzes für eine Faktorenanalyse

Ob einzelne Items oder der gesamte Datensatz für eine Faktorenanalyse geeignet sind, hängt von mehreren Kriterien ab. Grundlage für die Berechnung verschiedener Kriterien ist die Anti-Image Korrelationsmatrix.

Das MSA-Kriterium (MSA = Measure of sampling adequacy) gibt an, ob die einzelnen Items für eine Faktorenanalyse geeignet sind. Die Werte für MSA finden sich in der Diagonalen der Anti-Image Korrelationsmatrix. Dabei gilt:

MSA	Einstufung
$MSA < 0{,}5$	Indikator gilt als unbrauchbar für die Faktorenanalyse
$MSA \geq 0{,}6$	Indikator gilt als brauchbar für die Faktorenanalyse
$MSA \geq 0{,}8$	Indikator gilt als gut geeignet für die Faktorenanalyse

Tabelle 14.7: Einstufung des MSA-Kriteriums

Für unseren Datensatz ergeben sich folgende Werte:

Item g_i	g_1	g_2	g_3	g_4	g_5	g_6	g_7	g_8	g_9	g_{10}	g_{11}
MSA	0,69	0,58	0,71	0,84	0,61	0,66	0,82	0,85	0,83	0,80	0,61
Item g_i	g_{12}	g_{13}	g_{14}	g_{15}	g_{16}						
MSA	0,58	0,83	0,55	0,74	0,55						

Bei 12 von 16 Items liegen die Werte über 0,6. Diese Items sind somit brauchbar für eine Faktorenanalyse und bei den restlichen vier Items zeigen sich Werte über 0,55. Diese sind als eher kritisch einzustufen, jedoch können die Items der guten Interpretierbarkeit der Faktoren wegen in der Analyse belassen werden.

Zur Bestimmung für die Eignung des gesamten Datensatzes für eine Faktorenanalyse wird das Kaiser-Meyer-Olkin-Kriterium (KMO) benutzt (siehe Tabelle 14.8).

KMO	Einstufung
$KMO \leq 0{,}5$	untragbar
$0{,}5 < KMO \leq 0{,}6$	kläglich
$0{,}6 < KMO \leq 0{,}7$	mittelmäßig
$0{,}7 < KMO \leq 0{,}8$	ziemlich gut
$0{,}8 < KMO \leq 0{,}9$	verdienstvoll
$0{,}9 < KMO$	erstaunlich

Tabelle 14.8: Einstufung des KMO-Kriteriums

Bei unserem Kenia Datensatz ergibt sich ein KMO-Maß von 0,718. Der Datensatz ist somit als Ganzes ziemlich gut für die Faktorenanalyse geeignet.

Für die Überprüfung der Eignung eines Datensatzes zur (orthogonalen) Faktorenanalyse kann zusätzlich der Bartlett Test hinzugezogen werden. Dieser überprüft die Nullhypothese, dass die Variablen vollständig unkorreliert sind. Voraussetzung hierfür sind jedoch normalverteilte Daten. Dies ist bei unseren ordinalskalierten Daten sicherlich nicht erfüllt. Insgesamt gibt es für unser Beispiel aber keine Veranlassung, aufgrund eines ungeeigneten Datensatzes die Analyse abzubrechen.

Bartlett-Test auf Sphärizität	Ungefähres Chi-Quadrat χ^2	1 810,7
	df	120
	Signifikanz nach Bartlett	0,000

14.2.3 Extraktionsmethode

Für die Extraktion der Faktoren gibt es verschiedene Methoden. In der Praxis werden die „Hauptkomponentenanalyse" und die „Hauptachsenanalyse" am häufigsten verwendet. Beide Analysen lassen keine Rückschlüsse auf die Population zu. Für Rückschlüsse auf die Population muss die Analyse an anderen Stichproben verifiziert werden. Bei der Hauptkomponentenanalyse (Principal Component Analysis, PCA) möchte man einen **möglichst großen Anteil der in den Variablen vorhandenen Gesamtvarianz** durch die Faktoren erklären.

Die auf diese Art entdeckten Variablen fasst man als übergeordnete Begriffe auf, welche die zum Faktor gehörenden Variablen zusammenfassen. Die Hauptkomponentenanalyse ist das bei SPSS voreingestellte Verfahren.

Die Hauptachsenanalyse (Principal Axis Factoring, PAF) hat zum Ziel, die **gemeinsame Varianz der Variablen** zu erklären. Die so entdeckten Faktoren versteht man als so genannte latente Variablen. In diesem Verständnis stellen sie die Ursache für die Ausprägungen der Variablen dar. Diese latenten Variablen werden somit ursächlich interpretiert. **Latente Variable sind zentral für Messmodelle im Rahmen von Strukturgleichungsmodellen.**

In unserem Keniabeispiel beschränken wir uns auf die Hauptkomponentenanalyse.

14.2.4 Kommunalitäten

Die Kommunalitäten (Gemeinsamkeiten) geben den Anteil der Varianz einer Variable an, welcher durch die Faktoren erklärt wird. Die Berechnungsmethode der Kommunalitäten hängen von der gewählten Extraktionsmethode ab. In unserem Keniabeispiel beträgt die Kommunalität der Variable preisgünstiges Angebot 0,656 was bedeutet, dass 65,6 % der Varianz der Variable durch die extrahierten Faktoren erklärt wird.

14.2.5 Bestimmung der Anzahl Faktoren

Zur Bestimmung der Anzahl extrahierter Faktoren gibt es verschiedene Kriterien. Das in SPSS voreingestellte und auch häufig verwendete Kriterium ist das Kaiser-Kriterium. Nach diesem Kriterium muss der Eigenwert eines Faktors größer 1 sein, was bedeutet, dass die Varianz eines Faktors größer ist als die Varianz einer einzelnen Variable. In unserem Keniabeispiel werden auf diese Weise 6 Faktoren extrahiert. Eine weitere Methode ist der Screeplot. Im Screeplot werden auf der x-Achse die Anzahl Faktoren und auf der y-Achse die Eigenwerte abgetragen. Bei zufällig entstandenen Faktoren ist die Steigung flach. Deshalb werden für die Bestimmung der Anzahl Faktoren nur jene vor dem „Ellbogen" gezählt. Im Keniabeispiel ergeben sich zwei oder sechs Faktoren. Die Verwendung von sechs Faktoren führt zu inhaltlich besser interpretierbaren Ergebnissen als jene mit zwei Faktoren, weshalb die Lösung mit sechs Faktoren vorgezogen wird.

14.2.6 Rotation einer Lösung

Zur einfacheren Interpretation der Ergebnisse werden diese in eine Einfachstruktur rotiert. Es gibt zwei grundsätzlich verschiedene Rotationsmöglichkeiten, eine orthogonale (rechtwinklige) oder eine oblique (schiefwinklige) Rotation. Bei der orthogonalen Rotation bleiben die Faktoren unkorreliert. Bei einer obliquen Rotation sind

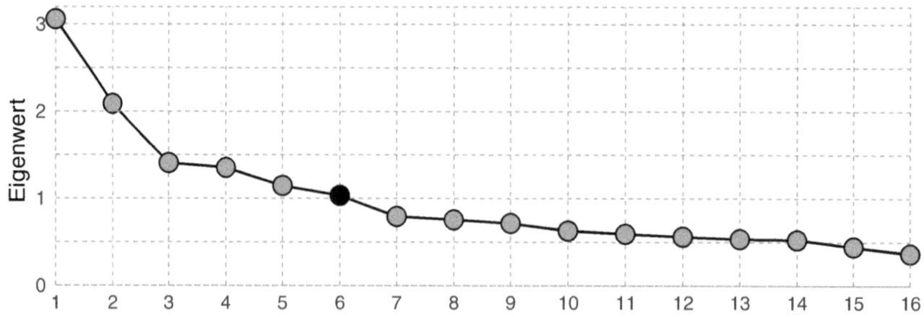

Abbildung 14.1: Screeplot zur Faktorenanalyse

die Faktoren korreliert, weshalb mit diesen Faktoren als Variablen eine Faktorenanalyse zweiter Ordnung durchgeführt werden kann. Eine oblique Rotation wird dann verwendet, wenn es theoretische Gründe gibt, dass die Faktoren korreliert sind oder wenn die empirische Analyse nicht zu vernachlässigende Korrelationen aufzeigt.

ZUSAMMENFASSUNG

- Die Faktorenanalyse ist ein Verfahren, das eine größere Anzahl von Variablen auf eine kleinere Anzahl von Hintergrundgrößen, Faktoren genannt, zurückführt.
- Grundlage der Berechnungen ist die Korrelationsmatrix zwischen den Variablen.
- Die Eigenwerte der Korrelationsmatrix sind das Kriterium für die Anzahl der zu extrahierenden Faktoren und das Maß für den Anteil der aufgeklärten Varianz.
- Die Faktorladungen dienen zur Deutung der extrahierten Faktoren.
- Die Faktorwerte geben die Werte der Faktoren für die einzelnen Fälle wieder.

14.3 Übungen

1. Im Datensatz ‚jugend' ist der Auszug einer Befragung von 287 Schülern enthalten. Hierbei geben diese mit der Codierung 1 = ja bzw. 2 = nein an, welche der folgenden 17 Eigenschaften sie ihrer Meinung nach besitzen: mutig, zickig, rechthaberisch, intelligent, cool, humorvoll, geizig, sportlich, sensibel, kompromissbereit, kontaktfreudig, gut aussehend, freundlich, zuverlässig, beliebt, ehrlich, treu.

   Rechnen Sie mit diesen 17 Variablen eine Faktorenanalyse, um herauszufinden, in wie viele Faktoren diese Eigenschaften gebündelt werden können.

2. Rechnen Sie die Faktorenanalyse mit dem Datensatz ‚Kenia' noch einmal. Allerdings verwenden Sie nun einmal eine unrotierte Faktor-Lösung und einmal eine nicht-orthogonale `promax`-Rotation (mit **R**). Kommentieren Sie kurz die Unterschiede und Gemeinsamkeiten zur im Buch verwendeten `varimax`-Rotation.

Reliabilitätsanalyse

15

ÜBERBLICK

LERNZIELE

- Richtig-Falsch-Aufgaben, Stufen-Antwort-Aufgaben
- Schwierigkeitsindex
- Trennschärfenkoeffizient
- Itemstreuung, Selektionskennwert
- Reliabilität, Validität

Die Reliabilitätsanalyse (auch: Itemanalyse, Aufgabenanalyse) hat ihr Anwendungsgebiet in der Psychologie und Psychiatrie und beschäftigt sich mit der Zusammenstellung von einzelnen Items (Fragen, Aufgaben) zu einem Test. Sie prüft nach verschiedenen Kriterien, welche Items sich für den Gesamttest als brauchbar und welche als unbrauchbar erweisen.
Zu diesem Zweck bietet man bei einer Stichprobe von Probanden eine Testvorform mit allen erdachten Items an und führt dann eine Reliabilitätsanalyse durch. Anhand der Ergebnisse dieser Analyse nimmt man unbrauchbare Aufgaben heraus und stellt die übrig bleibenden zur Testendform zusammen.

Dabei wird hier „Test“ nicht als statistisches Prüfverfahren verstanden, sondern als ein Verfahren zur Untersuchung eines Persönlichkeitsmerkmals. Lienert definiert in seinem grundlegenden Buch „Testaufbau und Testanalyse“ wie folgt: „Ein Test ist ein wissenschaftliches Routineverfahren zur Untersuchung eines oder mehrerer abgrenzbarer Persönlichkeitsmerkmale mit dem Ziel einer möglichst quantitativen Aussage über den relativen Grad der individuellen Merkmalsausprägung“. Die Tests werden dabei unterteilt in Intelligenztests, Leistungstests und Persönlichkeitstests.

Die einzelnen Testaufgaben kann man dabei in zwei Kategorien einteilen:

- Aufgaben, bei denen genau eine Antwort richtig, die anderen falsch sind (in der Regel Richtig-Falsch-Aufgaben mit zwei Antwortkategorien)
- Stufen-Antwort-Aufgaben

Zu jeder dieser beiden Aufgabenarten soll die Reliabilitätsanalyse im Folgenden anhand eines Beispiels erläutert werden.

15.1 Richtig-Falsch-Aufgaben

Es soll ein Test entwickelt werden, der die Probanden danach beurteilt, inwieweit sie zu „zielgerichtetem Handeln“ in der Lage sind. Dazu hat sich jemand die folgenden Fragen ausgedacht, die jeweils mit „stimmt“ oder „stimmt nicht“ beantwortet werden sollen.

1. Ich besitze die Kraft und die Fähigkeit, mein Leben zu meistern.
2. Wenn etwas Unangenehmes auf mich zukommt, versuche ich mich schnell zurückzuziehen.
3. Manchmal fühle ich mich wie in einer Sackgasse, in der es nicht mehr weitergeht.

4. Ich verbringe mehr Zeit damit, mich auf das Leben vorzubereiten, als es tatsächlich zu leben.
5. Ich habe stets Angst davor, mich zu blamieren.
6. Hinsichtlich meines Lebensziels fühle ich mich sicher und entschlossen.
7. Im Großen und Ganzen bin ich der Welt gegenüber positiv eingestellt.
8. Ich habe ein festes Lebensziel, das sich anzustreben lohnt.
9. Ich habe ständig das Gefühl der Freudlosigkeit.
10. Ich würde mich als einen ehrgeizigen Menschen bezeichnen.
11. Ich habe eine große Ausdauer, wenn es gilt, ein gestecktes Ziel zu erreichen.
12. Mein Blick in die Zukunft wird mehr von Ängsten, Wünschen und Hoffnungen bestimmt als von Tatsachen.
13. Mit den Aussichten, die mir das Leben bietet, bin ich durchaus zufrieden.
14. Gewöhnlich kann ich genügend Selbstbeherrschung aufbringen, die angestrebten Ziele zu erreichen.
15. Ständig verlangten mir meine Eltern große Leistungen ab.
16. Ich weiß wirklich nicht, ob ich diese unsere Welt bejahen oder ablehnen soll.
17. Oft habe ich ein Gefühl der Gleichgültigkeit, obwohl doch alles in bester Ordnung ist.
18. Manchmal erledige ich mehr, als man von mir verlangt.

Mit allen diesen Items soll herausgefunden werden, inwieweit ein Proband in der Lage ist, zielgerichtet zu handeln. Dabei soll für jede „richtige" Antwort ein Punkt vergeben werden, so dass der Gesamttest einen Score (Gesamtpunktwert) liefert, der theoretisch zwischen 0 (keine einzige richtige Antwort) bis 18 (alle Antworten richtig) liegen kann.

Dabei ist eine „richtige" Antwort nicht unbedingt eine „stimmt"-Antwort. Eine richtige Antwort ist vielmehr eine solche, die im Sinne des untersuchten Persönlichkeitsmerkmals gegeben wurde. Beim ersten Item ist dies die Antwort „stimmt", beim zweiten Item ist es aber offensichtlich die Antwort „stimmt nicht". Diese „Polung" der einzelnen Items ist Tabelle 15.1 zu entnehmen.

Ein solcher Wechsel in der Polung ist durchaus empfehlenswert. Bei Anwendung eines Computerprogramms wie zum Beispiel SPSS, das bei der Reliabilitätsanalyse den Gesamtpunktwert automatisch berechnet, sind vor Durchführung dieser Analyse die anders gepolten Items entsprechend umzucodieren.

Die mit diesen 18 Items konzipierte Testvorform wurde einem Kollektiv von 152 Probanden vorgelegt. Die Antworten auf die einzelnen Items wurden mit 0 (stimmt nicht) und 1 (stimmt) vercodet und in der Datei ziel.txt (bzw. der SPSS-Datei ziel.sav) gespeichert. Die Werte der ersten zehn Probanden seien im Folgenden aufgeführt.

```
 1 111111110111110111        6 011111101111110011
 2 100000110110110011        7 100001110110110001
 3 110111110110111111        8 011110100111001011
 4 100101110010111101        9 011110101111001111
 5 011000111110010111       10 011110011101111111
```

Item	Richtigantwort
1	stimmt
2	stimmt nicht
3	stimmt nicht
4	stimmt nicht
5	stimmt nicht
6	stimmt
7	stimmt
8	stimmt
9	stimmt nicht
10	stimmt
11	stimmt
12	stimmt nicht
13	stimmt
14	stimmt
15	stimmt
16	stimmt nicht
17	stimmt nicht
18	stimmt

Tabelle 15.1: Polung der Items

Den Gesamtpunktwert jedes Probanden erhalten Sie, indem Sie auszählen, wie viele Richtig-Antworten er (unter Berücksichtigung der Aufgabenpolung) gegeben hat. Die Gesamtpunktwerte der ersten fünf Probanden sind in Tabelle 15.2 wiedergegeben.

Proband	Gesamtpunktwert
1	10
2	15
3	13
4	15
5	9

Tabelle 15.2: Gesamtpunktwerte

Zielgerichtetes Handeln ist also bei den Probanden 2 und 4 besonders stark ausgeprägt, weniger stark bei Proband 5.

Im Folgenden sollen die Begriffe erläutert werden, welche die Brauchbarkeit der einzelnen Items und die Reliabilität des Gesamttests beschreiben. Zur Beurteilung der einzelnen Items dienen dabei vor allem der Schwierigkeitsindex und der Trennschärfenkoeffizient.

15.1.1 Schwierigkeitsindex

Das einfachste Kriterium zur Beurteilung der Brauchbarkeit eines Items ist der prozentuale Anteil der Richtig-Antworten. Haben alle Probanden „richtig" geantwortet, ist das Item schließlich ebenso unbrauchbar, wie wenn kein Proband „richtig“ geantwortet hätte. Daher sollten Items mit sehr vielen bzw. mit sehr wenigen Richtig-Antworten herausgenommen werden.

Ist n die Anzahl der Probanden, m die Anzahl der Items und R_j die Anzahl der Richtig-Antworten des j-ten Items, so berechnet sich der Schwierigkeitsindex P_j des j-ten Items zu

$$P_j = \frac{R_j}{n} \cdot 100 \quad j = 1, \ldots m$$

Die Anzahlen der richtigen und falschen Antworten und der Schwierigkeitsindex sind für jedes Item in Tabelle 15.3 aufgeführt.

Item	richtige Antworten	falsche Antworten	Schwierigkeitsindex
1	59	93	38,8 %
2	70	82	46,1 %
3	44	108	28,9 %
4	75	77	49,3 %
5	53	99	34,9 %
6	81	71	53,3 %
7	111	41	73,0 %
8	113	39	74,3 %
9	106	46	69,7 %
10	73	79	48,0 %
11	91	61	59,9 %
12	55	97	36,2 %
13	80	72	52,6 %
14	104	48	68,4 %
15	51	101	33,6 %
16	86	66	56,6 %
17	58	94	38,2 %
18	114	38	75,0 %

Tabelle 15.3: Schwierigkeitsindizes

Den höchsten Schwierigkeitsindex hat Item 18. Es wurde von 75,0 % der Probanden mit „richtig“ beantwortet. Auf diesen paradoxen Zustand, dass ein Item mit hohem Schwierigkeitsindex leicht zu beantworten ist, sei hingewiesen.

Es wird empfohlen, Items mit einem Schwierigkeitsindex kleiner als 20 % oder größer als 80 % zu eliminieren. Solche Schwierigkeitsindizes kommen aber im gegebenen Beispiel nicht vor.

15.1.2 Trennschärfenkoeffizient

Der Trennschärfenkoeffizient als wichtigstes Kriterium zur Beurteilung der Brauchbarkeit eines Items gibt an, wie gut das betreffende Item zwischen „guten“ und „schlechten“ Probanden trennt; er ist die Korrelation zwischen der Aufgabenantwort (richtig bzw. falsch) und dem Gesamtpunktwert. Im Falle von Richtig-Falsch-Aufgaben bietet sich hierfür die punktbiseriale Korrelation an. Ferner wird empfohlen, bei der Berechnung des Trennschärfenkoeffizienten eines Items dieses Item bei der Bestimmung des Gesamtpunktwerts jeweils auszulassen; so wird das betreffende Item jeweils mit dem Gesamttest ohne dieses Item korreliert.

Der Trennschärfenkoeffizient eines Items ist danach definiert durch

$$T = \frac{\overline{x}_r - \overline{x}_f}{n \cdot s} \cdot \sqrt{n_r \cdot n_f}$$

Seine Signifikanzüberprüfung erfolgt über die t-verteilte Prüfgröße

$$t = |T| \cdot \sqrt{\frac{n_r + n_f - 2}{1 - T^2}}$$

bei $df = n_r + n_f - 2$ Freiheitsgraden.

Dabei ist n_r die Anzahl der Richtig-Antworten des Items, n_f die Anzahl der Falsch-Antworten. $\overline{x}_r$ ist der Mittelwert des Gesamtpunktwerts für diejenigen Probanden, die eine Richtig-Antwort gegeben haben, $\overline{x}_f$ der Mittelwert des Gesamtpunktwerts für diejenigen Probanden, die eine Falsch-Antwort gegeben haben. Ferner ist s die Standardabweichung des Gesamtpunktwerts über alle Probanden. Es sei noch einmal darauf hingewiesen, dass bei der Bestimmung des Gesamtpunktwerts das betreffende Item ausgelassen werden sollte.

Zum Beispiel ergibt sich für das erste Item

$$n_r = 59 \quad n_f = 93 \quad \overline{x}_r = 11{,}729 \quad \overline{x}_f = 7{,}237 \quad s = 4{,}239$$

Damit wird

$$T = \frac{11{,}729 - 7{,}237}{(59 + 93) \cdot 4{,}239} \cdot \sqrt{59 \cdot 93} = 0{,}516$$

Die Signifikanzüberprüfung ergibt

$$t = 0{,}516 \cdot \sqrt{\frac{59 + 93 - 2}{1 - 0{,}516^2}} = 7{,}378$$

Dies ist, wie die t-Tabelle ausweist, bei $df = 59 + 93 - 2 = 150$ Freiheitsgraden ein höchst signifikanter Wert.

Die Trennschärfenkoeffizienten aller Items sind in Tabelle 15.4 enthalten. Mit Ausnahme von Item 15 sind alle Trennschärfenkoeffizienten sehr bzw. höchst signifikant.

Das Item 15 („Ständig verlangten mir meine Eltern große Leistungen ab“) ist überhaupt nicht trennscharf und muss unbedingt eliminiert werden. Auch Item 18 fällt in der Trennschärfe erheblich ab und sollte ebenso ausgeschlossen werden.

Trennschärfenkoeffizient und Schwierigkeitsindex sind nicht unabhängig voneinander. Trägt man in einem Streudiagramm die Trennschärfe in Abhängigkeit vom Schwierigkeitsindex auf, so erkennt man einen parabelförmigen Zusammenhang. Die Trennschärfe ist für mittlere Schwierigkeitsindizes am größten, während sie für niedrige und hohe Schwierigkeitsindizes abfällt. Im gegebenen Beispiel haben die Items 8 und 18 die höchsten Schwierigkeitsindizes und, wenn man vom völlig daneben liegenden Item 15 absieht, gleichzeitig die niedrigsten Trennschärfen.

15.1.3 Itemstreuungen und Selektionskennwerte

Die Streuungen der einzelnen Items können nach der üblichen Formel der Standardabweichung berechnet werden (siehe Abschnitt 2.5.1), wobei als Messwerte nur

Item	Trennschärfenkoeffizient
1	0,516
2	0,553
3	0,438
4	0,432
5	0,459
6	0,515
7	0,453
8	0,320
9	0,543
10	0,384
11	0,611
12	0,626
13	0,483
14	0,601
15	−0,011
16	0,373
17	0,374
18	0,251

Tabelle 15.4: Trennschärfenkoeffizienten

0 und 1 auftreten. Sie können bei dichotomen Richtig-Falsch-Aufgaben aber auch unmittelbar aus den Schwierigkeitsindizes P_j bestimmt werden:

$$s_j = \sqrt{\frac{P_j}{100} \cdot (1 - \frac{P_j}{100})} \quad j = 1, \ldots, m$$

Für das erste Item ergibt sich damit

$$s_1 = \sqrt{0{,}388 \cdot (1 - 0{,}388)} = 0{,}487$$

Die größte Streuung besteht bei einem Schwierigkeitsindex von 50 %; sie hat dann den Wert 0,5.

Zusammen mit der Trennschärfe kann man die Itemstreuung zu einem so genannten Selektionskennwert verrechnen:

$$S_j = \frac{T_j}{2 \cdot s_j} \quad j = 1, \ldots, m$$

Für das erste Item wird

$$S_1 = \frac{0{,}516}{2 \cdot 0{,}487} = 0{,}529$$

Die Streuungen und Selektionskennwerte aller Items sind in Tabelle 15.5 enthalten.

Die Items mit den kleinsten Selektionskennwerten sind gegebenenfalls zu eliminieren, hier also Item 15 und eventuell Item 18.

Item	Streuung	Selektionskennwert
1	0,487	0,529
2	0,498	0,555
3	0,453	0,483
4	0,500	0,432
5	0,477	0,481
6	0,499	0,516
7	0,444	0,510
8	0,437	0,366
9	0,460	0,591
10	0,500	0,384
11	0,490	0,623
12	0,481	0,651
13	0,499	0,484
14	0,465	0,646
15	0,472	−0,012
16	0,496	0,376
17	0,486	0,385
18	0,433	0,290

Tabelle 15.5: Streuungen und Selektionskennwerte

15.1.4 Reliabilität und Validität des Gesamttests

Folgt man der Definition von Lienert, so versteht man unter der *Reliabilität* eines Tests den Grad der Genauigkeit, mit dem er ein bestimmtes Persönlichkeits- oder Verhaltensmerkmal misst, gleichgültig, ob er dieses Merkmal auch zu messen beansprucht.

Letzteres ist eine Sache der *Validität*. Diese gibt den Grad der Genauigkeit an, mit dem der Test dasjenige Persönlichkeits- oder Verhaltensmerkmal, das er messen soll oder zu messen vorgibt, auch tatsächlich misst.

Die Reliabilität wird über den *Reliabilitätskoeffizienten* gemessen, dessen Wert zwischen 0 und 1 liegt und zu dessen Bestimmung es mehrere Ansätze gibt.

Bei der *Retest-Reliabilität* wird ein und derselbe Test einer Stichprobe zweimal vorgelegt. Der Reliabilitätskoeffizient ist dann die Korrelation zwischen den beiden Testergebnissen (Gesamtpunktwerten). Diese Methode ist nicht sonderlich empfehlenswert, da insbesondere bei einem zu kurzen Zeitraum zwischen den beiden Testdarbietungen die gegebenen Antworten noch erinnert werden können und daher die Reliabilität zu hoch ausfällt. Mit der zweimaligen Darbietung des Tests ist auch ein erheblicher Mehraufwand verbunden.

Mit einer einmaligen Testdarbietung kommt die *Split-half-Methode* aus. Die Menge der Items wird in zwei Hälften geteilt, wobei es hierzu wiederum mehrere Vorschläge gibt. Zum Beispiel kann die erste Hälfte der Items der zweiten Hälfte so gegenübergestellt werden, dass aus beiden Hälften ein Gesamtpunktwert bestimmt und dann diese beiden Gesamtpunktwerte miteinander korreliert werden. Hierfür bietet sich der Rangkorrelationskoeffizient nach Spearman an, der im gegebenen Beispiel den

Wert 0,669 hat. Auch diese Methode ist nicht recht befriedigend, weil sich je nach Halbierungsverfahren andere Koeffizienten ergeben.

Üblich ist ein Koeffizient, der als *Cronbach's Alpha* bezeichnet wird und der sich aus den Itemstreuungen s_j und der Streuung s des Gesamtpunktwerts berechnet:

$$\alpha = \frac{m}{m-1} \cdot (1 - \frac{\sum_{j=1}^{m} s_j^2}{s^2})$$

Hohe Itemstreuungen wirken nach dieser Formel zu Lasten und eine hohe Gesamtpunktwertstreuung zugunsten des Reliabilitätskoeffizienten. Im gegebenen Beispiel wird

$$\alpha = \frac{18}{18-1} \cdot (1 - \frac{4{,}095}{4{,}512^2}) = 0{,}846$$

Dies ist ein guter Wert (da relativ nahe bei 1), der noch verbessert wird, wenn aus der durchgeführten Reliabilitätsanalyse die richtige Konsequenz gezogen und die beiden Items 15 und 18 eliminiert werden. Die Testendform besteht dann aus sechzehn Items; für den Reliabilitätskoeffizienten ergibt sich dann der Wert $\alpha = 0{,}859$.

Die Validität kann nur bestimmt werden, wenn ein entsprechendes Außenkriterium vorliegt. Dieses ist eine schon vorliegende, als gültig anerkannte Beurteilung hinsichtlich des untersuchten Persönlichkeitsmerkmals. Fehlt ein solches Außenkriterium, was in vielen Fällen so sein wird, kann die Validität nicht bestimmt werden.

15.2 Stufen-Antwort-Aufgaben

Bei dieser Aufgabenart werden nicht Richtig-Falsch-Antworten gegeben, sondern Antworten, die eine bestimmte Gradausprägung angeben. So werden zum Beispiel im „Trierer Persönlichkeitsfragebogen" anhand von insgesamt 120 Items neun Persönlichkeitsmerkmale abgefragt, unter ihnen zwölf Items zum Merkmal „Selbstwertgefühl". Diese sind codiert mit 1 = nie, 2 = manchmal, 3 = oft und 4 = immer und im Folgenden aufgeführt.

1. Ich bin davon überzeugt, dass man mich sehr mögen kann.
2. Ich bin unbeschwert und gut aufgelegt.
3. Ich finde mich sehr sympathisch.
4. Ich bin wunschlos glücklich und in völligem Einklang mit mir und meiner Umwelt.
5. Ich bin unbekümmert und sorglos.
6. Ich bin ein ruhiger, ausgeglichener Mensch.
7. Ich bin offen für Kritik an meiner Person.
8. Wenn etwas schief gelaufen ist, sage ich mir, das wird sich mit der Zeit schon wieder einrenken.
9. Ich bin stolz auf meinen Körper.
10. Meine Art kommt bei anderen gut an.
11. Ich habe das Gefühl, dass die meisten Menschen mich gerne mögen.
12. Wenn mich irgendetwas vorübergehend innerlich erregt oder aus dem Gleichgewicht gebracht hat, werde ich schneller damit fertig als andere.

Die Items sind alle gleich gepolt, so dass der Gesamtpunktwert einfach als Summe der Codierungen bestimmt werden kann und eine vorherige Umpolung einzelner Items nicht notwendig ist.

Es gelten die gleichen Begriffe wie bei den Richtig-Falsch-Aufgaben. Etwas geändert haben sich die Berechnungsarten.

Die an 117 Probanden erhobenen Daten des Beispiels sind in der Datei tpf.txt enthalten (bzw. in der SPSS-Datei tpf.sav), deren erste zehn Zeilen im Folgenden aufgelistet sind.

```
 1 222221221222
 2 231223212231
 3 322111322221
 4 232322322222
 5 434213421232
 6 324112333331
 7 222312322322
 8 334223324232
 9 433211442211
10 223222332322
```

Da es eine genau definierte Richtig-Antwort nicht mehr gibt, ist für den *Schwierigkeitsindex* eine modifizierte Formel zu verwenden:

$$P_j = \frac{\overline{x}_j - x_{\min}}{x_{\max} - x_{\min}} \cdot 100 \quad j = 1, \ldots, m$$

Dabei sind die $\overline{x}_j$ die Mittelwerte der m Items über die n Probanden. $x_{\min}$ und $x_{\max}$ bezeichnen die kleinste bzw. größte Item-Codierung (hier 1 bzw. 4).

Zum Beispiel ist für das erste Item $\overline{x}_1 = 2{,}735$; damit wird sein Schwierigkeitsindex

$$P_1 = \frac{2{,}735 - 1}{4 - 1} \cdot 100 = 57{,}8\,\%$$

Als *Trennschärfenkoeffizient* bietet sich die Rangkorrelation nach Spearman zwischen dem betreffenden Item-Wert und dem Gesamtpunktwert an. Hier ist bei der Bestimmung des Gesamtpunktwerts das betreffende Item wieder auszulassen.

Die *Itemstreuungen* werden nach der üblichen Formel für die Standardabweichung berechnet; zusammen mit den Trennschärfekoeffizienten können auch hier die *Selektionskennwerte* bestimmt werden.

Für jedes Item sind in Tabelle 15.6 die Mittelwerte, Schwierigkeitsindizes, Trennschärfen, Streuungen und Selektionskennwerte aufgeführt.

Aufgrund der gegebenen Trennschärfenkoeffizienten und der damit eng verbundenen Selektionskennwerte sollten die Items 7, 8 und 12 aus dem Test eliminiert werden. Dabei soll ausdrücklich angemerkt werden, dass der an hoher Fallzahl entwickelte Trierer Persönlichkeitsfragebogen mit dieser recht kleinen Stichprobe nicht in Frage gestellt werden soll.

Der Reliabilitätskoeffizient in der Form von *Cronbach's Alpha* wird wie bei den Richtig-Falsch-Aufgaben berechnet. Für die Testform mit allen zwölf Items ergibt sich hierfür $\alpha = 0{,}732$; eliminiert man die Items 7, 8 und 12, verbessert sich der Wert auf $\alpha = 0{,}789$.

Item	Mittelwert	Schwierigkeitsindex	Trennschärfe	Streuung	Selektionskennwert
1	2,735	57,8 %	0,445	0,635	0,350
2	2,795	59,8 %	0,511	0,534	0,478
3	2,547	51,6 %	0,385	0,737	0,261
4	2,316	43,9 %	0,388	0,739	0,263
5	2,162	38,7 %	0,469	0,682	0,344
6	2,573	52,4 %	0,383	0,769	0,249
7	2,803	60,1 %	0,186	0,757	0,123
8	2,282	42,7 %	0,075	0,680	0,055
9	2,205	40,2 %	0,309	0,836	0,185
10	2,539	51,3 %	0,581	0,595	0,488
11	2,641	54,7 %	0,621	0,636	0,488
12	2,086	36,2 %	0,137	0,664	0,103

Tabelle 15.6: Zusammenstellung der Ergebnisse

15.3 Rechnen mit SPSS

Das Programmsystem SPSS ermöglicht in einfacher Weise die Durchrechnung einer Reliabilitätsanalyse. Dabei können sowohl Richtig-Falsch-Aufgaben (mit zwei Kategorien) als auch Stufen-Antwort-Aufgaben (mit mehr als zwei Kategorien) analysiert werden. Unbedingt zu beachten ist, dass vor Beginn der eigentlichen Analyse gegebenenfalls entgegengesetzt gepolte Items umcodiert werden müssen.

Um das Beispiel aus Abschnitt 14.1 mit SPSS zu rechnen, laden Sie die Datei ziel.sav aus dem Internet. Zunächst müssen Sie die Umcodierung der Items 2, 3, 4, 5, 9, 12, 16 und 17 vornehmen. Dies gelingt mithilfe der Menüwahl *Transformieren/ Umcodieren/In dieselben Variablen...* oder mit folgender Syntax:

```
recode z2, z3, z4, z5, z9, z12, z16, z17 (0=1) (1=0).
execute.
```

Treffen Sie die Menüwahl *Analysieren/Skalieren/Reliabilitätsanalyse...* und verschieben Sie die Variablen z1 bis z18 in das Itemfeld. Über den Schalter *Statistik...* aktivieren Sie unter *Deskriptive Statistiken für* die Optionen *Item* und *Skala wenn Item gelöscht*.

Stattdessen können Sie die Berechnungen auch mit folgender Syntax starten:

```
reliability variables=z1 to z18
 /statistics=descriptive
 /summary=total.
```

Die Ausgabe umfasst neben dem Wert für Cronbach's Alpha unter der Bezeichnung *Corrected Item-Total Correlation* die Trennschärfenkoeffizienten.

Leider wird der Schwierigkeitsindex der einzelnen Items nicht ausgegeben. Sie können diesen aber den Häufigkeitstabellen der Variablen z1 bis z18 entnehmen, die Sie über die Menüwahl *Analysieren/Deskriptive Statistiken/Häufigkeiten...* erstellen können.

ZUSAMMENFASSUNG

- Die Reliabilitätsanalyse beschäftigt sich mit der Zusammenstellung von einzelnen Items zu einem Gesamttest, wobei es sich bei den Items um Richtig-Falsch-Aufgaben mit zwei Antwortkategorien oder um Stufen-Antwort-Aufgaben mit mehr als zwei Antwortkategorien handeln kann.
- Die Brauchbarkeit der einzelnen Items wird nach dem Schwierigkeitsindex, dem Trennschärfenkoeffizienten und dem Selektionskennwert beurteilt. Begriffe zur Beurteilung des Gesamttests sind Reliabilität und Validität.

15.4 Übungen

Der Chef einer Firma möchte die Arbeitszufriedenheit seiner Angestellten ermitteln und entwirft einen Fragebogen mit folgenden Aussagen, die mithilfe einer vorgegebenen Skala von 1 (stimmt vollkommen) bis 5 (trifft gar nicht zu) zu beantworten sind. Die einzelnen Aussagen sind nachfolgend zusammengestellt.

1	Mir gefällt meine Arbeit.
2	Meine Arbeit belastet mich.
3	Meine Arbeit ist sinnvoll.
4	Meine Arbeit ist interessant.
5	Ich bin stolz auf meine Arbeit.
6	Ich kann bei meiner Arbeit eigene Ideen einbringen.
7	Bei meiner Arbeit kann ich auch mal kürzer treten.
8	Ich bin entsprechend meinen Fähigkeiten eingesetzt.
9	Für meine Arbeit werde ich leistungsgerecht bezahlt.
10	Ich bin mit meiner Arbeitszeitregelung zufrieden.
11	Meine Arbeit ist stressig.
12	Ich würde meine Arbeitssituation gerne verändern.
13	Ich würde lieber den Arbeitgeber wechseln.

In der SPSS-Datendatei arbeit.sav (entsprechende Textdatei: arbeit.txt) sind unter den Variablen a1 bis a13 die entsprechenden Daten von 150 Arbeitnehmern enthalten. Berechnen Sie mit SPSS Cronbach's Alpha und die Trennschärfenkoeffizienten der einzelnen Items.

Tabellen

A

ÜBERBLICK

Tabelle 1: *z*-Tabelle

z	$\phi(z)$	$\phi(-z)$	p
1,96	0,9750	0,0250	0,050

Lesebeispiel zur Standardnormalverteilung

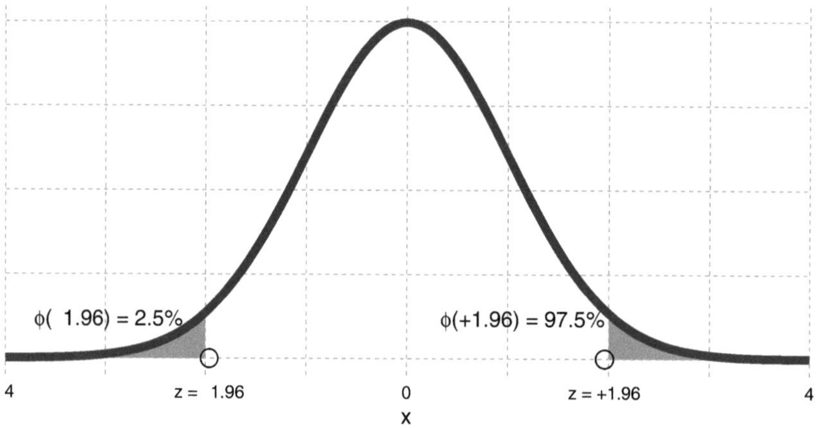

Abbildung A.1: Normalverteilung zum 95%-Quantil beidseitig

z	$\Phi(z)$	$\Phi(-z)$	p	z	$\Phi(z)$	$\Phi(-z)$	p
0,00	0,50000	0,50000	1,000	0,35	0,63683	0,36317	0,726
0,01	0,50399	0,49601	0,992	0,36	0,64058	0,35942	0,719
0,02	0,50798	0,49202	0,984	0,37	0,64431	0,35569	0,711
0,03	0,51197	0,48803	0,976	0,38	0,64803	0,35197	0,704
0,04	0,51595	0,48405	0,968	0,39	0,65173	0,34827	0,697
0,05	0,51994	0,48006	0,960	0,40	0,65542	0,34458	0,689
0,06	0,52392	0,47608	0,952	0,41	0,65910	0,34090	0,682
0,07	0,52790	0,47210	0,944	0,42	0,66276	0,33724	0,674
0,08	0,53188	0,46812	0,936	0,43	0,66640	0,33360	0,667
0,09	0,53586	0,46414	0,928	0,44	0,67003	0,32997	0,660
0,10	0,53983	0,46017	0,920	0,45	0,67364	0,32636	0,653
0,11	0,54380	0,45620	0,912	0,46	0,67724	0,32276	0,646
0,12	0,54776	0,45224	0,904	0,47	0,68082	0,31918	0,638
0,13	0,55172	0,44828	0,897	0,48	0,68439	0,31561	0,631
0,14	0,55567	0,44433	0,889	0,49	0,68793	0,31207	0,624
0,15	0,55962	0,44038	0,881	0,50	0,69146	0,30854	0,617
0,16	0,56356	0,43644	0,873	0,51	0,69497	0,30503	0,610
0,17	0,56749	0,43251	0,865	0,52	0,69847	0,30153	0,603
0,18	0,57142	0,42858	0,857	0,53	0,70194	0,29806	0,596

z	Φ(z)	Φ(−z)	p	z	Φ(z)	Φ(−z)	p
0,19	0,57535	0,42465	0,849	0,54	0,70540	0,29460	0,589
0,20	0,57926	0,42074	0,841	0,55	0,70884	0,29116	0,582
0,21	0,58317	0,41683	0,834	0,56	0,71226	0,28774	0,575
0,22	0,58706	0,41294	0,826	0,57	0,71566	0,28434	0,569
0,23	0,59095	0,40905	0,818	0,58	0,71904	0,28096	0,562
0,24	0,59483	0,40517	0,810	0,59	0,72240	0,27760	0,555
0,25	0,59871	0,40129	0,803	0,60	0,72575	0,27425	0,549
0,26	0,60257	0,39743	0,795	0,61	0,72907	0,27093	0,542
0,27	0,60642	0,39358	0,787	0,62	0,73237	0,26763	0,535
0,28	0,61026	0,38974	0,779	0,63	0,73565	0,26435	0,529
0,29	0,61409	0,38591	0,772	0,64	0,73891	0,26109	0,522
0,30	0,61791	0,38209	0,764	0,65	0,74215	0,25785	0,516
0,31	0,62172	0,37828	0,757	0,66	0,74537	0,25463	0,509
0,32	0,62552	0,37448	0,749	0,67	0,74857	0,25143	0,503
0,33	0,62930	0,37070	0,741	0,68	0,75175	0,24825	0,497
0,34	0,63307	0,36693	0,734	0,69	0,75490	0,24510	0,490
0,70	0,75804	0,24196	0,484	1,40	0,91924	0,08076	0,162
0,71	0,76115	0,23885	0,478	1,41	0,92073	0,07927	0,159
0,72	0,76424	0,23576	0,472	1,42	0,92220	0,07780	0,156
0,73	0,76730	0,23270	0,465	1,43	0,92364	0,07636	0,153
0,74	0,77035	0,22965	0,459	1,44	0,92507	0,07493	0,150
0,75	0,77337	0,22663	0,453	1,45	0,92647	0,07353	0,147
0,76	0,77637	0,22363	0,447	1,46	0,92785	0,07215	0,144
0,77	0,77935	0,22065	0,441	1,47	0,92922	0,07078	0,142
0,78	0,78230	0,21770	0,435	1,48	0,93056	0,06944	0,139
0,79	0,78524	0,21476	0,430	1,49	0,93189	0,06811	0,136
0,80	0,78814	0,21186	0,424	1,50	0,93319	0,06681	0,134
0,81	0,79103	0,20897	0,418	1,51	0,93448	0,06552	0,131
0,82	0,79389	0,20611	0,412	1,52	0,93574	0,06426	0,129
0,83	0,79673	0,20327	0,407	1,53	0,93699	0,06301	0,126
0,84	0,79955	0,20045	0,401	1,54	0,93822	0,06178	0,124
0,85	0,80234	0,19766	0,395	1,55	0,93943	0,06057	0,121
0,86	0,80511	0,19489	0,390	1,56	0,94062	0,05938	0,119
0,87	0,80785	0,19215	0,384	1,57	0,94179	0,05821	0,116
0,88	0,81057	0,18943	0,379	1,58	0,94295	0,05705	0,114
0,89	0,81327	0,18673	0,373	1,59	0,94408	0,05592	0,112
0,90	0,81594	0,18406	0,368	1,60	0,94520	0,05480	0,110
0,91	0,81859	0,18141	0,363	1,61	0,94630	0,05370	0,107
0,92	0,82121	0,17879	0,358	1,62	0,94738	0,05262	0,105
0,93	0,82381	0,17619	0,352	1,63	0,94845	0,05155	0,103
0,94	0,82639	0,17361	0,347	1,64	0,94950	0,05050	0,101
0,95	0,82894	0,17106	0,342	1,65	0,95053	0,04947	0,099
0,96	0,83147	0,16853	0,337	1,66	0,95154	0,04846	0,097
0,97	0,83398	0,16602	0,332	1,67	0,95254	0,04746	0,095

z	Φ(z)	Φ(−z)	p	z	Φ(z)	Φ(−z)	p
0,98	0,83646	0,16354	0,327	1,68	0,95352	0,04648	0,093
0,99	0,83891	0,16109	0,322	1,69	0,95449	0,04551	0,091
1,00	0,84134	0,15866	0,317	1,70	0,95543	0,04457	0,089
1,01	0,84375	0,15625	0,312	1,71	0,95637	0,04363	0,087
1,02	0,84614	0,15386	0,308	1,72	0,95728	0,04272	0,085
1,03	0,84849	0,15151	0,303	1,73	0,95818	0,04182	0,084
1,04	0,85083	0,14917	0,298	1,74	0,95907	0,04093	0,082
1,05	0,85314	0,14686	0,294	1,75	0,95994	0,04006	0,080
1,06	0,85543	0,14457	0,289	1,76	0,96080	0,03920	0,078
1,07	0,85769	0,14231	0,285	1,77	0,96164	0,03836	0,077
1,08	0,85993	0,14007	0,280	1,78	0,96246	0,03754	0,075
1,09	0,86214	0,13786	0,276	1,79	0,96327	0,03673	0,073
1,10	0,86433	0,13567	0,271	1,80	0,96407	0,03593	0,072
1,11	0,86650	0,13350	0,267	1,81	0,96485	0,03515	0,070
1,12	0,86864	0,13136	0,263	1,82	0,96562	0,03438	0,069
1,13	0,87076	0,12924	0,258	1,83	0,96638	0,03362	0,067
1,14	0,87286	0,12714	0,254	1,84	0,96712	0,03288	0,066
1,15	0,87493	0,12507	0,250	1,85	0,96784	0,03216	0,064
1,16	0,87698	0,12302	0,246	1,86	0,96856	0,03144	0,063
1,17	0,87900	0,12100	0,242	1,87	0,96926	0,03074	0,061
1,18	0,88100	0,11900	0,238	1,88	0,96995	0,03005	0,060
1,19	0,88298	0,11702	0,234	1,89	0,97062	0,02938	0,059
1,20	0,88493	0,11507	0,230	1,90	0,97128	0,02872	0,057
1,21	0,88686	0,11314	0,226	1,91	0,97193	0,02807	0,056
1,22	0,88877	0,11123	0,222	1,92	0,97257	0,02743	0,055
1,23	0,89065	0,10935	0,219	1,93	0,97320	0,02680	0,054
1,24	0,89251	0,10749	0,215	1,94	0,97381	0,02619	0,052
1,25	0,89435	0,10565	0,211	1,95	0,97441	0,02559	0,051
1,26	0,89617	0,10383	0,208	1,96	0,97500	0,02500	0,050
1,27	0,89796	0,10204	0,204	1,97	0,97558	0,02442	0,049
1,28	0,89973	0,10027	0,201	1,98	0,97615	0,02385	0,048
1,29	0,90147	0,09853	0,197	1,99	0,97670	0,02330	0,047
1,30	0,90320	0,09680	0,194	2,00	0,97725	0,02275	0,046
1,31	0,90490	0,09510	0,190	2,01	0,97778	0,02222	0,044
1,32	0,90658	0,09342	0,187	2,02	0,97831	0,02169	0,043
1,33	0,90824	0,09176	0,184	2,03	0,97882	0,02118	0,042
1,34	0,90988	0,09012	0,180	2,04	0,97932	0,02068	0,041
1,35	0,91149	0,08851	0,177	2,05	0,97982	0,02018	0,040
1,36	0,91309	0,08691	0,174	2,06	0,98030	0,01970	0,039
1,37	0,91466	0,08534	0,171	2,07	0,98077	0,01923	0,038
1,38	0,91621	0,08379	0,168	2,08	0,98124	0,01876	0,038
1,39	0,91774	0,08226	0,165	2,09	0,98169	0,01831	0,037
2,10	0,98214	0,01786	0,036	2,80	0,99744	0,00256	0,005
2,11	0,98257	0,01743	0,035	2,81	0,99752	0,00248	0,005

z	$\Phi(z)$	$\Phi(-z)$	p	z	$\Phi(z)$	$\Phi(-z)$	p
2,12	0,98300	0,01700	0,034	2,82	0,99760	0,00240	0,005
2,13	0,98341	0,01659	0,033	2,83	0,99767	0,00233	0,005
2,14	0,98382	0,01618	0,032	2,84	0,99774	0,00226	0,005
2,15	0,98422	0,01578	0,032	2,85	0,99781	0,00219	0,004
2,16	0,98461	0,01539	0,031	2,86	0,99788	0,00212	0,004
2,17	0,98500	0,01500	0,030	2,87	0,99795	0,00205	0,004
2,18	0,98537	0,01463	0,029	2,88	0,99801	0,00199	0,004
2,19	0,98574	0,01426	0,029	2,89	0,99807	0,00193	0,004
2,20	0,98610	0,01390	0,028	2,90	0,99813	0,00187	0,004
2,21	0,98645	0,01355	0,027	2,91	0,99819	0,00181	0,004
2,22	0,98679	0,01321	0,026	2,92	0,99825	0,00175	0,004
2,23	0,98713	0,01287	0,026	2,93	0,99831	0,00169	0,003
2,24	0,98745	0,01255	0,025	2,94	0,99836	0,00164	0,003
2,25	0,98778	0,01222	0,024	2,95	0,99841	0,00159	0,003
2,26	0,98809	0,01191	0,024	2,96	0,99846	0,00154	0,003
2,27	0,98840	0,01160	0,023	2,97	0,99851	0,00149	0,003
2,28	0,98870	0,01130	0,023	2,98	0,99856	0,00144	0,003
2,29	0,98899	0,01101	0,022	2,99	0,99861	0,00139	0,003
2,30	0,98928	0,01072	0,021	3,00	0,99865	0,00135	0,003
2,31	0,98956	0,01044	0,021	3,01	0,99869	0,00131	0,003
2,32	0,98983	0,01017	0,020	3,02	0,99874	0,00126	0,003
2,33	0,99010	0,00990	0,020	3,03	0,99878	0,00122	0,002
2,34	0,99036	0,00964	0,019	3,04	0,99882	0,00118	0,002
2,35	0,99061	0,00939	0,019	3,05	0,99886	0,00114	0,002
2,36	0,99086	0,00914	0,018	3,06	0,99889	0,00111	0,002
2,37	0,99111	0,00889	0,018	3,07	0,99893	0,00107	0,002
2,38	0,99134	0,00866	0,017	3,08	0,99896	0,00104	0,002
2,39	0,99158	0,00842	0,017	3,09	0,99900	0,00100	0,002
2,40	0,99180	0,00820	0,016	3,10	0,99903	0,00097	0,002
2,41	0,99202	0,00798	0,016	3,11	0,99906	0,00094	0,002
2,42	0,99224	0,00776	0,016	3,12	0,99910	0,00090	0,002
2,43	0,99245	0,00755	0,015	3,13	0,99913	0,00087	0,002
2,44	0,99266	0,00734	0,015	3,14	0,99916	0,00084	0,002
2,45	0,99286	0,00714	0,014	3,15	0,99918	0,00082	0,002
2,46	0,99305	0,00695	0,014	3,16	0,99921	0,00079	0,002
2,47	0,99324	0,00676	0,014	3,17	0,99924	0,00076	0,002
2,48	0,99343	0,00657	0,013	3,18	0,99926	0,00074	0,001
2,49	0,99361	0,00639	0,013	3,19	0,99929	0,00071	0,001
2,50	0,99379	0,00621	0,012	3,20	0,99931	0,00069	0,001
2,51	0,99396	0,00604	0,012	3,21	0,99934	0,00066	0,001
2,52	0,99413	0,00587	0,012	3,22	0,99936	0,00064	0,001
2,53	0,99430	0,00570	0,011	3,23	0,99938	0,00062	0,001
2,54	0,99446	0,00554	0,011	3,24	0,99940	0,00060	0,001
2,55	0,99461	0,00539	0,011	3,25	0,99942	0,00058	0,001

z	$\Phi(z)$	$\Phi(-z)$	p	z	$\Phi(z)$	$\Phi(-z)$	p
2,56	0,99477	0,00523	0,010	3,26	0,99944	0,00056	0,001
2,57	0,99492	0,00508	0,010	3,27	0,99946	0,00054	0,001
2,58	0,99506	0,00494	0,010	3,28	0,99948	0,00052	0,001
2,59	0,99520	0,00480	0,010	3,29	0,99950	0,00050	0,001
2,60	0,99534	0,00466	0,009	3,30	0,99952	0,00048	0,001
2,61	0,99547	0,00453	0,009	3,31	0,99953	0,00047	0,001
2,62	0,99560	0,00440	0,009	3,32	0,99955	0,00045	0,001
2,63	0,99573	0,00427	0,009	3,33	0,99957	0,00043	0,001
2,64	0,99585	0,00415	0,008	3,34	0,99958	0,00042	0,001
2,65	0,99598	0,00402	0,008	3,35	0,99960	0,00040	0,001
2,66	0,99609	0,00391	0,008	3,36	0,99961	0,00039	0,001
2,67	0,99621	0,00379	0,008	3,37	0,99962	0,00038	0,001
2,68	0,99632	0,00368	0,007	3,38	0,99964	0,00036	0,001
2,69	0,99643	0,00357	0,007	3,39	0,99965	0,00035	0,001
2,70	0,99653	0,00347	0,007	3,40	0,99966	0,00034	0,001
2,71	0,99664	0,00336	0,007	3,41	0,99968	0,00032	0,001
2,72	0,99674	0,00326	0,007	3,42	0,99969	0,00031	0,001
2,73	0,99683	0,00317	0,006	3,43	0,99970	0,00030	0,001
2,74	0,99693	0,00307	0,006	3,44	0,99971	0,00029	0,001
2,75	0,99702	0,00298	0,006	3,45	0,99972	0,00028	0,001
2,76	0,99711	0,00289	0,006	3,46	0,99973	0,00027	0,001
2,77	0,99720	0,00280	0,006	3,47	0,99974	0,00026	0,001
2,78	0,99728	0,00272	0,005	3,48	0,99975	0,00025	0,001
2,79	0,99736	0,00264	0,005	3,49	0,99976	0,00024	0,000

Tabelle 2: *t*-Tabelle

df	$\alpha = 0{,}05$
10	2,228

Lesebeispiel zur *t*-Verteilung

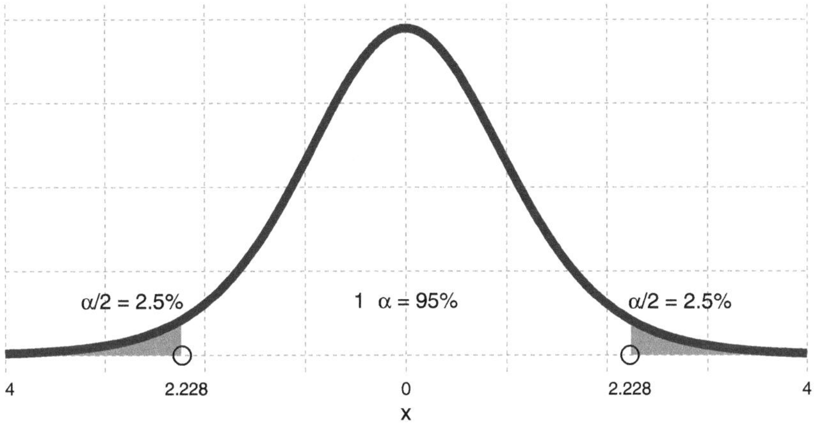

Abbildung A.2: *t*-Verteilung mit *df* = 10 und beidseitiges 95%-Quantil

df	$\alpha =$ 0,1	$\alpha =$ 0,05	$\alpha =$ 0,01	$\alpha =$ 0,001	*df*	$\alpha =$ 0,1	$\alpha =$ 0,05	$\alpha =$ 0,01	$\alpha =$ 0,001
1	6,314	12,706	63,657	636,619	36	1,688	2,028	2,719	3,582
2	2,920	4,303	9,925	31,599	37	1,687	2,026	2,715	3,574
3	2,353	3,182	5,841	12,924	38	1,686	2,024	2,712	3,566
4	2,132	2,776	4,604	8,610	39	1,685	2,023	2,708	3,558
5	2,015	2,571	4,032	6,869	40	1,684	2,021	2,704	3,551
6	1,943	2,447	3,707	5,959	41	1,683	2,020	2,701	3,544
7	1,895	2,365	3,499	5,408	42	1,682	2,018	2,698	3,538
8	1,860	2,306	3,355	5,041	43	1,681	2,017	2,695	3,532
9	1,833	2,262	3,250	4,781	44	1,680	2,015	2,692	3,526
10	1,812	2,228	3,169	4,587	45	1,679	2,014	2,690	3,520
11	1,796	2,201	3,106	4,437	46	1,679	2,013	2,687	3,515
12	1,782	2,179	3,055	4,318	47	1,678	2,012	2,685	3,510
13	1,771	2,160	3,012	4,221	48	1,677	2,011	2,682	3,505
14	1,761	2,145	2,977	4,140	49	1,677	2,010	2,680	3,500
15	1,753	2,131	2,947	4,073	50	1,676	2,009	2,678	3,496
16	1,746	2,120	2,921	4,015	51	1,675	2,008	2,676	3,492
17	1,740	2,110	2,898	3,965	52	1,675	2,007	2,674	3,488
18	1,734	2,101	2,878	3,922	53	1,674	2,006	2,672	3,484

df	$\alpha =$ 0,1	$\alpha =$ 0,05	$\alpha =$ 0,01	$\alpha =$ 0,001	*df*	$\alpha =$ 0,1	$\alpha =$ 0,05	$\alpha =$ 0,01	$\alpha =$ 0,001
19	1,729	2,093	2,861	3,883	54	1,674	2,005	2,670	3,480
20	1,725	2,086	2,845	3,850	55	1,673	2,004	2,668	3,476
21	1,721	2,080	2,831	3,819	56	1,673	2,003	2,667	3,473
22	1,717	2,074	2,819	3,792	57	1,672	2,002	2,665	3,470
23	1,714	2,069	2,807	3,768	58	1,672	2,002	2,663	3,466
24	1,711	2,064	2,797	3,745	59	1,671	2,001	2,662	3,463
25	1,708	2,060	2,787	3,725	60	1,671	2,000	2,660	3,460
26	1,706	2,056	2,779	3,707	61	1,670	2,000	2,659	3,457
27	1,703	2,052	2,771	3,690	62	1,670	1,999	2,657	3,454
28	1,701	2,048	2,763	3,674	63	1,669	1,998	2,656	3,452
29	1,699	2,045	2,756	3,659	64	1,669	1,998	2,655	3,449
30	1,697	2,042	2,750	3,646	65	1,669	1,997	2,654	3,447
31	1,696	2,040	2,744	3,633	66	1,668	1,997	2,652	3,444
32	1,694	2,037	2,738	3,622	67	1,668	1,996	2,651	3,442
33	1,692	2,035	2,733	3,611	68	1,668	1,995	2,650	3,439
34	1,691	2,032	2,728	3,601	69	1,667	1,995	2,649	3,437
71	1,667	1,994	2,647	3,433	460	1,648	1,965	2,587	3,312
72	1,666	1,993	2,646	3,431	470	1,648	1,965	2,586	3,311
73	1,666	1,993	2,645	3,429	480	1,648	1,965	2,586	3,311
74	1,666	1,993	2,644	3,427	490	1,648	1,965	2,586	3,310
75	1,665	1,992	2,643	3,425	500	1,648	1,965	2,586	3,310
76	1,665	1,992	2,642	3,423	510	1,648	1,965	2,586	3,310
77	1,665	1,991	2,641	3,421	520	1,648	1,965	2,585	3,309
78	1,665	1,991	2,640	3,420	530	1,648	1,964	2,585	3,309
79	1,664	1,990	2,640	3,418	540	1,648	1,964	2,585	3,309
80	1,664	1,990	2,639	3,416	550	1,648	1,964	2,585	3,308
81	1,664	1,990	2,638	3,415	560	1,648	1,964	2,585	3,308
82	1,664	1,989	2,637	3,413	570	1,648	1,964	2,584	3,308
83	1,663	1,989	2,636	3,412	580	1,647	1,964	2,584	3,307
84	1,663	1,989	2,636	3,410	590	1,647	1,964	2,584	3,307
85	1,663	1,988	2,635	3,409	600	1,647	1,964	2,584	3,307
86	1,663	1,988	2,634	3,407	610	1,647	1,964	2,584	3,307
87	1,663	1,988	2,634	3,406	620	1,647	1,964	2,584	3,306
88	1,662	1,987	2,633	3,405	630	1,647	1,964	2,584	3,306
89	1,662	1,987	2,632	3,403	640	1,647	1,964	2,584	3,306
90	1,662	1,987	2,632	3,402	650	1,647	1,964	2,583	3,306
91	1,662	1,986	2,631	3,401	660	1,647	1,964	2,583	3,305
92	1,662	1,986	2,630	3,399	670	1,647	1,964	2,583	3,305
93	1,661	1,986	2,630	3,398	680	1,647	1,963	2,583	3,305
94	1,661	1,986	2,629	3,397	690	1,647	1,963	2,583	3,305
95	1,661	1,985	2,629	3,396	700	1,647	1,963	2,583	3,304

df	$\alpha =$ 0,1	$\alpha =$ 0,05	$\alpha =$ 0,01	$\alpha =$ 0,001	*df*	$\alpha =$ 0,1	$\alpha =$ 0,05	$\alpha =$ 0,01	$\alpha =$ 0,001
96	1,661	1,985	2,628	3,395	710	1,647	1,963	2,583	3,304
97	1,661	1,985	2,627	3,394	720	1,647	1,963	2,583	3,304
98	1,661	1,984	2,627	3,393	730	1,647	1,963	2,583	3,304
99	1,660	1,984	2,626	3,392	740	1,647	1,963	2,582	3,304
100	1,660	1,984	2,626	3,390	750	1,647	1,963	2,582	3,304
110	1,659	1,982	2,621	3,381	760	1,647	1,963	2,582	3,303
120	1,658	1,980	2,617	3,373	770	1,647	1,963	2,582	3,303
130	1,657	1,978	2,614	3,367	780	1,647	1,963	2,582	3,303
140	1,656	1,977	2,611	3,361	790	1,647	1,963	2,582	3,303
150	1,655	1,976	2,609	3,357	800	1,647	1,963	2,582	3,303
160	1,654	1,975	2,607	3,352	810	1,647	1,963	2,582	3,303
170	1,654	1,974	2,605	3,349	820	1,647	1,963	2,582	3,302
180	1,653	1,973	2,603	3,345	830	1,647	1,963	2,582	3,302
190	1,653	1,973	2,602	3,342	840	1,647	1,963	2,582	3,302
200	1,653	1,972	2,601	3,340	850	1,647	1,963	2,582	3,302
210	1,652	1,971	2,599	3,337	860	1,647	1,963	2,582	3,302
220	1,652	1,971	2,598	3,335	870	1,647	1,963	2,581	3,302
230	1,652	1,970	2,597	3,333	880	1,647	1,963	2,581	3,302
240	1,651	1,970	2,596	3,332	890	1,647	1,963	2,581	3,301
250	1,651	1,969	2,596	3,330	900	1,647	1,963	2,581	3,301
260	1,651	1,969	2,595	3,328	910	1,647	1,963	2,581	3,301
270	1,651	1,969	2,594	3,327	920	1,647	1,963	2,581	3,301
280	1,650	1,968	2,594	3,326	930	1,646	1,963	2,581	3,301
290	1,650	1,968	2,593	3,324	940	1,646	1,962	2,581	3,301
300	1,650	1,968	2,592	3,323	950	1,646	1,962	2,581	3,301
310	1,650	1,968	2,592	3,322	960	1,646	1,962	2,581	3,301
320	1,650	1,967	2,591	3,321	970	1,646	1,962	2,581	3,301
330	1,649	1,967	2,591	3,320	980	1,646	1,962	2,581	3,300
340	1,649	1,967	2,590	3,319	990	1,646	1,962	2,581	3,300
350	1,649	1,967	2,590	3,319	1 000	1,646	1,962	2,581	3,300
360	1,649	1,967	2,590	3,318	1 500	1,646	1,962	2,579	3,297
370	1,649	1,966	2,589	3,317	2 000	1,646	1,961	2,578	3,295
380	1,649	1,966	2,589	3,316	3 000	1,645	1,961	2,577	3,294
390	1,649	1,966	2,588	3,316	4 000	1,645	1,961	2,577	3,293
400	1,649	1,966	2,588	3,315	5 000	1,645	1,960	2,577	3,292
410	1,649	1,966	2,588	3,314	6 000	1,645	1,960	2,577	3,292
420	1,648	1,966	2,588	3,314	7 000	1,645	1,960	2,577	3,292
430	1,648	1,965	2,587	3,313	8 000	1,645	1,960	2,576	3,292
440	1,648	1,965	2,587	3,313	9 000	1,645	1,960	2,576	3,292
450	1,648	1,965	2,587	3,312	10 000	1,645	1,960	2,576	3,291

Tabelle 3a: *F*-Tabelle für $\alpha = 0{,}05$

	df_1									
df_2	1	2	3	4	5	6	7	8	9	10
1	162	200	216	225	230	234	237	239	241	242
2	18,51	19,00	19,16	19,25	19,30	19,33	19,35	19,37	19,38	19,40
3	10,13	9,55	9,28	9,12	9,01	8,94	8,89	8,85	8,81	8,79
4	7,71	6,94	6,59	6,39	6,26	6,16	6,09	6,04	6,00	5,96
5	6,61	5,79	5,41	5,19	5,05	4,95	4,88	4,82	4,77	4,73
6	5,99	5,14	4,76	4,53	4,39	4,28	4,21	4,15	4,10	4,06
7	5,59	4,74	4,35	4,12	3,97	3,87	3,79	3,73	3,68	3,64
8	5,32	4,46	4,07	3,84	3,69	3,58	3,50	3,44	3,39	3,35
9	5,12	4,26	3,86	3,63	3,48	3,37	3,29	3,23	3,18	3,14
10	4,96	4,10	3,71	3,48	3,33	3,22	3,14	3,07	3,02	2,98
11	4,84	3,98	3,59	3,36	3,20	3,09	3,01	2,95	2,90	2,85
12	4,75	3,89	3,49	3,26	3,11	3,00	2,91	2,85	2,80	2,75
13	4,67	3,81	3,41	3,18	3,03	2,92	2,83	2,77	2,71	2,67
14	4,60	3,74	3,34	3,11	2,96	2,85	2,76	2,70	2,65	2,60
15	4,54	3,68	3,29	3,06	2,90	2,79	2,71	2,64	2,59	2,54
16	4,49	3,63	3,24	3,01	2,85	2,74	2,66	2,59	2,54	2,49
17	4,45	3,59	3,20	2,96	2,81	2,70	2,61	2,55	2,49	2,45
18	4,41	3,55	3,16	2,93	2,77	2,66	2,58	2,51	2,46	2,41
19	4,38	3,52	3,13	2,90	2,74	2,63	2,54	2,48	2,42	2,38
20	4,35	3,49	3,10	2,87	2,71	2,60	2,51	2,45	2,39	2,35
22	4,30	3,44	3,05	2,82	2,66	2,55	2,46	2,40	2,34	2,30
24	4,26	3,40	3,01	2,78	2,62	2,51	2,42	2,36	2,30	2,25
26	4,23	3,37	2,98	2,74	2,59	2,47	2,39	2,32	2,27	2,22
28	4,20	3,34	2,95	2,71	2,56	2,45	2,36	2,29	2,24	2,19
30	4,17	3,32	2,92	2,69	2,53	2,42	2,33	2,27	2,21	2,16
35	4,12	3,27	2,87	2,64	2,49	2,37	2,29	2,22	2,16	2,11
40	4,08	3,23	2,84	2,61	2,45	2,34	2,25	2,18	2,12	2,08
45	4,06	3,20	2,81	2,58	2,42	2,31	2,22	2,15	2,10	2,05
50	4,03	3,18	2,79	2,56	2,40	2,29	2,20	2,13	2,07	2,03
60	4,00	3,15	2,76	2,53	2,37	2,25	2,17	2,10	2,04	1,99
70	3,98	3,13	2,74	2,50	2,35	2,23	2,14	2,07	2,02	1,97
80	3,96	3,11	2,72	2,49	2,33	2,21	2,13	2,06	2,00	1,95
100	3,94	3,09	2,70	2,46	2,31	2,19	2,10	2,03	1,97	1,93
1 000	3,85	3,00	2,61	2,38	2,22	2,11	2,02	1,95	1,89	1,84
∞	3,84	3,00	2,61	2,37	2,21	2,10	2,01	1,94	1,88	1,83

					df_1					
df_2	12	14	16	18	20	30	40	50	100	1 000
1	244	245	247	248	248	250	251	252	253	254
2	19,41	19,44	19,45	19,45	19,46	19,48	19,49	19,49	19,50	19,51
3	8,74	8,71	8,69	8,67	8,66	8,62	8,59	8,58	8,55	8,50
4	5,91	5,87	5,84	5,82	5,80	5,75	5,72	5,70	5,66	5,60
5	4,68	4,64	4,60	4,58	4,56	4,50	4,46	4,44	4,40	4,37
6	4,00	3,96	3,92	3,90	3,87	3,81	3,77	3,75	3,71	3,67
7	3,57	3,53	3,49	3,47	3,44	3,38	3,34	3,32	3,27	3,23
8	3,28	3,24	3,20	3,17	3,15	3,08	3,04	3,02	2,97	2,93
9	3,07	3,03	2,99	2,96	2,94	2,86	2,83	2,80	2,76	2,71
10	2,91	2,86	2,83	2,80	2,77	2,70	2,66	2,64	2,59	2,54
11	2,79	2,74	2,70	2,67	2,65	2,57	2,53	2,51	2,46	2,41
12	2,69	2,64	2,60	2,57	2,54	2,47	2,43	2,40	2,35	2,30
13	2,60	2,55	2,51	2,48	2,46	2,38	2,34	2,31	2,26	2,21
14	2,53	2,48	2,44	2,41	2,39	2,31	2,27	2,24	2,19	2,14
15	2,48	2,42	2,38	2,35	2,33	2,25	2,20	2,18	2,12	2,07
16	2,42	2,37	2,33	2,30	2,28	2,19	2,15	2,12	2,07	2,02
17	2,38	2,33	2,29	2,26	2,23	2,15	2,10	2,08	2,02	1,97
18	2,34	2,29	2,25	2,22	2,19	2,11	2,06	2,04	1,98	1,92
19	2,31	2,26	2,21	2,18	2,16	2,07	2,03	2,00	1,94	1,88
20	2,28	2,22	2,18	2,15	2,12	2,04	1,99	1,97	1,91	1,85
22	2,23	2,17	2,13	2,10	2,07	1,98	1,94	1,91	1,85	1,79
24	2,18	2,13	2,09	2,05	2,03	1,94	1,89	1,86	1,80	1,74
26	2,15	2,09	2,05	2,02	1,99	1,90	1,85	1,82	1,76	1,70
28	2,12	2,06	2,02	1,99	1,96	1,87	1,82	1,79	1,73	1,66
30	2,09	2,04	1,99	1,96	1,93	1,84	1,79	1,76	1,70	1,63
35	2,04	1,99	1,94	1,91	1,88	1,79	1,74	1,70	1,63	1,57
40	2,00	1,95	1,90	1,87	1,84	1,74	1,69	1,66	1,59	1,52
45	1,97	1,92	1,87	1,84	1,81	1,71	1,66	1,63	1,55	1,48
50	1,95	1,89	1,85	1,81	1,78	1,69	1,63	1,60	1,52	1,45
60	1,92	1,86	1,82	1,78	1,75	1,65	1,59	1,56	1,48	1,40
70	1,89	1,84	1,79	1,75	1,72	1,62	1,57	1,53	1,45	1,36
80	1,88	1,82	1,77	1,73	1,70	1,60	1,54	1,51	1,43	1,34
100	1,85	1,79	1,75	1,71	1,68	1,57	1,52	1,48	1,39	1,30
1 000	1,76	1,70	1,65	1,61	1,58	1,47	1,41	1,36	1,26	1,11
∞	1,75	1,69	1,64	1,60	1,57	1,46	1,39	1,35	1,24	1,08

Tabelle 3b: *F*-Tabelle für $\alpha = 0{,}01$

	df_1									
df_2	1	2	3	4	5	6	7	8	9	10
1	4 052	4999	5 403	5625	5 764	5859	5 928	5981	6 022	6056
2	98,50	99,00	99,22	99,33	99,40	99,44	99,48	99,50	99,52	99,53
3	34,12	30,82	29,46	28,71	28,24	27,91	27,67	27,49	27,35	27,23
4	21,20	18,00	16,69	15,98	15,52	15,21	14,98	14,80	14,66	14,55
5	16,26	13,27	12,06	11,39	10,97	10,67	10,46	10,29	10,16	10,05
6	13,75	10,92	9,78	9,15	8,75	8,47	8,26	8,10	7,98	7,87
7	12,25	9,55	8,45	7,85	7,46	7,19	6,99	6,84	6,72	6,62
8	11,26	8,65	7,59	7,01	6,63	6,37	6,18	6,03	5,91	5,81
9	10,56	8,02	6,99	6,42	6,06	5,80	5,61	5,47	5,35	5,26
10	10,04	7,56	6,55	5,99	5,64	5,39	5,20	5,06	4,94	4,85
11	9,65	7,21	6,22	5,67	5,32	5,07	4,89	4,74	4,63	4,54
12	9,33	6,93	5,95	5,41	5,06	4,82	4,64	4,50	4,39	4,30
13	9,07	6,70	5,74	5,21	4,86	4,62	4,44	4,30	4,19	4,10
14	8,86	6,51	5,56	5,04	4,69	4,46	4,28	4,14	4,03	3,94
15	8,68	6,36	5,42	4,89	4,56	4,32	4,14	4,00	3,89	3,80
16	8,53	6,23	5,29	4,77	4,44	4,20	4,03	3,89	3,78	3,69
17	8,40	6,11	5,18	4,67	4,34	4,10	3,93	3,79	3,68	3,59
18	8,29	6,01	5,09	4,58	4,25	4,01	3,84	3,71	3,60	3,51
19	8,18	5,93	5,01	4,50	4,17	3,94	3,77	3,63	3,52	3,43
20	8,10	5,85	4,94	4,43	4,10	3,87	3,70	3,56	3,46	3,37
22	7,95	5,72	4,82	4,31	3,99	3,76	3,59	3,45	3,35	3,26
24	7,82	5,61	4,72	4,22	3,90	3,67	3,50	3,36	3,26	3,17
26	7,72	5,53	4,64	4,14	3,82	3,59	3,42	3,29	3,18	3,09
28	7,64	5,45	4,57	4,07	3,75	3,53	3,36	3,23	3,12	3,03
30	7,56	5,39	4,51	4,02	3,70	3,47	3,30	3,17	3,07	2,98
35	7,42	5,27	4,40	3,91	3,59	3,37	3,20	3,07	2,96	2,88
40	7,31	5,18	4,31	3,83	3,51	3,29	3,12	2,99	2,89	2,80
45	7,23	5,11	4,25	3,77	3,45	3,23	3,07	2,94	2,83	2,74
50	7,17	5,06	4,20	3,72	3,41	3,19	3,02	2,89	2,78	2,70
60	7,08	4,98	4,13	3,65	3,34	3,12	2,95	2,82	2,72	2,63
70	7,01	4,92	4,07	3,60	3,29	3,07	2,91	2,78	2,67	2,59
80	6,96	4,88	4,04	3,56	3,26	3,04	2,87	2,74	2,64	2,55
100	6,90	4,82	3,98	3,51	3,21	2,99	2,82	2,69	2,59	2,50
1 000	6,66	4,63	3,80	3,34	3,04	2,82	2,66	2,53	2,43	2,34
∞	6,58	4,61	3,78	3,32	3,02	2,80	2,64	2,51	2,41	2,32

					df_1					
df_2	**12**	**14**	**16**	**18**	**20**	**30**	**40**	**50**	**100**	**1 000**
1	6 106	6143	6 170	6192	6 209	6261	6 287	6303	6 334	6363
2	99,55	99,57	99,58	99,59	99,60	99,62	99,63	99,64	99,65	99,66
3	27,05	26,92	26,83	26,75	26,69	26,47	26,38	26,33	26,21	26,11
4	14,37	14,25	14,15	14,08	14,02	13,84	13,75	13,69	13,58	13,43
5	9,89	9,77	9,68	9,61	9,55	9,38	9,29	9,24	9,13	8,99
6	7,72	7,60	7,52	7,45	7,40	7,23	7,14	7,09	6,99	6,85
7	6,47	6,36	6,27	6,21	6,16	5,99	5,91	5,86	5,75	5,66
8	5,67	5,56	5,48	5,41	5,36	5,20	5,12	5,07	4,96	4,87
9	5,11	5,01	4,92	4,86	4,81	4,65	4,57	4,52	4,41	4,32
10	4,71	4,60	4,52	4,46	4,41	4,25	4,16	4,12	4,01	3,92
11	4,40	4,29	4,21	4,15	4,10	3,94	3,86	3,81	3,71	3,61
12	4,16	4,05	3,97	3,91	3,86	3,70	3,62	3,57	3,47	3,37
13	3,96	3,86	3,78	3,72	3,66	3,51	3,43	3,38	3,27	3,18
14	3,80	3,70	3,62	3,56	3,51	3,35	3,27	3,22	3,11	3,01
15	3,67	3,56	3,49	3,42	3,37	3,21	3,13	3,08	2,98	2,88
16	3,55	3,45	3,37	3,31	3,26	3,10	3,02	2,97	2,86	2,76
17	3,46	3,35	3,27	3,21	3,16	3,00	2,92	2,87	2,76	2,66
18	3,37	3,27	3,19	3,13	3,08	2,92	2,84	2,78	2,68	2,58
19	3,30	3,19	3,12	3,05	3,00	2,84	2,76	2,71	2,60	2,50
20	3,23	3,13	3,05	2,99	2,94	2,78	2,69	2,64	2,54	2,43
22	3,12	3,02	2,94	2,88	2,83	2,67	2,58	2,53	2,42	2,32
24	3,03	2,93	2,85	2,79	2,74	2,58	2,49	2,44	2,33	2,22
26	2,96	2,86	2,78	2,72	2,66	2,50	2,42	2,36	2,25	2,14
28	2,90	2,79	2,72	2,65	2,60	2,44	2,35	2,30	2,19	2,08
30	2,84	2,74	2,66	2,60	2,55	2,39	2,30	2,25	2,13	2,02
35	2,74	2,64	2,56	2,50	2,44	2,28	2,19	2,14	2,02	1,90
40	2,66	2,56	2,48	2,42	2,37	2,20	2,11	2,06	1,94	1,82
45	2,61	2,51	2,43	2,36	2,31	2,14	2,05	2,00	1,88	1,75
50	2,56	2,46	2,38	2,32	2,27	2,10	2,01	1,95	1,82	1,70
60	2,50	2,39	2,31	2,25	2,20	2,03	1,94	1,88	1,75	1,62
70	2,45	2,35	2,27	2,20	2,15	1,98	1,89	1,83	1,70	1,56
80	2,42	2,31	2,23	2,17	2,12	1,94	1,85	1,79	1,65	1,51
100	2,37	2,27	2,19	2,12	2,07	1,89	1,80	1,74	1,60	1,45
1 000	2,20	2,10	2,02	1,95	1,90	1,72	1,61	1,54	1,38	1,16
∞	2,18	2,08	2,00	1,93	1,88	1,70	1,59	1,52	1,36	1,11

Tabelle 3c: *F*-Tabelle für $\alpha = 0{,}001$

					df_1					
df_2	1	2	3	4	5	6	7	8	9	10
1										
2	999	999	999	999	999	999	999	999	999	999
3	167,03	148,50	141,11	137,10	134,58	132,85	131,58	130,62	129,86	129,25
4	74,13	61,24	56,17	53,43	51,70	50,52	49,65	48,99	48,47	48,05
5	47,18	37,12	33,20	31,08	29,75	28,83	28,16	27,65	27,24	26,92
6	35,51	27,00	23,70	21,92	20,80	20,03	19,46	19,03	18,69	18,41
7	29,25	21,69	18,77	17,20	16,21	15,52	15,02	14,63	14,33	14,08
8	25,41	18,49	15,83	14,39	13,48	12,86	12,40	12,05	11,77	11,54
9	22,86	16,39	13,90	12,56	11,71	11,13	10,70	10,37	10,11	9,89
10	21,04	14,91	12,55	11,28	10,48	9,93	9,52	9,20	8,96	8,75
11	19,69	13,81	11,56	10,35	9,58	9,05	8,66	8,35	8,12	7,92
12	18,64	12,97	10,80	9,63	8,89	8,38	8,00	7,71	7,48	7,29
13	17,82	12,31	10,21	9,07	8,35	7,86	7,49	7,21	6,98	6,80
14	17,14	11,78	9,73	8,62	7,92	7,44	7,08	6,80	6,58	6,40
15	16,59	11,34	9,34	8,25	7,57	7,09	6,74	6,47	6,26	6,08
16	16,12	10,97	9,01	7,94	7,27	6,80	6,46	6,19	5,98	5,81
17	15,72	10,66	8,73	7,68	7,02	6,56	6,22	5,96	5,75	5,58
18	15,38	10,39	8,49	7,46	6,81	6,35	6,02	5,76	5,56	5,39
19	15,08	10,16	8,28	7,27	6,62	6,18	5,85	5,59	5,39	5,22
20	14,82	9,95	8,10	7,10	6,46	6,02	5,69	5,44	5,24	5,08
22	14,38	9,61	7,80	6,81	6,19	5,76	5,44	5,19	4,99	4,83
24	14,03	9,34	7,55	6,59	5,98	5,55	5,23	4,99	4,80	4,64
26	13,74	9,12	7,36	6,41	5,80	5,38	5,07	4,83	4,64	4,48
28	13,50	8,93	7,19	6,25	5,66	5,24	4,93	4,69	4,50	4,35
30	13,29	8,77	7,05	6,12	5,53	5,12	4,82	4,58	4,39	4,24
35	12,90	8,47	6,79	5,88	5,30	4,89	4,59	4,36	4,18	4,03
40	12,61	8,25	6,59	5,70	5,13	4,73	4,44	4,21	4,02	3,87
45	12,39	8,09	6,45	5,56	5,00	4,61	4,32	4,09	3,91	3,76
50	12,22	7,96	6,34	5,46	4,90	4,51	4,22	4,00	3,82	3,67
60	11,97	7,77	6,17	5,31	4,76	4,37	4,09	3,86	3,69	3,54
70	11,80	7,64	6,06	5,20	4,66	4,28	3,99	3,77	3,60	3,45
80	11,67	7,54	5,97	5,12	4,58	4,20	3,92	3,70	3,53	3,39
100	11,50	7,41	5,86	5,02	4,48	4,11	3,83	3,61	3,44	3,30
1 000	10,89	6,96	5,46	4,65	4,14	3,78	3,51	3,30	3,13	2,99
∞	10,82	6,91	5,42	4,62	4,10	3,74	3,47	3,27	3,10	2,96

	df_1									
df_2	12	14	16	18	20	30	40	50	100	1 000
1										
2	999	999	999	999	999	1 000	1000	1 000	1000	1 000
3	1 282	128	127	126	1 263	125	125	1 240	124	111
4	47,41	46,94	46,59	46,32	46,09	45,42	45,08	44,88	44,46	43,46
5	26,42	26,06	25,78	25,57	25,38	24,86	24,59	24,43	24,11	23,81
6	17,99	17,68	17,45	17,27	17,12	16,67	16,44	16,31	16,02	15,76
7	13,71	13,43	13,23	13,06	12,93	12,53	12,33	12,20	11,95	11,71
8	11,19	10,94	10,75	10,60	10,48	10,11	9,92	9,80	9,57	9,35
9	9,57	9,33	9,15	9,01	8,90	8,55	8,37	8,26	8,04	7,82
10	8,45	8,22	8,05	7,91	7,80	7,47	7,30	7,19	6,98	6,77
11	7,63	7,41	7,24	7,11	7,01	6,68	6,52	6,42	6,21	6,01
12	7,00	6,79	6,63	6,51	6,40	6,09	5,93	5,83	5,63	5,43
13	6,52	6,31	6,16	6,03	5,93	5,63	5,47	5,37	5,17	4,98
14	6,13	5,93	5,78	5,66	5,56	5,25	5,10	5,00	4,81	4,62
15	5,81	5,62	5,46	5,35	5,25	4,95	4,80	4,70	4,51	4,33
16	5,55	5,35	5,20	5,09	4,99	4,70	4,54	4,45	4,26	4,08
17	5,32	5,13	4,99	4,87	4,78	4,48	4,33	4,24	4,05	3,87
18	5,13	4,94	4,80	4,68	4,59	4,30	4,15	4,06	3,87	3,69
19	4,97	4,78	4,64	4,52	4,43	4,14	3,99	3,90	3,71	3,53
20	4,82	4,64	4,49	4,38	4,29	4,00	3,86	3,76	3,58	3,40
22	4,58	4,40	4,26	4,15	4,06	3,78	3,63	3,54	3,35	3,17
24	4,39	4,21	4,07	3,96	3,87	3,59	3,45	3,36	3,17	2,99
26	4,24	4,06	3,92	3,81	3,72	3,44	3,30	3,21	3,02	2,84
28	4,11	3,93	3,80	3,69	3,60	3,32	3,18	3,09	2,90	2,72
30	4,00	3,82	3,69	3,58	3,49	3,22	3,07	2,98	2,79	2,61
35	3,79	3,62	3,48	3,38	3,29	3,02	2,87	2,78	2,59	2,40
40	3,64	3,47	3,34	3,23	3,14	2,87	2,73	2,64	2,44	2,25
45	3,53	3,36	3,23	3,12	3,04	2,76	2,62	2,53	2,33	2,14
50	3,44	3,27	3,14	3,04	2,95	2,68	2,53	2,44	2,25	2,05
60	3,32	3,15	3,02	2,91	2,83	2,55	2,41	2,32	2,12	1,91
70	3,23	3,06	2,93	2,83	2,74	2,47	2,32	2,23	2,03	1,82
80	3,16	3,00	2,87	2,76	2,68	2,41	2,26	2,16	1,96	1,75
100	3,07	2,91	2,78	2,68	2,59	2,32	2,17	2,08	1,87	1,64
1 000	2,77	2,61	2,48	2,38	2,30	2,02	1,87	1,77	1,53	1,22
∞	2,74	2,58	2,45	2,35	2,27	1,99	1,84	1,73	1,49	1,14

Tabelle 4: χ^2-Tabelle

df	$1-\alpha=0{,}95$
10	18,307

Lesebeispiel zur χ^2-Verteilung

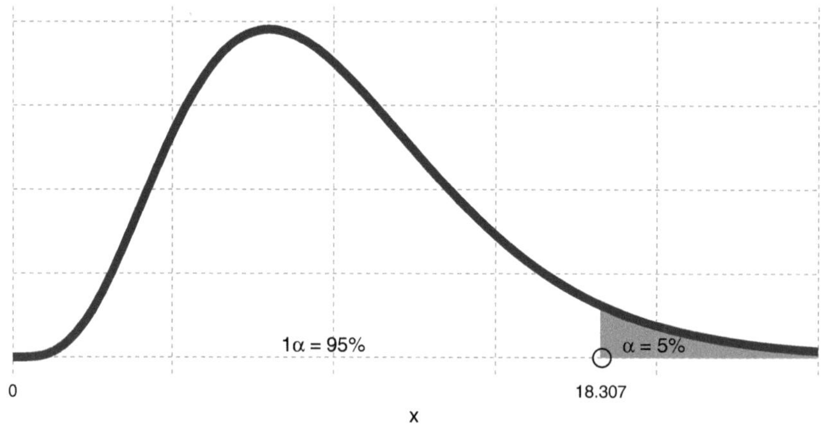

Abbildung A.3: χ^2-Verteilung mit $df = 10$ und 95%-Quantil

df	$1-\alpha=$ **0,005**	$1-\alpha=$ **0,01**	$1-\alpha=$ **0,025**	$1-\alpha=$ **0,05**	$1-\alpha=$ **0,95**	$1-\alpha=$ **0,975**	$1-\alpha=$ **0,99**	$1-\alpha=$ **0,995**
1	0,000	0,000	0,001	0,004	3,841	5,024	6,635	7,879
2	0,010	0,020	0,051	0,103	5,991	7,378	9,210	10,597
3	0,072	0,115	0,216	0,352	7,815	9,348	11,345	12,838
4	0,207	0,297	0,484	0,711	9,488	11,143	13,277	14,860
5	0,412	0,554	0,831	1,145	11,070	12,833	15,086	16,750
6	0,676	0,872	1,237	1,635	12,592	14,449	16,812	18,548
7	0,989	1,239	1,690	2,167	14,067	16,013	18,475	20,278
8	1,344	1,646	2,180	2,733	15,507	17,535	20,090	21,955
9	1,735	2,088	2,700	3,325	16,919	19,023	21,666	23,589
10	2,156	2,558	3,247	3,940	18,307	20,483	23,209	25,188
11	2,603	3,053	3,816	4,575	19,675	21,920	24,725	26,757
12	3,074	3,571	4,404	5,226	21,026	23,337	26,217	28,300
13	3,565	4,107	5,009	5,892	22,362	24,736	27,688	29,819
14	4,075	4,660	5,629	6,571	23,685	26,119	29,141	31,319
15	4,601	5,229	6,262	7,261	24,996	27,488	30,578	32,801
16	5,142	5,812	6,908	7,962	26,296	28,845	32,000	34,267
17	5,697	6,408	7,564	8,672	27,587	30,191	33,409	35,718
18	6,265	7,015	8,231	9,390	28,869	31,526	34,805	37,156
19	6,844	7,633	8,907	10,117	30,144	32,852	36,191	38,582

df	$1-\alpha =$ 0,005	$1-\alpha =$ 0,01	$1-\alpha =$ 0,025	$1-\alpha =$ 0,05	$1-\alpha =$ 0,95	$1-\alpha =$ 0,975	$1-\alpha =$ 0,99	$1-\alpha =$ 0,995
20	7,434	8,260	9,591	10,851	31,410	34,170	37,566	39,997
21	8,034	8,897	10,283	11,591	32,671	35,479	38,932	41,401
22	8,643	9,542	10,982	12,338	33,924	36,781	40,289	42,796
23	9,260	10,196	11,689	13,091	35,172	38,076	41,638	44,181
24	9,886	10,856	12,401	13,848	36,415	39,364	42,980	45,559
25	10,520	11,524	13,120	14,611	37,652	40,646	44,314	46,928
26	11,160	12,198	13,844	15,379	38,885	41,923	45,642	48,290
27	11,808	12,879	14,573	16,151	40,113	43,195	46,963	49,645
28	12,461	13,565	15,308	16,928	41,337	44,461	48,278	50,993
29	13,121	14,256	16,047	17,708	42,557	45,722	49,588	52,336
30	13,787	14,953	16,791	18,493	43,773	46,979	50,892	53,672
31	14,458	15,655	17,539	19,281	44,985	48,232	52,191	55,003
32	15,134	16,362	18,291	20,072	46,194	49,480	53,486	56,328
33	15,815	17,074	19,047	20,867	47,400	50,725	54,776	57,648
34	16,501	17,789	19,806	21,664	48,602	51,966	56,061	58,964
35	17,192	18,509	20,569	22,465	49,802	53,203	57,342	60,275
36	17,887	19,233	21,336	23,269	50,998	54,437	58,619	61,581
37	18,586	19,960	22,106	24,075	52,192	55,668	59,893	62,883
38	19,289	20,691	22,878	24,884	53,384	56,896	61,162	64,181
39	19,996	21,426	23,654	25,695	54,572	58,120	62,428	65,476
40	20,707	22,164	24,433	26,509	55,758	59,342	63,691	66,766
41	21,421	22,906	25,215	27,326	56,942	60,561	64,950	68,053
42	22,138	23,650	25,999	28,144	58,124	61,777	66,206	69,336
43	22,859	24,398	26,785	28,965	59,304	62,990	67,459	70,616
44	23,584	25,148	27,575	29,787	60,481	64,201	68,710	71,893
45	24,311	25,901	28,366	30,612	61,656	65,410	69,957	73,166
46	25,041	26,657	29,160	31,439	62,830	66,617	71,201	74,437
47	25,775	27,416	29,956	32,268	64,001	67,821	72,443	75,704
48	26,511	28,177	30,755	33,098	65,171	69,023	73,683	76,969
49	27,249	28,941	31,555	33,930	66,339	70,222	74,919	78,231
50	27,991	29,707	32,357	34,764	67,505	71,420	76,154	79,490
51	28,735	30,475	33,162	35,600	68,669	72,616	77,386	80,747
52	29,481	31,246	33,968	36,437	69,832	73,810	78,616	82,001
53	30,230	32,018	34,776	37,276	70,993	75,002	79,843	83,253
54	30,981	32,793	35,586	38,116	72,153	76,192	81,069	84,502
55	31,735	33,570	36,398	38,958	73,311	77,380	82,292	85,749
56	32,490	34,350	37,212	39,801	74,468	78,567	83,513	86,994
57	33,248	35,131	38,027	40,646	75,624	79,752	84,733	88,236
58	34,008	35,913	38,844	41,492	76,778	80,936	85,950	89,477
59	34,770	36,698	39,662	42,339	77,931	82,117	87,166	90,715
60	35,534	37,485	40,482	43,188	79,082	83,298	88,379	91,952
61	36,301	38,273	41,303	44,038	80,232	84,476	89,591	93,186
62	37,068	39,063	42,126	44,889	81,381	85,654	90,802	94,419

df	1−α = 0,005	1−α = 0,01	1−α = 0,025	1−α = 0,05	1−α = 0,95	1−α = 0,975	1−α = 0,99	1−α = 0,995
63	37,838	39,855	42,950	45,741	82,529	86,830	92,010	95,649
64	38,610	40,649	43,776	46,595	83,675	88,004	93,217	96,878
65	39,383	41,444	44,603	47,450	84,821	89,177	94,422	98,105
66	40,158	42,240	45,431	48,305	85,965	90,349	95,626	99,330
67	40,935	43,038	46,261	49,162	87,108	91,519	96,828	100,554
68	41,713	43,838	47,092	50,020	88,250	92,689	98,028	101,776
69	42,494	44,639	47,924	50,879	89,391	93,856	99,228	102,996
70	43,275	45,442	48,758	51,739	90,531	95,023	100,425	104,215
71	44,058	46,246	49,592	52,600	91,670	96,189	101,621	105,432
72	44,843	47,051	50,428	53,462	92,808	97,353	102,816	106,648
73	45,629	47,858	51,265	54,325	93,945	98,516	104,010	107,862
74	46,417	48,666	52,103	55,189	95,081	99,678	105,202	109,074
75	47,206	49,475	52,942	56,054	96,217	100,839	106,393	110,286
76	47,997	50,286	53,782	56,920	97,351	101,999	107,583	111,495
77	48,788	51,097	54,623	57,786	98,484	103,158	108,771	112,704
78	49,582	51,910	55,466	58,654	99,617	104,316	109,958	113,911
79	50,376	52,725	56,309	59,522	100,749	105,473	111,144	115,117
80	51,172	53,540	57,153	60,391	101,879	106,629	112,329	116,321
81	51,969	54,357	57,998	61,261	103,010	107,783	113,512	117,524
82	52,767	55,174	58,845	62,132	104,139	108,937	114,695	118,726
83	53,567	55,993	59,692	63,004	105,267	110,090	115,876	119,927
84	54,368	56,813	60,540	63,876	106,395	111,242	117,057	121,126
85	55,170	57,634	61,389	64,749	107,522	112,393	118,236	122,325
86	55,973	58,456	62,239	65,623	108,648	113,544	119,414	123,522
87	56,777	59,279	63,089	66,498	109,773	114,693	120,591	124,718
88	57,582	60,103	63,941	67,373	110,898	115,841	121,767	125,913
89	58,389	60,928	64,793	68,249	112,022	116,989	122,942	127,106
90	59,196	61,754	65,647	69,126	113,145	118,136	124,116	128,299
91	60,005	62,581	66,501	70,003	114,268	119,282	125,289	129,491
92	60,815	63,409	67,356	70,882	115,390	120,427	126,462	130,681
93	61,625	64,238	68,211	71,760	116,511	121,571	127,633	131,871
94	62,437	65,068	69,068	72,640	117,632	122,715	128,803	133,059
95	63,250	65,898	69,925	73,520	118,752	123,858	129,973	134,247
96	64,063	66,730	70,783	74,401	119,871	125,000	131,141	135,433
97	64,878	67,562	71,642	75,282	120,990	126,141	132,309	136,619
98	65,694	68,396	72,501	76,164	122,108	127,282	133,476	137,803
99	66,510	69,230	73,361	77,046	123,225	128,422	134,642	138,987
100	67,328	70,065	74,222	77,929	124,342	129,561	135,807	140,169
101	68,146	70,901	75,083	78,813	125,458	130,700	136,971	141,351
102	68,965	71,737	75,946	79,697	126,574	131,838	138,134	142,532
103	69,785	72,575	76,809	80,582	127,689	132,975	139,297	143,712
104	70,606	73,413	77,672	81,468	128,804	134,111	140,459	144,891
105	71,428	74,252	78,536	82,354	129,918	135,247	141,620	146,070

df	1−α = 0,005	1−α = 0,01	1−α = 0,025	1−α = 0,05	1−α = 0,95	1−α = 0,975	1−α = 0,99	1−α = 0,995
106	72,251	75,092	79,401	83,240	131,031	136,382	142,780	147,247
107	73,075	75,932	80,267	84,127	132,144	137,517	143,940	148,424
108	73,899	76,774	81,133	85,015	133,257	138,651	145,099	149,599
109	74,724	77,616	82,000	85,903	134,369	139,784	146,257	150,774
110	75,550	78,458	82,867	86,792	135,480	140,917	147,414	151,948
111	76,377	79,302	83,735	87,681	136,591	142,049	148,571	153,122
112	77,204	80,146	84,604	88,570	137,701	143,180	149,727	154,294
113	78,033	80,991	85,473	89,461	138,811	144,311	150,882	155,466
114	78,862	81,836	86,342	90,351	139,921	145,441	152,037	156,637
115	79,692	82,682	87,213	91,242	141,030	146,571	153,191	157,808
116	80,522	83,529	88,084	92,134	142,138	147,700	154,344	158,977
117	81,353	84,377	88,955	93,026	143,246	148,829	155,496	160,146
118	82,185	85,225	89,827	93,918	144,354	149,957	156,648	161,314
119	83,018	86,074	90,700	94,811	145,461	151,084	157,800	162,481
120	83,852	86,923	91,573	95,705	146,567	152,211	158,950	163,648
121	84,686	87,773	92,446	96,598	147,674	153,338	160,100	164,814
122	85,520	88,624	93,320	97,493	148,779	154,464	161,250	165,980
123	86,356	89,475	94,195	98,387	149,885	155,589	162,398	167,144
124	87,192	90,327	95,070	99,283	150,989	156,714	163,546	168,308
125	88,029	91,180	95,946	100,178	152,094	157,839	164,694	169,471
126	88,866	92,033	96,822	101,074	153,198	158,962	165,841	170,634
127	89,704	92,887	97,698	101,971	154,302	160,086	166,987	171,796
128	90,543	93,741	98,576	102,867	155,405	161,209	168,133	172,957
129	91,382	94,596	99,453	103,765	156,508	162,331	169,278	174,118
130	92,222	95,451	100,331	104,662	157,610	163,453	170,423	175,278
131	93,063	96,307	101,210	105,560	158,712	164,575	171,567	176,438
132	93,904	97,163	102,089	106,459	159,814	165,696	172,711	177,597
133	94,746	98,020	102,968	107,357	160,915	166,816	173,854	178,755
134	95,588	98,878	103,848	108,257	162,016	167,936	174,996	179,913
135	96,431	99,736	104,729	109,156	163,116	169,056	176,138	181,070
136	97,275	100,595	105,609	110,056	164,216	170,175	177,280	182,226
137	98,119	101,454	106,491	110,956	165,316	171,294	178,421	183,382
138	98,964	102,314	107,372	111,857	166,415	172,412	179,561	184,538
139	99,809	103,174	108,254	112,758	167,514	173,530	180,701	185,693
140	100,655	104,034	109,137	113,659	168,613	174,648	181,840	186,847
141	101,501	104,896	110,020	114,561	169,711	175,765	182,979	188,001
142	102,348	105,757	110,903	115,463	170,809	176,882	184,118	189,154
143	103,196	106,619	111,787	116,366	171,907	177,998	185,256	190,306
144	104,044	107,482	112,671	117,268	173,004	179,114	186,393	191,458
145	104,892	108,345	113,556	118,171	174,101	180,229	187,530	192,610
146	105,741	109,209	114,441	119,075	175,198	181,344	188,666	193,761
147	106,591	110,073	115,326	119,979	176,294	182,459	189,802	194,912
148	107,441	110,937	116,212	120,883	177,390	183,573	190,938	196,062

df	1−α = 0,005	1−α = 0,01	1−α = 0,025	1−α = 0,05	1−α = 0,95	1−α = 0,975	1−α = 0,99	1−α = 0,995
149	108,291	111,802	117,098	121,787	178,485	184,687	192,073	197,211
150	109,142	112,668	117,985	122,692	179,581	185,800	193,208	198,360
151	109,994	113,533	118,871	123,597	180,676	186,914	194,342	199,509
152	110,846	114,400	119,759	124,502	181,770	188,026	195,476	200,657
153	111,698	115,266	120,646	125,408	182,865	189,139	196,609	201,804
154	112,551	116,134	121,534	126,314	183,959	190,251	197,742	202,951
155	113,405	117,001	122,423	127,220	185,052	191,362	198,874	204,098
156	114,259	117,869	123,312	128,127	186,146	192,474	200,006	205,244
157	115,113	118,738	124,201	129,034	187,239	193,584	201,138	206,390
158	115,968	119,607	125,090	129,941	188,332	194,695	202,269	207,535
159	116,823	120,476	125,980	130,848	189,424	195,805	203,400	208,680
160	117,679	121,346	126,870	131,756	190,516	196,915	204,530	209,824
161	118,536	122,216	127,761	132,664	191,608	198,025	205,660	210,968
162	119,392	123,086	128,651	133,572	192,700	199,134	206,790	212,111
163	120,249	123,957	129,543	134,481	193,791	200,243	207,919	213,254
164	121,107	124,828	130,434	135,390	194,883	201,351	209,047	214,396
165	121,965	125,700	131,326	136,299	195,973	202,459	210,176	215,539
166	122,823	126,572	132,218	137,209	197,064	203,567	211,304	216,680
167	123,682	127,445	133,111	138,118	198,154	204,675	212,431	217,821
168	124,541	128,318	134,003	139,028	199,244	205,782	213,558	218,962
169	125,401	129,191	134,897	139,939	200,334	206,889	214,685	220,102
170	126,261	130,064	135,790	140,849	201,423	207,995	215,812	221,242
171	127,122	130,938	136,684	141,760	202,513	209,102	216,938	222,382
172	127,983	131,813	137,578	142,671	203,602	210,208	218,063	223,521
173	128,844	132,687	138,472	143,582	204,690	211,313	219,189	224,660
174	129,706	133,563	139,367	144,494	205,779	212,419	220,314	225,798
175	130,568	134,438	140,262	145,406	206,867	213,524	221,438	226,936
176	131,430	135,314	141,157	146,318	207,955	214,628	222,563	228,074
177	132,293	136,190	142,053	147,230	209,042	215,733	223,687	229,211
178	133,157	137,066	142,949	148,143	210,130	216,837	224,810	230,347
179	134,020	137,943	143,845	149,056	211,217	217,941	225,933	231,484
180	134,884	138,820	144,741	149,969	212,304	219,044	227,056	232,620
181	135,749	139,698	145,638	150,882	213,391	220,148	228,179	233,755
182	136,614	140,576	146,535	151,796	214,477	221,251	229,301	234,891
183	137,479	141,454	147,432	152,709	215,563	222,353	230,423	236,026
184	138,344	142,332	148,330	153,623	216,649	223,456	231,544	237,160
185	139,210	143,211	149,228	154,538	217,735	224,558	232,665	238,294
186	140,077	144,090	150,126	155,452	218,820	225,660	233,786	239,428
187	140,943	144,970	151,024	156,367	219,906	226,761	234,907	240,561
188	141,810	145,850	151,923	157,282	220,991	227,863	236,027	241,694
189	142,678	146,730	152,822	158,197	222,076	228,964	237,147	242,827
190	143,545	147,610	153,721	159,113	223,160	230,064	238,266	243,959
191	144,413	148,491	154,621	160,028	224,245	231,165	239,386	245,091

df	$1-\alpha =$ 0,005	$1-\alpha =$ 0,01	$1-\alpha =$ 0,025	$1-\alpha =$ 0,05	$1-\alpha =$ 0,95	$1-\alpha =$ 0,975	$1-\alpha =$ 0,99	$1-\alpha =$ 0,995
192	145,282	149,372	155,521	160,944	225,329	232,265	240,505	246,223
193	146,150	150,254	156,421	161,860	226,413	233,365	241,623	247,354
194	147,020	151,135	157,321	162,776	227,496	234,465	242,742	248,485
195	147,889	152,017	158,221	163,693	228,580	235,564	243,860	249,616
196	148,759	152,900	159,122	164,610	229,663	236,664	244,977	250,746
197	149,629	153,782	160,023	165,527	230,746	237,763	246,095	251,876
198	150,499	154,665	160,925	166,444	231,829	238,861	247,212	253,006
199	151,370	155,548	161,826	167,361	232,912	239,960	248,329	254,135
200	152,241	156,432	162,728	168,279	233,994	241,058	249,445	255,264

Tabelle 5a: *U*-Tabelle für $\alpha = 0{,}05$

					*n*1				
***n*2**	**2**	**3**	**4**	**5**	**6**	**7**	**8**	**9**	**10**
4			0						
5		0	1	2					
6		1	2	3	5				
7		1	3	5	6	8			
8	0	2	4	6	8	10	13		
9	0	2	4	7	10	12	15	17	
10	0	3	5	8	11	14	17	20	23
11	0	3	6	9	13	16	19	23	26
12	1	4	7	11	14	18	22	26	29
13	1	4	8	12	16	20	24	28	33
14	1	5	9	13	17	22	26	31	36
15	1	5	10	14	19	24	29	34	39
16	1	6	11	15	21	26	31	37	42
17	2	6	11	17	22	28	34	39	45
18	2	7	12	18	24	30	36	42	48
19	2	7	13	19	26	32	38	45	52
20	2	8	14	20	27	34	41	48	55

n2	n1: 11	12	13	14	15	16	17	18	19	20
11	30									
12	33	37								
13	37	41	45							
14	40	45	50	55						
15	44	49	54	59	64					
16	47	53	59	64	70	75				
17	51	57	63	69	75	81	87			
18	55	61	67	74	80	86	93	99		
19	58	65	72	78	85	92	99	106	113	
20	62	69	76	83	90	98	105	112	119	127

Tabelle 5b: *U*-Tabelle für $\alpha = 0{,}01$

n2	n1: 2	3	4	5	6	7	8	9	10
5				0					
6			0	1	2				
7			0	1	3	4			
8			1	2	4	6	7		
9		0	1	3	5	7	9	11	
10		0	2	4	6	9	11	13	16
11		0	2	5	7	10	13	16	18
12		1	3	6	9	12	15	18	21
13		1	3	7	10	13	17	20	24
14		1	4	7	11	15	18	22	26
15		2	5	8	12	16	20	24	29
16		2	5	9	13	18	22	27	31
17		2	6	10	15	19	24	29	34
18		2	6	11	16	21	26	31	37
19	0	3	7	12	17	22	28	33	39
20	0	3	8	13	18	24	30	36	42

n2	n1: 11	12	13	14	15	16	17	18	19	20
11	21									
12	24	27								
13	27	31	34							
14	30	34	38	42						
15	33	37	42	46	51					
16	36	41	45	50	55	60				
17	39	44	49	54	60	65	70			
18	42	47	53	58	64	70	75	81		
19	45	51	57	63	69	74	81	87	93	
20	48	54	60	67	73	79	86	92	99	105

Tabelle 5c: U-Tabelle für $\alpha = 0{,}01$

				*n*1					
***n*2**	**2**	**3**	**4**	**5**	**6**	**7**	**8**	**9**	**10**
7						0			
8					0	1	2		
9				0	1	2	4	5	
10				0	2	3	5	7	8
11				1	2	4	6	8	10
12				1	3	5	7	10	12
13			0	2	4	6	9	11	14
14			0	2	5	7	10	13	16
15			0	3	5	8	11	15	18
16			1	3	6	9	13	16	20
17			1	4	7	10	14	18	22
18			1	4	8	11	15	20	24
19			2	5	8	13	17	21	26
20			2	5	9	14	18	23	28

					*n*1					
***n*2**	**11**	**12**	**13**	**14**	**15**	**16**	**17**	**18**	**19**	**20**
11	12									
12	15	17								
13	17	20	23							
14	19	22	25	29						
15	21	25	28	32	36					
16	24	27	31	35	39	43				
17	26	30	34	39	43	47	51			
18	28	33	37	42	46	51	56	61		
19	31	35	40	45	50	55	60	65	70	
20	33	38	43	49	54	59	65	70	76	81

Tabelle 6: Kritische *T*-Werte für den Wilcoxon-Test

n	$\alpha = 0{,}05$	$\alpha = 0{,}01$	$\alpha = 0{,}001$
6	0		
7	2		
8	3	0	
9	5	1	
10	8	3	
11	10	5	0
12	13	7	1
13	17	9	2
14	21	12	4
15	25	15	6
16	29	19	8
17	34	23	11
18	40	27	14
19	46	32	18
20	52	37	21
21	58	42	25
22	65	48	30
23	73	54	35
24	81	61	40
25	89	68	45

Tabelle 7: Kritische *H*-Werte für den Kruskal-Wallis-Test

n_1	n_2	n_3	$\alpha = 0{,}05$	$\alpha = 0{,}01$
3	2	2	4,69	
3	3	2	5,22	
3	3	3	5,60	6,59
4	2	2	5,15	
4	3	2	5,41	6,35
4	3	3	5,73	6,75
4	4	2	5,31	6,91
4	4	3	5,59	7,14
4	4	4	5,68	7,58
5	2	2	5,07	6,37
5	3	2	5,20	6,82
5	3	3	5,58	7,03
5	4	2	5,27	7,12
5	4	3	5,63	7,45
5	4	4	5,62	7,75
5	5	2	5,27	7,30
5	5	3	5,64	7,56
5	5	4	5,64	7,81
5	5	5	5,72	7,98

Tabelle 8: Kritische Werte für den Friedman-Test

k	*n*	$\alpha = 0{,}05$	$\alpha = 0{,}01$	$\alpha = 0{,}001$
3	3	5,8		
3	4	6,4	7,8	
3	5	6,2	8,3	10,0
3	6	6,4	8,7	11,1
3	7	6,1	8,7	11,4
3	8	6,2	9,0	12,1
3	9	6,2	8,7	12,1
4	2	6,0		
4	3	7,1	8,6	
4	4	7,5	9,4	11,1

Tabelle 9: Kritische Werte für den Kolmogorov-Smirnov-Test

n	$\alpha = 0{,}05$	*n*	$\alpha = 0{,}05$
3	0,708	20	0,294
4	0,624	21	0,287
5	0,563	22	0,281
6	0,519	23	0,275
7	0,483	24	0,269
8	0,454	25	0,264
9	0,430	26	0,259
10	0,409	27	0,254
11	0,391	28	0,250
12	0,375	29	0,246
13	0,361	30	0,242
14	0,349	31	0,238
15	0,338	32	0,234
16	0,327	33	0,231
17	0,318	34	0,227
18	0,309	35	0,224
19	0,301		

Lösungen

B

Lösungen zu 2.8

1. Die Variablen Religionsgemeinschaft, Gründe für Schlafstörungen und Wetter (1. Variante) sind nominalskaliert, die anderen ordinalskaliert.
2. $\overline{x} = 13 \quad s = 3{,}65 \quad s_m = 1{,}15 \quad V = 0{,}28$
3. Die Berechnungen sollen für die Personen mit Hauptschulabschluss und Abitur durchgeführt werden. Dazu werden zunächst die kumulierten Häufigkeiten berechnet.

(a) Nachstehend sind der Median und die Quantile Q_1 und Q_3 berechnet.

Für den Schulabschluss Hauptschule erhalten wir:

Skalenwert x_j	Häufigkeit f_j	kumulierte Häufigkeit F_j	Prozentuale Häufigkeit p_j	kumulierte prozentuale Häufigkeit P_j
1	8	8	1,23 %	1,2 %
2	17	25	2,62 %	3,9 %
3	62	87	9,57 %	13,4 %
4	133	220	20,52 %	34,0 %
5	175	395	27,01 %	61,0 %
6	171	566	26,39 %	87,3 %
7	82	648	12,65 %	100,0 %

$$Q_1 = 3{,}5 + \frac{25\,\% - 13{,}4\,\%}{34{,}0\,\% - 13{,}4\,\%} \cdot (4{,}5 - 3{,}5) = 4{,}06$$

$$Median = 4{,}5 + \frac{50\,\% - 34{,}0\,\%}{61{,}0\,\% - 34{,}0\,\%} \cdot (5{,}5 - 4{,}5) = 5{,}09$$

$$Q_3 = 5{,}5 + \frac{75\,\% - 61{,}0\,\%}{87{,}3\,\% - 61{,}0\,\%} \cdot (5{,}5 - 4{,}5) = 6{,}03$$

Für die Personen mit Abitur ergibt sich entsprechend $Median = 4{,}85$, $Q_1 = 3{,}99$ und $Q_3 = 5{,}52$. Das Vertrauen in die Polizei ist also bei den Personen mit Hauptschulabschluss etwas größer.

(b) Im Falle des Hauptschulabschlusses ergibt sich ein Interquartilsabstand von $IQA = Q_3 - Q_1 = 6{,}03 - 4{,}06 = 1{,}97$. Ausreißer nach unten sind zu finden, wenn es Werte gibt, die mehr als $1{,}5 \cdot IQA$ vom Quartil Q_1 nach unten entfernt sind. Diese untere Grenze für den kleinsten Normalwert errechnet sich zu $Q_1 - 1{,}5 \cdot IQA = 4{,}06 - 1{,}5 \cdot 1{,}97 = 1{,}105$. Die obere Grenze für den größten Normalwert errechnet sich zu $Q_3 + 1{,}5 \cdot IQA = 6{,}03 + 1{,}5 \cdot 1{,}97 = 8{,}985$. Der kleinste in den Daten enthaltene Wert für das Vertrauen ist 1. Da dieser Wert (leicht) unter dem kleinsten Normalwert von 1,105 liegt, sind die Werte 1 als milde Ausreißer anzusehen. Der größte in den Daten enthaltene Wert für das Vertrauen ist 7. Da dieser Wert den größten Normalwert nicht überschreitet, sind nach oben keine Ausreißer vorhanden.

Für den Abschluss Abitur gilt: $IQA = Q_3 - Q_1 = 5{,}52 - 3{,}99 = 1{,}53$. Somit befindet sich der kleinste Normalwert bei $Q_1 - 1{,}5 \cdot IQA = 3{,}99 - 1{,}5 \cdot 1{,}53 = 1{,}695$ und der größte Normalwert bei $Q_3 + 1{,}5 \cdot IQA = 5{,}52 + 1{,}5 \cdot 1{,}53 = 7{,}82$. Auch hier ist der Befund derselbe wie beim Hauptschulabschluss: Die Vertrauenswerte von 1 stellen milde Ausreißer dar.

(c) Zeichnen Sie ein Boxplot für die Gruppe mit Hauptschulabschluss.

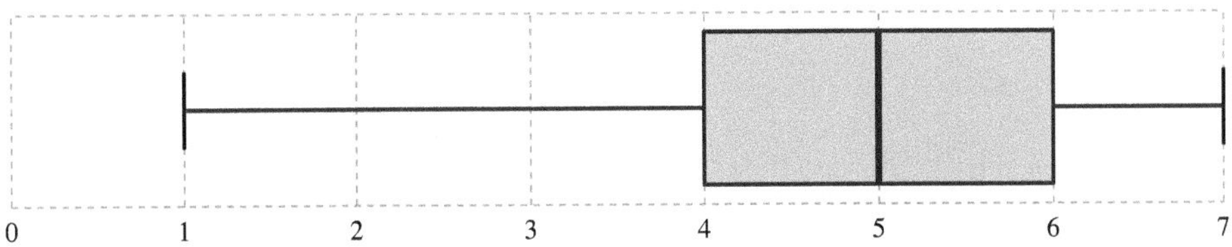

Im Unterschied zu den obigen Berechnungen berechnet **R** ganzzahlige Quantile. Ferner ist zu erkennen, dass der untere und obere Whisker jeweils auf bestehende Datenpunkte verschoben werden. Mit **R** erhält man folgende Werte:

$Q_1 = 4$, $Q_2 = 5$, $Q_3 = 6$ und somit $IQA = Q_3 - Q_1 = 6 - 4 = 2$. Daraus resultiert ein oberer Normalwert von $Q_3 + 1{,}5 \cdot IQA = 9$ und ein unterer Normalwert von $Q_1 - 1{,}5 \cdot IQA = 1$. Die Software korrigiert den oberen Normalwert auf den unten am nächsten gelegenen Datenpunkt (7) und den unteren Normalwert auf den oben am nächsten gelegenen Datenpunkt (1). Gemäß **R** werden somit keine Ausreißer identifiziert.

4. Da die Variablen 1 und 2 symmetrische Histogramme aufzeigen, ist für diese Variablen nur die Wölbung zu beurteilen – die Schiefe wird 0 oder nahe bei 0 sein. Zusätzlich zu den Histogrammen ist die Normalverteilungskurve eingefügt, welche eine Wölbung von 0 aufweist. Variable 1 hat eine Wölbung > 0, man sieht, dass die Daten über einen weiteren Bereich streuen als dies bei einer Wölbung von Null der Fall wäre. Bei Variable 2 ist das Gegenteil der Fall, die Wölbung ist kleiner Null.

Bei Variablen 3 und 4 geht es darum, die Schiefe der Verteilung zu beurteilen. Variable 3 weist eine positive Schiefe aus, man sagt auch, die Verteilung ist rechts-schief. Somit sind in den Daten vermehrt Ausreißer nach oben zu erwarten. Dies ist häufig bei Verteilungen von Variablen wie dem Einkommen der Fall, Der Mittelwert liegt dann oberhalb des Medians der Verteilung, da die Ausreißer den Mittelwert nach oben hin verzerren. Variable 4 weist eine negative Schiefe oder eine links-schiefe Verteilung auf. Somit gibt es vermehrt Ausreißer nach unten. Der Mittelwert liegt dann unterhalb des Medians, da die Ausreißer den Mittelwert nach unten hin verzerren.

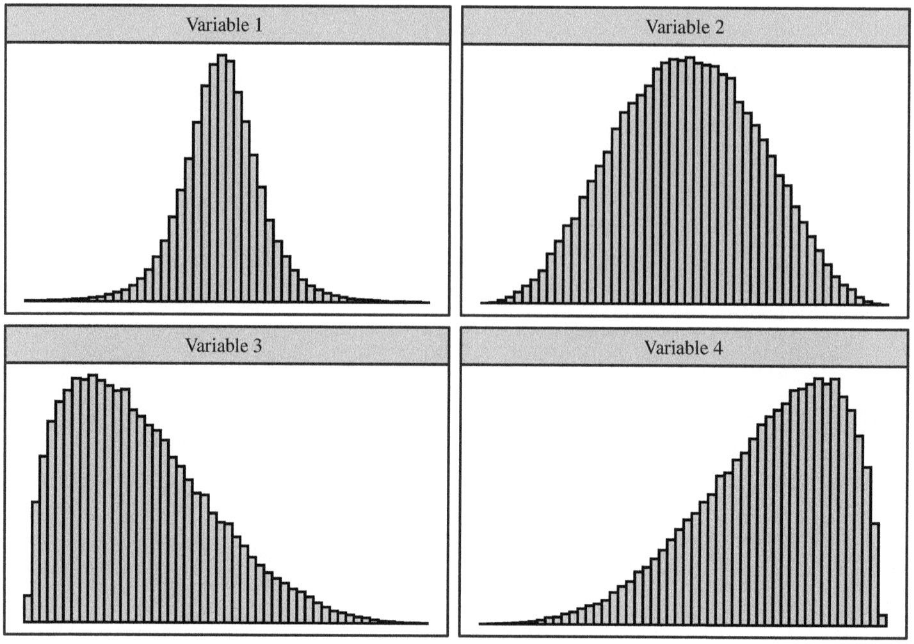

5. Die IQ-Daten müssen zuerst sortiert werden.

sortiert i	1	2	3	4	5	6	7	8	9	10
IQ	89	90	90	94	96	99	99	100	100	102
sortiert i	11	12	13	14	15	16	17	18	19	20
IQ	103	104	105	106	108	108	110	110	114	118

Zur Berechnung der Klassenbreite nutzen wir $n = 20$, $max = 118$, $min = 89$ und erhalten $b = \frac{118-89}{1+3{,}3\cdot\log_{10}(20)} = 5{,}48$. Gemäß Aufgabenstellung nutzen wir somit einen Wert von $b = 6$. Wir erhalten nachstehende Häufigkeitstabelle. Zu erwähnen ist, dass wir in den Klassen die Werte der oberen Grenze nicht mitzählen. Zum Beispiel werden die IQ-Werte 90 nicht in der Klasse 84–90 gezählt, sondern in der Klasse 90–96.

Klasse	Häufigkeit f_j	kumulierte Häufigkeit F_j	Prozentuale Häufigkeit p_j	kumulierte prozentuale Häufigkeit P_j
84–90	1	1	5 %	5 %
90–96	3	4	15 %	20 %
96–102	5	9	25 %	45 %
102–108	5	14	25 %	70 %
108–114	4	18	20 %	90 %
114–120	2	20	10 %	100 %

Das Histogramm schaut wie folgt aus:

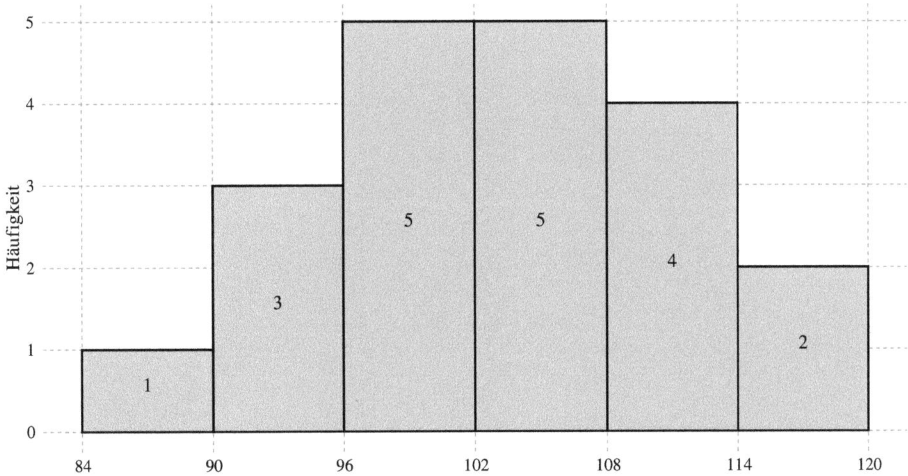

Die Quartile kann man leicht aus der sortierten Tabelle ablesen. Das 25 %-Quantil findet sich zu $x_{25\,\%} = \frac{1}{2}(x_5 + x_6) = 97{,}5$. Zusätzlich erhält man $x_{50\,\%} = 102{,}5$ und $x_{75\,\%} = 108$. Daraus ergibt sich: $IQA = 10{,}5$.

Daraus lassen sich der obere und untere Whisker des Boxplots als Grenze zu möglichen Ausreißern angeben: $UW = 97{,}5 - 1{,}5 \cdot 10{,}5 = 81{,}75$. Da dieser Wert aber immer auf einem existierenden Datenpunkt liegen muss, wird der Wert auf $UW = 89$ korrigiert. Es gibt somit keine unteren Ausreißer in den Daten. Für den oberen Whisker erhalten wir $OW = 108 + 1{,}5 \cdot 10{,}5 = 123{,}75$. Dieser Wert wird auf den nächst unteren Datenpunkt auf $OW = 118$ korrigiert. Somit gibt es auch keine Ausreißer nach oben.

Nach der Berechnung von ‚Hand' nutzen Sie hier zusätzlich die Web-Applikation für Kapitel 2 und geben die Daten zur Kontrolle bei den Apps ein.

https://pearson-dach.shinyapps.io/imklartext_kap02/

6. Der folgende **R**-Code zeigt illustrativ die univariate Auswertung des Datensatzes und die Erzeugung einfacher Diagramme:

```
rm(list=ls())

mydata <- read.csv("Kap02ex.csv",sep=",")

#Haeufigkeitstabelle von Geschlecht

table(mydata$geschlecht)
table(mydata$rauchen)
summary(mydata$iq)


mydata$geschlecht <- factor(mydata$geschlecht,levels=c(1,2),
                            labels=c("weiblich","maennlich"),
                            ordered = FALSE)

```

```
16 mydata$rauchen <- factor(mydata$rauchen,levels=c(1,2,3,4,5),
17                          labels=c("nie","selten","gelegentlich" \
                             ,"oft","sehr␣oft"),
18                          ordered=TRUE)
19
20 table(mydata$geschlecht)
21 table(mydata$rauchen)
22
23 barplot(table(mydata$geschlecht))
24
25 summary(mydata$alter)
26 summary(mydata$iq)
27
28 hist(mydata$alter)
29 boxplot(mydata$alter)
30 boxplot(alter~geschlecht,data=mydata)
31
32
33 # install.packages("e1071")
34 library(e1071)
35
36 skewness(mydata$alter,type=2)
37 kurtosis(mydata$alter,type=3)
```

Wichtig sind folgende Code-Zeilen und Einstellungen, um den Code zu kompilieren:

- Das Skript muss im gleichen Verzeichnis wie der Datensatz Kap02ex.csv abgelegt sein. Über das Menü Session → Set Working Directory → To Source File Location kann das Arbeitsverzeichnis gesetzt werden und anschließend der Datensatz in Zeile 3 eingelesen werden.
- Der Befehl `table()` erstellt eine Häufigkeitstabelle einer Faktorvariable, der Befehl `summary()` eine deskriptive Statistik einer quantitativen Variable.
- Die Schiefe einer Variable kann z. B. mit dem Befehl `skewness()` berechnet werden. Dieses Kommando befindet sich im Paket `e1071`. Software-Pakete können mit dem Befehl `install.packages('e1071')` installiert und anschließend mit dem Befehl `library(e1071)` geladen werden. Ist das Paket einmal installiert, so muss das Kommando `install.packages()` nicht erneut ausgeführt werden und kann mittels des Raute-Zeichens auskommentiert werden.

Lösungen zu 3.9

1. Die Wahrscheinlichkeit, dass im ersten Zugriff eine rote Kugel gezogen wird, ist $p = \frac{10}{14}$. Wird die Kugel nicht zurückgelegt, ist die Wahrscheinlichkeit, dass im zweiten Zugriff eine schwarze Kugel gezogen wird, $p = \frac{4}{13}$. Nach dem Multiplikationssatz ist dann die Wahrscheinlichkeit, dass zuerst eine rote und anschließend eine schwarze Kugel gezogen wird,

$$p = \frac{10}{14} \cdot \frac{4}{13} = 0{,}220$$

Entsprechend berechnet sich die Wahrscheinlichkeit, dass zuerst eine schwarze und dann eine rote Kugel gezogen wird, zu

$$p = \frac{4}{14} \cdot \frac{10}{13} = 0{,}220$$

Beide Wahrscheinlichkeiten sind also gleich.

2. Die Wahrscheinlichkeit, dass zuerst eine rote und dann eine schwarze Kugel gezogen wird, ist

$$p = \frac{10}{14} \cdot \frac{4}{14} = 0{,}204$$

Die Wahrscheinlichkeit, dass zuerst eine schwarze und dann eine rote Kugel gezogen wird, ist entsprechend

$$p = \frac{4}{14} \cdot \frac{10}{14} = 0{,}204$$

Beide Wahrscheinlichkeiten sind also gleich.

3. Die Aufgabe ist am einfachsten mit einem Baumdiagramm zu lösen:

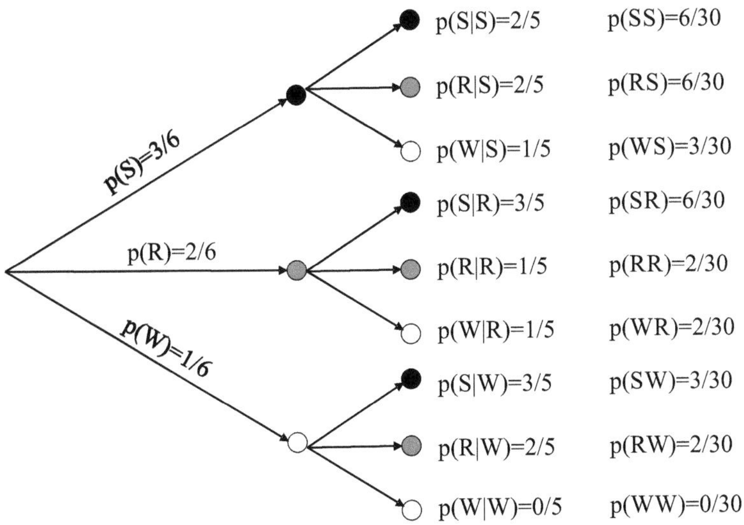

(a) Wahrscheinlichkeit, dass 2 schwarze Kugeln gezogen werden: Dies entspricht der Wahrscheinlichkeit, die zuoberst im Baumdiagramm angegeben ist. Die Wahrscheinlichkeit, im ersten Zug schwarz zu erwischen, beträgt $p(S) = 3/6$. Die Wahrscheinlichkeit, im zweiten Zug schwarz zu erwischen, wenn man im ersten Zug auch schwarz erwischt hat, beträgt $p(S \mid S) = 2/5$. Die Wahrscheinlichkeit, in beiden Zügen schwarz zu erwischen, ist dann $p(SS) = 3/6 \cdot 2/5 = 6/30 = 1/5$.

(b) Wahrscheinlichkeit, 2 verschiedenfarbige Kugeln zu ziehen: Es sind hier alle Wahrscheinlichkeiten zu summieren, welche unterschiedliche Farben enthalten. Schneller ist es hingegen, die Wahrscheinlichkeiten aller gleichfarbigen Ziehungen zu summieren und diese Summe im Sinne der Gegenwahrscheinlichkeit (Komplementärereignis) abzuziehen. Man erhält $p = 1 - [p(SS) + p(RR) + p(WW)] = 1 - [6/30 + 2/30 + 0] = 22/30 = 11/15$.

4. Es sind $11! = 39\,916\,800$ Permutationen möglich.

5. Da die beiden Flüsse in beliebiger Reihenfolge genannt werden dürfen, gibt es mit $n = 7$ und $k = 2$

$$\binom{n}{k} = \binom{7}{2} = \frac{7 \cdot 6}{1 \cdot 2} = 21$$

Kombinationen. Die Wahrscheinlichkeit, durch Raten die richtige Lösung (Elbe, Rhein) zu finden, ist demnach

$$p = \frac{1}{21} = 0{,}048$$

6. Im ersten Fall, bei dem der Eisverkäufer nicht darauf achtet, drei verschiedene Eissorten auszuwählen, handelt es sich um Variationen „mit Zurücklegen". Mit $n = 8$ und $k = 3$ gibt es dabei

$$n^k = 8^3 = 512$$

Möglichkeiten, so dass die Wahrscheinlichkeit, zufällig die gewünschte Reihenfolge zu erwischen,

$$p = \frac{1}{512} = 0{,}002$$

beträgt.

Im zweiten Fall, bei dem der Eisverkäufer darauf achtet, drei verschiedene Eissorten auszuwählen, liegen Variationen „ohne Zurücklegen" vor. Hierbei gibt es

$$\frac{n!}{(n-k)!} = \frac{8!}{5!} = 6 \cdot 7 \cdot 8 = 336$$

Möglichkeiten. In diesem Fall ist die Wahrscheinlichkeit, zufällig die gewünschte Reihenfolge auszuwählen,

$$p = \frac{1}{336} = 0{,}003$$

7. Die Wahrscheinlichkeit, dass an einem Tag ein Alarm ausgelöst wird, ist

$$p = \frac{1}{14} = 0{,}0714$$

Die Wahrscheinlichkeit, dass es an einem Tag brennt, ist

$$p = \frac{1}{365} = 0{,}0027$$

Die bedingte Wahrscheinlichkeit, dass bei einem Brand Alarm ausgelöst wird, ist

$$p(\text{Alarm} \mid \text{Feuer}) = 0{,}99$$

Dann ist nach dem Theorem von Bayes die bedingte Wahrscheinlichkeit, dass es bei einem Alarm wirklich brennt,

$$p(\text{Feuer} \mid \text{Alarm}) = \frac{p(\text{Feuer}) \cdot p(\text{Alarm} \mid \text{Feuer})}{p(\text{Alarm})} = \frac{0{,}0027 \cdot 0{,}99}{0{,}0714} = 0{,}037$$

8. Es handelt sich hier um ein Rechnen mit bedingten Wahrscheinlichkeiten. Zunächst seien folgende Wahrscheinlichkeiten festgehalten:

$$p(\text{krank}) = 0{,}01$$
$$p(\text{gesund}) = 0{,}99$$
$$p(\text{positiv} \mid \text{krank}) = 0{,}9$$
$$p(\text{positiv} \mid \text{gesund}) = 0{,}05$$

Nach der Definition der bedingten Wahrscheinlichkeit ist

$$p(\text{krank} \cap \text{positiv}) = p(\text{positiv} \mid \text{krank}) \cdot p(\text{krank}) = 0{,}9 \cdot 0{,}01 = 0{,}009$$
$$p(\text{gesund} \cap \text{positiv}) = p(\text{positiv} \mid \text{gesund}) \cdot p(\text{gesund}) = 0{,}05 \cdot 0{,}99 = 0{,}0495$$

Die Wahrscheinlichkeit, dass eine zufällig ausgewählte Person sowohl krank als auch testpositiv ist, beträgt also 0,009; die Wahrscheinlichkeit, dass eine Person sowohl gesund als auch testpositiv ist, beträgt 0,0495.

Nach dem Additionssatz ist die Wahrscheinlichkeit, dass eine Person testpositiv ist

$$p(\text{positiv}) = 0{,}009 + 0{,}0495 = 0{,}0585$$

Nach dem Theorem von Bayes gilt dann für die gesuchte Wahrscheinlichkeit

$$p(\text{krank} \mid \text{positiv}) = \frac{p(\text{krank}) \cdot p(\text{positiv} \mid \text{krank})}{p(\text{positiv})} = \frac{0{,}01 \cdot 0{,}9}{0{,}0585} = 0{,}154$$

Die Wahrscheinlichkeit, dass ein Testpositiver auch wirklich krank ist, beträgt also, in Prozenten ausgedrückt, 15,4 %. Diese relativ geringe Wahrscheinlichkeit wirkt angesichts der hohen Werte von Sensitivität und Spezifität überraschend, hat aber ihre Ursache in der niedrigen Prävalenz der Krankheit. Zudem ist zu bedenken, dass sich nach dem Test mit dem positiven Resultat die Wahrscheinlichkeit, die Krankheit zu haben, von $p(\text{krank}) = 0{,}01$ auf $p(\text{krank} \mid \text{positiv}) = 0{,}154$ erhöht hat – dies entspricht einem Faktor von 15,4 und ist demnach doch nicht unbedenklich.

Auf entsprechendem Weg kann man die Wahrscheinlichkeit dafür bestimmen, dass ein Testnegativer auch wirklich gesund ist. Sie beträgt, in Prozenten ausgedrückt, 99,9 %.

Man spricht in diesem Zusammenhang von den prädiktiven Werten des positiven und negativen Tests.

9. Die gesamte Anzahl an Möglichkeiten, 9 aus 36 Karten zu ziehen, errechnet sich durch eine Kombination ohne Wiederholung:

$$\binom{36}{9} = 94\,143\,280$$

Die Anzahl Möglichkeiten, 4 der Karten aus der Gruppe der Könige zu ziehen und somit 5 Karten aus den 32 restlichen, beträgt

$$\binom{4}{4} \cdot \binom{32}{5} = 201\,376$$

Die Wahrscheinlichkeit, vier Könige zu erhalten, beträgt somit:

$$p = \frac{201\,376}{94\,143\,280} = 0{,}00214$$

Lösungen zu 4.6

1. In der Tat ist die Wahrscheinlichkeit, dass Rot sechsmal hintereinander nicht gewinnt, sehr gering. Bei insgesamt 37 Zahlen, von denen 18 rot sind, ist diese Wahrscheinlichkeit nach der Binomialverteilung

$$P = \binom{6}{0} \cdot \left(\frac{18}{37}\right)^0 \cdot \left(\frac{19}{37}\right)^6 = 0{,}0183$$

Dafür wiederum, dass dieser Verlustfall in zehn Durchgängen nie eintritt, ist die Wahrscheinlichkeit

$$P = \binom{10}{0} \cdot 0{,}0183^0 \cdot 0{,}9817^{10} = 0{,}8311$$

Mit 83-prozentiger Sicherheit kann der Spieler also davon ausgehen, an einem Abend 100 Euro zu gewinnen. Im Verlustfall ist er allerdings wesentlich mehr Geld los und über einen längeren Zeitraum gespielt, wird dies im Schnitt etwa einmal wöchentlich sein.

2. Nach der Binomialverteilung ist die Wahrscheinlichkeit, dass bei fünf Versuchen ($n = 5$) ein Ereignis mit der Wahrscheinlichkeit $p = \frac{1}{2}$ nie ($k = 0$) auftritt:

$$P = \binom{5}{0} \cdot \left(\frac{1}{2}\right)^0 \cdot \left(\frac{1}{2}\right)^5 = 1 \cdot 1 \cdot \frac{1}{32} = 0{,}031$$

Die Wahrscheinlichkeit, dass von fünf Losen keines gewinnt, ist also, in Prozenten ausgedrückt, 3,1 %. Wenn sich hingegen 10 % der Gäste beschweren (nämlich 10 von 100), so darf mit Recht an der Aussage, dass jedes zweite Los gewinnt, gezweifelt werden.

3. Das Problem ist mithilfe der hypergeometrischen Verteilung zu lösen:

$$N = 25 \quad M = 10 \quad n = 2 \quad x = 2$$

$$P = \frac{\binom{10}{2} \cdot \binom{25-10}{2-2}}{\binom{25}{2}} = 0{,}15$$

Die Wahrscheinlichkeit, zwei gute Schüler ausgewählt zu haben, beträgt 15 %.

4. Es ist zunächst die Wahrscheinlichkeit dafür zu berechnen, dass die Schwiegermutter nie vorbeikommt, und dann die Komplementärwahrscheinlichkeit hierfür zu bestimmen.

$$p = \frac{10}{365} \quad n = 21 \quad k = 0$$

$$P = \frac{\left(\frac{210}{365}\right)^0}{0!} \cdot e^{-\frac{210}{365}} = 0{,}563$$

Die Komplementärwahrscheinlichkeit hierzu ist

$$1 - 0{,}563 = 0{,}437$$

Die Wahrscheinlichkeit, dass innerhalb der nächsten drei Wochen die Schwiegermutter mindestens einmal zu Besuch kommt, beträgt 43,7 %.

5. (a)

$$z = \frac{130 - 100}{15} = 2,00$$

Laut z-Tabelle gehört hierzu ein Flächenstück unter der Standardnormalverteilungskurve von $\Phi(z) = 0,977$. Das bedeutet, dass der Kandidat mit IQ = 130 intelligenter ist als 97,7 % der Bevölkerung.

(b)

$$z = \frac{120 - 100}{15} = 1,33$$

Das Flächenstück beträgt $\Phi(z) = 0,908$. 90,8 % der Bevölkerung liegen somit unterhalb des IQ 120. Da die Zufallsvariable IQ als stetig behandelt wird, wird als Grenze in der Tat der Wert 120 genommen (und nicht etwa 119).

(c)

$$z = \frac{60 - 100}{15} = -2,67$$

Das Flächenstück beträgt $\Phi(z) = 0,003$. Somit haben 99,7 % der Bevölkerung einen IQ über 60.

(d)

$$z_1 = \frac{90 - 100}{15} = -0,67$$
$$z_2 = \frac{130 - 100}{15} = 2,00$$

Die dazugehörigen Flächenstücke betragen

$$\Phi(z_1) = 0,251$$
$$\Phi(z_2) = 0,977$$

Die Fläche zwischen den beiden z-Werten beträgt somit $0,977 - 0,251 = 0,727$. 72,7 % der Bevölkerung haben somit einen IQ zwischen 90 und 130.

(e) Der zum Flächenstück $\Phi(z) = 0,99$ gehörende z-Wert heißt $z = 2,33$. Daraus berechnet sich der IQ über $\mu + z \cdot \sigma = 100 + 2,33 \cdot 15 = 134,95$. Ab einem IQ von 135 hat übertrifft man 99 % der Bevölkerung. Da IQ-Werte symmetrisch um den Mittelwert verteilt sind, liegen 1 % der Bevölkerung unterhalb eines IQ von 65.

(f) Die zu den Flächenstücken $\Phi(z) = 0,025$ und $\Phi(z) = 0,975$ gehörenden z-Werte heißen $z = \pm 1,96$. Das Intervall errechnet sich dann über $\mu \pm z \cdot \sigma = 100 \pm 1,96 \cdot 15$. 95 % der Leute liegen somit im Intervall zwischen 70,6 und 129,4.

6. Der Vergleich erfolgt über die entsprechenden z-Werte:

$$z(\text{Max}) = \frac{43 - 32}{9} = 1,22 \quad z(\text{Moritz}) = \frac{35 - 25}{7} = 1,43$$

Moritz hat also besser abgeschnitten.

7.

$$\lambda = \frac{1}{1} = 1 \quad P(X \leq x = 0{,}9) = F(x = 0{,}9) = 1 - e^{-1 \cdot 0{,}9} = 0{,}593$$

8. Wir definieren die Zufallsvariable X als die Anzahl Knaben k bei $n = 5$ Geburten, wobei die Wahrscheinlichkeit für eine Knabengeburt $p = 0{,}514$ beträgt. Die Zufallsvariable X ist binomial verteilt.

$$P(X = 0) = \binom{5}{0}(0{,}514)^0 \cdot (0{,}486)^5 = 0{,}027$$

$$P(X = 1) = \binom{5}{1}(0{,}514)^1 \cdot (0{,}486)^4 = 0{,}143$$

$$P(X = 2) = \binom{5}{2}(0{,}514)^2 \cdot (0{,}486)^3 = 0{,}303$$

$$P(X = 3) = \binom{5}{3}(0{,}514)^3 \cdot (0{,}486)^2 = 0{,}321$$

$$P(X = 4) = \binom{5}{4}(0{,}514)^4 \cdot (0{,}486)^1 = 0{,}170$$

$$P(X = 5) = \binom{5}{5}(0{,}514)^5 \cdot (0{,}486)^0 = 0{,}036$$

Die Wahrscheinlichkeit, $k = 2$ Knaben von $n = 5$ Kindern zu bekommen, beträgt somit $P(X = 2) = 0{,}303$. Nachstehende Abbildung zeigt das Histogramm zur beschriebenen Verteilung. Der Erwartungswert lässt sich nun über $E(X) = \sum p_i \cdot x_i$ oder $E(X) = N \cdot p = 0{,}514 \cdot 5 = 2{,}57$ berechnen.

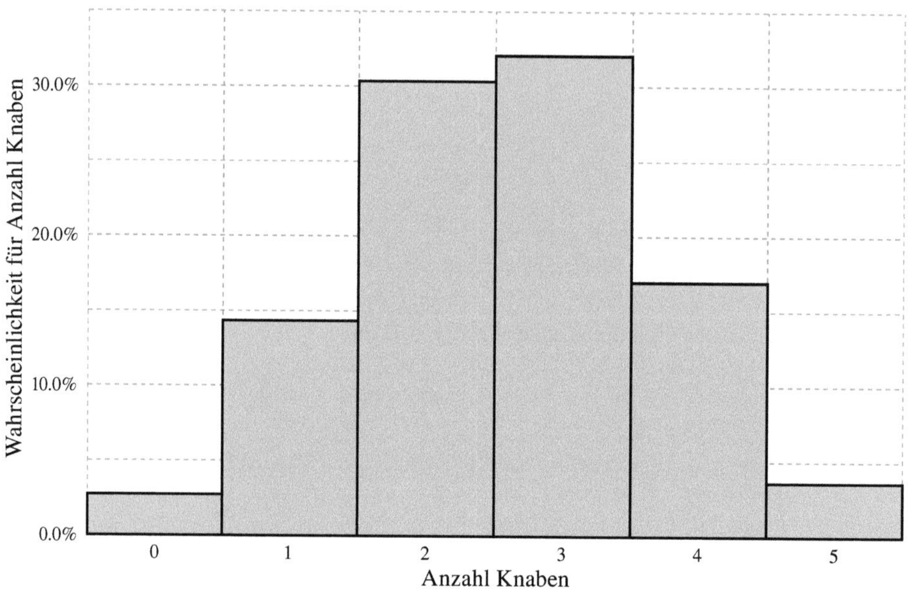

9. Der Mittelwert berechnet sich über

$$E(X) = \sum p_i \cdot x_i = 0{,}12 \cdot 14 + 0{,}88 \cdot 0 = 1{,}68$$

Die mittlere Schadensumme beträgt somit 1,68 Millionen € pro Jahr.
Die Varianz berechnet sich über

$$V(X) = \sum p_i \cdot (x_i - E(X))^2 = 0{,}12 \cdot (14 - 1{,}68)^2 + 0{,}88 \cdot (0 - 1{,}68)^2 = 20{,}70$$

Somit beträgt die Standardabweichung

$$\sigma(X) = \sqrt{V(X)} = \sqrt{20{,}70} = 4{,}55$$

Die Standardabweichung beträgt somit 4,55 Millionen € pro Jahr.

Lösungen zu 5.7

1. Bei diesem Beispiel wird einseitig getestet. Der Fehler erster Art bestimmt sich über

$$z = \frac{65 - 63{,}9}{5{,}6} = 0{,}20$$

nach der z-Tabelle zu

$$1 - \Phi(0{,}20) = 1 - 0{,}579 = 0{,}421$$

Der Fehler zweiter Art berechnet sich über

$$z = \frac{65 - 71{,}3}{4{,}8} = -1{,}31$$

nach der z-Tabelle zu

$$\Phi(-1{,}31) = 0{,}095$$

Das Risiko, die Nullhypothese abzulehnen, obwohl sie richtig ist (den Probanden nicht als krank einzustufen, obwohl er krank ist), beträgt 42,1 %. Das Risiko hingegen, die Nullhypothese beizubehalten, obwohl sie falsch ist (ihn als krank einzustufen, obwohl er nicht krank ist), beträgt 9,5 %.

2. In diesem Fall ist zweiseitig zu testen. Der Fehler erster Art bestimmt sich über

$$z = \frac{72 - 63{,}9}{5{,}6} = 1{,}45$$

nach der z-Tabelle zu

$$2 \cdot (1 - \Phi(1{,}45)) = 2 \cdot (1 - 0{,}926) = 0{,}148$$

Das Risiko, die Nullhypothese abzulehnen, obwohl sie richtig ist (den Probanden nicht als krank einzustufen, obwohl er krank ist), beträgt also 14,8 %. Die Nullhypothese (der Proband ist krank) ist also beizubehalten. Der Fehler zweiter Art kann nicht angegeben werden, da die Alternativhypothese zahlenmäßig nicht vorliegt.

3.

	Männer	Frauen
Stichprobenumfang	$n_1 = 50$	$n_2 = 40$
Mittelwerte	$\overline{x}_1 = 3{,}50$	$\overline{x}_2 = 3{,}80$
Standardabweichung	$s_1 = 0{,}60$	$s_2 = 0{,}80$

Unter der Nullhypothese stammen beide Stichproben aus der gleichen Grundgesamtheit mit dem gleichen Mittelwert. Unter der Alternativhypothese stammen sie aus unterschiedlichen Grundgesamtheiten mit unterschiedlichen Mitarbeitern.

$$H0\colon \mu_1 = \mu_2 \quad H1\colon \mu_1 \neq \mu_2$$

Wahl der Irrtumswahrscheinlichkeit:

$$\alpha = 5\,\%$$

Berechnen der Testgröße:

$$t = \frac{|\overline{x}_1 - \overline{x}_2|}{\sqrt{\frac{s_1^2}{n_1} + \frac{s_2^2}{n_2}}} = \frac{|3{,}50 - 3{,}80|}{\sqrt{\frac{0{,}60^2}{50} + \frac{0{,}80^2}{40}}} = 1{,}97$$

Bestimmen der kritischen Grenze und der Anzahl Freiheitsgrade:

$$df = \frac{n_1 + n_2 - 2}{2} = \frac{50 + 40 - 2}{2} = 44$$

Kritischer Wert:

$$t_{\alpha=5\,\%,df=44} = 2{,}015$$

Test-Entscheid: Da der t-Wert den kritischen Wert nicht überschreitet, ist die Nullhypothese beizubehalten. Die Mittelwerte unterscheiden sich nicht signifikant.

Lösungen zu 6.4

1. (a) 68,28 % der Jugendlichen: Nach der z-Tabelle liegt im Bereich von $z = -1{,}00$ bis $z = 1{,}00$ ein Flächenstück von

$$1 - 2 \cdot 0{,}1586 = 0{,}6828$$

Mit $\overline{x} = 24{,}9$ und $s = 3{,}6$ berechnet sich dann der gesuchte Streubereich zu

$$24{,}9 - 1{,}00 \cdot 3{,}6 < x < 24{,}9 + 1{,}00 \cdot 3{,}6$$
$$21{,}3 < x < 28{,}5$$

68,28 % aller Jugendlichen haben also einen Body Mass Index zwischen 21,3 und 28,5.

(b) 80,0 % der Jugendlichen: Nach der z-Tabelle liegt im Bereich von $z = -1{,}28$ bis $z = 1{,}28$ ein Flächenstück von

$$1 - 2 \cdot 0{,}1 = 0{,}8$$

Mit $\overline{x} = 24{,}9$ und $s = 3{,}6$ berechnet sich dann der gesuchte Streubereich zu

$$24{,}9 - 1{,}28 \cdot 3{,}6 < x < 24{,}9 + 1{,}28 \cdot 3{,}6$$
$$20{,}3 < x < 29{,}5$$

80 % aller Jugendlichen haben also einen Body Mass Index zwischen 20,3 und 29,5.

(c) Prozentsatz der Teilnehmer mit BMI zwischen ±1,5 Standardabweichungen vom Mittelwert: Zum z-Wert von 1,50 gehören $1-2\cdot 0{,}06681 = 0{,}86638$ oder 86,6 % der Personen,

2.

$$\overline{x} = 13{,}07 \quad s = 3{,}29 \quad s_m = \frac{3{,}29}{\sqrt{14}} = 0{,}88 \quad t_{\alpha=0{,}05,df=13} = 2{,}160$$

(a) Das 95%-Konfidenzintervall des Mittelwerts berechnet sich hieraus zu

$$13{,}07 - 2{,}160 \cdot 0{,}88 < \mu < 13{,}07 + 2{,}160 \cdot 0{,}88$$
$$11{,}17 < \mu < 14{,}97$$

(b) Das 95%-Konfidenzintervall der Standardabweichung berechnet sich mit

$$\chi^2_{df=13,97{,}5\,\%} = 24{,}736$$
$$\chi^2_{df=13,2{,}5\,\%} = 5{,}009$$

somit erhält man

$$3{,}29 \cdot \sqrt{\frac{13}{24{,}736}} < \sigma < 3{,}29 \cdot \sqrt{\frac{13}{5{,}009}}$$
$$2{,}387 < \sigma < 5{,}304$$

3. Zu dem gegebenen Prozentsatz 49 % sei das 95%-Konfidenzintervall berechnet.

$$\sigma = \sqrt{\frac{49 \cdot 51}{1\,000}} = 1{,}581 \quad z = 1{,}96$$

$$49 - 1{,}581 \cdot 1{,}96 < \pi < 49 + 1{,}581 \cdot 1{,}96$$
$$45{,}9 < \pi < 52{,}1$$

Das Konfidenzintervall erstreckt sich also von 45,9 bis 52,1 %, so dass eine Änderung um einen Prozentpunkt innerhalb dieses Intervalls liegt und damit unerheblich ist.

4. (a) Im Unternehmen arbeiten gesamthaft $N = 500\,000$ Personen
Mit den gegebenen Parametern $z = 1{,}96$, $P = 0{,}5$, $N = 500\,000$ und $a = 0{,}01$ erhält man:

$$\frac{1{,}96^2 \cdot 0{,}5 \cdot (1 - 0{,}5)}{0{,}01^2} = 9604 < n$$

(b) Im Unternehmen arbeiten gesamthaft $N = 500$ Personen
Mit den gegebenen Parametern $z = 1{,}96$, $P = 0{,}5$, $N = 500$ und $a = 0{,}01$ erhält man:

$$\frac{500 \cdot 1{,}96^2 \cdot 0{,}5(1 - 0{,}5)}{(500 - 1) \cdot 0{,}01^2 + 1{,}96^2 \cdot 0{,}5 \cdot (1 - 0{,}5)} = 475{,}3 < n$$

Lösungen zu 7.4

1.

Spieler	f_o	f_e	$\frac{(f_o-f_e)^2}{f_e}$
A	15	12,5	0,500
B	10	12,5	0,500
Summe	25	25	1,000

Die Größe $\chi^2 = 1{,}000$ ist bei einem Freiheitsgrad nicht signifikant; Spieler A ist also nicht signifikant stärker als Spieler B.

2.

Arbeiterin	f_o	v	f_e	$\frac{(f_o-f_e)^2}{f_e}$	Signifikanz
Amalie	45	5	56,7	2,414	
Berta	97	7	79,3	3,951	*
Christiane	130	12	136,0	0,265	
Summe	272	24	272	6,630	

Die Größe $\chi^2 = 6{,}630$ ist bei zwei Freiheitsgraden signifikant. Verantwortlich dafür ist Berta, die signifikant häufiger fehlt, als es ihrem Erwartungswert entspricht.

3. (a) Die sortierten Daten lauten:

62, 162, 176, 179, 184

Der Mittelwert und die Standardabweichung der Datenreihe lauten:

$$\overline{x} = 152{,}6 \quad s = 51{,}3$$

x	z	$\Phi(z)$	$f = \frac{i}{n}$	$\lvert\Phi(z) - f\rvert$
62	−1,766	0,0387	0,20	0,161
162	0,183	0,573	0,40	0,173
176	0,456	0,676	0,60	0,076
179	0,515	0,697	0,80	0,103
184	0,612	0,723	1,00	0,270

Die Test-Statistik lautet somit 0,270. Der kritische Wert lautet 0,563. Da dieser von der Statistik nicht überschritten wird, wird die Nullhypothese beibehalten – die Daten entstammen einer Normalverteilung.

(b) Die sortierten Daten lauten:

62, 162, 176, 179, 1 840

Der Mittelwert und die Standardabweichung der Datenreihe lauten:

$$\overline{x} = 483{,}8 \quad s = 759{,}7$$

x	z	$\Phi(z)$	$f = \frac{i}{n}$	$\lvert\Phi(z) - f\rvert$
62	−0,555	0,289	0,20	0,089
162	−0,424	0,336	0,40	0,064
176	−0,405	0,343	0,60	0,257
179	−0,401	0,344	0,80	0,456
1 840	1,785	0,963	1,00	0,037

Die Test-Statistik lautet somit 0,456. Der kritische Wert lautet 0,563. Da dieser von der Statistik nicht überschritten wird, wird die Nullhypothese beibehalten – die Daten entstammen einer Normalverteilung. In beiden Aufgabenteilen (a) und (b) wurden die kumulierten Verteilungen $\Phi(z)$ mittels R berechnet. Die z-Werte können aber auch auf zwei Stellen gerundet und dann die Aufgabe mittels der Tabellen im Anhang gelöst werden.

4.

Wochentag	f_o	f_e	$\frac{(f_o-f_e)^2}{f_e}$
MO	35	40	0,625
DI	34	40	0,900
MI	32	40	1,600
DO	33	40	1,225
FR	45	40	0,625
SA	50	40	2,500
SO	51	40	3,025
Summe	280	280	10,500

Die Größe $\chi^2 = 10{,}5$ ist bei $df = 6$ Freiheitsgraden nicht signifikant. Die Nullhypothese der Gleichverteilung kann nicht verworfen werden.

Lösungen zu 8.5

1. Siehe Übungsgenerator

2. (a) Es handelt sich bei der Zustimmung um eine nominalskalierte Variable mit zwei Kategorien (Stufe 2) und beim Bildungsniveau um eine ordinalskalierte Variable mit mehreren Kategorien (Stufe 3). Somit kann ein χ^2-Test zur Anwendung kommen.

   (b) Beim Gewicht handelt es sich um eine normalverteilte Variable (Stufe 5) und beim Alter um eine nicht-normalverteilte Variable (Stufe 4). Zum Auffinden einer Abhängigkeit kann die Rangkorrelation nach Spearman oder Kendall benutzt werden.

   (c) Die Startnummer kann als ordinalskaliert (Stufe 3) oder intervallskaliert und nicht-normalverteilt (Stufe 4) betrachtet werden. Die Laufzeit ist intervallskaliert und nicht-normalverteilt (Stufe 4). Zum Auffinden einer Abhängigkeit kann die Rangkorrelation nach Spearman oder Kendall benutzt werden.

   (d) Die Branchenzugehörigkeit ist nominalskaliert mit mehreren Kategorien (Stufe 1), die Variable Körpergröße ist normalverteilt (Stufe 5). Somit kann eine einfaktorielle Varianzanalyse durchgeführt werden.

   (e) Die Branchenzugehörigkeit ist nominalskaliert mit mehreren Kategorien (Stufe 1), die Variable Umsatz ist nicht normalverteilt (Stufe 4). Somit kann der H-Test nach Kruskal und Wallis durchgeführt werden.

   (f) Die Nutzungshäufigkeit ist ordinalskaliert (Stufe 3), das Einkommen ist nicht-normalverteilt (Stufe 4). Somit kommt der H-Test oder auch die Rangkorrelationen nach Spearman oder Kendall in Frage.

(g) Die Parteizugehörigkeit ist nominalskaliert (Stufe 1), der Rang bei einem Test ist ordinalskaliert (Stufe 3). Somit kann ein χ^2-Test zur Anwendung kommen.

Lösungen zu 9.5

1. Es ist der t-Test nach Student durchzuführen. Der F-Test liefert über

$$F = \frac{2{,}165^2}{1{,}969^2} = 1{,}21 \quad df = (58{,}45)$$

kein signifikantes Ergebnis, so dass Varianzenhomogenität vorliegt.

$$t = \frac{10{,}08 - 10{,}82}{\sqrt{\frac{45 \cdot 1{,}969^2 + 58 \cdot 2{,}165^2}{103}} \cdot \sqrt{\frac{105}{2\,714}}} = -1{,}807 \quad df = 103 \quad p > 0{,}05$$

Der Unterschied zwischen verheirateten und ledigen Personen bezüglich des Burnout-Werts ist nicht signifikant.

2. $\overline{x} = -2{,}25 \quad n = 8 \quad s = 2{,}659$

$$t = \frac{2{,}25}{\frac{2{,}659}{\sqrt{8}}} = 2{,}393 \quad df = 7 \quad p < 0{,}05$$

R-Code:

```
rm(list=ls())

df<-data.frame(tag1=c(23,17,24,19,20,16,22,21),
               tag2=c(25,23,24,20,18,21,26,23))

df$x<-df$tag2-df$tag1
shapiro.test(df$x)

t.test(df$tag1,df$tag2,paired = TRUE,conf.level=0.95, \
    alternative=
"two.sided")
```

```
> shapiro.test(df$x)

Shapiro-Wilk normality test

data:  df$x
W = 0.97506, p-value = 0.9345

>
> t.test(df$tag1,df$tag2,paired = TRUE,conf.level=0.95,alternative=
"two.sided")

Paired t-test
```

```
data:  df$tag1 and df$tag2
t = -2.3932, df = 7, p-value = 0.04794
alternative hypothesis: true difference in means is not equal to 0
95 percent confidence interval:
 -4.47316003 -0.02683997
sample estimates:
mean of the differences
                  -2.25
```

3.

	Schlafmittel A	Schlafmittel B
Stichprobenumfang	21	18
Mittelwert	9,6 Stunden	8,3 Stunden
Standardabweichung	2,3 Stunden	1,4 Stunden

(a) Es ist der t-Test nach Student durchzuführen. Der F-Test liefert über

$$F = \frac{2{,}3^2}{1{,}4^2} = 2{,}69 \quad df = (20{,}17) \quad F_{5\,\%,(20,17)} = 2{,}23$$

ein signifikantes Ergebnis, so dass keine Varianzenhomogenität vorliegt.

$$t = \frac{9{,}6 - 8{,}3}{\sqrt{\frac{2{,}3^2}{21} + \frac{1{,}4^2}{18}}} = 2{,}16 \quad df = \frac{21 + 18 - 2}{2} = 18{,}5 \quad t_{5\,\%,18} = 2{,}101$$

Es besteht somit ein signifikanter Unterschied betreffend Schlafwirkung.

(b) Wir verwenden Cohen's d für kleine Stichproben:

$$d = \frac{\overline{x}_A - \overline{x}_B}{\sqrt{\frac{(n_A-1)\cdot s_A^2+(n_B-1)\cdot s_B^2}{n_A+n_B-2}}} = \frac{9{,}6 - 8{,}3}{\sqrt{\frac{(21-1)\cdot 2{,}3^2+(18-1)\cdot 1{,}4^2}{21+18-2}}} = 0{,}670$$

Die Effektstärke ist somit als mittel bis groß zu bezeichnen, das Resultat unter (a) war aber nur knapp signifikant.

Lösungen zu 10.6

1. Zur Signifikanzprüfung dient der U-Test nach Mann und Whitney, wobei die Rangplätze bereits gegeben sind. So haben Hans und Ernst den geteilten Rangplatz 1,5, Gisela hat Rangplatz 3, Erich und Hanna haben die geteilten Rangplätze 4,5 usw. Insgesamt gibt es acht Frauen und zehn Männer ($n_1 = 8$, $n_2 = 10$).

   Das ergibt die Rangsummen $R_1 = 91{,}5$ und $R_2 = 79{,}5$ und die zugehörigen U-Werte $U_1 = 55{,}5$ und $U_2 = 24{,}5$. Die Prüfgröße $U = 24{,}5$ ist nicht signifikant (der kritische Tabellenwert ist 17).

2. $T_1 = 3 \quad T_2 = 25 \quad T = 3 \quad n = 7$

   Im Gegensatz zum t-Test für abhängige Stichproben (Aufgabe 9.2) ist die Signifikanzgrenze knapp verfehlt (kritischer Tabellenwert $T = 2$).

3. $k = 3 \quad n_1 = 7 \quad n_2 = 8 \quad n_3 = 6 \quad n = 21$

$$T_1 = 40{,}0 \quad T_2 = 84{,}5 \quad T_3 = 106{,}5 \quad H = 12{,}221 \quad p < 0{,}01$$

   Auf die Berechnung des Korrekturterms soll verzichtet werden.

4. $T_1 = 28{,}5$ $T_2 = 19{,}5$ $T_3 = 17$ $T_4 = 15$ $\chi^2 = 7{,}99$ $df = 3$ $p < 0{,}05$
5. Siehe Code-Chunks unter Aufgaben Kapitel 10, *https://pearson-dach.shinyapps.io/imklartext_kap0910*
6. Siehe Code-Chunks unter Daten einlesen und selbst bearbeiten mit **R**, unter *https://pearson-dach.shinyapps.io/imklartext_kap0910*
7.

PLZ	8618	8618	8618	8618	8618	8712	8712	8712	8712	8712	8712	8712
Miete	1 450	1 595	1 630	1 680	1 950	1 536	1 760	1 874	1 999	2 050	2 250	3 780

In einem ersten Schritt sind beide Stichproben auf Normalverteilung zu testen. Hierfür berechnen wir die deskriptiven Statistiken:

PLZ	MW	Q50	SD	*n*
8618	1 661,0	1 630,0	182,8	5
8712	2 178,4	1 999,0	741,5	7

Obige Tabelle kann nun mit den Schritten zur manuellen Berechnung des Tests auf Normalverteilung ergänzt werden:

PLZ	**8618**	**8618**	**8618**	**8618**	**8618**	**8712**
Miete	**1 450**	**1 595**	**1 630**	**1 680**	**1 950**	**1 536**
z	−1,154	−0,361	−0,170	0,104	1,581	−0,866
$\phi(z)$	0,124	0,359	0,433	0,541	0,943	0,193
f_i	0,2	0,4	0,6	0,8	1,0	0,143
d_i	0,076	0,041	0,167	0,259	0,057	0,050
PLZ	**8712**	**8712**	**8712**	**8712**	**8712**	**8712**
Miete	**1 760**	**1 874**	**1 999**	**2 050**	**2 250**	**3 780**
z	−0,564	−0,411	−0,242	−0,173	0,097	2,160
$\phi(z)$	0,286	0,341	0,404	0,431	0,538	0,985
f_i	0,286	0,429	0,571	0,714	0,857	1,0
d_i	0,001	0,008	0,167	0,283	0,319	0,015

Die KS-Statistiken lauten somit für PLZ 8618: $d_{max} = 0{,}259$ und für PLZ 8712: $d_{max} = 0{,}319$

Der KS-Test liefert natürlich nicht die gleichen Test-Statistiken wie der Shapiro-Test mit **R**, das Resultat – Beibehalten der Normalverteilung – ist aber dasselbe.

Beide Statistiken überschreiten die jeweils kritischen Werte nicht – die Nullhypothese der Normalverteilung kann beibehalten werden. Demnach kann ein *t*-Test angewandt werden, wobei wir nun zuerst auf Varianzgleichheit testen müssen.

Die Nullhypothese nimmt Varianzgleichheit an – die zugehörige *F*-Statistik berechnet sich über $F = \frac{s_{max}^2}{s_{min}^2} = \frac{741{,}5^2}{182{,}8^2} = 16{,}45$ mit $df_1 = 7 - 1 = 6$ und $df_2 = 5 - 1 = 4$ Freiheitsgraden. Die kritische *F*-Statistik lautet $F = 21{,}97$. Somit wird Varianzgleichheit verworfen – es ist ein *t*-Test mit gleichen Varianzen anzuwenden. **Hinweis:** Um das Resultat mit **R** vergleichen zu können, wurde für die *F*-Statistik das 99,5 %-Quantil berechnet, da **R** beidseitig testet. Hätten wir einseitig getestet, so würde das kritische Niveau $F = 15{,}21$ lauten. Wir halten uns nun an den Wert $F = 21{,}97$ und behalten die Nullhypothese der Varianzgleichheit bei.

Einsetzen in die Test-Statistik liefert:

$$t = \frac{1\,661 - 2178{,}4}{\sqrt{\frac{4\cdot 182{,}8^2 + 6\cdot 741{,}5^2}{5+7-2}} \cdot \sqrt{\frac{5+7}{5\cdot 7}}} = -1{,}507$$

und $df = 10$. Die beidseitig kritische Test-Statistik zum Niveau $1-\alpha = 99\,\%$ lautet $t = 3{,}169$. Dieser Wert wird nicht überschritten, der Mietpreisunterschied ist daher statistisch nicht signifikant.

Lösungen zu 11.9

1. $r = 0{,}547 \quad t = 2{,}264 \quad df = 12 \quad p < 0{,}05$
2. In diesem Beispiel liegen die Rangplätze bereits vor.

   $$r = -0{,}762 \quad t = 3{,}723 \quad df = 10 \quad p < 0{,}01$$

3. Versieht man Richterin Petra mit der Ankerreihe und Richterin Iwanka mit der Vergleichsreihe, so erhält man:

   $$I = 53 \quad P = 13 \quad S = -40 \quad \tau = -0{,}606 \quad z = 2{,}74 \quad p = 0{,}006$$

4. Es wird die Vierfelderkorrelation berechnet.

   $$r = 0{,}371 \quad \chi^2 = 27{,}51 \quad df = 1 \quad p < 0{,}001$$

5. Es wird die punktbiseriale Korrelation berechnet.

   $$r = 0{,}581 \quad t = 3{,}777 \quad df = 28 \quad p < 0{,}001$$

6. Die Berechnung der partiellen Korrelation zwischen Kirchgangshäufigkeit und Ausländerscore unter Berücksichtigung der Störvariable Alter ergibt

   $$r_{12.3} = 0{,}122 \quad t = 1{,}936 \quad df = 247 \quad p > 0{,}05$$

7. $a = 0{,}320 \quad b = 6{,}202 \quad R^2 = 0{,}2988 \quad R^2_{adj} = 0{,}2404$
8.

Variabilität	***QS***	***df***	***MQS***
Modell	15,30	$k = 1$	15,30
Residuum	35,91	$n - k - 1 = 12$	2,99
Gesamt	51,21	$n - 1 = 13$	3,94

Modell-Zusammenfassung	
n	14,0
$F(1,12)$	5,11
$Prob > F$	0,043
R^2	0,2988
R^2_{adj}	0,2404
$RMSE$	1,73

Zahlen (y)	Koeffizient	Standardfehler	t	$P > \|t\|$	95%-Konfidenzintervall	
Wort	0,320	0,142	2,26	0,043	0,012	0,629
Konstante	6,20	3,76	1,65	0,125	−1,99	14,40

- Das Modell vermag $\frac{15,3}{51,21} = 0{,}2988$ oder knapp 30 % der Variation in der Anzahl gemerkter Zahlen zu erklären. Das korrigierte R^2 beträgt 24 %.
- Das Modell ist insgesamt signifikant, beide Koeffizienten sind zusammen genommen signifikant von 0 verschieden. Der p-Wert des F-Tests ist kleiner als die Irrtumswahrscheinlichkeit: $0{,}043 < \alpha = 0{,}05$. Das Modell leistet somit einen signifikanten Erklärungsbeitrag.
- Der Zusammenhang zwischen der Anzahl gemerkter Worte und gemerkter Zahlen ist positiv. Merkt sich ein Kandidat 10 Worte mehr, so vermag er sich durchschnittlich 3,2 Zahlen mehr zu merken. Der Koeffizient ist auf dem 5%-Niveau signifikant von Null verschieden – das 95%-Konfidenzintervall überstreicht den Wert von 0 nicht. Es sei hier zu erwähnen, dass das positive Vorzeichen mit einer positiven Korrelation der Anzahl gemerkten Worte und Zahlen einhergeht. Dies macht intuitiv Sinn und das Modell ist daher akzeptabel.
- Die Konstante ist nicht signifikant von Null verschieden, das 95%-Konfidenzintervall überstreicht den Wert 0.
- Eine Person, die sich 21 Worte merken konnte, konnte sich nach dem Modell $y = 6{,}2 + 0{,}32 \cdot 21 = 12{,}92$ oder knapp 13 Zahlen merken.

9.

Variabilität	QS	df	MQS
Modell	0,580	$k = 1$	0,580
Residuum	0,00669	$n - k - 1 = 4$	0,00167
Gesamt	0,5867	$n - 1 = 5$	0,11734

Modell-Zusammenfassung	
n	6,0
$F(1,4)$	346,9
$Prob > F$	0,000
R^2	0,9886
R^2_{adj}	0,9858
$RMSE$	0,0489

Log. Anzahl (y)	Koeffizient	Standardfehler	t	$P > \|t\|$	95%-Konfidenzintervall	
Zeit [h]	0,182	0,00977	18,63	0,000	0,155	0,209
Konstante	4,589	0,0296	155,1	0,000	4,507	4,671

- Das Modell vermag $\frac{0,580}{0,5867} = 0{,}9886$ oder knapp 99 % der Variation in der Anzahl gemerkter Zahlen zu erklären. Das korrigierte R^2 beträgt 98,6 %.
- Das Modell ist insgesamt signifikant, beide Koeffizienten sind zusammen genommen signifikant von 0 verschieden. Der p-Wert des F-Tests ist kleiner als die Irrtumswahrscheinlichkeit: $0{,}000 < \alpha = 0{,}05$. Das Modell leistet somit einen signifikanten Erklärungsbeitrag.
- Der Zusammenhang zwischen der logarithmierten Anzahl Bakterien und der Zeit ist positiv. Verstreicht eine weitere Stunde, so erhöht sich der Logarithmus der Anzahl Bakterien um 0,182. Das heißt, dass gemäß Kapitel 11.8.2

sich die Bakterienzahl pro Stunde um den Faktor $e^b = e^{0,182} = 1,1996$ erhöht. Das stündliche Wachstum beträgt somit gut 20 %.

- Die Konstante ist nicht signifikant von Null verschieden, das 95%-Konfidenzintervall überstreicht den Wert 0. Der Anfangswert kann auf $e^{\ln(a)} = e^{4,589} = 98,4$ Bakterien geschätzt werden. Dies ist mit der Beobachtung in der Aufgabenstellung zum Zeitpunkt $x = 0$ h vereinbar.
- Die Regressionsgleichung lautet: $\ln(y) = 4,589 + 0,182 \cdot x$. Werden die Anzahl Bakterien mit y und die Zeit in Stunden mit x bezeichnet, so ergibt sich folgender Zusammenhang: $y = 98,4 \cdot 1,1996^x$. Die Anzahl Bakterien beträgt dann nach $x = 10$ h erwartungsgemäß $y = 98,4 \cdot 1,1996^{10} = 607$.

Lösungen zu 12.5

1.

Beruf	eher links	Mitte	eher rechts	Zeilensumme
Landwirt	2	6	10	18
	5,6	8,3	4,1	
			**	
Akad. Freier Beruf	11	11	9	31
	9,6	14,4	7,0	
Selbstständiger	21	42	41	104
	32,2	48,2	23,6	
	*		***	
Beamter	52	50	33	135
	41,8	62,5	30,7	
Angestellter	185	297	136	618
	191,3	286,2	140,5	
Arbeiter	111	182	61	354
	109,6	163,9	80,5	
			*	
in Ausbildung	25	21	9	55
	17,0	25,5	12,5	
Spaltensumme	407	609	299	1 315

$\chi^2 = 48,583 \quad df = 12 \quad p < 0,001$

2. Es ist ein Chi-Quadrat-Vierfeldertest nach folgendem Schema auszuführen:

	schon mal schwarzgefahren	noch nicht schwarzgefahren
Männer	286	395
Frauen	227	494

$$\chi^2 = 16{,}683 \quad df = 1 \quad p < 0{,}001$$

3. Anlässlich dieses Problems soll Fisher den nach ihm benannten exakten Test entwickelt haben. Es ist die folgende Vierfeldertafel zu analysieren.

	Milch geraten	Tee geraten
Milch zuerst gegossen	3	1
Tee zuerst gegossen	1	3

$$p = 0{,}229 + 0{,}014 = 0{,}243$$

4. Zur Anwendung kommt der Chi-Quadrat-Test nach McNemar mit $b = 41$ und $c = 20$.

$$\chi^2 = 7{,}230 \quad df = 1 \quad p < 0{,}05$$

Lösungen zu 13.8

1.
$$(1) = 64{,}703 - 40{,}018 = 24{,}685$$
$$(2) = 17 - 2 = 15$$
$$(3) = \frac{24{,}685}{15} = 1{,}646$$
$$(4) = \frac{20{,}009}{1{,}6456} = 12{,}159$$

Der F-Wert zu $df_1 = 2$ und $df_2 = 15$ Freiheitsgraden zum Signifikanzniveau $\alpha = 0{,}001$ lautet gemäß Tabelle im Anhang $F = 11{,}34$. Somit haben wir einen p-Wert von $p < 0{,}001$, was ein sehr signifikantes Ergebnis darstellt.

2. Die Mittelwerte in den drei Gruppen sind:

A:	30,14
B:	33,63
C:	39,17

Die einfaktorielle Varianzanalyse ergibt das folgende Schema.

Variabilität	*SAQ*	*df*	*MQ*	*F*	*p*
gesamt	454,95				
zwischen	265,39	2	132,69	12,60	< 0,001
innerhalb	189,56	18	10,53		

Wie der Scheffé-Test ausweist, unterscheidet sich Gruppe A von Gruppe C höchst signifikant ($p < 0{,}001$) und Gruppe B von Gruppe C signifikant ($p < 0{,}05$).

3. Die Berechnung der Mittelwerte liefert folgende Ergebnisse:

	vorwärts	rückwärts
Naturwissenschaftler	7,78	6,67
Geisteswissenschaftler	6,33	5,78

Das Schema der Tabelle 13.3 ergibt:

Art der Variation	*QS*	*df*	*MQ*	*F*	*p*
zwischen den Gruppen	19,19	3	6,40	4,35	< 0,05
innerhalb der Gruppen	47,11	32	1,47		
total	66,30				

Das Schema der Tabelle 13.12 liefert die folgenden Resultate:

Art der Variation	*QS*	*df*	*MQ*	*F*	*p*
zwischen Studienrichtung	12,25	1	12,25	8,32	< 0,01
zwischen Versuchsbedingung	6,25	1	6,25	4,25	< 0,05
Wechselwirkung	0,69	1	0,69	0,47	n.s.

4. Das Schema der Tabelle 13.12 erweitert bzw. ändert sich wie folgt:

Art der Variation	*QS*	*df*	*MQ*	*F*	*p*
Kovariate (Wert am 1. Tag)	61,00	1	61,00	0,40	n.s.
zwischen A (Versuchsbedingungen)	1 699,36	2	849,68	5,51	< 0,01
zwischen B (Tageszeit)	65,98	1	65,98	0,43	n.s.
A * B	2,99	2	1,50	0,01	n.s.

5. In der folgenden Tabelle sind lediglich die F-Werte, Freiheitsgrade und dazugehörigen Signifikanzniveaus eingetragen, die sich nach der klassischen Methode nach Fisher ergeben.

Art der Variation	*F*	*df*	*p*
Zeit (zwei Tage)	370,10	1	< 0,001
zwischen A (Versuchsbedingungen)	0,50	2	n.s.
zwischen B (Tageszeit)	0,38	1	n.s.
A * B	2,01	2	n.s.
A * Zeit	6,38	2	< 0,01
B * Zeit	0,37	1	n.s.
A * B * Zeit	0,12	2	n.s.

Im Textteil, in den der Übungsfortschritt, also die Differenz zwischen den beiden Versuchstagen, als abhängige Variable eingeht, ergibt sich ein sehr signifikanter Einfluss der Versuchsbedingung auf den Übungsfortschritt. Bei der gegebenen Analyse wird dieser Einfluss durch die sehr signifikante Wechselwirkung zwischen Versuchsbedingung und Zeit wiedergegeben.

Lösungen zu 14.3

1. Zum Rechnen mit SPSS verfahren Sie wie in Kapitel 14.2 beschrieben. Sie erhalten eine Lösung mit vier Faktoren.

   Faktor 1: ehrlich, humorvoll, freundlich, zuverlässig, kompromissbereit, treu, kontaktfreudig, sensibel

   Faktor 2: beliebt, gutaussehend, mutig, cool, sportlich

   Faktor 3: rechthaberisch, geizig

   Faktor 4: zickig, intelligent

   Die beiden Faktorladungen bei Faktor 4 haben verschiedene Vorzeichen.

2. Es kann der gleiche R-Code wie im Theorieteil verwendet werden – der einzige Unterschied ist, dass einmal die rotate-Option auf `none` bzw. `promax` gestellt werden.

   Die Lösung ohne Rotation ergibt eine große Anzahl an Querladungen. So lädt zum Beispiel Item g6 am stärksten auf Faktor 2, aber auch ähnlich stark auf die Faktoren 1 und 3. Dies ist üblicherweise ein Zeichen, dass rotierte Lösungen betrachtet werden müssen.

   Die rotierte Faktor-Lösung mit der Option Varimax ist bekannt. Die rotierte Faktor-Lösung mit der Option Promax stellt im Vergleich zur Varimax-Rotation eine nicht-orthogonale Rotation dar. Auch bei dieser Rotationsmethode erscheinen Querladungen, insgesamt werden die Faktoren aber sehr ähnlich gebildet im Vergleich zur Varimax-Rotation. Das Faktordiagramm zeigt zusätzlich, dass die Korrelationen der Faktoren als sehr schwach ausgewiesen werden. Eine nicht-orthogonale Rotation ist also nicht nötig. Für das Nachvollziehen der exakten Lösungen kann das R-Tutorial konsultiert werden.

Lösung zu 15.4

1. Verfahren Sie entsprechend wie in Kapitel 15.3 beschrieben.

   Offensichtlich sind diesmal die Items 2, 11, 12 und 13 umzucodieren. Das gelingt mit folgender Syntax:

   ```
   recode a2, a11, a12, a13 (1=5) (2=4) (3=3) (4=2) (5=1).
   execute.
   ```

   Es ergibt sich, dass die Items 2, 7 und 11 die geringsten Trennschärfenkoeffizienten aufweisen und daher aus dem Fragebogen eliminiert werden sollten. Für Cronbachs Alpha ergibt sich der Wert 0,8074.

Register